极简开发者书库

极简

模拟电子电路

张玉民 ◎ 著

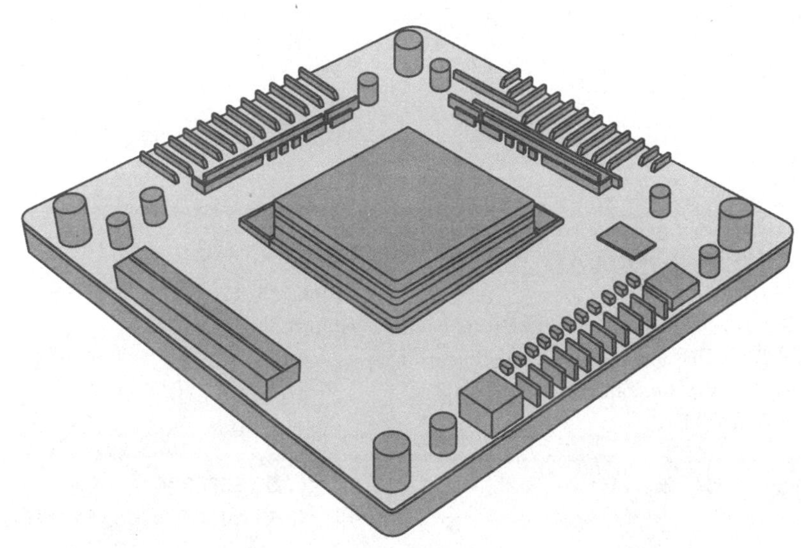

清華大学出版社

北京

内容简介

本书基于 Multisim 仿真软件，系统介绍了模拟电子电路的主要内容，简单介绍了半导体物理和主要的半导体器件，包括二极管、双极型晶体管、MOS 场效应晶体管。全书共 7 章：第 1 章为直流电路，介绍了欧姆定律、基尔霍夫定律、焦耳定律、戴维南和诺顿定理、线性叠加原理；第 2 章为交流电路，介绍了电阻/电容/电感的交流响应、相量方法的原理和使用、功率分析、一阶滤波器、带通和带阻滤波器、谐振电路；第 3 章为暂态电路，介绍了电容和电感的模型和时域分析、二阶系统的暂态过程、拉普拉斯变换及其应用；第 4 章为半导体器件，介绍了半导体能带、本征和掺杂半导体、载流子的输运过程、不同偏置状态下的 pn 结、双极型晶体管、MOS 场效应晶体管；第 5 章为放大电路基础，介绍了逻辑门电路、基本放大电路和放大器的参数、简单和稳定的直流偏置电路、二极管和晶体管的模型、三种基本放大电路、放大电路的低频和高频响应；第 6 章为反馈电路，介绍了基本的反馈系统、运算放大器、负反馈电路、敏感性和失真分析、阻抗调节、主动滤波器、数字正反馈电路、维恩电桥振荡器、三点式 LC 振荡器、负阻 LC 振荡器；第 7 章为差分放大器，介绍了简单的差分放大器、镜像电流源、有源负载、垂直级联放大器、多级放大器、主导极点补偿、反馈补偿。

本书可作为学生或者开发人员学习模拟电子电路的入门用书，也可作为从事电子电路设计开发的工程技术人员的参考书，还可作为高等院校电子信息类专业相关课程的教材。

图书在版编目(CIP)数据

极简模拟电子电路/张玉民著. —北京：清华大学出版社，2023.7(2024.6重印)
(极简开发者书库)
ISBN 978-7-302-63254-2

Ⅰ. ①极… Ⅱ. ①张… Ⅲ. ①模拟电路 Ⅳ. ①TN710

中国国家版本馆 CIP 数据核字(2023)第 058315 号

责任编辑：刘 星 李 晔
封面设计：吴 刚
责任校对：李建庄
责任印制：刘 菲

出版发行：清华大学出版社
网 址：https://www.tup.com.cn，https://www.wqxuetang.com
地 址：北京清华大学学研大厦 A 座 **邮 编**：100084
社 总 机：010-83470000 **邮 购**：010-62786544
投稿与读者服务：010-62776969，c-service@tup.tsinghua.edu.cn
质量反馈：010-62772015，zhiliang@tup.tsinghua.edu.cn
课件下载：https://www.tup.com.cn，010-83470236
印 装 者：三河市铭诚印务有限公司
经 销：全国新华书店
开 本：186mm×240mm **印 张**：16 **字 数**：357 千字
版 次：2023 年 7 月第 1 版 **印 次**：2024 年 6 月第 2 次印刷
印 数：1501～2300
定 价：79.00 元

产品编号：090189-01

前言

PREFACE

当今，我们生活在一个信息化的时代，集成电路的设计与制造正是信息产业的基础。20世纪60年代，集成电路起源于美国；70年代，日本和欧洲的半导体工业开始起步；80年代，韩国、新加坡、中国台湾的集成电路产业开始发展。相对而言，中国大陆在此产业中是一个后起之秀，在进入21世纪以后半导体制造业才开始出现。在具有后发优势的同时也存在后发劣势，特别是在知识产权领域。近年来，中国集成电路产业的发展受到了一些外部因素的干扰，只能靠自力更生来发展壮大。因此，中国需要在这一领域培养大量的科研和技术人才，而电子电路就是该领域的核心之一。

模拟电子电路的特点

“模拟电子电路”是从事电子系统设计的工程师必备的知识基础，也是普通高校电子信息类专业的一门核心课程，其核心内容是晶体管放大电路。模拟电子电路被人们称为“黑色艺术”，初学者往往会感到它难以理解和把握。模拟电子电路涉及的基础知识比较广泛，主要包括电路原理和固态电子器件。为了减少读者查询相关基础知识的麻烦，这些内容在本书前4章中做了介绍。

模拟电子电路的一个显著特点是根据具体电路的特性作不同的近似，从而推导出相应的表征电路特性的数学公式。美国大学的大多数工科课程在考试时都允许学生带一张“备忘单”(crib sheet)，其中可以书写或打印与考试内容有关的公式和要点。笔者在“模拟电子电路”这门课的考场上看到有些学生在“备忘单”上密密麻麻地写满了公式，由此可见，他(她)们做了精心的准备，但是这门课的考试成绩却往往不理想。这是因为大部分公式都对应于某一个具体电路，脱离了电路背景，这些公式就像鱼离开了水一样，毫无生机。

同样，在所有模拟电子电路的图书中，我们都会发现其中有数不清的公式。其实，除了二极管和晶体管的特性以外，模拟电子电路并没有引进什么新的定理或定律。在中频段核心的公式只有两个——阻抗的电压-电流关系公式和串联分压电路的公式；在介绍放大器的频率响应时，也只不过需要增加一阶低通和高通滤波器的公式；这些内容在电路原理中都已经学过。如果读者对电路原理的内容掌握得比较好，那么模拟电子电路中的绝大多数公式都可以根据不同的电路推导出来。形象地说，也就是会“触景生情”。

因此，学习模拟电子电路时并不需要记忆很多公式，关键是应该具备分析电路的能力。为了减轻读者推导公式的负担，本书在很多地方提供了推导过程的中间步骤。

本书内容和特色

笔者在美国多所大学有 20 多年的教学经验，曾经讲授过相关的多门课程，如电路原理、模拟电子电路、数字电子电路、信号与系统、固态电子器件、电磁场、集成电路设计等。在美国东南密苏里州立大学工作期间，由于学生人数很少，笔者有机会亲自批改作业并且在实验室指导学生做实验。在与学生的多年深度接触过程中，笔者认真分析了在入门阶段学习模拟电子电路设计的学习规律，全面、系统地提炼了电路原理、固态电子器件及模拟电子电路课程中最为基础和核心的内容，并结合自己的讲授经验汇编成本书。

国内外大部分电子电路图书的普遍问题就是内容过于庞杂，而且篇幅浩大。例如，在美国大学中普遍采用的电子电路课程的教材都有 1000 多页。在如今这个快节奏的互联网时代，学生们面对这些"大部头"的教材往往会有一种望洋兴叹的感觉。因此，很多美国学生把教材当作习题集来用，仅仅在做作业的时候才去翻一下，遇到难点就上网搜索。笔者希望对这些教材进行删繁就简，从而给读者提供一条学习的捷径，这是本书的一大特色。

本书第 1～3 章介绍了电路原理的基础内容，第 4 章介绍了固态电子器件的核心内容，第 5～7 章讲解了模拟电子电路的主要内容。除了对这些知识性内容的讲解，书中还介绍了相关的历史事件、杰出人物和在相关领域的应用，以激发读者的学习兴趣。为了有助于读者将来阅读英文的书籍和文献，在介绍重要的概念和定理时都给出了这些术语的英文注释。

如今集成电路设计需要借助 EDA 软件来完成，而本书中涉及晶体管的绝大多数公式都仅仅是一些近似。目前人工智能还没有深度介入 EDA 软件，其功能还局限于显示人们所设计电路的仿真结果，不能代替工程师去做电路设计。因此，对于未来的电路设计工程师来说，获得对核心概念和方法的直觉性理解就显得至关重要。

本书另外一个突出特色就是利用仿真软件来辅助介绍模拟电子电路的原理，这有利于降低读者的"认知负担"。很多读者在学习模拟电子电路时会有一种"不知所云"的感觉，这有些类似一个初次从国外旅游回来的人讲述其目睹的异国风光：在讲述者的脑海里有一幅幅鲜活的图像，而听众接收到的信息仅仅是一些语言描述，需要靠自己的相关经历和想象力来还原出那些图像。Multisim 是高等院校相关专业广泛采用的一个电路设计和仿真软件，其用户界面相当直观，而且功能比较齐全。与其他同类软件不同，Multisim 提供了不少虚拟测量仪器，十分有利于学生把仿真和实验结合起来。Multisim 的仿真结果就可以帮助学生直接进入图像的世界中，从而打破与文字世界之间的隔阂。

2020 年初，新型冠状病毒开始在全球大流行，在美国有很多人感染离世，包括本学院的同事。在过去的三个暑假中，本人因专注于此书的写作而淡忘了疫情的威胁，从而度过了这段艰难的时光。此外，我十分感谢夫人钟琴在这几年中的大力支持；还要感谢清华大学出版社工作人员给予的支持；古人云："教学相长"，在此也衷心感谢多年来选修本人讲授课程的学生们。

张玉民

美国东南密苏里州立大学

2023 年 4 月

目录

CONTENTS

第1章

直流电路

在物理课程中大家对直流电和交流电都有基本的认知。通常人们认为直流电的电流和电压是恒定的，而交流电的电流和电压则是正弦波。请看图1.1中的电流，请问这个电流属于直流还是交流？

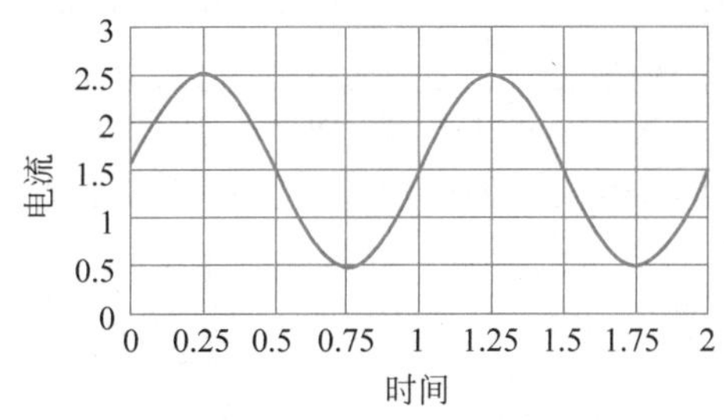

图1.1 正弦电流信号

从定义来看，直流电(Direct Current,DC)指的是电流的方向始终保持一致。图1.1所示的电流一直都是正值，因此总是向同一个方向流动，因此应该属于直流电。如果这条曲线向下平移0.5～2.5个单位，那么电流就会在正和负之间不断变化，从而变成了交流电(Alternating Current,AC)。在日常生活中，"交流"这个词也被广泛应用，它指的是信息的双向流动，例如两个人之间的交谈。然而，在学校里经典的讲课过程则相当于"直流"，也就是教师把知识传授给学生的单向过程。虽然直流电和交流电是这样来定义的，本章所讨论的内容还是局限在恒定电流和恒定电压的这种特殊情况。

1.1 欧姆定律

欧姆定律(Ohm's Law)是大家所熟知的，然而，这里有时还是会存在一些误解。请看图1.2中的两个电路，其中的电阻一端接地而另一端连在一个电压源上。请问这两个电阻之间的节点电压(V_a,V_b)是否相同？此外，这两个电路中的电流是否相同？

人们最初学欧姆定律时所接触的都是式(1.1)左边的公式，但是右边的更明确。

$$I=\frac{V}{R}\Leftrightarrow I=\frac{V_2-V_1}{R} \tag{1.1}$$

孔子说过："名不正，则言不顺。言不顺，则事不成。"这里有两个十分相近的概念很容易混淆：节点电压（nodal voltage）和偏置电压或偏压（bias voltage）。左边公式中的 V 代表偏压，而右边公式中的 V_1 和 V_2 则代表节点电压。偏压的定义是节点电压之差，所以这两个公式都是正确的（如果人们能够正确理解其相应含义的话）。从节点电压的角度来看，图 1.2 中的两个电路是不同的；然而，从偏压的角度来看它们却是等效的，所以电流相同。为了避免误解，在表示偏压的时候，最好给出其脚标：

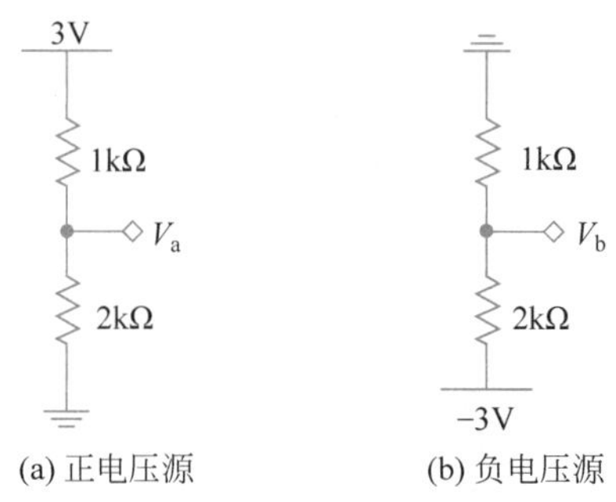

图 1.2　欧姆定律的简单电路*

$$V_{ab}=V_a-V_b \tag{1.2}$$

在早期人们认为电流在导体中流动十分类似于流体在管道中流动，因此可以把电阻想象为如图 1.3 所示的一截水管，姑且称其为"管道模型"。节点电压相当于水管某一端的高度或压强，那么偏压就是这个高度落差或压差，而水的流量就相当于电流。在这个"管道模型"中，电阻值与管道的长度和横截面的面积有关：长而细的管子对应于高电阻，短而粗的管子对应于低电阻。如果导体有均匀的截面，则它的电阻可以用以下公式来计算：

$$R=\rho\frac{L}{A} \tag{1.3}$$

其中，L——导体长度（m）；

A——导体的横截面积（m^2）；

ρ——导体的电阻率（Ω·m）。

图 1.3　电阻的"管道模型"

从这个公式也可以看出，电阻与长度成正比而与横截面积成反比。

不同材料的电阻率相差悬殊，这也就是集成电路可以存在的先决条件。早期集成电路中采用铝（$\rho=2.8\times10^{-8}$ Ω·m）作为导线材料，后来换成了电阻率更低的铜（$\rho=1.7\times10^{-8}$ Ω·m）。然而，作为绝缘体的二氧化硅其电阻率则高达 10^{15} Ω·m，因此绝缘层的厚度可以减小到纳米量级。与金属和绝缘体相比，半导体材料的电阻率介于这两者之间；例如，硅的电阻率根据掺杂浓度的不同在室温可以控制在 $10^{-6}\sim10^{2}$ Ω·m。集成电路采用硅这种材料不仅是因为其自身的电学特性，另一个主要原因就是二氧化硅的优异绝缘性。

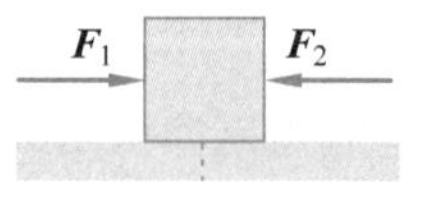

图 1.4　欧姆定律的力学图像

此外，欧姆定律也可以从力学的角度理解，如图 1.4 所示。节点电压 V_1 和 V_2 对应于这两个相反的推力（负电压可以理解为拉

* 本书涉及软件仿真电路较多，故元器件符号以软件界面为准，未采用国标符号。

力)，电阻就相当于中间物体的质量，电流则对应于中间物体的运动速度。这种力学与电学的对应关系可以体现在很多公式中。

Q 根据牛顿第二定律，合力除以质量应该等于加速度，为什么与电流相对应的是速度？

大家知道，偏压除以距离就可以得出电场强度，而带电粒子在电场中会产生加速度。但是，由于存在频繁的碰撞，这个加速过程十分短暂，第4章将对此给予详细介绍。因此，在普通导体或半导体中载流子运动的速度与电场成正比，这个比例被称为迁移率(mobility)，它是材料的一个重要电学参数。

欧姆定律也可以转换为求解电阻的公式：

$$R=\frac{V}{I} \tag{1.4}$$

在实验室中，人们用万用表可以很方便地测量电阻值，其原理就是利用了这个公式。例如，首先向被测电阻输出一个电流，然后测量其两端的偏压，通过简单的计算就可以得出电阻值。对于非线性器件，也可以进行类似的测量，但是必须对所施加的电压在一定范围内进行扫描。由此而得出的一系列测量数据可以表示成一条曲线，如图1.5所示：横坐标为电压，纵坐标为电流，因此被称为 I-V 曲线。对于电阻来说，测量结果是经过原点的一条直线，其电阻值就是其斜率的倒数。因此，如果这条直线很陡峭，那么其对应的电阻值很低；如果这条直线坡度很平缓，那么其对应的电阻值很高。

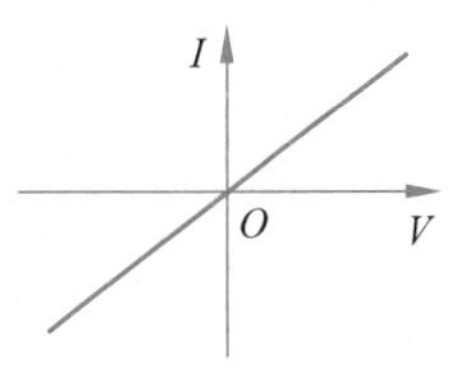

图1.5 电阻的 I-V 曲线

对于电阻器件来说，欧姆定律也可适用于交流电路。由于电阻值是一个正实数，所以在电流和偏压之间没有相差。在分立器件电路时代，鉴于电阻具有如此简单的 I-V 特性而且价格低廉，印制电路板上往往有很多电阻。然而，在集成电路时代，人们尽量避免在芯片上使用电阻，因为它占的面积太大。

K 在历史上，集成电路(IC)的价格与其芯片(chip)面积密切相关，这也就是摩尔定律大行其道的主要原因之一。随着生产工艺的改进，芯片上的晶体管可以做得越来越小，从而其响应速度也越来越快。1965年，戈登·摩尔(Intel公司创始人之一)发现每隔两年晶体管的密度就可以增加一倍，十年以后又把这个周期缩短到18个月。在此后的四十多年中，这个经验公式成为半导体工业发展的路线图。

在理想情况下，假如集成电路的设计保持不变，那么在下一代生产工艺的条件下可以把集成电路模块(die)的面积缩小一半。因此，在同一硅片或晶圆(wafer)上就可以加工出多一倍的芯片，如图1.6所示，而且其信息处理速度还可以得到显著提高。如果忽略工艺复杂度和良品率(yield)的因素,那么每向前推进一个技术节点,就会同时导致性能的提高和价格的降低。因此,全球各大半导体厂家都争先恐后地沿着摩尔定律不断地推出新工艺,跟不上这个节奏的厂家就被淘汰了,如今只剩下了屈指可数的几个巨头。然而,在28nm节点以后情况出现了变化,MOSFET的形态从扁平形状变成了竖立起来的栅状(FinFET),复杂的加工工艺导致了IC的价格不减反增,这给新的集成电路制造厂家带来了发展机遇。

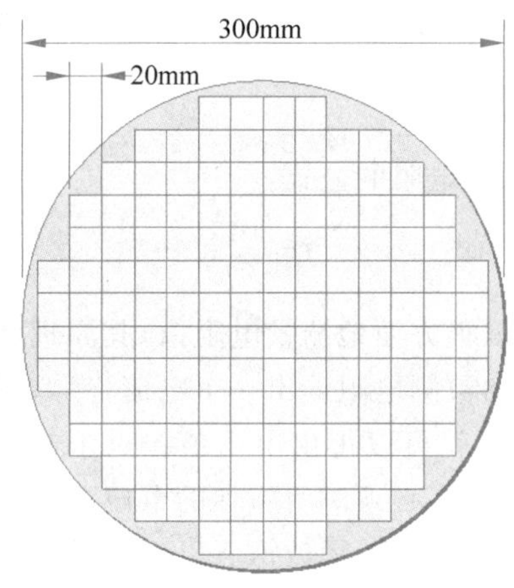

图 1.6 晶圆上的芯片

当电路中有两个电阻时,它们之间可以有两种不同的连接方式:串联和并联。在串联电路中,可以把两个电阻想象为横截面积相同的两根管子被焊接起来,那么电阻值就和其长度成正比。这个图像也可以扩展到多个电阻串联起来的电路,如图1.7(a)所示。如果把电压源看作一个水塔,所提供的电压(V_S)相当于其高度,那么每个电阻上的分压就相当于其所对应的那段管子的长度,因此可以得出以下公式:

$$V_i = \frac{R_i}{\sum_j R_j} V_S \tag{1.5}$$

如图1.7(a)所示的电路,各个电阻上的分压分别是:$V_{R1}=1.5V$,$V_{R2}=5V$,$V_{R3}=2.5V$。也就是说,其分压与电阻值成正比。

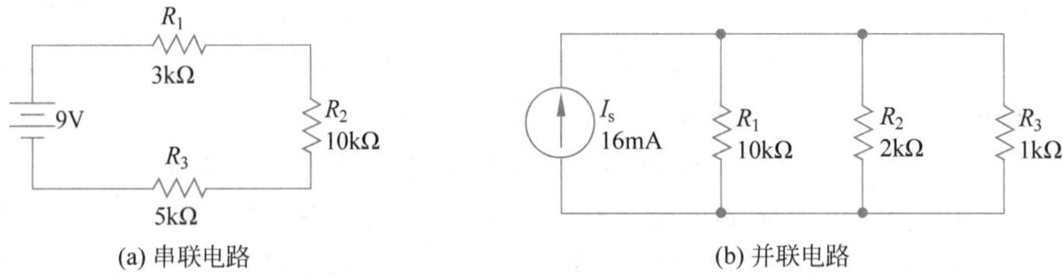

图 1.7 串联和并联电路

在分析并联电路时可以用另一种图像：由于每个电阻上的偏压都相同，因此可以将其想象为长度相同的管子，但是其横截面积不同。我们知道，高电阻对应于较细的管子，而低电阻则对应于较粗的管子。因此，阻值较低的电阻中的电流更大，这个直觉的结论也可以从欧姆定律中得出。如果其中一个电阻的值趋近于零，这种情况被称为短路，它相当于一条电流的捷径。

这里可以引进一个新的参数：电导(conductance)，它是电阻的倒数，其单位是西门子(Siemens)，用S表示。对于一个具有均匀横截面的导体，其电导值可以用以下公式得出：

$$G=\frac{1}{R}=\sigma\frac{A}{L} \tag{1.6}$$

其中，σ——电导率，它是电阻率的倒数，其SI单位是S/m。

在引进了电导这个参数以后，欧姆定律可以表达为

$$I=G\cdot V \tag{1.7}$$

在分析并联电路时，采用电导比电阻更方便。例如，如图1.7(b)所示电路中流经每个电阻中的电流就可以用以下公式来求出：

$$I_i=\frac{G_i}{\sum_j G_j}I_S \tag{1.8}$$

例如，$I_s=16\text{mA}$，$G_1=0.1\text{mS}$，$G_2=0.5\text{mS}$，$G_3=1\text{mS}$，那么就可以得出流过各个电阻上的电流：$I_1=1\text{mA}$，$I_2=5\text{mA}$，$I_3=10\text{mA}$。也就是说，电流与电导值成正比。

如果对比式(1.5)和式(1.8)，就可以看出其相似之处。对于串联电路，总电阻值等于各个电阻之和；而对于并联电路，总电导值则等于各个电导之和。由此，可以得出计算并联电路总电阻的公式：

$$G=\sum_i G_i \rightarrow \frac{1}{R}=\sum_i\frac{1}{R_i} \tag{1.9}$$

K 当电路器件处于串联或并联的关系时，它们的位置可以互换。在很多情况下，这种简单的电路变换可以使分析和解题过程变得更容易。

1.2 基尔霍夫定律

在电路中会出现很多封闭的回路，如图1.8(a)所示。如果沿着同一个方向(如图1.8(a)中箭头所示)来测量偏压，就会发现它们的和为零，这就是基尔霍夫电压定律(Kirchhoff's Voltage Law，KVL)：

$$\sum V_{ij}=\sum(V_i-V_j)=0 \tag{1.10}$$

如果大家很清楚偏压与节点电压之间的关系，这个定律是不言自明的，其依据的仅仅是数学而已。由此也可以看出，这个定律的适用范围是十分广泛的，不仅仅适用于电阻电路。

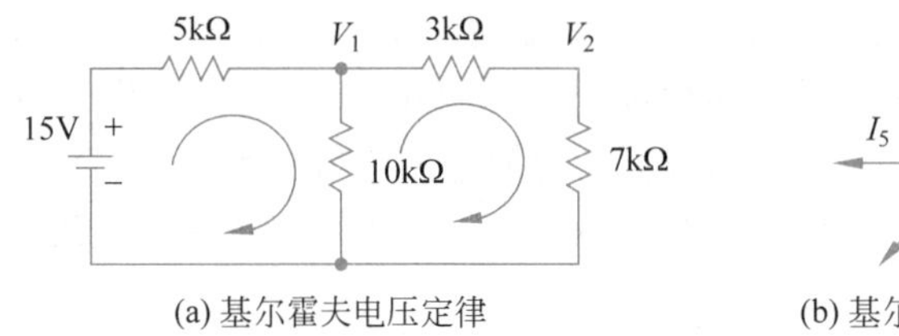

(a) 基尔霍夫电压定律　　(b) 基尔霍夫电流定律

图 1.8　基尔霍夫定律

与基尔霍夫电压定律平行的是基尔霍夫电流定律(Kirchhoff's Current Law,KCL),其原理是电荷守恒。如果把一个电路中的节点想象为道路的交叉路口,那么电流就类似于车流,所以流入与流出的电流应该保持平衡。在电流方向十分明确的情况下,如图 1.8(b)所示,就可以用以下表达式来描述这个定律:

$$\sum I_{\text{out}} = \sum I_{\text{in}} \tag{1.11}$$

然而,在很多情况下电流的方向事先无法确定,那就可以假设所有电流都流向或离开节点:

$$\sum I_{\text{in}} = 0, \quad \sum I_{\text{out}} = 0 \tag{1.12}$$

> **Q** 用这两个基尔霍夫定律是否可以求解所有电路问题?
>
> 答案是肯定的,因此人们可以首先建立起这样一种信念。然而,人们在解题时还有两种方法可供选择:节点电压法(nodal analysis)和回路电流法(loop analysis)。

节点电压法比较直接,也就是把未知的节点电压当作独立变量,如图 1.9 中的 V_A 和 V_B。然后通过欧姆定律把各支路电流都用这些未知节点电压来表达,最后用 KCL 在每一个未知电压的节点建立起方程来求解。因为独立变量的数量与方程的数量相同,所以用这个方法可以求解所有电路问题。为了解题方便,在使用节点电压法时可以把某一个节点接地作为参照,一般人们选择把位于最下方的节点接地。在这种情况下,可以得出以下方程组:

$$\begin{aligned} &\frac{V_A - V_1}{R_1} + \frac{V_A - 0}{R_2} + \frac{V_A - V_B}{R_3} = 0 \\ &\frac{V_B - V_A}{R_3} + \frac{V_B - 0}{R_4} + \frac{V_B - V_2}{R_5} = 0 \end{aligned} \tag{1.13}$$

其实,实现电路设计的仿真软件就是通过求解这类方程组来得出答案的。

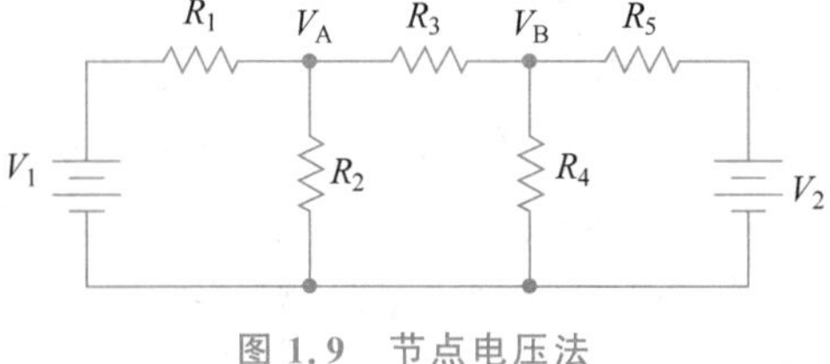

图 1.9　节点电压法

在这里也许初学者会有一个疑问:最下方似乎有两个节点?这里需要区分电路的节点

与电线的几何节点在概念上的差别：电路节点指的是具有同一电压的所有相连接的导线构成的网络。所以，如图 1.9 所示的电路下方那几段相连的导线共同构成了一个电路节点。

当电路中的未知节点数很多的时候，求解多元方程组就会变得十分烦琐而且容易出错，此时就显示出电路仿真软件的作用。在介绍使用这类软件之前，大家也应该认识到其局限性。首先，目前的软件还不能代替人来进行设计。因此，最初的电路原型还是需要设计人员来输入。其次，目前的软件还没有自动优化的功能，所以设计人员需要对电路原理有深刻的理解，在此基础上才能不断地对设计加以优化。随着人工智能在各种软件中的应用，设计人员的参与程度在未来会有所降低。

图 1.10 是一个用 Multisim 画出的直流电路，它只需要两类基本器件：电阻和电压源，接地也属于电压源。Multisim 默认的导线颜色是红色，有时，人们只希望改变其中一段导线的颜色，那就可以先单击那段导线，然后右击；在弹出的菜单中选择 Net color 或 Segment color，接下来就可以选择各种颜色。其中，Net color 选项将改变同一节点中的各条导线的颜色，这也可以帮助我们理解“节点”这个概念。

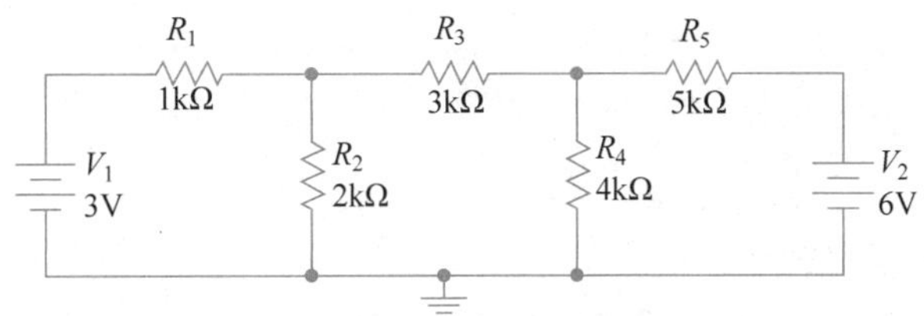

图 1.10 直流电阻电路

如果希望将所有导线的颜色都换成黑色，则单击标题栏的 Options，然后选择 Sheet Properties，就会弹出一个对话框，如图 1.11 所示。在 Colors 选项卡中选择 White & black，就可以把默认的导线颜色改为黑色。如果希望选用其他颜色，则选择 Custom，然后就可以有很多种选择。

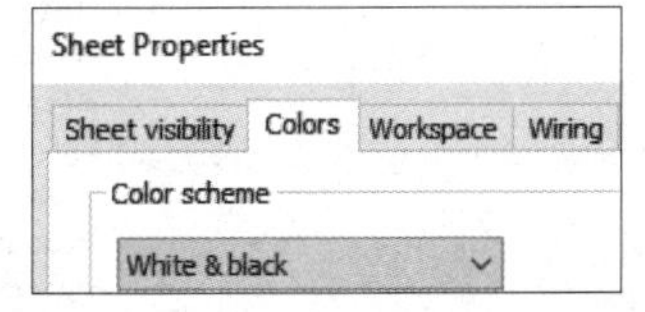

图 1.11 选择默认导线颜色为黑色

在 Sheet Properties 的 Sheet visibility 选项卡中，如果将第二部分的 Net names 选择为 Show all，则会显示出电路中每个节点的标号，如图 1.12 所示。一般来说，接地的节点其标号为 0。如果把接地断开，则下方那个节点的标号变为 1。此外，节点标号的颜色与导线的颜色是一致的。

下面简单介绍一下如何做仿真。在 Multisim 界面的右侧列出了很多虚拟仪器，在直流电路中可以选择使用位于右侧的虚拟仪器栏中的万用表来进行“测量”。然而，更简单的方法是利用桌面上方的“电压探针”和“电流探针”，如图 1.13 所示。

这里使用的“电压探针”和“电流探针”都可以显示不少参数，此处只选择了直流参数。在设置时可以双击，然后就会弹出一个菜单，如图 1.14 所示。在 General 选项卡中可以选择 Hide RefDes，在 Appearance 选项卡中可以调整字体和大小，然后在 Parameters 选项卡中就可以设置需要显示的参数。

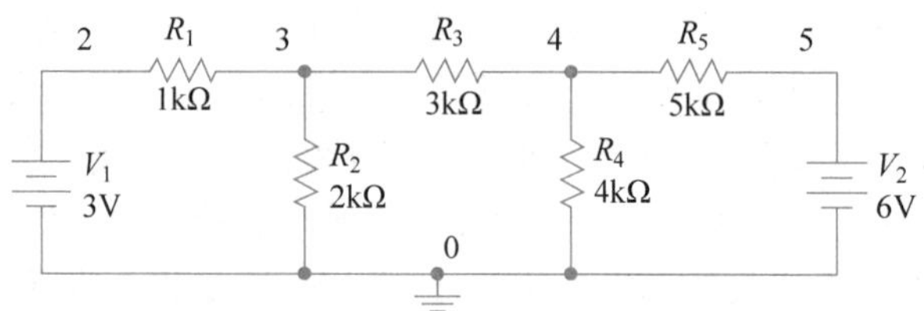

图 1.12　显示电路节点标号

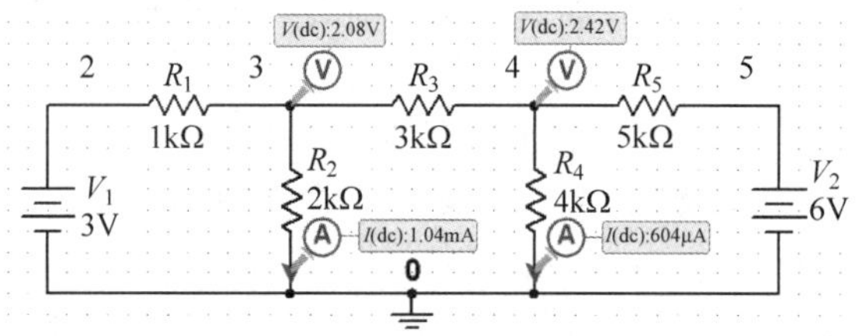

图 1.13　电路仿真的结果

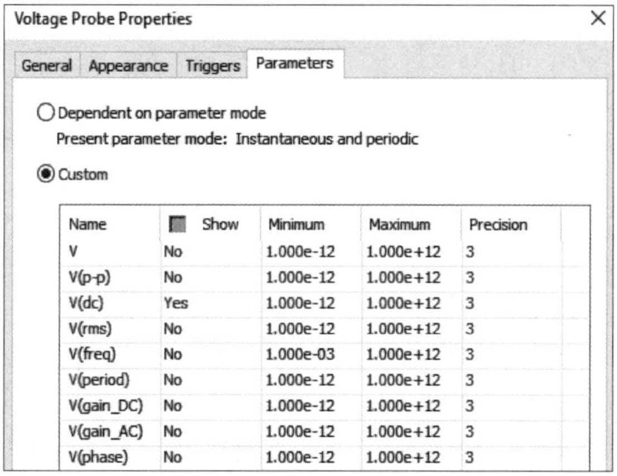

Voltage Probe Properties

General　Appearance　Triggers　Parameters

○ Dependent on parameter mode

Present parameter mode: Instantaneous and periodic

◉ Custom

Name	Show	Minimum	Maximum	Precision
V	No	1.000e-12	1.000e+12	3
V(p-p)	No	1.000e-12	1.000e+12	3
V(dc)	Yes	1.000e-12	1.000e+12	3
V(rms)	No	1.000e-12	1.000e+12	3
V(freq)	No	1.000e-03	1.000e+12	3
V(period)	No	1.000e-12	1.000e+12	3
V(gain_DC)	No	1.000e-12	1.000e+12	3
V(gain_AC)	No	1.000e-12	1.000e+12	3
V(phase)	No	1.000e-12	1.000e+12	3

图 1.14　测试探针的选项

Q 如果图 1.13 中电路最下方的节点连接到一个外加电压源上，解题的结果会不同吗？

首先，人们要认识到电流需要回路才能流动，所以通过这个新接入的电压源的电流是零。换句话说，这个电压源只提供电压或电势的一个参考值，并不提供或消耗能量。打一个比方，假如一个房间只开一扇小窗，那么空气很难顺畅流动。因此，只有同时打开两扇窗户，也就是同时具备一个入口和一个出口，空气才能顺畅地流动起来。

其次，当把一个外加电压源连接到电路中的一个节点以后，各个支路电流也不会变化。但是，节点电压或电势 V_A 和 V_B 会发生变化。这个新接入的电压源所起的作用就和电梯一样，它可以抬高或降低电梯里面的人们所在的高度（节点电压），但是不会改变人们的身高（偏压）。所以，根据欧姆定律就可以证明电流分布不会受影响。

图 1.15 和图 1.13 中的电路基本相同，只是在下面增加了一个 10V 的电压源。对比仿真的结果就可以看出，通过 R_2 和 R_4 的电流并没有发生变化，然而其顶端的节点电压分别增加了 10V。这个结果可以简称为"电梯效应"。此外，流经最下方的那个电压源的电流为零，但是数值分析过程会带来一些微小误差，所以结果显示为 $-63.5\text{pA}(1\text{pA}=10^{-12}\text{A})$。

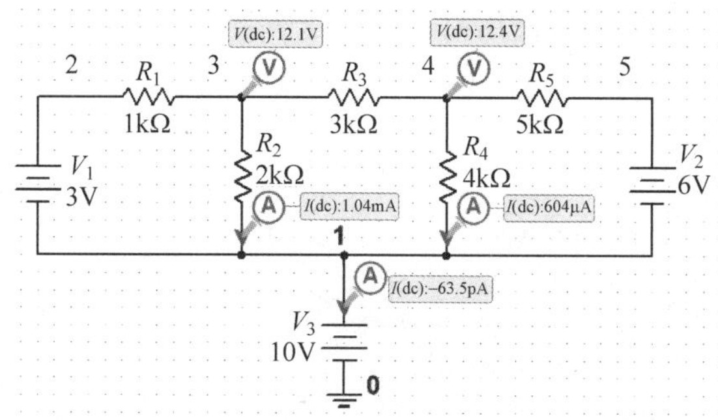

图 1.15　"电梯效应"的仿真结果

由此可以看出，高电压并不可怕，只要没有回路就不会有电流。因此，维护超高压输电线的工作人员可以接触几十万伏的高压线而不会触电。

> **K**　在实验室里用万用表测量偏压很容易，并不需要对电路进行任何改变，只需要把表笔与要测量的两个电路节点接触一下即可测出偏压。然而，当试图用同样的方式来测量电流时，结果就会出现短路的情况，经常会烧坏万用表的保险丝。
>
> 在测量电压时，万用表的输入电阻很高，一般情况下，测量过程不会给电路造成任何影响。然而，在测量电流时万用表的输入电阻很低，因此很容易造成短路。正确的测量方法是先将电路断开，然后将万用表用串联的方式接入电路中去。

在很多应用中人们希望在不改变电路的情况下来测量电流。例如，在高电压或强电流的情况下断开电路来进行测量会很危险，而且很不方便甚至根本不可行。因此，人们发明了"钳式电流表"或"电流钳"，它可以通过电磁感应来实现无损测量。Multisim 在右侧的仪表栏中也提供了一个虚拟的"电流钳"，它可以把电流转换为电压。在图 1.16 中，"电流钳"的转换比例是 1V 对应于 1mA，其中电流钳图标中的箭头指示了电流的方向。在第 2 章要用示波器来显示交流电压信号，利用"电流钳"的转换就可以显示电流信号。

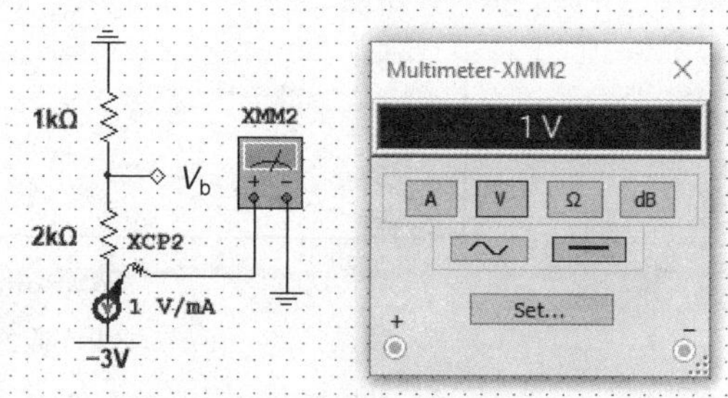

图 1.16　用电流钳来测量电流

尽管图 1.16 中的分压电路十分简单，但不少初学者还是会产生一些困惑。在普通物理课程介绍的电路中，电流往往是从一个正的电压源流向接地的节点。久而久之，人们便产生了一个错觉，认为电流只能流入接地端而不能流出。其实，可以把接地端想象成一个很大的湖泊，水既可以流入也可以流出。此外，这个电路看起来并没有回路，似乎不应该有电流存在。在绝大多数电路中，人们往往使用简化的电压源符号；如果还原成“原始”的电压源，就可以看出其回路的存在，如图 1.17 所示。

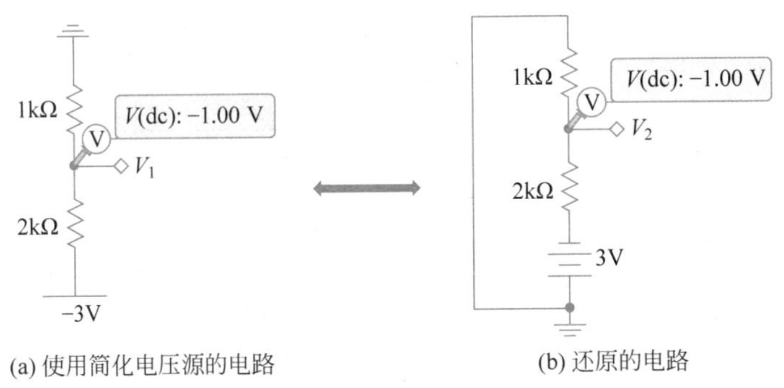

(a) 使用简化电压源的电路　　(b) 还原的电路

图 1.17　简化电压源符号

图 1.17 中的仿真结果显示这两个电阻之间节点的电压值为 −1V，读者可以先将两个电阻合并从而求出电流值，然后利用欧姆定律算出节点电压。然而，如果要对这个电路有透彻的理解，那就需要产生一种直觉，而不需要通过计算电流才能得出结论。有时为了理解一个问题，需要将其放到一个更普遍的背景之下，因此可以假设这个电压源上的电压是可变的，此时需要一种新的仿真模式。为了方便，这两个电阻可以水平放置，电压源的极性进行了反转，如图 1.18(a)所示。此时，利用 Multisim 的直流扫描(DC Sweep)功能，可以研究各个节点的电压与电压源之间的关系，这个电路的仿真结果显示在图 1.18(b)中。其横轴表示电压源的值，而纵轴所对应的是两个节点的电压值。

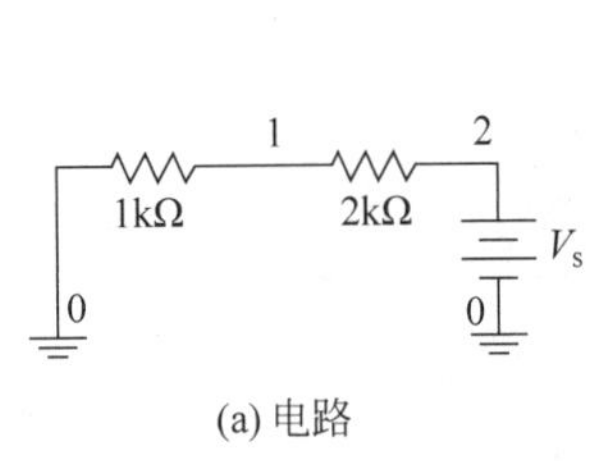

(a) 电路

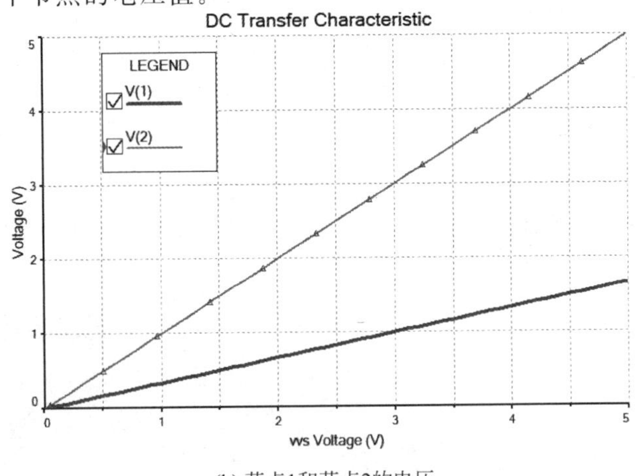

(b) 节点1和节点2的电压

图 1.18　直流扫描仿真

在这个电路中，节点 2 处的电压与电压源是一致的($V_2=V_S$)，所以通过图 1.18(b)中两条直线的关系就可以得出 V_1 与 V_S 的关系：$V_1=\frac{1}{3}V_S$。为了建立一个直观的形象，可以将图 1.18(a)中两个串联的电阻想象为一根直竹竿，节点 1 的位置可以通过电阻的比值来确定，它处在左侧三分之一的地方。相对而言，节点电压可以类比于其相对于地面的高度。因此，左端的接地就相当于把这一端的高度固定在零点。在仿真的过程中电压源的值可以在一个范围内扫描，这就相当于不断改变竹竿右端的高度。通过几何学的分析，就可以得出这样的结论：节点 1 处的电压是电压源值的三分之一。如果建立起了这样的直觉，当 $V_S=-3V$ 时，就可以直接得出 $V_1=-1V$ 的结论。

1.3 焦耳定律

在便携式和可穿戴设备中，功率消耗是一个十分重要的技术指标。在力学中可以用合力与速度的乘积来计算功率：$P=F\cdot v$。与此类似，在电路中功率也可以用偏压与电流的乘积来表达：

$$P=I\cdot V \tag{1.14}$$

对于电阻来说，可以把欧姆定律带入功率的方程，从而可以得出两个不同的公式：

$$P=I^2R,\quad P=\frac{V^2}{R} \tag{1.15}$$

当电流通过电阻时，电能会被转化成热能。英国物理学家焦耳(James Prescott Joule)在1840—1843 年间通过仔细研究电流产生的热量，得出了以上规律，因此被称为焦耳定律(Joule's Law)或焦耳第一定律。在他生活的那个时代，蒸汽机方兴未艾，很多物理学家都对热力学十分感兴趣。在发现了这个规律以后，焦耳也把研究方向转向了热力学，并且在1845 年发现了焦耳第二定律：理想气体的内能与其体积和压力无关，仅取决于其温度。

K 一般来说，电阻上消耗的电能都转化成了热能，各种电加热器中的电阻就是这样工作的一种器件。从热力学的角度来说，尽管在数量上能量是守恒的，但是这个过程会带来“品质”上的贬值，因为在各种能量形式中热能的“品位”最低。在高品位能量转化为低品位能量的过程中，例如电加热器，其效率可以达到 100%。然而，把热能转化成高品位能量的效率就受到了限制，例如各种内燃机和火力发电设备的效率都相对较低。这个自下而上的能量转化过程的效率有其物理极限，并不是通过技术革新就能够突破的。

Q 有两个白炽灯灯泡，它们的额定功率分别是 **40W** 和 **100W**，请问哪个灯泡的电阻更大？

如果用 $P=I^2R$ 这个公式来判断，则表明功率与电阻成正比。然而，如果用 $P=$

V^2/R 这个公式来判断，那么这两者之间应该成反比。到底应该用哪个公式来进行判断？回答这个问题需要考虑灯泡是如何联入电路的，前一个公式适用于串联电路（电流相同），而后一个公式则适用于并联电路（电压相同）。如果灯泡采取串联方式连接，任何一个灯泡坏掉都会影响到其他灯泡。因此，灯泡都采用并联方式接入电路，所以 40W 的灯泡比 100W 的灯泡电阻更大。

图 1.19 是一个简单的并联电路，Multisim 提供了一个虚拟的"功率探针"，它可以很方便地用来分析各个器件上的功率消耗。如果对比两个电阻上消耗的功率，就会发现它们与电阻值成反比。此外，这个"功率探针"也可以显示电压源所消耗的功率。当然，电压源是提供能量的器件，所以其消耗的功率是负的。另外，从仿真的结果也可以来验证能量守恒原理：各个电阻上消耗的总功率和与电压源所提供的功率是相同的。

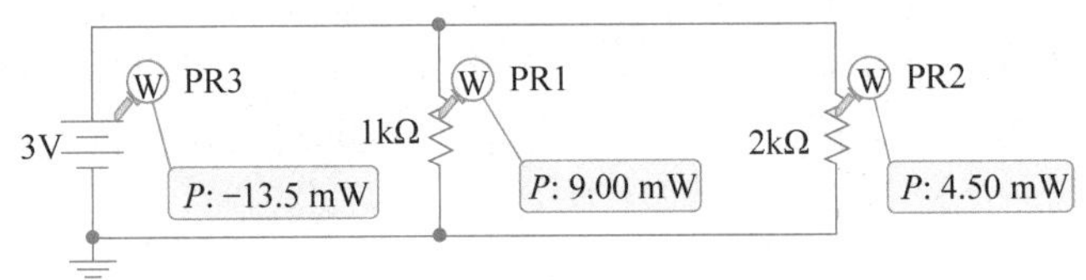

图 1.19　并联电路的功率仿真

如果对灯泡的电阻进行测量，就会发现其电阻比计算值要小很多。对于交流电源，可以用其均方根值（root-mean-square，rms）来计算功率：$P=V_{\mathrm{rms}}^2/R$。例如，在中国民用电压为 $V_{\mathrm{rms}}=220\mathrm{V}$，所以一个 100W 的白炽灯在工作状态时灯丝电阻应该是 484Ω，然而在室温的测量结果却只有 40Ω 左右。正是由于这个原因，很多灯泡都是在开灯的瞬间烧掉的，因为那时通过的电流很强，从而使其温度迅速升高，结果灯丝会因急剧膨胀产生的应力而导致断裂。

在温度很高的情况下，辐射传热这个途径会变得相当重要。然而，一般材料的熔点都难以达到太阳表面的温度（大约 6000K），所以只有很小一部分能量在可见光范围。因此，白炽灯的效率不到 10%，而其余的能量都浪费了。目前世界上很多国家都出台了相应的法案，逐步用荧光灯和 LED 灯来取代白炽灯，从而可以节约很多能源。

Q　为什么电阻总是正的？

如果电阻是负值，那么它消耗的功率也是负值，这就相当于一个电阻可以提供能源，当然这是不可能的。然而，可以借助有源器件形成一个等效的负电阻，在第 6 章中借此可以用来设计和分析振荡器电路。

金属的电阻与温度的关系比较简单，在比较宽的温度范围内可以用以下线性公式来描述：

$$R=R_{\mathrm{ref}}[1+\alpha(T-T_{\mathrm{ref}})] \tag{1.16}$$

其中，R_{ref} 是在参考温度下的电阻值，这个参考温度一般采用 20℃，有时也采用 0℃；而温度系数 α 是一个与材料有关的参数。对于绝大多数金属来说，α 是一个比较小的正数。例如，做灯丝的材料钨的电阻温度系数是 4.403×10^{-3}/K，这里 K 表示热力学温度。也就是说，当温度增加 100℃时，其电阻值会大约增加 44%。与纯金属相比，合金的温度系数可以很低，甚至在某些温度区间会出现负值。例如，用于加热器的电阻丝所采用的材料镍铬合金(Nichrome)的温度系数小于 2×10^{-4}/K；也就是说，温度提高 1000℃，其电阻值的变化只有 20%左右。此外，这种材料还有很多其他优点：首先它的电阻率较高(ρ 约为 $10^{-6}\,\Omega\cdot\mathrm{m}$)，熔点很高(约为 1400℃)，而且抗腐蚀，不生锈。另外，以铜和镍为主要材料组成的康铜(Constantan)有很低的温度系数和较低的电阻率，被广泛用于很多测量仪器中。

在如图 1.19 所示的并联电路中，当电阻具有正的温度系数时，这个系统是稳定的。假如其中一个电阻由于某种原因有些过热，则其阻值会增加从而导致电流减小，结果温度就会降下来。然而，如果这个温度系数是负的，那么这样的系统就可能变得不稳定了，它会导致正反馈效应的出现：$T\uparrow\rightarrow R\downarrow\rightarrow P\uparrow\rightarrow T\uparrow$。半导体材料的电阻率与温度的关系比较复杂，但是其趋势与金属相反，也就是电阻率随着温度的升高而降低。因此，当电压或电流参数超过了额定值时，很多半导体器件都会出现这种不稳定现象，从而导致器件的加速老化甚至失效。因此，在使用 LED 灯泡的时候也要注意，如果灯罩的散热性能很差也会导致其寿命大幅度缩短。

K 利用电阻值与温度的关系，人们发明了“热线风速仪”，用来测量空气或其他流体的流速。在严寒的冬天当北风吹过时，人们会感到格外寒冷。因此，在很多国家的天气预报中不仅会显示实际的气温，也会提供那个与感觉相对应的温度：风寒指数(windchill)。与此类似，当一根加热的导线暴露在流体中时，其散热的效率也与流体的速度密切相关。也就是说，流速越高则导线的温度越低。因此，通过测量导线的电阻值就可以确定其温度，从而可以间接地推算出流体的流速。与其他流速测量方法相比，热线风速仪具有体积小、精度高、重复性好以及频率响应高等优点。

1.4 戴维南和诺顿定理

在军事领域一个常用的战术就是首先将敌军分割开来然后逐个歼灭(divide and conquer)，这样的思路也可以用在电路分析上。假如一个电路在被分为两个部分时彼此之间只有两根导线相连，戴维南和诺顿定理(Thévenin's and Norton's Theorems)认为其中的任何一部分都可以分别简化为图 1.20 中的一个等效电路。对于直流电路，图中的阻抗可以简化为电阻。

对于初学者来说，戴维南和诺顿定理似乎带有一层神秘色彩，我们不妨这样来进行理

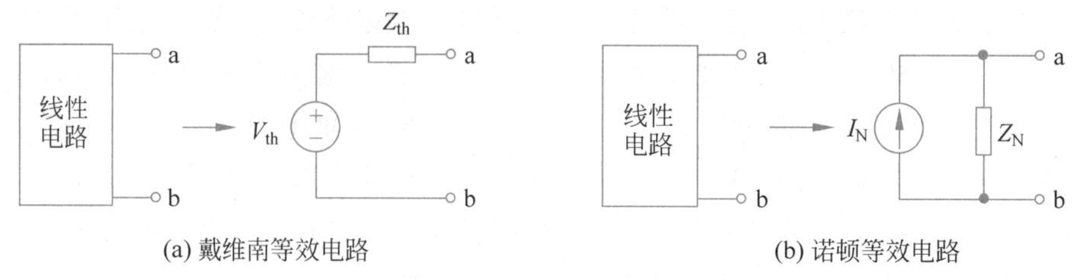

(a) 戴维南等效电路　　(b) 诺顿等效电路

图 1.20　等效电路

解：假如剪断两根导线从而将一个电路分割成两部分，那么就可以用“黑匣子”模型来分析其中的任何一部分。首先，可以用万用表来测量这两根导线之间的电压，其结果就是戴维南电路模型中的 V_{th}，有些书中也称其为开路电压 V_{OC}（Open Circuit，OC）。然后，再用万用表测量这两根导线之间的电流，其结果就是诺顿电路模型中的 I_N，有些书中也称其为短路电流 I_{SC}（Short Circuit，SC）。从这两个测量结果中就可以推测出其等效电路。一种可能是含有电压源和一个串联电阻或阻抗，这两者共同决定了短路电流：$I_{SC}=V_{OC}/R_{th}$；另一种可能是含有一个电流源和一个并联电阻或阻抗，这两者共同决定了开路电压：$V_{OC}=I_{SC}R_N$。由此可以得出一个结论：这两个等效电路中的电阻是相同的：$R_{th}=R_N=V_{OC}/I_{SC}$。

从这个分析过程中可以看到，戴维南和诺顿等效电路之间也可以很方便地进行转换：

$$V_{th}=I_N\cdot R_{th} \tag{1.17}$$

由于这个转换十分简单，所以可以在分析过程中灵活运用，有时可以使解题过程大大简化。

> **K** 1950 年，计算机领域的先驱阿兰·图灵（Alan Turing）在发表的一篇论文里提出了人工智能领域的一个著名观点：在概念清晰的领域计算机可以具有类似于人类的智能。如今，这个设想已经基本实现了，人工智能系统已经可以在网络上或电话里帮助用户解答很多问题。从用户体验的角度来说，我们只关心得到正确的信息，而并不在乎其背后是人还是机器。戴维南和诺顿定理其实与此类似：只要在端口处能测到等效的电压和电流，就可以用简单的等效电路来表达复杂的原始电路。

图 1.21 中显示的是一个分压电路，首先测量出其开路电压是 2V，然后测出其短路电流是 1mA。然后就可以根据这两个参数求出其等效电阻：$R_{th}=V_{OC}/I_{SC}=2\text{k}\Omega$。有了这些参数就可以分别构建戴维南和诺顿等效电路。

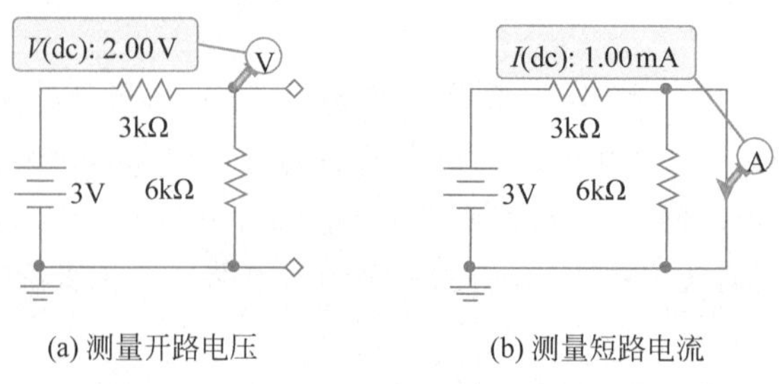

(a) 测量开路电压　　(b) 测量短路电流

图 1.21　单端网络参数测量

如果在分割出来的电路中既没有独立电压源也没有独立电流源，那么其等效电路中也不会有，所以这部分电路就可以简化为一个电阻或阻抗。根据这个规则，我们发现了一个求解等效电阻的简单方法：先把独立电压源和电流源都关闭掉，然后从端口处计算总电阻。从如图1.21所示的分压电路来看，如果把电压源短路，其等效电阻也就是这两个电阻并联的结果：$R_{th}=3k\Omega \parallel 6k\Omega=2k\Omega$。对于初学者来说，这个结论似乎有些意外，因为在原始电路中这两个电阻看起来是串联的。

Q 如何关闭电压源和电流源？

关闭电压源也就是让其电压保持为零，这就相当于短路状态，因此需要在拿掉电压源以后再用一根导线将端口连起来。与之相反，关闭电流源需要让其电流保持为零，这是一个开路的状态，因此只需把电流源拿掉就行了。

E 利用戴维南和诺顿定理来求解如图1.22(a)所示电路中8kΩ电阻上的偏压。

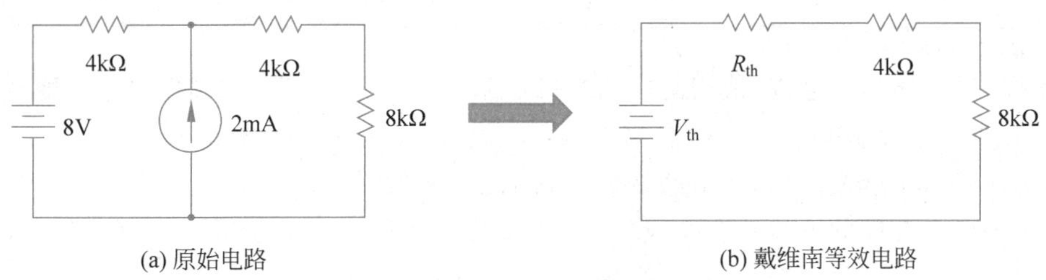

图1.22 戴维南等效电路例题

S 首先，需要找到一个分割这个电路的方案。一般来说，可以考虑从中间把一个电路分割开；例如，在那个2mA电流源的右侧进行分割。左侧的3个电路器件组成的电路可以转化为戴维南等效电路，如图1.22(b)所示。

(1) 关闭掉电压源和电流源，从而求出其等效电阻：$R_{th}=4k\Omega$。

(2) 求解开路电压：$V_{OC}=8+(2\times10^{-3})\times(4\times10^{3})=16(V)$。

注意：不能假设电流源上的偏压为零，所以只能先用欧姆定律求出左侧那个4kΩ电阻上的偏压，然后与电压源上的电压相加。

(3) 其实也可以先利用KCL来求短路电流：$I_{SC}=(2\times10^{-3})+8/(4\times10^{3})=4(mA)$。

(4) 由于变换后的电路是由3个电阻串联而成，求解变得十分简单：$V_{8k}=8V$。

E 利用戴维南和诺顿定理来求解图1.23(a)中端口处的偏压V_{ab}。

S 与上题相同，首先需要找到一个分割这个电路的方案，其中电流源左侧是一个不错的选择。其次，还需要决定采用戴维南还是诺顿等效电路。由于右侧有一个并联的电流源，所以

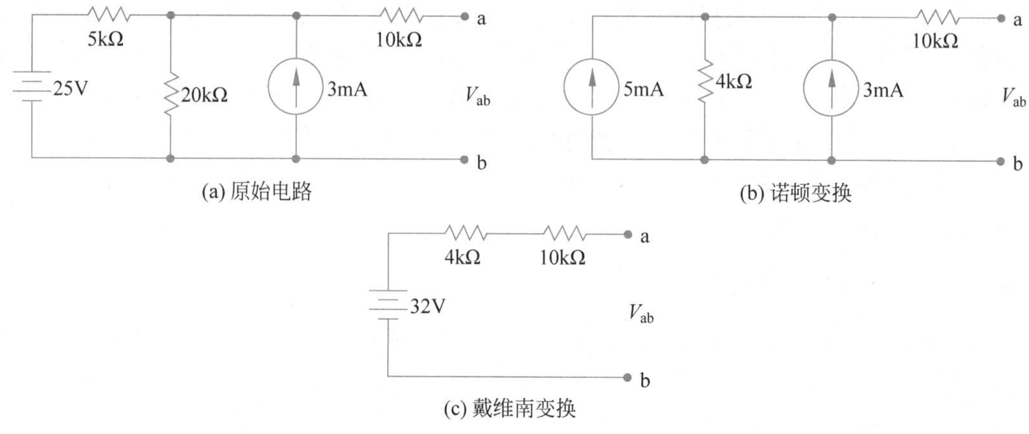

图 1.23　戴维南和诺顿等效电路例题

诺顿等效电路更合适。

(1) 先确定等效电阻：把电压源短路以后，从端口来看，5kΩ 和 20kΩ 电阻实际上是并联的，$R_{th}=5k\Omega \parallel 20k\Omega=4k\Omega$。

(2) 然后求解等效电流，把切割后的端口短路以后，没有电流从 20kΩ 电阻中通过，所以它不起任何作用，短路电流可以很容易求出：$I_{SC}=25/(5\times10^3)=5(mA)$。

(3) 做了这个变换以后，原电路变成了图 1.23(b)的样子。

(4) 把两个并联的电流源合并成一个 8mA 的电流源，左侧电路保持了诺顿等效电路的形式。

(5) 然后可以进行戴维南↔诺顿等效电路之间的转换，从而将其变为图 1.23(c)的形式。

(6) 由于右端是开路而没有电流流动，所以在这两个电阻上没有偏压：$V_{ab}=32V$。

提示：最右侧的 10kΩ 电阻在解题过程中没有起任何作用，因为没有电流从中流过。下面用 Multisim 来验证一下。如图 1.24 所示，由于“电压探针”只能测量节点电压，所以输出端 b 需要接地。

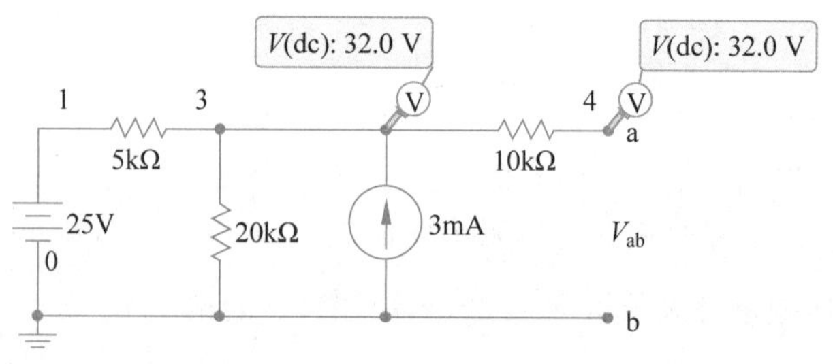

图 1.24　戴维南和诺顿等效电路仿真结果

Q 使用戴维南和诺顿定理有哪些限制？

戴维南和诺顿定理只适用于线性电路，其中可以包含独立源和线性受控源，以及被动器件（电阻、电容和电感）。如果电路中存在非线性器件，则只能在小信号分析时使用戴维南和诺顿定理。其实，小信号分析是把非线性关系进行了线性化处理。

人们有时会误把受控源当作独立源，其实这两者之间是有本质差别的。在后面的章节中将会看到，受控源往往来自晶体管的等效电路，它不能像独立源那样提供能量。因此，如果一个部分电路中只有受控源而没有独立源，那么其等效电路也仅仅是一个电阻或阻抗。但是，求解其等效电阻的过程略有不同，需要在端口处外加一个电压源或电流源来驱动，然后通过电压和电流的比例来得出结果。

1.5　线性叠加原理

在 1.4 节的两个例题中的电路都有一个电压源和一个电流源，它们对这个电路的贡献可以分开来处理，然后再叠加起来。这个过程可以用以下方程来表达：

$$V(V_S, I_S) = V_1(V_S, 0) + V_2(0, I_S) \tag{1.18}$$

其中，第一项表示电流源处于关闭状态，第二项代表电压源处于关闭状态。利用这个线性叠加原理（Linear Superposition Principle），可以重新分析图 1.25(a)中的电路。

E 利用线性叠加原理来求解图 1.25(a)电路中 8kΩ 电阻上的偏压。

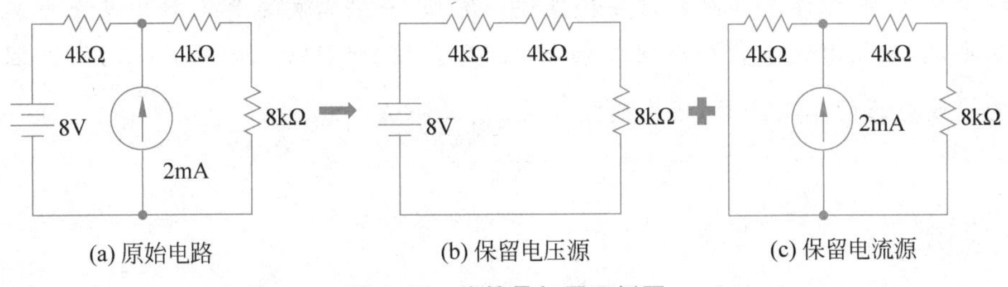

图 1.25　线性叠加原理例题

S 按照关闭电压源和电流源的法则，可以得出两个不同的电路，如图 1.25(b)和图 1.25(c)所示。

(1) 图 1.25(b)是一个串联分压电路，可以得出：$V_{8k,1} = 4\text{V}$。

(2) 图 1.25(c)是一个并联分流电路。左侧的电阻和电流源构成了一个标准的诺顿电路，因此可以将其转换为戴维南电路：$V_{th} = (2\times10^{-3})\times(4\times10^{3}) = 8(\text{V})$。

(3) 然后利用分压电路公式求出结果：$V_{8k,2} = 4\text{V}$。

(4) 两者相加，就可以得到最终答案：$V_{8k} = V_{8k,1} + V_{8k,2} = 8\text{V}$。

线性叠加原理可以应用于含有多个电压源和电流源的电路，在计算每个分量时只保留一个源而关闭其他所有源，然后将各个分量加起来就可以得出结果。用这种方法来解题会使原来的电路得到简化，但是需要求解多个不同的电路。这就像爬一座高山，径直向上爬路途很短，但是比较艰难；如果走盘山道则会很轻松，但是路途会长很多。一般来说，线性叠加原理不是求解直流电路的首选方法，因为其过程太冗长。

然而，线性叠加原理在电路分析中还是十分有用的。在以后要讨论的放大电路中往往同时存在直流和交流信号，这才是线性叠加原理的用武之地。用弦乐器来做一个比喻，直流电路就相当于调弦，交流电路则相当于弹奏。因此，需要先分析直流电路再求解交流电路。在电子电路课程中，表达这种混合信号的规范是采用小写的变量字母和大写的脚标：

$$v_{\mathrm{A}}(t)=V_{\mathrm{A}}+v_{\mathrm{a}}(t) \tag{1.19}$$

DC 参数一般采用大写的变量字母和大写的脚标，而 AC 参数则采用小写的变量字母和小写的脚标。

K 在实验室用示波器来观察和测量信号时可以选择 AC 和 DC 这两种显示模式。AC 模式显示的是纯交流信号 $v_{\mathrm{a}}(t)$，DC 模式显示的是并不是其直流分量 V_{A}，而是这个混合信号 $v_{\mathrm{A}}(t)$。如果需要同时观察或测量其直流和交流分量，则宜选择 DC 模式。然而，如果其直流分量比交流信号的振幅大很多，用 AC 显示模式更方便一些。

Q 使用线性叠加原理有哪些禁区？

顾名思义，不能涉及非线性器件和操作。例如，如果需要求解电路中某个电阻所消耗的功率，就不能用这个叠加原理来求解：$P(V_{\mathrm{S}},I_{\mathrm{S}})\neq P(V_{\mathrm{S}},0)+P(0,I_{\mathrm{S}})$。因为功率是电流或电压的二次函数，不能简单地叠加：$(a+b)^2\neq a^2+b^2$。

延伸阅读

有兴趣的读者可以查阅和了解以下相关内容的资料。

(1) 电阻应变传感器：在拉伸和压缩时导线长度的变化会导致其电阻发生变化，由此可以测量出与之相对应的应变。

(2) 电桥电路：利用两个分压电路之间的对比来检测其中一个器件参数的变化，常用于传感器电路。

(3) 星形-三角形(Y-△)电路变换：这个变换在强电领域很有用。

(4) 电阻值漂移：在设计电路时，人们都假定电阻值是常数。然而，一旦有电流通过，其温度就会上升，而导致电阻值增大。什么电路可以避免这种电阻漂移效应？

(5) 模-数转换(ADC)电路：利用电阻串联电路产生一系列电压参考值。

(6) 超级节点法：当电压源处在电路中间时，只好将其当作一个超级节点来处理，因为其电流值无法确定。

(7) 超级回路法：当电流源处在电路中间时，只好将其包括进来从而形成一个超级回路来处理，因为其电压值无法确定。

(8) 受控源电路：当电路中有受控源时，如何用戴维南和诺顿定理来分析电路？

第 2 章

交流电路

交流信号可以有多种波形，例如方波和锯齿波，然而正弦波却是最重要的。首先，正弦波可以自然产生，例如轻轻拨动琴弦就会发出正弦波。其次，正弦波在传播过程中不容易失真，而其他波形则不然。正弦波的这些优点来自于它是稳定平衡系统的"本征态"。在自然界中，变迁过程往往转瞬即逝，而稳定状态则可以长期存在。稳定状态一般都处在一个势能的低谷中，例如图 2.1(a)中 1 和 2 的位置。

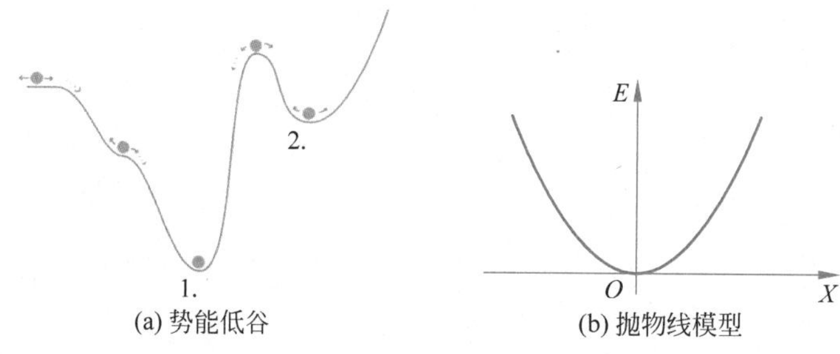

图 2.1　稳定平衡系统

在平衡点附近，可以把势能函数展开为泰勒级数。为了方便，把横轴坐标的原点设在平衡点位置上。

$$y(x)=y(0)+y'\cdot x+\frac{1}{2!}y''\cdot x^2+\frac{1}{3!}y'''\cdot x^3+\cdots \tag{2.1}$$

其中第一项的常数无关紧要，因此可以选择其为零。在平衡点势能函数的一阶导数为零，所以第二项也不存在。在十分靠近平衡点的区域，可以仅仅保留最低阶的二次项，而忽略所有高阶项，由此可以得出一个十分简单的近似，如 2.1(b)所示。

$$y(x)\approx\frac{1}{2}k\cdot x^2 \quad\Rightarrow\quad F(x)=-k\cdot x \tag{2.2}$$

有了势能函数就可以得出作用力，在一维情况下它是相对于位移的负导数。由此得出的结果是一个谐振子，代入牛顿第二定律就可以得出一个微分方程，其解就是一个用正弦或余弦函数来描述的简谐振动。

$$\frac{d^2x}{dt^2}=-\omega^2x \quad\Rightarrow\quad x(t)=A_0\cos(\omega t+\theta_0) \tag{2.3}$$

从以上推导过程可以看出，正弦波是平衡系统的本征态函数。然而，当信号的振幅变大以后，需要保留式(2.1)中的一些高阶项，因此非线性效应则会显现。

K 古希腊哲学家赫拉克利特曾经说过一句名言："万物皆流"，其含义是指世间万物都处在不断的变化之中。而在平衡态附近的运动方式则是简谐振动，因此也可以说"万物皆振"。在那些看似静止的物体中，微观粒子都在各自的平衡位置附近不停地振动。即使在宏观层次上，各种物体也都在做微小的振动，从室内的家具到地球的地壳都处在不断的振动之中。

2.1 电阻的交流响应

如果观察一下联网的台式计算机，就会发现，一般情况下它需要两根线与外界连接：一根电源线和一根网线。这个观察可以带来一个启示：在远距离传播的物理量中能量和信息是最重要的。首先，信息只能通过变化的信号来传播；其次，在一般情况下能量也是以交流电的形式来传输最方便。

K 在19世纪80年代美国曾经出现过一场"电流大战"：爱迪生主张使用直流电，特斯拉则青睐交流电。最初，直流电显示出不小的优势，使用起来十分方便。例如，由于没有相位的问题，多台发电机可以并联起来供电。然而，交流电的优势在于用变压器来升降电压十分方便，这样就可以把发电厂建在远离城市的地方。当时的发电机噪声很大，而且排放的废气也会造成严重的空气污染。爱迪生的直流电技术解决不了远距离输电问题，最终被淘汰出局。此外，特斯拉还发明了交流电动机，在工业界获得了广泛应用。另外，如今电动汽车也广泛采用交流电动机，尽管其电池直接提供的是直流电。

近年来直流输电技术取得了长足发展，并已经在一些远距离输电系统中使用。这项技术有两个突出的优点：其一是低损耗而带来的低成本；其二是无频率和相位匹配问题。但是，从发电厂产生的是交流电，而交流-直流转换设备比较昂贵，所以中短距离的输电系统还是以交流电为主。

图2.2(a)是一个十分简单的交流电路，其电压源输出一个交流电压，其一般表达式如下：

$$v(t)=V_0\sin(\omega t+\theta_0) \tag{2.4}$$

这个函数有3个参数：振幅(amplitude)、频率(frequency)和相位(phase)。图中电压源的参数分别为$V_0=1\text{V}$，$f=440\text{Hz}(\omega=2\pi f)$，$\theta_0=0°$。如果用喇叭把这样的一个正弦波播放出来，人们就会听到一个十分单调的声音。这个频率在音乐中对应A_4，它是校准乐器的参考频率。如此简单的正弦波可以传输能量，但是所含的信息量很少。

这样的一个十分简单的电路可以用示波器来显示其信号，如图2.2(b)所示。为了区分

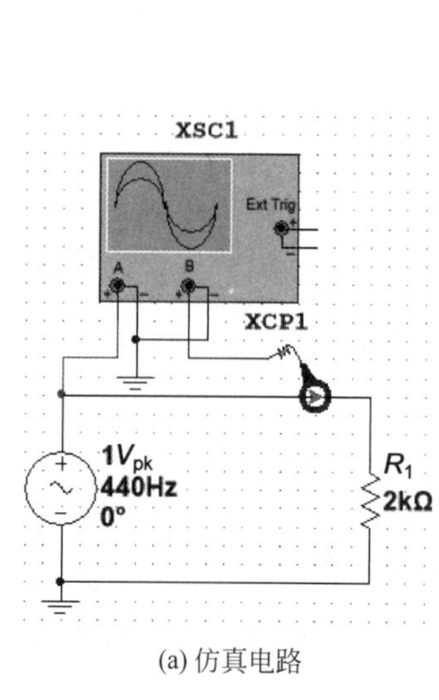

(a) 仿真电路

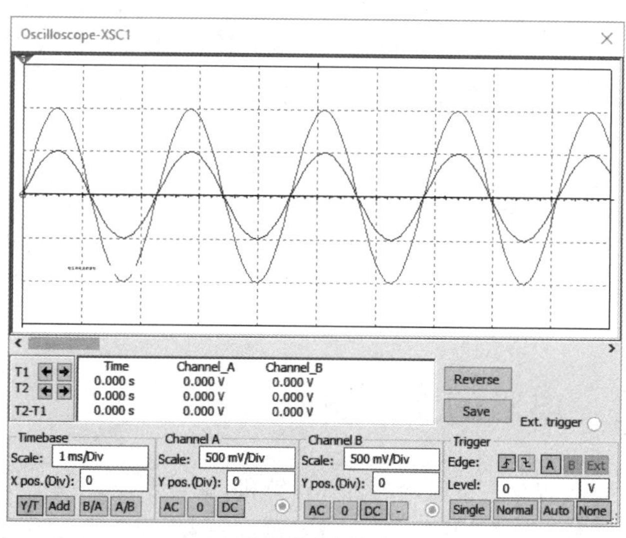

(b) 电压和电流的波形

图 2.2　电阻的 *I*-*V* 特性

两个不同的信号，可以选用不同的颜色，它与图 2.2(a)中接入示波器输入端导线的颜色是一致的。在交流电路的情况下，欧姆定律依然成立：

$$i(t)=\frac{v(t)}{R} \tag{2.5}$$

由于电阻值是一个正实数，所以电流和电压相位相同，也就是没有相差，如图 2.2(b)所示。在一个电阻电路中，由于频率和相位在任何器件中都是相同的，所以就只剩下了振幅这一个可变参数。因此，第 1 章所介绍的直流电路的所有分析方法都可以直接应用，只不过把直流电压/电流值转换成交流电压/电流的振幅值。如果同时存在两个或两个以上的具有不同频率的交流电压/电流源，则可以用线性叠加原理来分析。在线性电路中，不同频率的信号不会彼此干扰。

当交流电压或电流已知的时候，根据焦耳定律可以计算出电阻消耗电能的瞬时功率：

$$p(t)=i(t)\cdot v(t)=i^2(t)\cdot R=v^2(t)/R \tag{2.6}$$

从这个公式的形式上来看，直流和交流电路的这些公式仍旧是一致的。但是，这个公式所表达的是一个随时间变化的函数。例如，如果要购买和安装一个白炽灯，那就需要一个功率参数，而不是其电阻值。因此，需要将这个功率参数转化为一个数字，也就是定义一个平均功率：

$$P=\frac{1}{T}\int_0^T p(t)\mathrm{d}t \tag{2.7}$$

其中，T 表示函数的周期，这个公式可以普遍适用于任何波形的情况。在正弦波的情况下，这个积分的结果是：

$$P=\frac{1}{2}I_0^2R=\frac{1}{2}V_0^2/R \tag{2.8}$$

与直流电路的公式相比，这个公式前面多出一个 0.5 的系数，它是 $\sin^2(\omega t)$这个函数的平均值。在工程领域，人们不喜欢这个系数，因此就定义了与之对应的"均方根"电流和电压的参数。对于正弦波来说，$I_{rms}=I_0/\sqrt{2}$ 和 $V_{rms}=V_0/\sqrt{2}$。例如，在中国的民用电网采用 $V_{rms}=220V$ 的电压，那么电压的振幅应该是 311V。这两者的差别还是挺大的，因此在设计相关电路时需要引起注意。在采用了均方根的参数以后，平均功率的公式就变得与直流电路相同了：

$$P=I_{rms}^2R=V_{rms}^2/R \tag{2.9}$$

Q 如果交流信号是对称的方波($v(t)=\pm V_0$)，请问均方根表达式前的系数是多少？

大家可以先用式(2.7)求出平均功率，然后就可以确定这个系数为 1。比较正弦波和方波，对式(2.8)中的 0.5 这个系数是否有新的认识？

这里有一个有趣而简单的证明：$\sin^2(t)+\cos^2(t)=1$，而左边这两项的平均值相同，由此可以得出结论：每一项的平均值都是 0.5。

正弦波除了可以输送能量以外，它还可以作为载体来传播信息，其作用就类似于一辆卡车，因此被称为"载波"。在无线广播中有很多电台，在电视中也有很多频道，这就是通过不同的载波频率来实现的。例如，每天晚上七点钟时很多电视台都在同时播放同样的新闻节目，这就相当于同样的货物被装载在不同的车辆上。

K 简单来说，信息就意味着差别。例如，在一个十字路口向一个人问路，如果其回答是"都可以"，那么我们就没有得到什么信息。在完全未知的情况下，如果别人告诉了我们 4 个方向中的唯一正确选择，那么此人就传递了 2 比特(2 bit)的信息给我们，因为这 4 个方向可以用两位二进制数来编码(00,01,10,11)。

如果我们已经知道其中的两个方向是不可行的，那么就只剩下了两个选择，可以用一位二进制数来编码(0 或 1)。这时，别人给我们指路则只包含有 1 比特(1bit)的信息。由此，我们可以总结出一个计算信息量的公式：$H=\log_2 N$，使用这个公式的前提是我们对这 N 种选择完全无知。

既然信息意味着差别，"加载"信息的过程就需要对正弦波的 3 个参数中的某一个进行"调制"(modulation)。图 2.3 中位于最上方的波形表示载波信号，它的频率需要远高于基带信号的带宽；在其下方是需要发送的基带信号，例如一首歌曲；位于最下方的是两种调制的波形。早期的无线电广播选择了振幅来进行调制，因此出现了调幅(Amplitude Modulation，AM)广播。其优点是可以采用低频载波而且传播距离远，此外其调制和解调的电路都十分简单，用来播新闻十分合适。不过，这种信号也有一些缺点，其频率范围和动

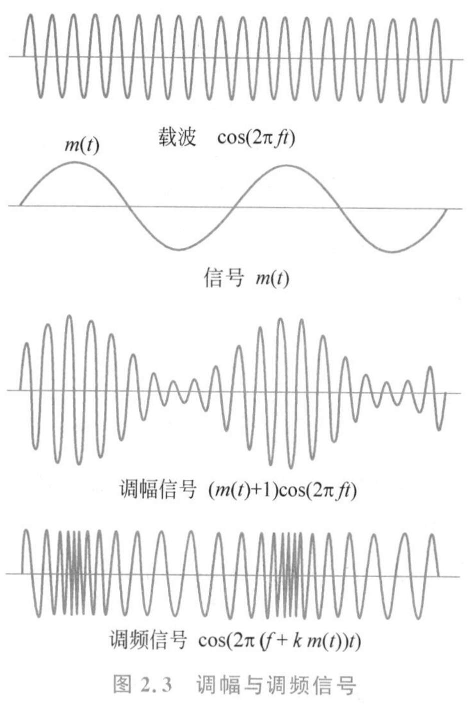

图 2.3 调幅与调频信号

态范围(声音的强弱变化范围)都很窄,而且信噪比低,这对播放音乐是十分不利的。因此,很多音乐节目都采用调频(Frequency Modulation,FM)方式来播放,也就是利用频率的变化来加载信息。图 2.3 显示了调幅和调频信号的对比:在调幅方式下基带信号的电压值直接用来控制振幅,而在调频方式下基带信号的电压值被转化为频率的变化。与调幅模式相比,调频模式需要更高的载波频率,因此其传播距离相对较短。

最晚出现的是相位调制(Phase Modulation,PM)技术:$v(t)\rightarrow\Delta\theta(t)$。它主要被应用于数字通信领域,其调制和解调电路都比较复杂。这些不同的调制方案也可以组合起来,例如,手机用的信号就是采用正交振幅调制(Quadrature Amplitude Modulation,QAM)模式,也就相当于 PM+AM 调制,这样可以在特定的频带宽度内容纳更多的信号。

K 除了这些基于正弦波的谐波调制方案以外,还有一种最原始的方案:开关调制(On-Off Keying,OOK)。其实,在古代长城上的烽火台就是用的这种通信方式:有和无分别对应于 0 和 1。它也可以被看作是一种振幅调制,但是属于非谐波范畴,如今在红外遥控器和远距离光纤通信系统中所采用的仍旧是这种调制模式。

如果我们带着现代知识穿越回古代,也可以借用烽火台来传递更复杂的信息。例如,以每 5 分钟作为一个时段而每 15 分钟作为一个单元,可以传递出 3 比特的信息,从而表达出 3 种军情。当信息过于复杂时在中继过程中很容易出错,可以用间隔 15 分钟后重复发送的方式来起到纠错的作用。当然,这种简单的纠错方案会带来一些信号延迟。此外,也可以采用类似于电报的摩斯电码(Morse code)的编码方式,以两种不同时间长度的烽火来分别表示 0 和 1。

2.2 电容和电感的交流响应

电路中电容的符号来自于平行板电容器,但是并不仅仅局限在这一种器件。电容的概念是十分宽广的:空间中任何两块彼此绝缘的导体都构成一个电容。例如,人体可以被看作一个导体,那么两个人之间就可以组成一个电容。在形形色色的电容器中,有些基本的规律还是普遍适用的。例如,导体之间的距离越近则电容越大,交流信号也就更容易通过。因此，当两人走近时，这两者形成的电容值会增大，彼此的感应就会增强。

Q 当两个人相距一米时，估算一下其电容值。

可以利用平行板电容器的公式来估算：假设每个人的表面积相当于一平方米的极板面积，那么两人之间的电容大约是 9pF。法拉(F)是一个很大的电容单位，在分离电路中使用的电容一般都在 μF 或 nF 量级，而在集成电路中的电容则在 pF 或 fF 量级。

在普通物理中，大家都学过电容器上电流与电压的关系：

$$i_{\mathrm{C}}(t)=C\frac{\mathrm{d}v_{\mathrm{C}}(t)}{\mathrm{d}t} \tag{2.10}$$

K **位移电流：**在普通物理中平行板电容器是一个简单的模型，它由两片导体和之间的一个绝缘层组成。当交流电流“穿过”电容器时，并没有物理的电荷跨越这个绝缘层。为了使电磁理论更完善，麦克斯韦发明了“位移电流”这个概念，也就是把绝缘体中随时间变化的电场($\boldsymbol{E}$)或电位移矢量($\boldsymbol{D}$)与导体中的电流统一起来：$j_{\mathrm{d}}=\frac{\mathrm{d}\boldsymbol{D}}{\mathrm{d}t}=\varepsilon\frac{\mathrm{d}\boldsymbol{E}}{\mathrm{d}t}=\frac{\varepsilon}{d_{\mathrm{p}}}\frac{\mathrm{d}v_{\mathrm{c}}}{\mathrm{d}t}$，其中 $\boldsymbol{D}=\varepsilon\boldsymbol{E}$ 是电位移矢量，d_{p} 是平行板电容器两个极板之间的距离，电压和电场的关系是 $v_{\mathrm{c}}(t)=d_{\mathrm{p}}\cdot\boldsymbol{E}(t)$。由此可以推导出电流与电压的关系：$i_{\mathrm{d}}=A\cdot j_{\mathrm{d}}=\frac{\varepsilon A}{d_{\mathrm{p}}}\frac{\mathrm{d}v}{\mathrm{d}t}=C\frac{\mathrm{d}v_{\mathrm{c}}}{\mathrm{d}t}$。

假如电容上的偏压是一个正弦函数：$v(t)=V_{\mathrm{o}}\sin(\omega t)$，那么根据式(2.10)电流就可以表达为：$i(t)=C\frac{\mathrm{d}v(t)}{\mathrm{d}t}=\omega CV_{\mathrm{o}}\cos(\omega t)$。图 2.4(b)显示出这两者之间的关系，从中可以看出彼此有 90°的相位差。

在谈到相位差时，人们一般以电压作为参考，因此常说电流“领先”或“落后”于电压，它们的定义是根据其峰值/谷值或者零点出现的早或晚来定义的。图 2.4(b)中的正弦函数是电压而余弦函数是电流；从中可以看出，电流的零点出现在电压的零点之前，其时间差是四分之一周期，因此电流领先电压 90°。然而，图 2.4(b)给人的直观印象却是电压领先电流，在下意识里人们往往将此图看作是从左向右传播的一个行波，而横坐标被当作了传播方向的空间轴。其实，示波器的横轴是时间而不是空间，因此处于左侧的波形领先于处于右侧的波形。电流与电压的相位关系在后面介绍的“相量图”中可以更明白无误地加以确定。

与电阻不同，电容并不消耗能量。首先可以考察一下其瞬时功率：

$$p(t)=i(t)\cdot v(t)=\omega CV_0^2\sin(\omega t)\cos(\omega t)=\frac{1}{2}\omega CV_0^2\sin(2\omega t) \tag{2.11}$$

从这个表达式中可以看出，在充电过程中($\sin(2\omega t)>0$)，电容会从系统中吸纳能量；而在放电过程中($\sin(2\omega t)<0$)，它又把能量返还给系统。由于这两个过程正负抵消，所以电容不消耗能量，也就是平均功率为零：

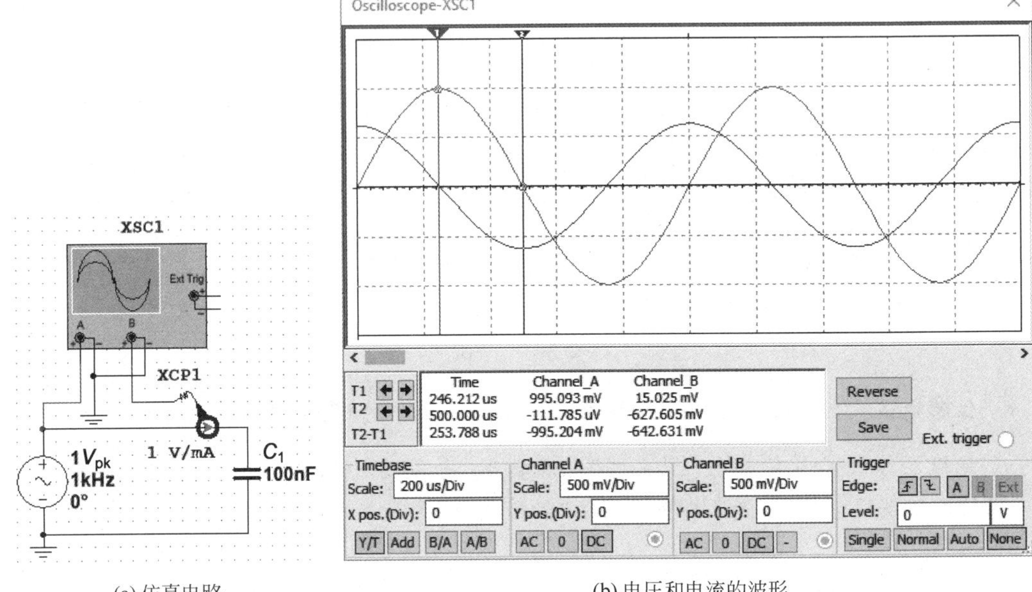

(a) 仿真电路　　　　(b) 电压和电流的波形

图 2.4　电容的 *I-V* 特性

$$P=\frac{1}{T}\int_{0}^{T} i(t)\cdot v(t)\mathrm{d}t=0 \tag{2.12}$$

电感在交流电路中的响应与电容有一些相似之处，但是电流与电压的关系却不同：

$$v(t)=L\ \frac{\mathrm{d}i(t)}{\mathrm{d}t} \tag{2.13}$$

在普通物理中电感的概念是从螺线管引入的，而电感的电路符号也反映出了这个结构。然而，正像电容并不局限于平行板电容器那样，任何形状的导线都相当于一个电感器，而不必非要绕成螺线管。然而，直导线的电感值与其长度成正比，而螺线管的电感值与其长度（匝数）的平方成正比，由此可以看出螺线管结构的优越性。

在射频和微波集成电路中，电感在芯片上需要绕成螺旋线的形状，所以占很大面积，如图 2.5 所示。如果仅仅需要一个小电感，人们可以用一根直导线（bondwire）来实现。估算直导线电感有一个简单的经验公式：每一毫米细导线的电感大约是 1nH。

> **K** 在集成电路芯片上制成的电感器有一些寄生效应需要引起注意。首先，当导线的直径很小时，寄生电阻就会增高。其次，由于螺旋线电感在芯片上所占的面积很大，也会导致较高的寄生电容。在设计射频和微波电路时，这些寄生效应必须给予足够的重视。

图 2.6 显示出电感的电流与电压之间也存在 90°的相位差，其中正弦函数是电流而余弦函数是电压。与电容十分类似，纯电感也不消耗能量。然而，由于电感器是由细导线绕制

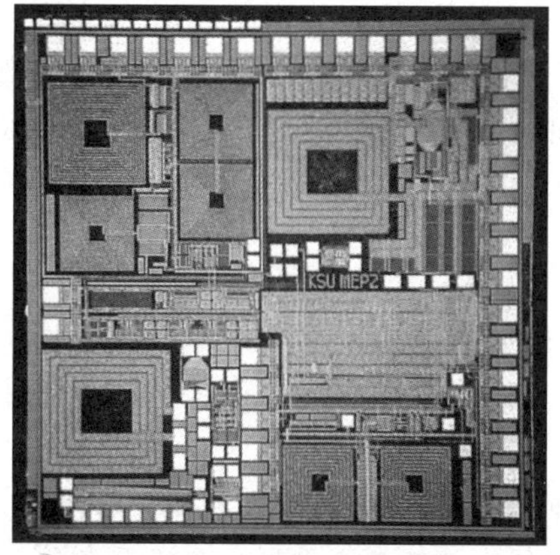

图 2.5　射频集成电路芯片上螺旋线形的电感

的，其寄生电阻往往不可忽略，所以实际的电感器是需要消耗一些能量的。此外，在电流与电压的相位差方面电感与电容相反，也就是电流滞后电压 90°。

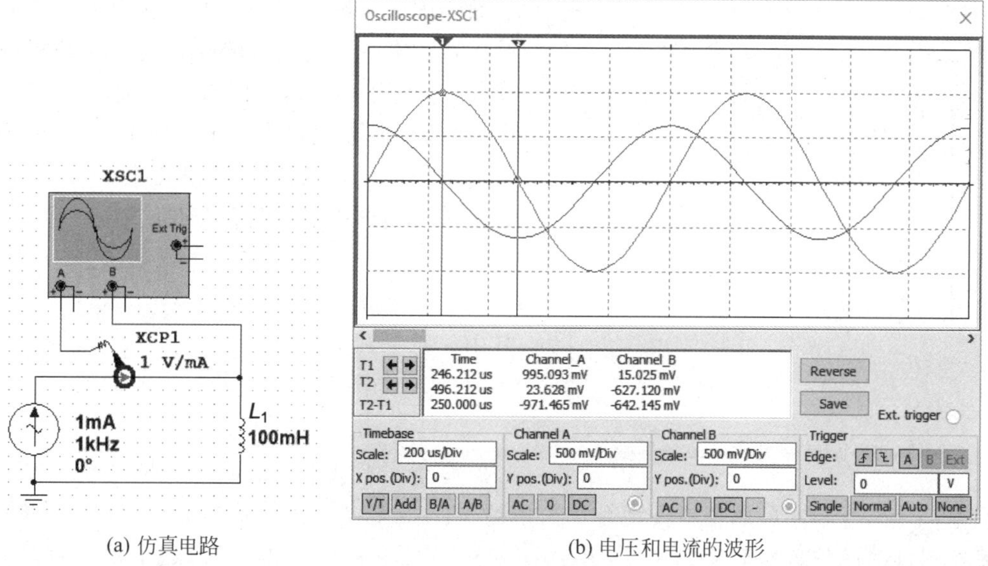

(a) 仿真电路　　(b) 电压和电流的波形

图 2.6　电感的 *I*-*V* 特性

2.3　相量方法介绍

在 2.2 节中电容和电感的电流和电压之间的关系需要用一个微分方程来描述，而对电阻来说这两者之间是简单的线性关系。如果希望用类似的线性公式来描述电容和电阻，那就需要从时间域(time domain)转换到频率域(frequency domain)。苏轼有首诗："横看成岭侧成峰，远近高低各不同。不识庐山真面目，只缘身在此山中。"其含义是从不同角度来观察事物，就会得到不同的感知；而且，只有跳出了一时一地的局限性才能获得全局性的认识。有些在时间域描述起来比较复杂的现象，在频率域来处理则相当简单。其实，我们的耳朵就利用了这一方法，耳蜗中不同的区域可以感知不同频率的振动，然后在大脑中将这些频域信息再转化为时域信息。

> **K 柏拉图的洞穴寓言**：有一群囚徒被锁在一个洞穴里，他们只能面对洞穴里的一面墙壁而不能转身或回头。在他们身后较远的地方有一堆篝火，而在这两者之间有一些狱卒经常走来走去。囚徒们只能看到那些狱卒的身影被投射到墙壁上，长此以往囚徒们就把这些影像当作了真实的客体。
>
> **寓意**：我们所观察到的世界仅仅是更高层次客体的投影，因此，人们靠感官只能感知事物的表象，而只有通过抽象思维去还原那个真实存在的高层次客体，才能认识世界的本来面目。

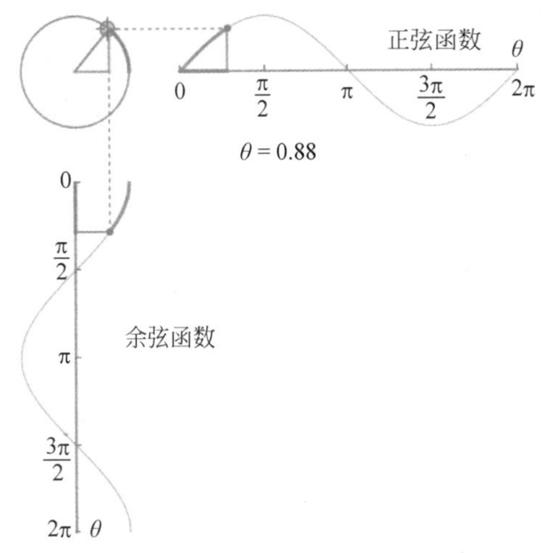

图 2.7　旋转平台生成三角函数

借助洞穴寓言可以来重新认识正弦和余弦函数。图 2.7 展示了一个生成这两个函数的实验装置。在一个匀速旋转圆桌的边缘处放一罐饮料，然后用两束光分别沿两个彼此垂直的方向做投影，那罐饮料在两面墙上投影的轨迹就是简谐运动，但彼此有 90°相位差。因此，其运动轨迹分别形成了正弦和余弦函数：

$$x(t)=r\cos(\omega t),\quad y(t)=r\sin(\omega t) \tag{2.14}$$

其中，r——圆桌的半径；

T——圆桌转一周的时间或周期；

ω——角频率，$\omega=2\pi/T$。

在很多情况下转速的参数是以赫兹为单位的频率（$f=1/T$），它可以很方便地转化为角频率：$\omega=2\pi f$。在圆桌的旋转过程中，相位是那罐饮料此时的位置所对应的角度：$\theta(t)=\omega\cdot t$。当它旋转一圈以后，这个角度就是 2π。这个“圆桌实验”可以用欧拉公式来加以总结：

$$e^{j\omega t}=\cos(\omega t)+j\sin(\omega t) \tag{2.15}$$

可以这样来理解这个公式，正弦和余弦函数只不过是指数函数的两个投影。换句话说，那个指数函数所描述的才是这个现象的本源。正弦和余弦函数有个弱点，在求导数的过程中它们不是本征函数。换言之，正弦函数的导数是余弦函数，而余弦函数的导数是负的正弦函数。然而，指数函数则不同，其导数仍旧是其本身，所以是本征函数。因此，借助于指数函数形式，电容和电感的交流响应就可以写成与电阻的欧姆定律相似的形式。

$$\tilde{I}(t)=Y\cdot\tilde{V}(t),\quad \tilde{V}(t)=Z\cdot\tilde{I}(t) \tag{2.16}$$

其中，Y 是导纳，它是广义的电导；Z 是阻抗，它是广义的电阻。下面就推导一下电容和电感的导纳和阻抗。

习惯上人们把余弦函数与指数函数直接对应起来，因为它是指数函数的实部。其实，正弦和余弦函数并没有本质的差别，彼此只不过有 90°相位差而已。如果选择不同的起始时间来进行测量，就可以实现正弦与余弦的转换。为了推导方便，可以把需要求导的函数用余弦函数来表达。对于电容来说，可以做以下转换：

$$v(t)=V_0\cos(\omega t) \quad \Rightarrow \quad \widetilde{V}(t)=V_0\exp(\mathrm{j}\omega t) \tag{2.17}$$

根据电流与电压的关系就可以得出以下公式：

$$\widetilde{I}(t)=C\frac{\mathrm{d}\widetilde{V}(t)}{\mathrm{d}t}=\mathrm{j}\omega C\cdot\widetilde{V}(t) \quad \Rightarrow \quad \widetilde{I}(t)=Y_{\mathrm{C}}\cdot\widetilde{V}(t), \quad Y_{\mathrm{C}}=\mathrm{j}\omega C \tag{2.18}$$

仿照完全相同的推导过程，也可以得出电感的相量方程和相关的表达式：

$$\widetilde{V}(t)=L\frac{\mathrm{d}\widetilde{I}(t)}{\mathrm{d}t}=\mathrm{j}\omega L\cdot\widetilde{I}(t) \quad \Rightarrow \quad \widetilde{V}(t)=Z_{\mathrm{L}}\cdot\widetilde{I}(t), \quad Z_{\mathrm{L}}=\mathrm{j}\omega L \tag{2.19}$$

根据阻抗与导纳之间的关系，也可以得出电容和电感的相关表达式：

$$Z_{\mathrm{C}}=\frac{1}{\mathrm{j}\omega C}, \quad Y_{\mathrm{L}}=\frac{1}{\mathrm{j}\omega L} \tag{2.20}$$

在频域不仅电容和电感的电流和电压关系可以线性方程来表达，这个公式也可以推广用于电阻、电容和电感的任意组合。在一般情况下，阻抗和导纳都含有实部和虚部，各自的名称也不难记忆。$Z=R+\mathrm{j}X$，R 是电阻，而 X 被称为电抗(reactance)，所以合称为阻抗。$Y=G+\mathrm{j}B$，G 是电导，而 B 被称为电纳(susceptance)，所以合称为导纳。

在具有单一信号源的线性电路中，任何地方测量的信号都有相同的频率。这一点在光学中也有相应的表现；例如，一束蓝光从空气射入水或玻璃当中，其颜色(频率)是不会改变的，但是波长则会发生很大变化。此外，从人体的各个部位测到的心律也都是一样，所以中医在手腕的地方就可以号脉，西医从双手就可以测出心电图。由于式(2.16)是个线性齐次方程，两边可以把那个指数函数 $\exp(\mathrm{j}\omega t)$ 消掉。本来电流和电压的函数中含有 3 个参数：频率、振幅和相位。去掉了含有频率和时间的那个指数因子以后，相量中就只剩下振幅和相位这两个参数了，这种表达式被称为相量(phasor)：

$$\widetilde{I}=I_0\exp(\mathrm{j}\theta_{\mathrm{i}})=I_0\angle\theta_{\mathrm{i}}, \quad \widetilde{V}=V_0\exp(\mathrm{j}\theta_{\mathrm{v}})=V_0\angle\theta_{\mathrm{v}} \tag{2.21}$$

用相量表达的电流和电压之间依旧满足原来的简单关系：

$$\widetilde{I}=Y\cdot\widetilde{V}, \quad \widetilde{V}=Z\cdot\widetilde{I} \tag{2.22}$$

从另一个角度来看，一个相量就是一个复数，它在复平面上对应于一个矢量。因此，电流与电压之间的关系可以在二维的复平面中显示出来，如图 2.8 所示。

由于电阻是个实数，所以电流与电压之间没有相位差，在复平面中这两个相量所对应矢量的方向是一致的。对于电容和电感来说，电流与电压之间存在±90°的相位差：$\theta_{\mathrm{i}}=\theta_{\mathrm{v}}\pm 90°$。为了理解“领先”或“滞后”，可以把指数函数 $\exp(\mathrm{j}\omega t)$ 重新补上，那么图 2.8 中的这两个矢量就会以 ω 为角频率做逆时针旋转。如果把这两个矢量的顶端看作两个绕圆形跑道

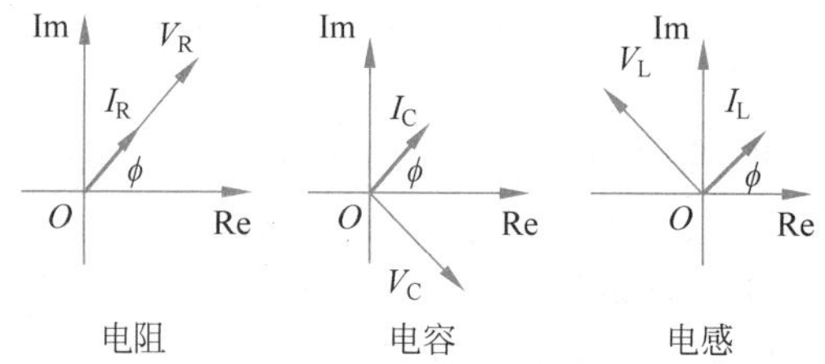

图 2.8 电阻、电容和电感的电流和电压之间的相量关系

赛跑的人，就可以直观地理解"领先"和"滞后"的意义。在工程领域中，电压往往作为参考信号。对于纯电容来说，电流领先电压 90°：$\theta_i=\theta_v+90°$。对于纯电感来说，电流滞后电压 90°：$\theta_i=\theta_v-90°$。对于 RLC 组合来说，这两者的相位差则介于±90°之间：$\theta_i-\theta_v\in[-90°,+90°]$。

如果用相量来分析电路，电容、电感和电阻就都可以用同样的方程式来处理。然而，与电阻不同的是，电容和电感的阻抗值随频率会发生变化。例如，电感的阻抗值与频率有线性关系：$|Z_L|=\omega L$。所以，在射频和微波电路中电感被广泛采用，然而在中低频电路中电感则不受欢迎。例如一个 0.1mH 的电感在 1kHz 下的阻抗值只有 0.628Ω，这样低的阻抗在电路中几乎没有什么作用。然而在 1GHz 下其阻抗值则为 628kΩ，它可以有效地阻断电流的交流分量。与电感相反，电容的阻抗值与频率和电容值都成反比：$|Z_C|=1/\omega C$。换言之，频率越高则阻抗值也越低，而且电容越大则阻抗值也越小。因此，电容在中低频电路中可以大显身手，但在高频电路中则没有电感更有效。此外，由于高频信号穿过电容时没有多少阻碍，在集成电路中信号之间的彼此干扰就成了一个严重的问题。

K 在超大规模集成电路芯片上，晶体管只是很薄的一层，在其上面有十几层的导线形成了密集而复杂的连接网络，图 2.9 是一个简化的示意图。由于导线之间的距离很近，从而会导致高频信号通过电容效应发生耦合，出现彼此干扰的现象(cross-talk)。可以借用平板电容器模型来寻求解决办法：首先，可以确立一些"设计规范"(design rule)来限制导线之间的距离，在布线的过程中避免两根平行的导线靠得太近。其次，可以选用低介电系数的材料来填充，在半导体工业中被称为 low-*k* 材料(*k* 是相对介电常数 ε_r)。

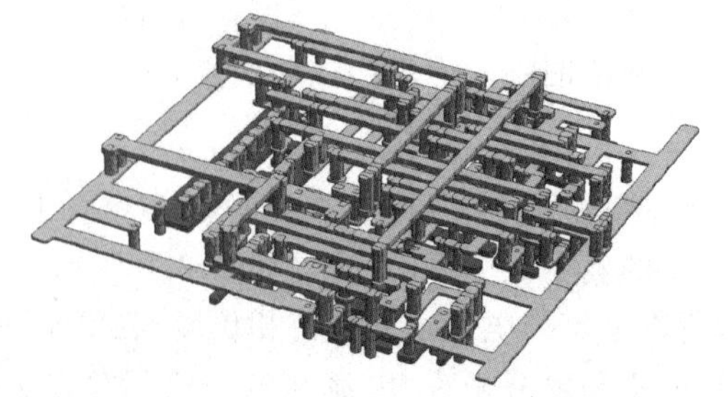

图 2.9 集成电路芯片上的多层金属导线结构示意图

2.4　相量方法应用

2.3 节所介绍的相量方法就像一座过街天桥，它可以避免在时域分析过程中求解微分方程的复杂性。此外，这个方程与欧姆定律的形式十分相近，因此，我们可以采用与直流电路类似的方法来解题。概括起来，解题过程可以分为 3 步：上桥（时域→频域）、过桥（在频域做电路分析）和下桥（频域→时域）。

E 求解图 2.10 中自上而下流经电容的电流。

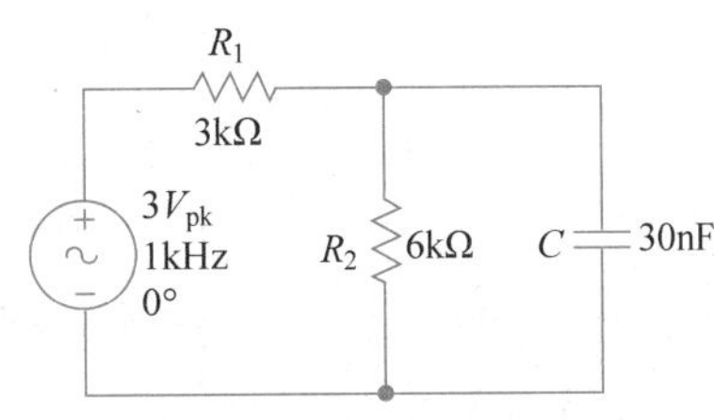

图 2.10　含有电阻和电容的电路例题

S 首先观察一下这个电路，如果把电容换成一个电阻 R_3，大家应该都知道如何解题：先把 R_2 和 R_3 并联起来，然后求解这两个电阻上的电压，最后用欧姆定律就可以算出电流。可以按照同样的方法来求解此题。

（1）时域→频域转换（上桥）。

根据电路图中给出的参数（$V_o=3\text{V}, f=10^3\text{Hz}, \theta_v=0$）可以写出电压源的时域表达式：$v_s(t)=3\cos(2\pi\cdot 10^3\cdot t)$。然后将其转化为相量形式：$\widetilde{V}_S=3\angle 0°(\text{V})$。

然后求出电容的阻抗：$Z_C=\dfrac{1}{\text{j}\omega C}=-\text{j}\,\dfrac{1}{2\pi\times 10^3\times 3\times 10^{-8}}=-\text{j}5.31(\text{k}\Omega)$

（2）频域电路分析（过桥）。

如果把 R_2 和 C 并联起来的结果称为 Z_2，那么它与 R_1 之间就是串联的关系：

$$Z_2=\frac{R_2\times Z_C}{R_2+Z_C}=2.63-\text{j}2.98=3.97\angle -48.5°(\text{k}\Omega)$$

R_1 与 Z_2 形成一个串联分压电路，可以用类似的公式求出 Z_2 上的分压：

$$\widetilde{V}_2=\frac{Z_2}{R_1+Z_2}\widetilde{V}_S=1.87\angle -20.7°(\text{V})$$

然后利用电流与电压的关系就可以得出电流的相量：

$$\widetilde{I}_C=\frac{\widetilde{V}_2}{Z_C}=0.353\angle 69.3°(\text{mA})$$

在频域此题也可以用戴维南定理来解，在计算上更简单。电压源 V_S 与 R_1 和 R_2 可以转换为戴维南等效电路：$\widetilde{V}_{th}=2\angle 0°(\text{V})$，$R_{th}=2\text{k}\Omega$，由此就可以求出经过电容的电流：

$$\widetilde{I}_C=\widetilde{V}_{th}/(R_{th}+Z_C)=0.353\angle 69.3°(\text{mA})$$

（3）频域→时域转换（下桥）。

从频域转换到时域十分简单，因为振幅和相位已经求出，只需要把频率信息回归到余弦函数中即可。

$$i_c(t)=0.353\cos(2\pi\cdot 10^3\cdot t+69.3°)(\text{mA})$$

严格地说，应该把 69.3°换算成弧度，否则括号中的这两项的单位不一致。不过这种表达式更直观，但在计算时需要进行转换。下面用 Multisim 来验证一下。

首先可以采用电流和电压探针来测试，如图 2.11(a)中所示。在计算时人们一般采用振幅来表达信号的强度，可是在测量时往往采用"峰-峰值"(peak-to-peak，p-p)，如图 2.11(b)中所示。因为一般的交流信号都有一个叠加的直流分量，此时峰-峰值比振幅更容易测量，因为后者需要首先确定正弦波的直流分量。这两者的转换也很简单，只需把峰-峰值除以 2 就可以得出振幅值，从仿真结果可以看出，振幅与计算结果是相符的。

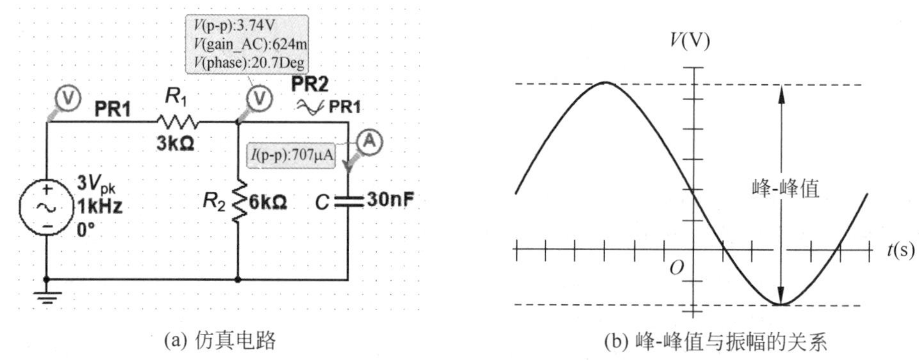

(a) 仿真电路　　(b) 峰-峰值与振幅的关系

图 2.11　对含有电阻和电容的电路进行仿真

此外，也可以用 gain_AC 来推算出振幅值，此时需要一个作为参考的探针，如图 2.11(a)中的 PR1。仿真的 gain_AC 结果是两处振幅的比值，由此可以推算出 PR2 测出的振幅：$V_2 = 3 \times 624 \times 10^{-3} = 1.87(\text{V})$。如果希望得出相位的信息，那就需要挑选相位，仿真的结果与计算的结果在绝对值上一致，但是符号相反。笔者相信 Multisim 在此处有问题，曾经向 National Instruments 公司做过通报，希望在下一次软件版本更新时能够得到纠正。为了弄清楚这个问题，可以连上虚拟示波器来观察一下，如图 2.12 所示。其中振幅大的是信号源

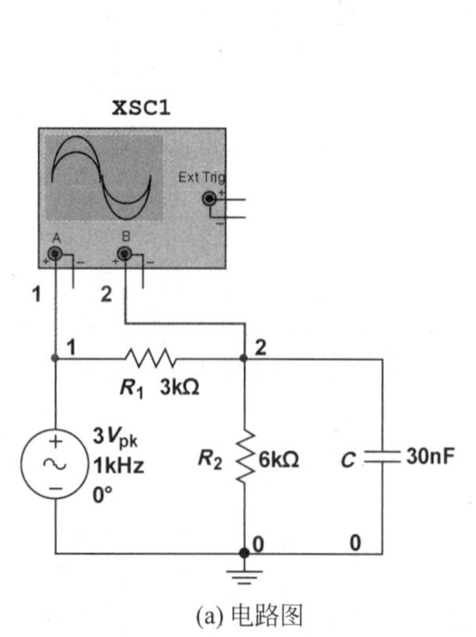

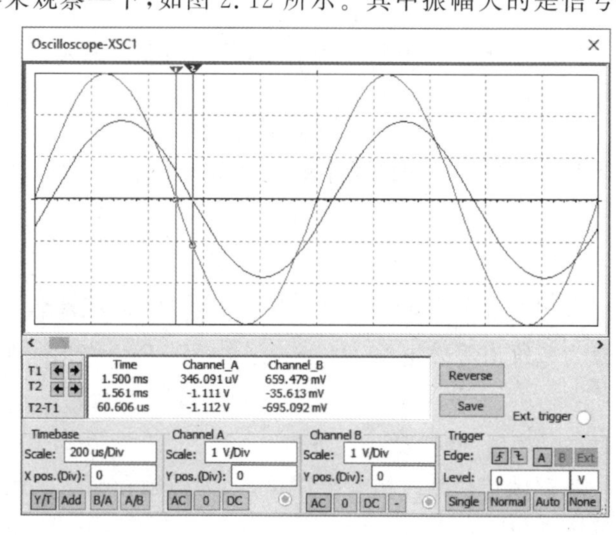

(a) 电路图　　(b) 交流电压信号波形

图 2.12　虚拟示波器的使用

的输入信号，而振幅小的是输出信号。通过对比这两个波形可以清楚地看出，在相位上输出信号落后于输入信号。请注意，示波器上的横轴表示的是时间而不是空间，因此波形向右移动说明它具有延迟，所以其相位差应该是负的。

当电路中含有电感时其解题过程与前面介绍的电容电路十分类似，同样可以分为3步：上桥（时域→频域）、过桥（频域电路分析）和下桥（频域→时域）。

E 求解图2.13(a)中通过电感 L 和电阻 R_1 的电流。

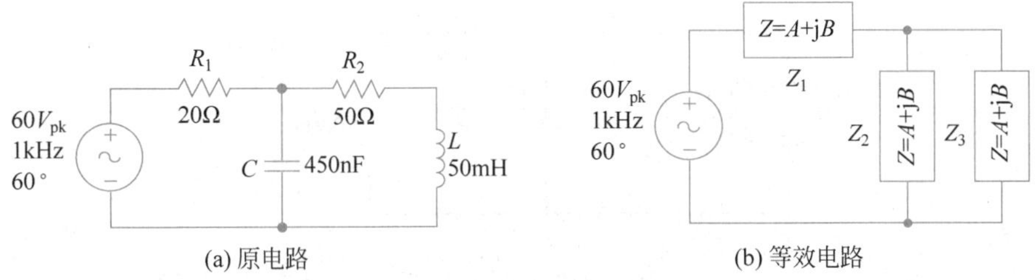

图2.13　含有电阻、电容和电感的例题

S 由于频域电容和电感可以像电阻一样来处理，所以原电路可以转化为如图2.13(b)所示的等效电路。

(1) 时域→频域转换（上桥）。

$\widetilde{V}_S=60\angle 60°(\text{V})=30+\text{j}51.96(\text{V})$

$Y_2=Y_C=\text{j}\omega C=\text{j}2.827(\text{mS})$（对于并联电路导纳比阻抗更方便）

$Z_3=R_2+\text{j}\omega L=50+\text{j}314=318\angle 81.0°(\Omega)$（对于串联电路阻抗比较容易计算）

$Y_3=1/Z_3=0.494-\text{j}3.104(\text{mS})=3.14\angle-81.0°(\text{mS})$（把阻抗转化为导纳）

(2) 频域电路分析（过桥）。

$Y_{23}=Y_2+Y_3=0.494-\text{j}0.277(\text{mS})=0.567\angle-29.3°(\text{mS})$（并联电路导纳可以相加）

$Z_{23}=1/Y_{23}=1.54+\text{j}0.864(\text{k}\Omega)=1.77\angle 29.3°(\text{k}\Omega)$（把导纳转化为阻抗）

$\widetilde{V}_{23}=\dfrac{Z_{23}}{R_1+Z_{23}}\widetilde{V}_S=29.4+\text{j}51.6=59.4\angle 60.3°(\text{V})$（串联分压电路公式）

$\widetilde{I}_3=\dfrac{\widetilde{V}_{23}}{Z_3}=0.175-\text{j}0.0658(\text{A})=187\angle-20.6°(\text{mA})$

$\widetilde{V}_1=\dfrac{R_1}{R_1+Z_{23}}\widetilde{V}_S=0.577+\text{j}0.347=0.673\angle 31.0°(\text{V})$（串联分压电路公式）

$\widetilde{I}_1=\dfrac{\widetilde{V}_1}{R_1}=0.0288+\text{j}0.0173(\text{A})=33.6\angle 31.0°(\text{mA})$

(3) 频域→时域（下桥）。

$$i_L(t)=i_3(t)=187\cos(2\pi\cdot 10^3\cdot t-20.6°)(\text{mA})$$

$$i_1(t)=33.6\cos(2\pi\cdot 10^3\cdot t+30.0^\circ)(\mathrm{mA})$$

图 2.14 显示了用 Multisim 仿真的结果，首先验证了电流的幅值是一致的，相位差的绝对值也相同，但是符号相反。图 2.15 用示波器显示了这两个电流信号之间的相位关系，其中振幅大的是流经电阻 R_1 的电流，而振幅小的是流经电感 L_1 的电流。比较这两个波形就可以明确地看出其相位的关系，流经电感 L_1 的电流滞后于流经电阻 R_1 的电流。所以，如图 2.14 所示的仿真结果的相对相位应该是负的。

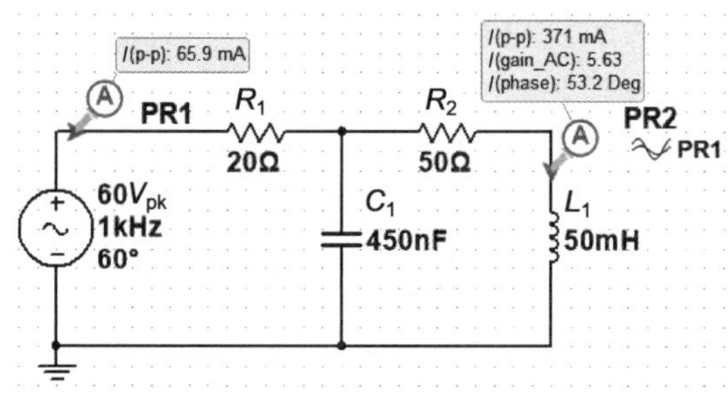

图 2.14　含有电阻、电容和电感电路的仿真

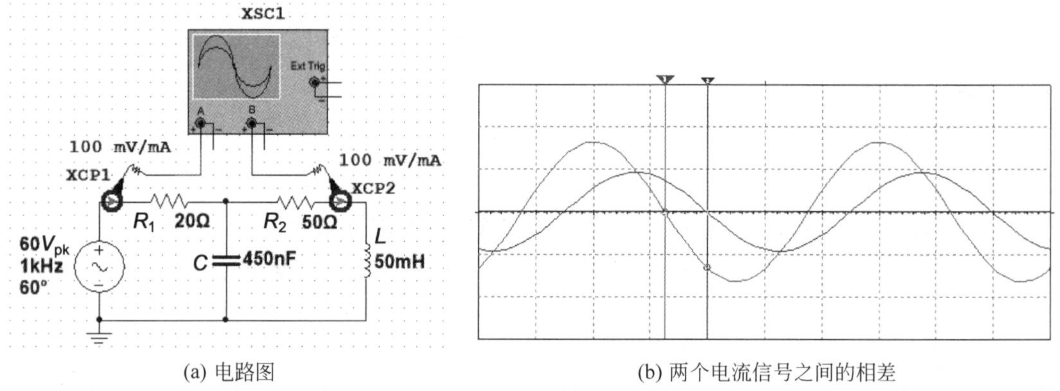

(a) 电路图　　(b) 两个电流信号之间的相差

图 2.15　RLC 电路中的电流

2.5　交流电路的功率分析

相量分析方法在强电领域也获得了广泛应用，但是人们引进了一些新的参数。先以图 2.16(a)中的电路为例，回顾一下电流、电压与负载阻抗之间的关系。负载的阻抗可以用两种方式来表达，其实也就是复数的代数形式和指数形式。

$$Z_L=R_L+jX_L=|Z_L|\exp(j\theta_z) \tag{2.23}$$

此外，从电流与电压之间的相量关系可以得出以下关系式。

$$Z_L=\frac{\tilde{V}}{\tilde{I}}=\frac{|V_L|\exp(j\theta_v)}{|I_L|\exp(j\theta_i)}=\frac{V_m}{I_m}\exp[j(\theta_v-\theta_i)] \tag{2.24}$$

比较以上两个方程式，就可以分别得出幅值和相位之间的关系：

$$|Z_L|=\frac{|V_L|}{|I_L|}=\frac{V_m}{I_m},\quad \theta_z=\theta_v-\theta_i \tag{2.25}$$

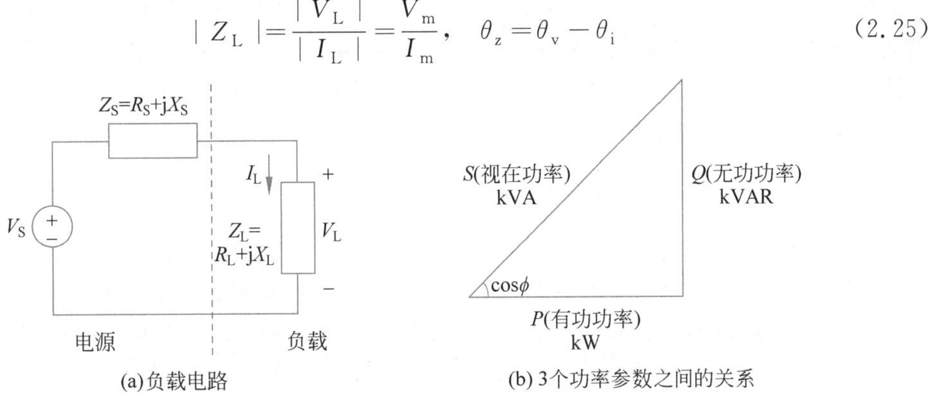

(a) 负载电路　　(b) 3个功率参数之间的关系

图 2.16　负载的功率参数

在强电领域人们引进了“视在功率”(apparent power)S 这个概念，它可以分解为“有功功率”(active power)P 和“无功功率”(reactive power)Q，如图 2.16(b)所示。其中的所谓“有功功率”就是电阻上消耗的平均功率，而“无功功率”的来源则是由电容或电感导致的相位差。从另一方面来说，电容和电感都是储能器件；它们虽然不消耗能量，但是会从电网中不断地吸纳和释放能量，因此其影响也是需要考虑的。

$$S=\frac{1}{2}\widetilde{V}\cdot\widetilde{I}^*=\frac{1}{2}V_mI_m\exp[j(\theta_v-\theta_i)]=P+jQ \tag{2.26}$$

其中，$\widetilde{I}^*$ 表示电流相量的复共轭，V_m 和 I_m 分别表示电压和电流的振幅。代入欧拉定理就可以求出有功功率和无功功率的表达式：

$$P=\frac{1}{2}V_mI_m\cos(\theta_v-\theta_i)=\frac{1}{2}I_m^2|Z_L|\cos(\theta_z),\quad Q=\frac{1}{2}I_m^2|Z_L|\sin(\theta_z) \tag{2.27}$$

在以上关系中使用了式(2.25)中的相位关系，视在功率也可以用负载的参数来重新表达：

$$S=\frac{V_m^2}{2|Z_L|}\exp(j\theta_z)=\frac{1}{2}I_m^2|Z_L|\exp(j\theta_z)=\frac{1}{2}I_m^2Z_L \tag{2.28}$$

由于视在功率也是一个复数，因此在复平面上也可以表现为一个矢量。式(2.28)的结果表明，视在功率 $\boldsymbol{S}$ 与负载阻抗 $\boldsymbol{Z}_L$ 这两个矢量是平行的，因为它们的相位相同。如果把阻抗表达为电阻和电抗的组合($Z_L=R_L+jX_L$)，就可以看出 P、Q 与负载的两个分量之间的对应关系：

$$P=\frac{1}{2}I_m^2R_L,\quad Q=\frac{1}{2}I_m^2X_L \tag{2.29}$$

在实际应用中，负载的相位角十分重要，电力公司对此有特殊的要求。因此人们定义了一个被称为功率因数(power factor，pf)的参数：

$$\text{pf}=\cos(\theta_v-\theta_i)=\cos(\theta_z) \tag{2.30}$$

因为电阻是个正实数，所以负载的相位角在±90°之间：$-90° \leqslant \theta_z \leqslant 90°$。很遗憾，余弦函数是个偶函数，所以每个功率因数对应于两个不同的相位角。为了加以区分，就需要知道电流是领先还是落后于电压。作为一个具体的模型，可以想象一个电阻与一个电容或电感串联：RC串联负载中($\theta_z < 0$)电流领先于电压，而RL串联负载中($\theta_z > 0$)电流落后于电压。图2.16(b)显示了后者这种情况。

> K 在电压、电流、负载阻抗和视在功率这4个复参数中只有两个是独立的。也就是说，只要知道其中的两个参数，就可以求出另外两个。有一个特殊情况除外，因为负载阻抗与视在功率平行，所以在已知这两者的情况下，可以求出电压和电流的幅值以及其相位差，却不能确定其各自的相位。其实，在大部分情况下有了这个相位差就足够了。

> K **电容补偿**：很多工矿企业的能源消耗主要来自于电动机，其负载的特征类似于电阻与电感的串联，因为电动机内的线圈会产生很大的电感。虽然电感不消耗能量，但是它需要不断地从网络吸纳和返还能量，结果导致输电线上的电流较高。如果其功率因数(pf)过低，电力公司对此也会收取相应的额外费用。一个简单的处理方法就是并联一组电容，它可以抵消一部分电感的影响，从而降低输电线上的电流。由于需要很大的补偿电容，它们一般都是由很多电容并联而构成的，在英语里被称为capacitor bank。顺便解释一下，bank这个词的本义是“一堆东西”，在近代才引申出“银行”的意思。然而，从某种意义上来说，这组电容所起到的作用就和一个局部的小银行有些类似，它可以满足很大比例的借贷业务。

功率补偿的概念可以用图2.13中的例题来加以说明。为了突出电容的作用，图2.17(a)中的电路把补偿电容去掉了，而图2.17(b)中的电路恢复了原始的状态。如果其中的R_1被当作导线电阻，那么R_2和L_1就构成了负载，而C_1则是补偿电容。利用Multisim的功率表可以同时得出所消耗的功率和功率因数。在接入功率表之前，先要把电路断开，然后先连接右侧的电流表。左侧电压表的正极与电流表所在的节点相连；由于电流表的输入阻抗为零，所以R_1、R_2和C_1之间的所有导线构成一个电路节点。电压表的两极应该横跨负载的两端，在一般情况下电压表的负极应该与负载的另一端相连。由于这个电路的负载一端接地，所以可以将电压表的负极也接地，从而简化电路。

从这两个电路仿真结果的对比来看，其功率消耗相差无几，但是功率因数却相差甚远。与此同时，通过R_1的电流也相差悬殊。在图2.17(a)所示的没有电容补偿的情况下，负载的功率因数是pf=0.157，此时供电线路中的电流幅值是$I_m = 187\text{mA}$。图2.17(b)中的电路并联了一个补偿电容，其功率因数上升到了pf=0.885，线路中的电流幅值降到了$I_m = 33.0\text{mA}$。电流的下降可以有效地减小在线路上的能量损失，同时也减轻了供电系统的负担。一般来说，电力公司要求用电单位的功率因数要达到0.9以上，否则就要罚款，所以这个设计还应该进一步优化。由于工厂里的动力系统是动态变化的，也就相当于上例中的电

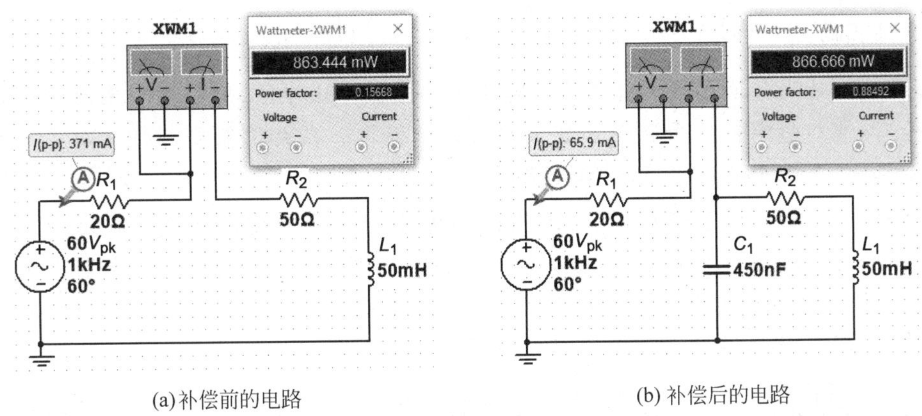

(a) 补偿前的电路　　(b) 补偿后的电路

图 2.17　功率补偿的效果

感值在不断变化；因此，把功率因数调到 1 是不现实的。近年来，在工业界出现了动态补偿设备，它可以根据工厂的实际负载来改变补偿电容，从而达到最佳的补偿效果。

2.6　一阶滤波器

从以上的介绍来看，只要把电阻拓展为阻抗，人们就可以用与欧姆定律相类似的方程来描述这 3 种被动器件中电流与电压的关系。然而，电容和电感的阻抗是频率的函数，当频率发生变化时，阻抗的变化会导致电路出现不同的响应。人们可以利用这种特性来设计滤波器(filter)，从而可以过滤掉处在不同频段的干扰信号。

滤波器的作用与日常用的过滤器有相似之处，例如，人们可以用纱布来过滤掉液体中的固态颗粒。电子电路中的滤波器可以选择让不同频率范围的信号通过，常用的滤波器包括低通、高通、带通和带阻几种基本类型。图 2.18 所示的频率响应是理想的状态，其横轴是频率，纵轴是传递函数的幅值。

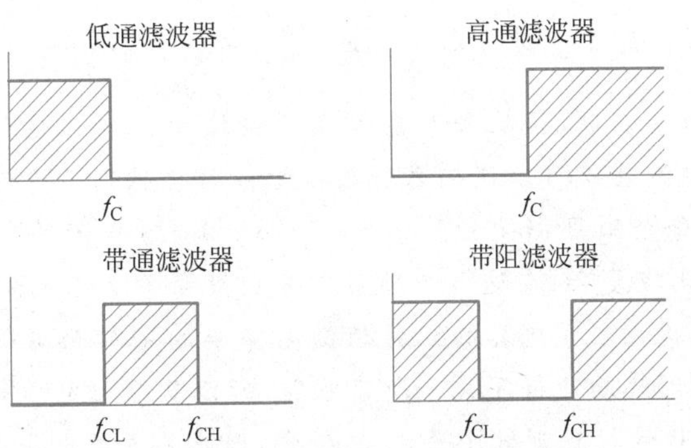

图 2.18　4 种理想的滤波器：横轴为频率，纵轴为传递函数的幅值

K 滤波器的应用十分广泛，在工作和生活中都会遇到。例如，当我们听收音机调台的时候，就是在使用带通滤波器来选择不同的载波频率。此外，在用示波器显示比较微弱的信号时，叠加的噪声信号会导致显示的曲线很模糊。在大学里常用的示波器一般都有一个选项，那就是使用 $f_c=20\text{MHz}$ 的低通滤波器来消除部分噪声信号，其效果往往相当不错。另外，国内电网采用 50Hz 的交流电，因此在实验室的环境中有比较高的低频电磁波，它会通过电路中的导线(类似于天线的作用)耦合到测量电路中来。此时可以采用一个高通滤波器来消除这种干扰。如果所测量的信号与 50Hz 比较接近，那就需要使用带阻滤波器来定点清除这个噪声信号。

对于初学者来说，判断滤波器的基本类型是十分重要的。由于电容和电感的阻抗表达式不同，所以它们在极低频和甚高频的极端情况下具有相反的特性，表 2.1 对此做了一个总结。

表 2.1　电容和电感频率响应的极端特征

器　件	极　低　频	甚　高　频
电容	开路	短路
电感	短路	开路

当滤波器电路中只有一个能量存储器件(电容或电感)时，它们被称为一阶滤波器(First Order Filters)。在实际应用中往往采用高阶滤波器，因为其频率响应曲线比较陡峭，能够抑制在频谱上相邻的干扰信号。然而，了解一阶滤波器的特性和分析方法是研究高阶滤波器的基础。

图 2.19(a)是一阶 RC 滤波器电路，首先可以判断其类型。在极低频电容器相当于开路，所以输出信号等于输入信号。然而，在甚高频电容器相当于短路，所以输出信号为零。根据以上分析，可以判断出这是一个低通滤波器。

K 如果一个滤波器由两个器件或模块组成，那么可以把它们看作两个合伙的投资人。其阻抗相当于各自的投资额，而从每个器件或模块输出的电压信号则相当于投资的收益。例如，RC 低通滤波器就可以这样来理解：A 和 B 合伙对 5 个项目进行投资。A 的投资策略十分简单，每个项目都投资 100 万元，这就相当于电阻的阻抗不随频率而变化。然而，B 的投资方案比较复杂，在这 5 个项目中分别投资了 1 亿元、1000 万元、100 万元、10 万元和 1 万元，这就相当于电容的阻抗值随着频率的增加而减小。在低频段 B 的投资远大于 A 的投资，因此而获得了几乎所有收益，所以其输出电压等于信号源的输入电压。然而，在高频段 B 的投资则远小于 A 的投资，因此其收益也微乎其微。借助这个比喻，读者就可以对滤波器有直觉的理解。

定量的分析可以把图 2.19(a)中的电路当作一个串联分压电路(voltage divider)，如

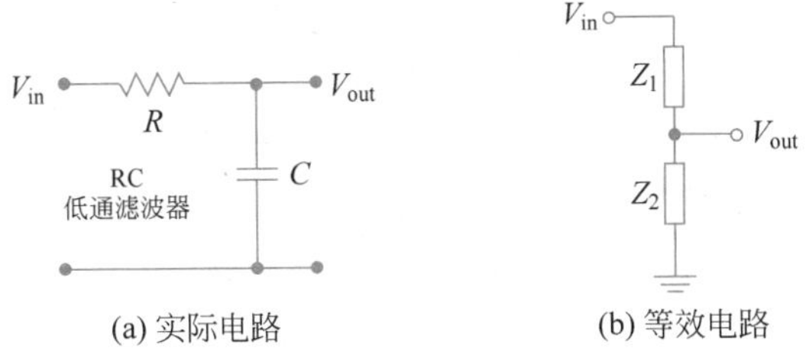

图 2.19 一阶 RC 低通滤波器

图 2.19(b)所示。由电阻组成的串联分压电路大家都很熟悉，当有电容或电感存在的时候，可以把电阻值扩展为阻抗值，但是基本公式是相同的。由此可以得出其传递函数(transfer function)：

$$H(\omega)=\frac{\widetilde{V}_{out}}{\widetilde{V}_{in}}=\frac{Z_2}{Z_1+Z_2}=\frac{1/\mathrm{j}\omega C}{R+1/\mathrm{j}\omega C}=\frac{1}{1+\mathrm{j}\omega RC}=\frac{1}{1+\mathrm{j}\omega/\omega_c} \tag{2.31}$$

大家应该记得，$\tau=RC$ 是充放电过程的时间常数，其倒数则对应的是一个角频率参数，它被称为截止(cutoff)或拐点(corner)频率：

$$\omega_c=\frac{1}{RC},\quad f_c=\frac{1}{2\pi RC} \tag{2.32}$$

一般来说，一个复函数可以将其模与相位来分别研究：

$$|H(\omega)|=\frac{1}{\sqrt{1+(\omega/\omega_c)^2}},\quad \angle\theta=-\arctan(\omega/\omega_c) \tag{2.33}$$

在上式中的角频率参数也可以换成频率参数，其比值是相同的：$\omega/\omega_c=f/f_c$。

图 2.20 是一阶 RC 低通滤波器的频率响应，它的截止频率是 $f_c=10^4\,\mathrm{Hz}$。可以验证一下其滤波器特性。

(1) $\omega\ll\omega_c$：$H(\omega)=1$；

(2) $\omega=\omega_c$：$H(\omega)=\frac{1}{1+\mathrm{j}}=\frac{1}{\sqrt{2}}\mathrm{e}^{-\mathrm{j}\frac{\pi}{4}}=\frac{1}{\sqrt{2}}\angle-45°$；

(3) $\omega\gg\omega_c$：$H(\omega)=\frac{\omega_c}{\mathrm{j}\omega}=\frac{\omega_c}{\omega}\mathrm{e}^{-\mathrm{j}\frac{\pi}{2}}=\frac{\omega_c}{\omega}\angle-90°$。

在低频段传递函数是 1，也就是输出信号与输入信号完全一致，包括相位在内。然而，在截止频率 f_c 处出现了一个拐点，然后传递函数的值就一路向下地减小，相当于输出信号随着频率的增高而减弱，彼此之间有反比的关系。例如，如果 $\omega=100\omega_c$，输出信号的振幅就会减弱到输入信号的百分之一。对于滤波器来说，人们一般比较感兴趣传递函数值很小的频率区间，例如图 2.20 中 $f>10^6\,\mathrm{Hz}$ 的区域，而在线性纵坐标轴的情况下这一段曲线往往表现不出来。因此，人们往往采用双对数坐标来展示传递函数。

如果一个器件的输入信号的强度可以跨越很多个数量级，术语上则称其为有很高的动态范围(dynamic range)，在这种情况下，人们往往通过对数运算将其转化为分贝(dB)。例

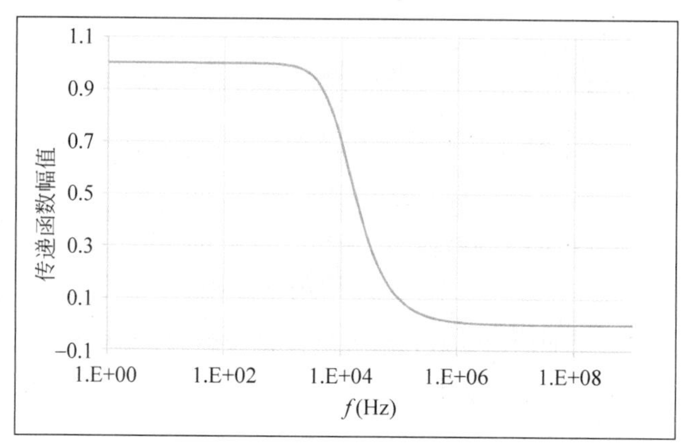

图 2.20　一阶 RC 低通滤波器的传递函数特性

如，人类的视力有很高的动态范围，无论在光线明亮的中午还是在昏暗的傍晚都能看清物体，而在傍晚用手机拍照时就会明显感到人类的这个优势。定量地来说，人类可视物体的亮度范围为 $10^{-6} \sim 10^{8}$ cd/m^2，跨越了 14 个数量级(140dB)。此外，人类听力的动态范围也有 120dB，但是随着年龄的增长人们对高频段的敏感度会有所降低。

K 分贝(decibel)这概念起源于美国的贝尔电话实验室(Bell Telephone Labs)。在 20 世纪初那里的科研人员在研究电话信号衰减时引入了"Bel"(贝)这个单位。它的定义很简单，首先算出信号能量的衰减率(接收信号强度除以发射信号强度)，然后求以 10 为底的对数，得出的结果就以 Bel 为单位。例如，信号能量衰减到 3%，lg(0.03)＝−1.523，这样的衰减可以描述为−1.523Bel。后来人们觉得这个单位有些太大，以至于小数点后面的那些数值也很重要。因此，大家决定将其乘以 10，这样一来其单位就变成了 Bel 的十分之一，所以称之为 decibel，简写为 dB，我们称之为"分贝"(deci-是十分之一的意思，例如 decimeter 就是分米)。通过功率的比值来计算分贝的公式是这样的：$10 \cdot \log_{10}(P_2/P_1)$。然而，如果用电流或电压来做计算，前面的系数就变成了 20，因为功率与这些参数的平方成正比：$10 \cdot \log_{10}(V_2^2/V_1^2) = 20 \cdot \log_{10}(V_2/V_1)$。

用分贝来描述的数值一定是一个无量纲的比例，为了满足这样一个条件，往往会人为规定一个参考值。例如，音量是用这个公式来计算的：$L = 10 \cdot \log_{10}(I/I_0)$，其中 I 表示声波的强度，而其参考值为 $I_0 = 10^{-12}$ W/m^2，这个强度是人耳能够分辨的下限。因此，120dB 的声波其强度是 1W/m^2，近距离的喷气发动机噪声可以达到这个水平，如此强的声音会对人们的听觉造成伤害。有趣的是，人们的耳朵对声波强度的感知类似于分贝，也就是把指数增长的声音强度感觉为线性增长，这样才能获得 120dB 的动态范围。

如果用分贝来描述传递函数的强度，则可以得出以下结论。

(1) $\omega \ll \omega_c$：$20\log_{10}|T(\omega)|=0\text{dB}, \angle\theta=0°$；

(2) $\omega=\omega_c$：$20\log_{10}|T(\omega)|\approx -3\text{dB}, \angle\theta=-45°$；

(3) $\omega \gg \omega_c$：$20\log_{10}|T(\omega)|\approx -20\log_{10}(\omega/\omega_c), \angle\theta=-90°$。

图2.21展示了传递函数的模和相位在截止频率附近的变化。在高于截止频率时，传递函数的值会随频率的增加而递减，这条线的斜率很重要。遗憾的是一阶滤波器的斜率很小，只有−20dB/Dec。也就是说，频率每增加十倍，信号的振幅就会衰减到原来的十分之一，信号的能量衰减到原来的百分之一。然而，相位的变化仅仅局限于截止频率附近（$0.1f_c$～$10f_c$），在这个区域以外则趋于饱和。Hendrik W. Bode（1905—1982年）是一名美国科学家和发明家，为了纪念他在控制理论方面做出的诸多贡献，把这类传递函数的图表称为波特图（Bode Plot）。Multisim有一个虚拟的仪器能够很方便地得出波特图，它可以显示传递函数的绝对值和相位。然而，图中的坐标轴缺乏标示，在图的下方仅仅显示标尺与曲线相交处的坐标值。图2.21就是一个RC低通滤波器的仿真结果，其中R_1为1kΩ，C_1为15.9nF，f_c约为10^4Hz。

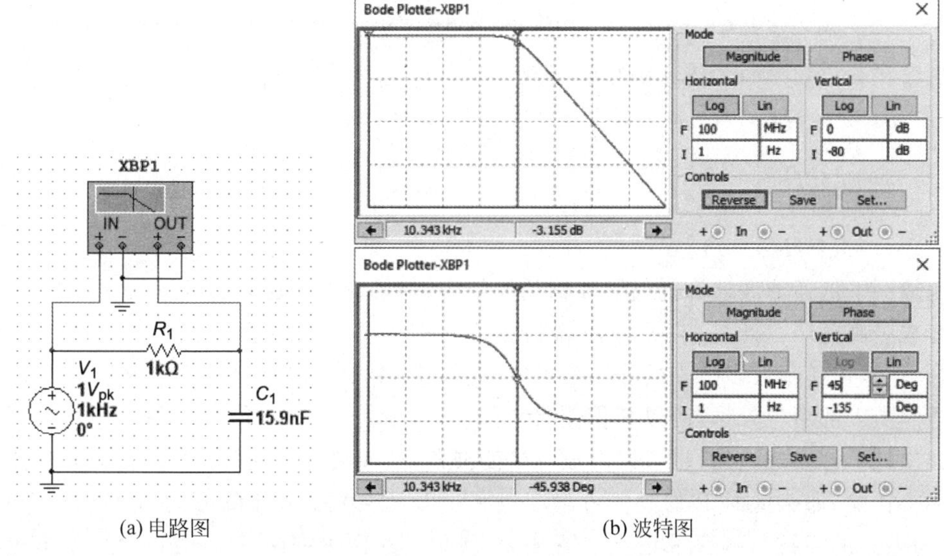

(a) 电路图　　　(b) 波特图

图2.21　一阶RC低通滤波器频率响应的波特图

利用RC串联电路不仅可以实现低通滤波器，也可以形成高通滤波器，只需要交换电阻与电容的位置即可，如图2.22所示。其实，低通与高通滤波器有互补的特性，这一点根据前面介绍的合伙投资人的比喻就可以理解：低通滤波器的输出信号取自电容，而高通滤波器的输出信号则取自电阻。此外，也可以根据电容的特性可以进行判断：在极低频电容相当于开路，所以输出信号为零；在甚高频电容相当于短路，所以输出与输入信号相同。

这个电路的分析方法与低通滤波器完全相同，首先可以推导出传递函数：

$$H(\omega)=\frac{\widetilde{V}_o}{\widetilde{V}_i}=\frac{Z_2}{Z_1+Z_2}=\frac{R}{1/\text{j}\omega C+R}=\frac{\text{j}\omega RC}{1+\text{j}\omega RC}=\frac{\text{j}\omega/\omega_c}{1+\text{j}\omega/\omega_c} \tag{2.34}$$

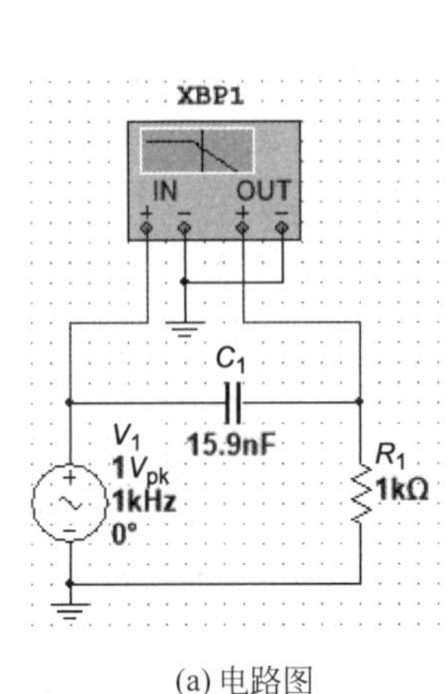

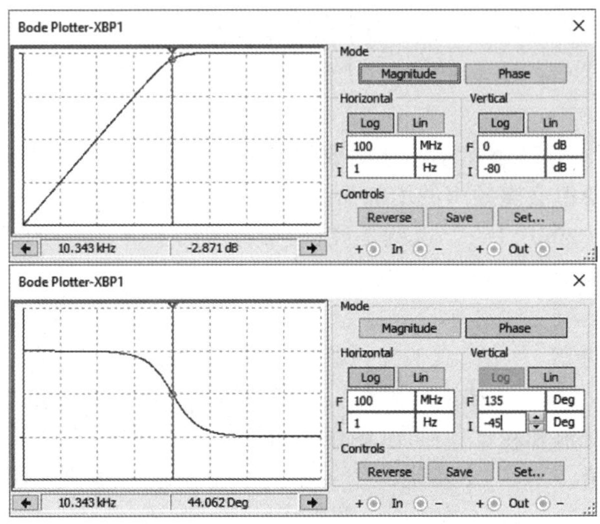

(a) 电路图　　(b) 波特图

图 2.22　一阶 RC 高通滤波器的波特图

下面给出在截止频率两侧传递函数的表现。

(1) $\omega \ll \omega_c$：$H(\omega) \approx (\omega/\omega_c)\angle 90°$。

(2) $\omega = \omega_c$：$H(\omega) = \dfrac{1}{\sqrt{2}}\angle 45°$。

(3) $\omega \gg \omega_c$：$H(s) = 1$。

比较一下低通滤波器和高通滤波器的波特图，就可以看到通频的区域发生了变化，从低频区变成了高频区。此外，高通滤波器的相位向上平移了 90°，但是其形状并没有任何变化，这一点从传递函数多出来的分子就可以解释：$\mathrm{j} \to 1\angle 90°$。从复平面上来看，j 可以看作一个指向上方的单位矢量，所以其相位为 90°。

如果把电容换成电感，也可以形成一阶滤波器，然而类型会变得相反。如果再次用投资人的那个比喻，那么此时 B 的投资方案变成了 1 万元、10 万元、100 万元、1000 万元和 1 亿元，因为电感的阻抗与频率成正比。图 2.23 展示了这两种一阶 RL 滤波电路，从电感的频率响应特性也可以加以区分。在极低频电感相当于短路，而在甚高频则相当于开路。所以图 2.23(a)中电路是低通滤波器，而图 2.23(b)中电路是高通滤波器。在射频和微波电路中电感器件被广泛采用，因为电感的阻抗值与频率成正比，很小的电感都可以产生很高的阻抗。但是本书的内容以中低频波段为主，因此影响频率响应的器件主要是电容。RL 滤波器的分析方法与 RC 滤波器完全一致，所以不再赘述。

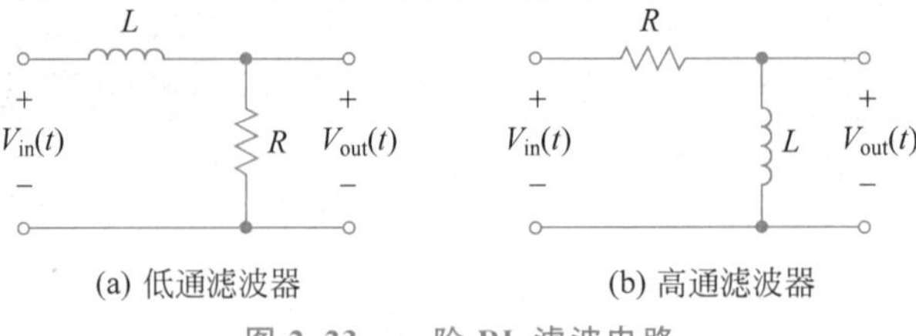

(a) 低通滤波器　　(b) 高通滤波器

图 2.23　一阶 RL 滤波电路

Q　将两个 RC 一阶滤波器串联起来，是否可以形成一个二阶滤波器？

答案是肯定的，但有一些问题需要注意。首先，本节所讨论的滤波器特性是在理想情况下推导出来的，也就是说，信号源的输出电阻为零而且滤波器的负载为无穷大（开路）。如果把两个滤波器简单地串联起来，以上条件则得不到满足，因此不能简单套用那些公式。其次，假如在两个串联起来的滤波器之间加入了缓冲电路，从而彼此不会因为阻抗因素而互相干扰，那么最终形成的二阶滤波器的截止频率也会有所变化，特别是当这两个频率很接近的时候。

简单回顾一下，截止频率的定义是传递函数的值比通频波段降低了 3dB。在两个一阶滤波器串联的情况下，$H(\omega)=H_1(\omega)\cdot H_2(\omega)$，所以它们共同作用的效果是降低或推高截止频率。简言之，此类二阶低通滤波器的截止频率会低于其中任何一个一阶滤波器：$\frac{1}{f_c}=\sqrt{\frac{1}{f_{c1}^2}+\frac{1}{f_{c2}^2}}$；同样，此类二阶高通滤波器的截止频率会高于其中任何一个一阶滤波器：$f_c=\sqrt{f_{c1}^2+f_{c2}^2}$。例如，在两个一阶滤波器的截止频率完全相同的情况下，所形成的二阶低通滤波器的截止频率会降低到 $f_{cl}=f_c/\sqrt{2}$，而高通滤波器的截止频率会升高到 $f_{ch}=\sqrt{2}f_c$。如果组成二阶滤波器的两个一阶滤波器的截止频率相差十倍以上，那么这个修正效应可以忽略，否则就需要加以考虑。这两个公式可以扩展到高阶滤波器，也就是在根号下增加更多项。

如果把电容和电感串联起来则可以形成一个二阶滤波器。仍然借助合伙投资人的比喻，A 与 B 的投资方案正好相反：在低频段电感投资 1 万元而电容投资 1 亿元，在高频段电感投资 1 亿元而电容投资 1 万元。这种巨大的反差使得其传递函数变得更加陡峭，达到了 ±40dB/dec。有了分析 RC 和 RL 滤波器的经验，其类型也很容易判断：输出信号取自电容则是二阶低通滤波器，输出信号取自电感则是二阶高通滤波器。根据同样的原理，还可以构建出更高阶的滤波器。

2.7　RCR 电路模块的频率响应

在分析电路的时候，经常会遇到一些由被动器件组成的简单“模块”，它们的频谱特征十分有趣。例如，两个电阻和一个电容可以有 4 种组合方式，下面就来分别讨论它们的特性。图 2.24(a)上面是一个低通滤波电路，其输出端在电容上方的节点。首先可以交换电容和电阻 R_2 的位置，然后利用戴维南定理将其转化为下面的简化 RC 电路，最后就可以很容易求出其截止频率：$f_c=1/(2\pi R_{12}C)=318\text{Hz}$。从如图 2.24(b)所示的波特图中可以看出，两者十分吻合。

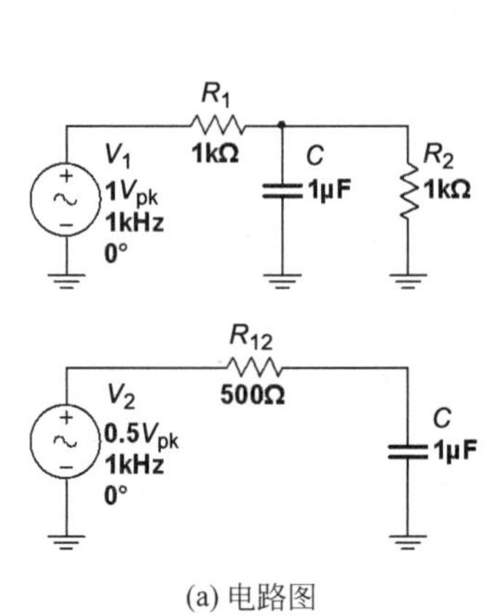

(a) 电路图

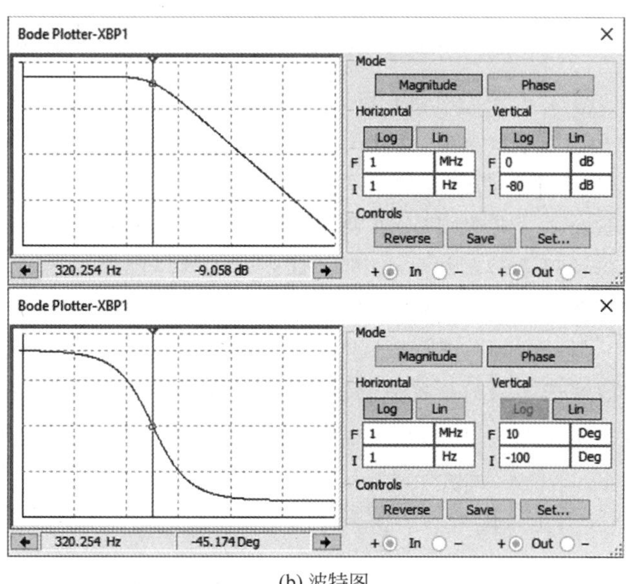

(b) 波特图

图 2.24 低通滤波器

> **K** 在信号处理和控制领域，人们喜欢用 $s=\sigma+\mathrm{j}\omega$ 来代替 $\mathrm{j}\omega$。例如，把电容和电感的阻抗分别写为 $1/sC$ 和 sL，看起来十分简单。其实，这就把一维变量扩展为二维变量，也就是把虚轴拓展为整个复平面。如果还原到最初的旋转圆桌的图像，$\mathrm{e}^{\mathrm{j}\omega t}$ 就变成了 $\mathrm{e}^{\sigma t+\mathrm{j}\omega t}=\mathrm{e}^{\sigma t}\mathrm{e}^{\mathrm{j}\omega t}$。由此可以看出，$\sigma<0$ 对应于稳定的衰减振荡，而 $\sigma>0$ 则对应于不稳定的放大振荡。此外，本章讨论的情况对应于 $\sigma=0$。

这个 RC 低通滤波器的传递函数很容易求；为了解释传递函数的几何意义，此处把 $\mathrm{j}\omega$ 拓展为复变量 $s=\sigma+\mathrm{j}\omega$。

$$H(s)=\frac{1/sC}{R_{12}+1/sC}=\frac{\omega_{\mathrm{c}}}{s+\omega_{\mathrm{c}}}\quad\Rightarrow\quad H(s)=\frac{\omega_{\mathrm{c}}}{s-p}\tag{2.35}$$

如果希望获得更直观的理解，此时传递函数可以略做修改，从而可以表示为式(2.35)右侧的公式。在如图 2.25 所示的复平面上，s 变成了一个矢量，它的起点在原点，而终点在 $\mathrm{j}\omega$。在式(2.35)中 p 表示的是一个极点，它的位置在 $p=-\omega_{\mathrm{c}}$。在截止频率时，$s-p=\omega_{\mathrm{c}}(1+\mathrm{j})=\sqrt{2}\,\omega_{\mathrm{c}}\angle 45°$，在图 2.25 中，它是从极点 $\boldsymbol{p}$ 指向 $\boldsymbol{s}$ 的那个矢量。然而，在传递函数中这个矢量处在分母的位置，所以其幅值是 $1/\sqrt{2}$，而相位是 $-45°$，如图 2.24(b)中所示。

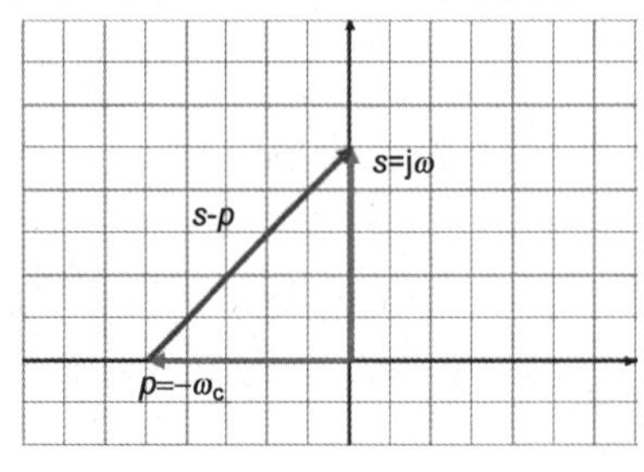

图 2.25 在复平面上分析传递函数

除了在截止频率这一点以外，借助复平面上的矢量图还可以分析低频和高频特性。在低频段，矢量 $\boldsymbol{s}$ 十

分靠近原点，所以 $\boldsymbol{s}-\boldsymbol{p}$ 就相当于从极点位置 p 指向原点的矢量，$\boldsymbol{s}-\boldsymbol{p}\approx\omega_c\angle 0^\circ$。代入式(2.35)就可以得出其传递函数为1的结论。在高频段，$|\boldsymbol{s}|\gg\omega_c$，所以矢量 $\boldsymbol{s}-\boldsymbol{p}$ 与矢量 $\boldsymbol{s}$ 十分接近，代入式(2.35)就可以得出这样的结论：传递函数的绝对值与频率成反比，而相差却停留在-90°而不再改变。

与前面介绍的低通滤波器类似，图2.26(a)上面的电路是一个高通滤波器，其输出端在电容与电阻 R_2 之间的节点。这个电路的传递函数可以分两步来求得，先把 R_1 和电容交换位置，然后将其转化为图2.26(a)下面的等效电路，最后再利用两个电阻形成的分压电路公式就可以得到结果：

$$H(s)=H_1(s)H_2(s)=\frac{1}{2}\frac{s}{s+\omega_c}\quad\Rightarrow\quad H(s)=\frac{1}{2}\frac{s}{s-p}\tag{2.36}$$

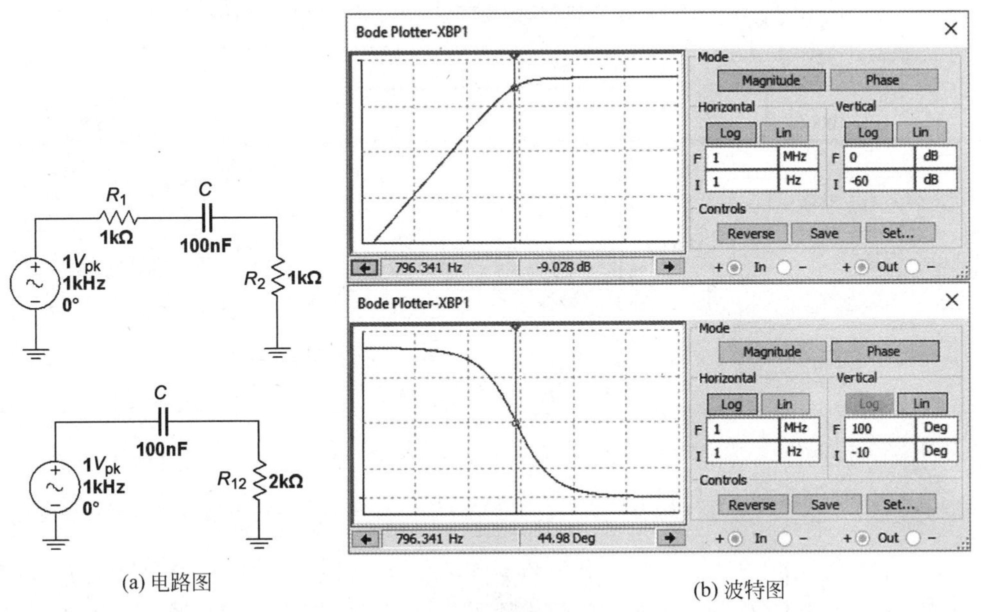

(a) 电路图　　(b) 波特图

图2.26　高通滤波器

根据电路图中器件的参数可以求出其截止频率：$f_c=1/(2\pi R_{12}C)=796\text{Hz}$，这个计算结果与图2.26(b)中显示的仿真结果十分吻合。在截止频率，$s=\mathrm{j}\omega_c$，$H(\mathrm{j}\omega_c)=\frac{1}{2}\frac{\mathrm{j}}{1+\mathrm{j}}=\frac{\sqrt{2}}{4}\mathrm{e}^{\mathrm{j}\pi/4}$。在波特图上显示出，其传递函数的绝对值比通频段($-6$dB)下降了3dB，相移是$45^\circ$。这个结果也可以借助图2.25来直观地理解，在截止频率时，$s=\omega_c\angle 90^\circ$，$s-p=\sqrt{2}\omega_c\angle 45^\circ$，$H(\mathrm{j}\omega_c)=\frac{1}{2}\frac{s}{s-p}=\frac{\sqrt{2}}{4}\angle 45^\circ$。在高频段，分子($s$)和分母($s-p$)所对应的矢量变得十分接近，因此其比值趋于1，而传递函数的值则是0.5。

如图 2.27(a)所示的电路被称为“超前网络”(lead network)或“超前补偿器”(lead compensator),图 2.27(b)是其波特图,从中可以看出在一个区域内出现了正向的相移。首先可以定性地分析一下在低频和高频的传递函数:在低频段电容相当于开路,所以这个电路就是一个简单的电阻分压电路,传递函数为 0.5,此时没有相移。在高频段电容相当于短路,所以此时的传递函数为 1,也没有相移。

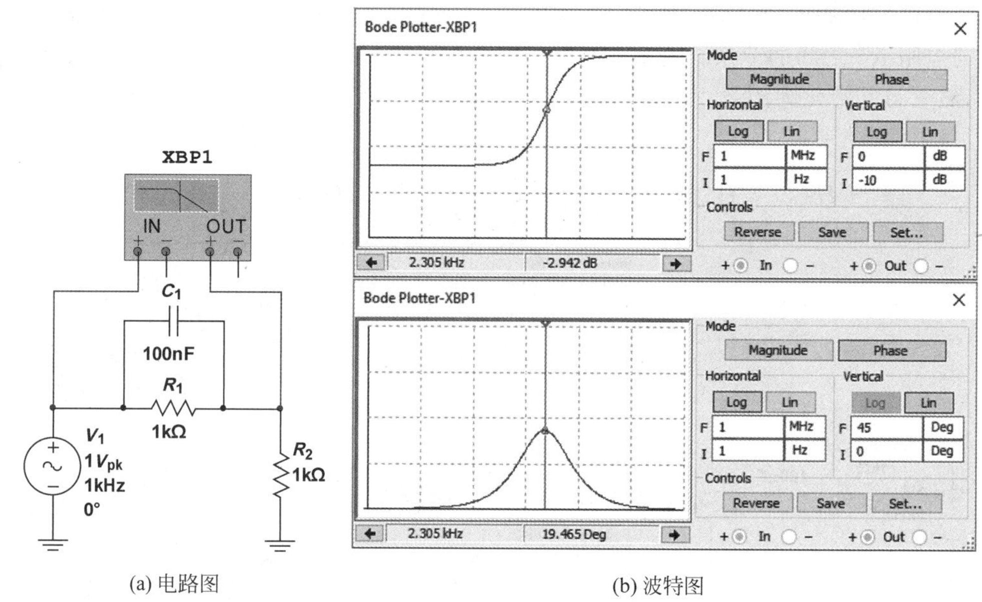

(a) 电路图　　　　(b) 波特图

图 2.27　超前网络电路

利用分压电路的公式就可以求出其传递函数的表达式:

$$H(s)=\frac{R_2}{Z_1+R_2}=\frac{Y_1R_2}{1+Y_1R_2}=\frac{s+\omega_1}{s+\omega_2} \tag{2.37}$$

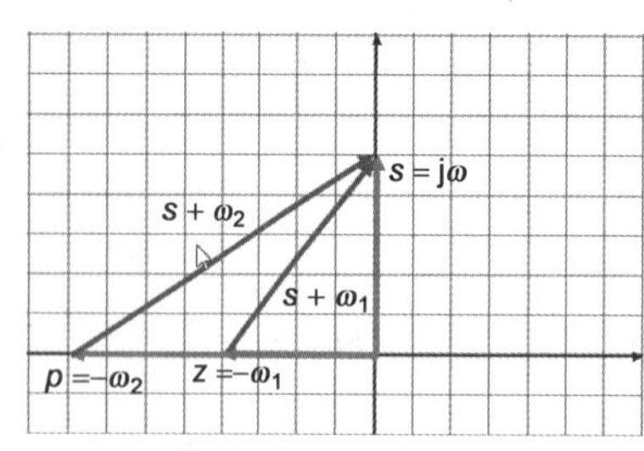

图 2.28　超前网络电路的零点和极点

其中与零点对应的角频率为 $\omega_1=1/(R_1C_1)$,而与极点对应的角频率是 $\omega_2=1/[(R_1\parallel R_2)C_1]$。因为 $R_1\parallel R_2<R_1$,所以 $\omega_1<\omega_2$,它们的相对位置标在图 2.28 中。从此图中还可以直观地看出分子和分母的相位:$\theta_1=\arctan\frac{\omega}{\omega_1}$,$\theta_2=\arctan\frac{\omega}{\omega_2}$;而传递函数的相位则是这两者之差:$\theta=\theta_1-\theta_2>0$。通过求导数可以求出相移最大值所对应的频率:$\omega_{\max}=\sqrt{\omega_1\omega_2}$。代入其表达式就可以求出其最大相移:$\theta_{\max}=\arctan(\sqrt{\omega_2/\omega_1})-\arctan(\sqrt{\omega_1/\omega_2})$。如果 $R_2\gg R_1$,极点与零点的位置十分接近,那么相移将会很小。反之,如果 $R_2\ll R_1$,极点与零点之间的间隔比较大,那么其结果会导致相移增大,但是其上限是 90°。根据如图 2.27(a)所示电路中器件的参数,$\omega_1=10^4\,\mathrm{rad/s}$,$\omega_2=2\times10^4\,\mathrm{rad/s}$,$\omega_{\max}=\sqrt{2}\times10^4\,\mathrm{rad/s}$,$f_{\max}\approx2.25\mathrm{kHz}$,$\theta_{\max}\approx$

19.5°,这与仿真结果十分吻合。

> **K** 在本章介绍交流信号时曾经把正弦信号与一个旋转平台联系起来,因此,输入和输出信号可以看作两个沿着逆时针方向在圆形轨道上跑步的人,信号的频率对应于其角速度,而相位则与其位置相对应。此外,相位也可以看作角速度对时间的积分。在线性电路中,输出信号与输入信号的频率是相同的,故两者的相对位置是由相位来决定的。由于传递函数的相位是正的,也就是输出信号比输入信号的相位值更大,看起来好像输出信号在赛跑时处于超前位置那样,所以这个电路被称为"超前网络"。

与"超前网络"相对应的是"滞后网络"(lag network),如图 2.29(a)所示。在低频段,电容相当于开路,所以传递函数为 1。在高频段,电容相当于短路,此时它类似于一个电阻分压电路。在这两种情况下,传递函数都没有相移,如图 2.29(b)所示。然而,在这两者之间的频率范围内,传递函数有负的相移,故此得名。这个电路的传递函数也可以按照分压电路的公式来推导:

$$H(s)=\frac{Z_2}{R_1+Z_2}=\frac{R_2+1/sC_1}{R_1+R_2+1/sC_1}=\frac{R_2}{R_1+R_2}\frac{s+\omega_z}{s+\omega_p} \tag{2.38}$$

其中,$\omega_z=1/(R_2C_1)$,$\omega_p=1/[(R_1+R_2)C_1]$,这两者之间的关系是 $\omega_z>\omega_p$。如果与图 2.28 做一个对比,其中零点与极点的位置需要对换,因此这个传递函数的相位是负的。

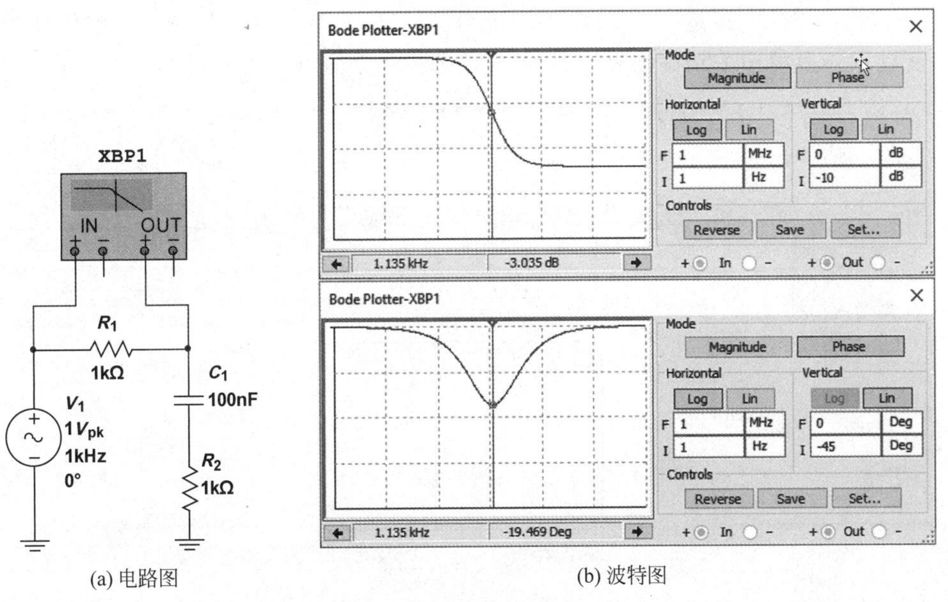

(a) 电路图 (b) 波特图

图 2.29 滞后网络电路

按照同样的推导过程也可以求出与最大幅度相移相对应的角频率:$\omega_{max}=\sqrt{\omega_p\omega_z}$,以及最大幅度相移:$\theta_{max}=\arctan(\sqrt{\omega_p/\omega_z})-\arctan(\sqrt{\omega_z/\omega_p})$。根据图 2.29(a)中的器件参

数来计算，$\omega_p=5\times10^3\text{rad/s}$，$\omega_z=10^4\text{rad/s}$，$\omega_{max}\approx7.07\times10^3\text{rad/s}$，$f_{max}\approx1.13\text{kHz}$，$\theta_{max}\approx-19.5°$。如果与仿真的结果做对比，就会发现它们十分吻合。

K 超前和滞后网络有时很容易混淆，因此可以把相移与幅值联系起来。超前网络有正的相移，其传递函数的幅值呈现出"上坡"的趋势，零点和极点的相对位置则是"从零开始"。与之相反，滞后网络有负的相移，其传递函数的幅值呈现出"下坡"的趋势，零点和极点的相对位置则是"最后归零"。

在第 7 章这两个电路将被用于"频率补偿"，其作用是增加放大器的稳定性。此外，这两个电路还能组合起来从而形成"超前-滞后网络"，在第 6 章中它将被用于维恩电桥振荡器。

2.8 带通和带阻滤波器

如果把电容和电感组合起来而构成一个单元模块，其频率特性也十分有趣。LC 串联电路在共振频率下其阻抗彼此抵消：$Z_L+Z_C=0$，此时相当于短路；LC 并联电路在共振频率下导纳彼此抵消：$Y_L+Y_C=0$，此时相当于开路。因此，当把 LC 串联或并联电路作为一个单元与电阻串联从而形成分压电路时，就会显现出带通和带阻滤波器的特性。

图 2.30 左侧的电路是一个 RLC 串联带通滤波器，右侧是其波特图。受到仿真的精度限制，无法显示其峰值的精确结果。不过，理论分析十分简单。

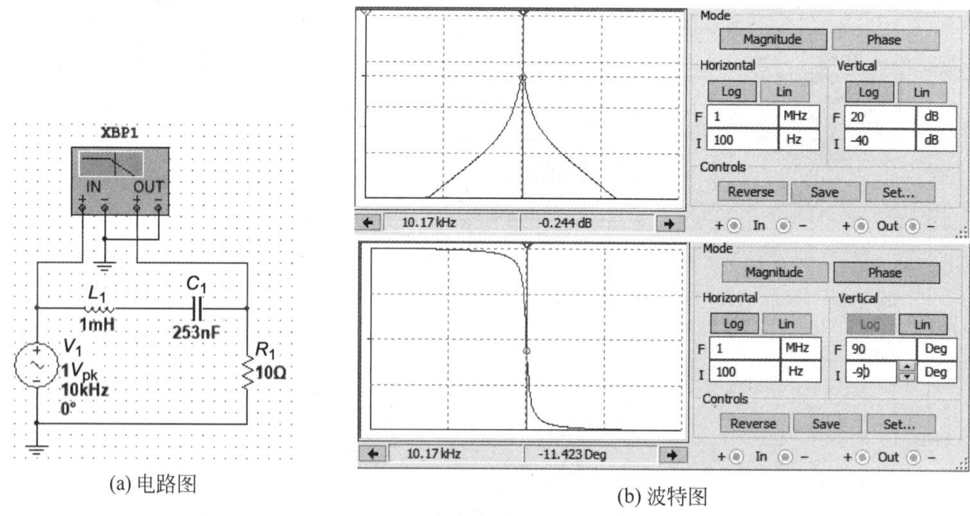

(a) 电路图

(b) 波特图

图 2.30 串联 LC 带通滤波器电路

(1) $f=f_0$：在共振频率下串联 LC 的阻抗为零，这就相当于短路的状态，所以输出信号与输入信号一致，其传递函数值应该是 0dB，而且也没有相移。

(2) $f<f_0$：随着频率的降低，电容的阻抗会增加而电感的阻抗会降低。在串联电路中，高阻抗的器件作用更突出，所以电感的影响会逐渐消失，因此其频率响应类似于RC高通滤波器：传递函数的值出现20dB/dec的斜率，而且会有$+90°$的相移。

(3) $f>f_0$：随着频率的升高，电容的阻抗会降低而电感的阻抗会增强，所以电容的影响会逐渐消失，因此其频率响应类似于RL低通滤波器：传递函数的值出现-20dB/dec的斜率，而且会有$-90°$的相移。

如果交换电阻与串联LC组件的位置，则会出现带阻滤波器的特性，如图2.31所示。与带通滤波器相比，其频率响应更加剧烈，所以波特图的频谱范围缩小到1～100kHz。理论分析与前面的带通滤波器基本相同。在远离共振频率的情况下，电容或电感的阻抗会远高于电阻值，因此LC可以当作开路来处理，此时输出与输入信号相同。在理想情况下，传递函数在共振频率应该为零。然而，电感总是带有寄生电阻，所以在电感下面添加了一个小电阻，这样的结果更符合实际情况。

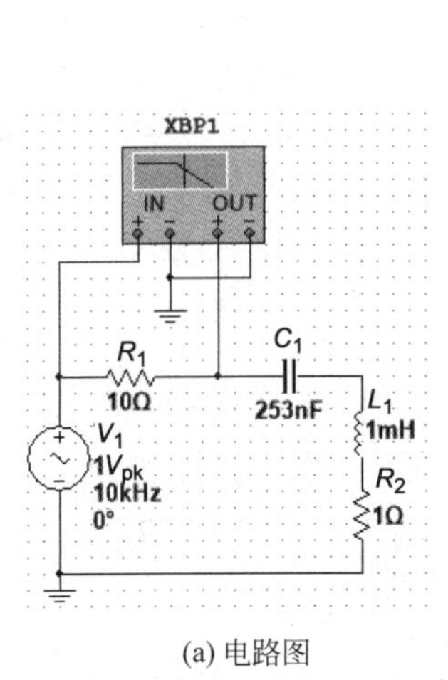

(a) 电路图

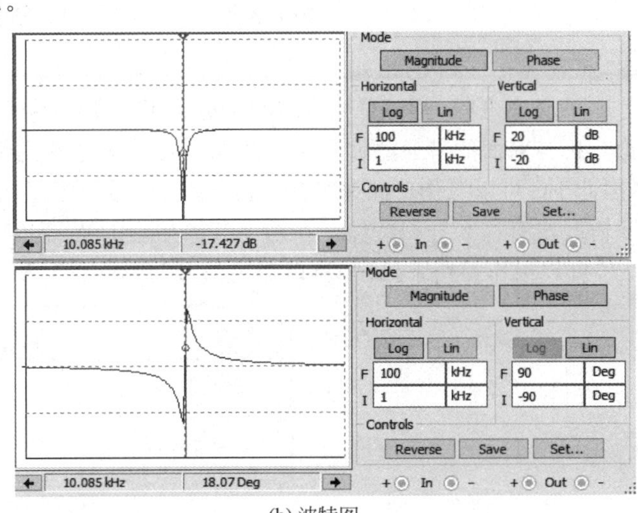

(b) 波特图

图2.31　串联LC带阻滤波器电路

图2.32左侧的电路是一个LC并联模块构成的带通滤波器，而右侧是其波特图。如果与图2.30做个对比，就会发现它们的结果十分相似。不过，其中的电阻值从10Ω增加到了100Ω。理论分析也基本相同。

(1) $f=f_0$：在共振频率下并联LC的导纳为零，这就相当于开路的状态，所以输出信号与输入信号一致，其传递函数值应该是0dB，而且也没有相移。

(2) $f<f_0$：随着频率的降低，电容的阻抗会增加而电感的阻抗会降低。在并联电路中电流趋向于流经低阻抗的器件，所以电容的影响会逐渐消失，因此其频率响应类似于RL高通滤波器：传递函数的值出现20dB/dec的斜率，而且会有$+90°$的相移。

(3) $f>f_0$：随着频率的升高，电容的阻抗会降低而电感的阻抗会增强。所以电感的影响会逐渐消失，因此其频率响应类似于RC低通滤波器：传递函数的值出现-20dB/dec的

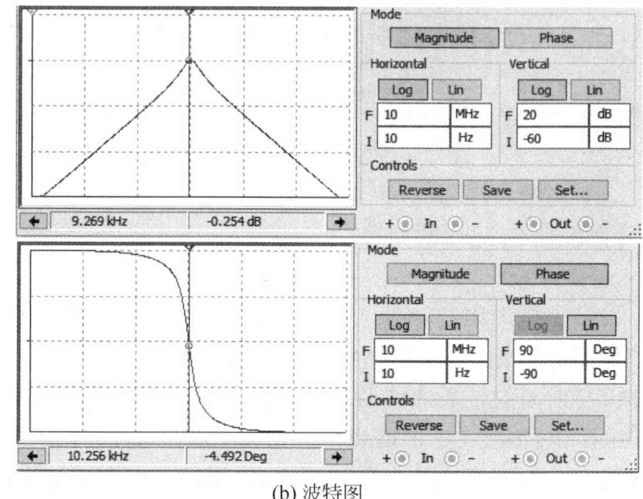

(a) 电路图　　　(b) 波特图

图 2.32　并联 LC 带通滤波器电路

斜率，而且会有−90°的相移。

如果交换电阻与并联 LC 模块的位置，则会出现带阻滤波器的特性，如图 2.33 所示。理论分析与前面的带通滤波器基本相同。在共振频率的情况下，电容或电感的导纳彼此抵消，因此 LC 可以当作开路来处理，此时输出信号为零。当然，电感总是带有寄生电阻，所以实际情况没有这么好的特性。在远离共振频率的情况下，电容或电感的阻抗会逐渐减小，并联 LC 可以当作短路来处理，所以输出信号与输入信号相同。

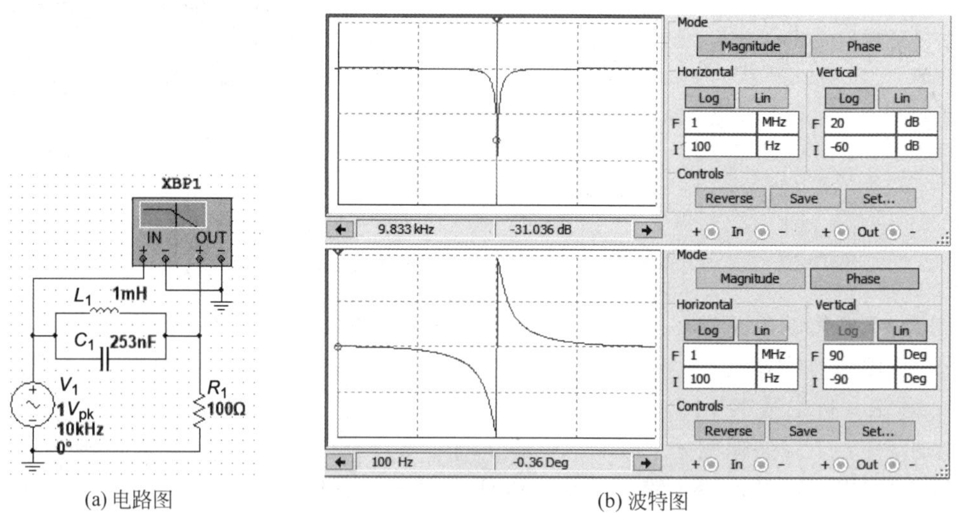

(a) 电路图　　　(b) 波特图

图 2.33　并联 LC 带阻滤波器电路

综上所述，在共振频率下，串联 LC 组件相当于短路（$Z_L+Z_C=0$），而并联 LC 组件则相当于开路（$Y_L+Y_C=0$）。如果把这两组器件串联起来，就可以形成二阶带通和带阻滤波器，如图 2.34 所示。在此基础上还可以添加更多串联和并联 LC 组件，从而形成更高阶的滤波器。

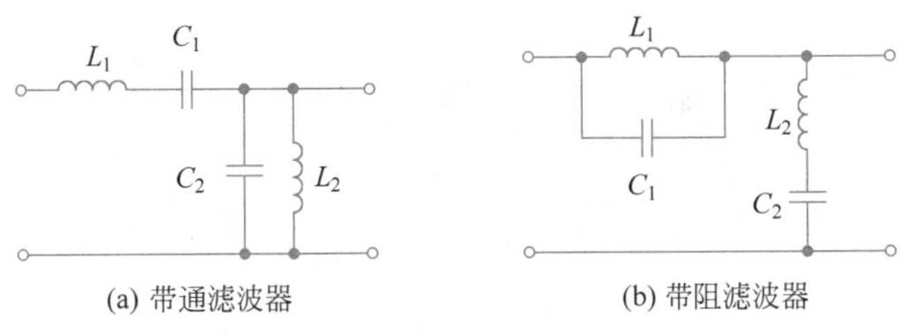

图 2.34　二阶滤波器

2.9　RLC 谐振电路

首先可以回顾一下机械系统的简谐振动过程，例如，单摆或弹簧振子的运动，其本质是能量在动能和势能这两种形式之间不断地进行转换。与此类似，当电路中同时有电容和电感存在时，能量会在两者之间此消彼长，从而产生振荡效应。在电容中能量是以电场的方式存在的($E_e(t)=\frac{1}{2}C\cdot v_C^2(t)$)，而在电感中能量则以磁场的形式存在($E_m(t)=\frac{1}{2}L\cdot i_L^2(t)$)。当能量在这两者之间振荡的时候，电路中则呈现出交流电流和电压，这类似谐振子的速度和位移。即使电路中没有附加的电阻，电感中的寄生电阻也会在振荡过程中消耗一部分能量。因此，当输入信号终止以后，振荡电流和电压将会逐渐衰减直至消失。这个过程类似于机械系统的阻尼振动，如图 2.35(a)所示。在赋予了初始能量以后，其振荡过程可以由以下方程来描述。

$$m\frac{\mathrm{d}^2x}{\mathrm{d}t^2}+b\frac{\mathrm{d}x}{\mathrm{d}t}+kx=0 \tag{2.39}$$

其中，m——谐振子的质量；

k——弹簧的弹力系数；

b——阻尼系数。

在流体(包括气体和液体)中做低速运动的物体所受的阻力与其速度($\mathrm{d}x/\mathrm{d}t$)成正比，上式中的第二项所描述的就是这样的阻力。由于阻尼的存在，这个微分方程的解是一个衰减的振荡函数。

$$x(t)=A\mathrm{e}^{-t/\tau}\mathrm{e}^{\mathrm{j}(\omega_0t+\theta)} \tag{2.40}$$

上式中 A 是初始振幅，$\tau=2m/b$ 是时间常数，$\omega_0=\sqrt{k/m}$ 是共振角频率。老子说过："大音希声，大象无形。"此言在机械振动方面很容易理解：质量大的物体在振动过程中的共振频率会很低，有可能低于人类听觉的频率下限(20Hz)。

图 2.35(b)是 $\theta=0$ 情况下的解，其中的参数如下：$m=0.1\text{kg}$，$k=7.5\text{N/m}$，$b=0.02\text{N}\cdot\text{s/m}$。由这些数据可以得出其他参数：$T=0.726\text{s}$，$\omega_0=8.66\text{rad/s}$，$\tau=10\text{s}$。

对于一个指数衰减的振荡函数，人们常用品质因子(Quality，Q)来描述其衰减特性。一般来说，品质因子往往与一些器件的质量好坏有密切关系。例如，很多庙宇和教堂的大钟其品质因子都比较高，撞响一次后声音会经久不息。此外，如果在商店里挑选瓷器，可以用手

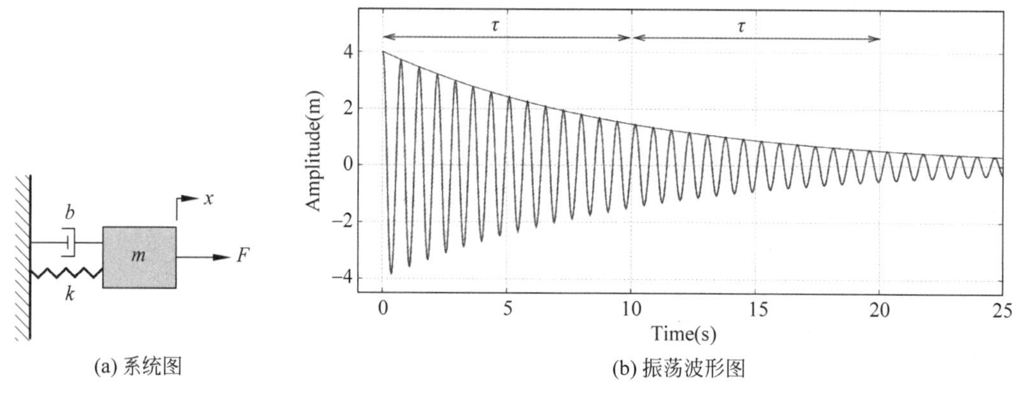

(a) 系统图　　(b) 振荡波形图

图 2.35　阻尼振荡系统

指轻轻弹一下，声音清脆且持续时间长的瓷器质量比较好。

品质因子和时间常数都与衰减的快慢有关，因此，它们之间有十分简单的关系：

$$Q=\frac{\tau\omega_0}{2}=2\pi\frac{\tau}{T} \tag{2.41}$$

从式(2.41)中可以看出，品质因子是一个无量纲的参数，它的数值越高则衰减得越慢。如果代入图 2.36(b)中的振荡函数所对应的参数，就会得出 $Q=43.3$。此外，品质因子也可以从能量的层次上来加以定义：

$$Q=2\pi\cdot\frac{E_{st}}{P_{ds}\cdot T} \tag{2.42}$$

在这个公式中，E_{st} 是系统存储(storage)的总能量：$E_{st}(t)=\frac{1}{2}kx_m^2=\frac{1}{2}kA^2e^{-2t/\tau}$；$P_{ds}$ 是在一个周期内的平均耗散(dissipation)功率：$P_{ds}=\langle -dE_{st}/dt\rangle$。由此可以得出以下关系：

$$\frac{E_{st}}{P_{ds}}=\frac{\frac{1}{2}kA^2e^{-2t/\tau}}{\frac{kA^2}{\tau}e^{-2t/\tau}\langle\cos^2(\omega t)\rangle}=\tau \tag{2.43}$$

由此可见，式(2.41)和式(2.42)是一致的。

式(2.42)的分母实际上是在一个振动周期内所损耗的能量：$E_{ds}=P_{ds}\cdot T$。如果它是分子 E_{st} 的十分之一，那么 $Q=20\pi$。一个过度简化的解释就是在振荡 10 次以后，能量就耗尽了。这个解释尽管十分形象，但是却不严格，因为每周期内平均消耗的能量与振幅是密切相关的。换句话说，随着存储的能量逐渐衰减，其消耗的功率也在同步衰减，所以这个比值才能保持恒定。从数学公式上看，这个过程似乎可以延续到永远，但是当能量低到一定量级时就没有任何实际意义了。

图 2.36 是一个 RLC 串联振荡电路，当电压源关闭以后，可以用 KVL 建立以下方程：

$$i(t)\cdot R+L\frac{\mathrm{d}i(t)}{\mathrm{d}t}+v_{\mathrm{c}}(t)=0 \tag{2.44}$$

在串联电路中电流是处处相同的，因此我们需要以它作为唯一变量。

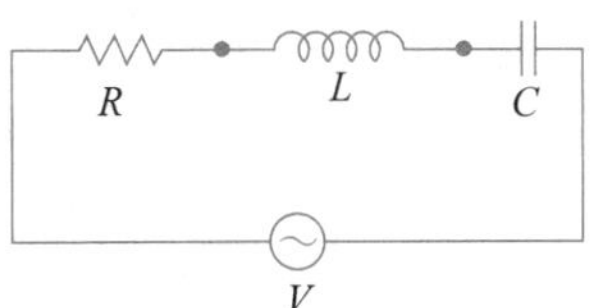

图 2.36　串联 RLC 振荡电路

回顾一下，电容器上的电流和电压关系如下：$i_{\mathrm{c}}(t)=C\frac{\mathrm{d}v_{\mathrm{c}}(t)}{\mathrm{d}t}$。为了把 $v_{\mathrm{c}}(t)$ 用 $i(t)$ 来表达，需要对式(2.44)再求一次导数。经过一番整理就可以得出以下方程：

$$L\frac{\mathrm{d}^2 i(t)}{\mathrm{d}t^2}+R\frac{\mathrm{d}i(t)}{\mathrm{d}t}+\frac{1}{C}i(t)=0 \tag{2.45}$$

如果与式(2.39)做对比，则可以看出两者的相似之处，因此也可以求出所对应的一些参数：

$$\omega_0=2\pi f_0=\frac{1}{\sqrt{LC}},\quad \tau=\frac{2L}{R} \tag{2.46}$$

假如把电路图中的电压源调到这个共振频率上，就会发现电容和电感的阻抗彼此抵消：$Z_{\mathrm{L}}+Z_{\mathrm{C}}=0$。此时回路中的电流完全由电阻来控制：$i(t)=v_{\mathrm{s}}(t)/R$。当把电压源关闭以后，电流就会出现振荡衰减，这个过程与谐振子完全相同。此时也可以通过能量的关系来定义品质因子，$E_{\mathrm{st}}=\frac{1}{2}LI_0^2$，$P_{\mathrm{ds}}=\frac{1}{2}I_0^2R$。

$$Q=2\pi\frac{E_{\mathrm{st}}}{P_{\mathrm{ds}}\cdot T}=2\pi\frac{L}{R\cdot T}=\frac{\omega_0 L}{R}=\frac{|Z_{\mathrm{L0}}|}{R}=\frac{|Z_{\mathrm{C0}}|}{R} \tag{2.47}$$

在共振频率下，电感和电容的阻抗绝对值相同：$|Z_{\mathrm{L}}|=|Z_{\mathrm{C}}|$。式(2.47)表示品质因子等于电感或电容的阻抗值除以电阻值，由此可以得出一个结论：电阻越小，能量耗散功率就越低，因此品质因子也就越高。在实际的共振电路上只有电容和电感，而电路中的 R 则是电感的寄生电阻。因此，式(2.47)在某种程度上可以反映出电感的"品质"。优质的电感寄生电阻值较小，所以其对应的品质因子也高。例如，如果绕制螺线管的导线材料的电阻率很低，则品质因子会较高。如果把 RLC 中 3 个器件的参数都包括进去则可以得到以下公式：

$$Q=\frac{1}{R}\sqrt{\frac{L}{C}} \tag{2.48}$$

Q 从以上公式能否得出这样的结论：高电感低电容组合的共振电路有更高的品质因子？

一般来说，电感的寄生电阻值与电感值正相关；也就是说，电感越高则需要更长的导线来绕制，所以其寄生电阻值也越高。这一点可以用螺线管模型来理解，导线的长度与匝数成正比，因此寄生电阻值也与匝数成正比，而电感值与匝数的平方成正比。按照这样的关系来推导就可以看出，高电感低电容组合并没有任何优势。

在保持电压源的振幅不变的情况下对频率进行扫描，与此同时测量串联RLC回路中的电流，就可以观察到一个共振峰的出现。由于这个电路比较简单，所以很容易求出电流的表达式：

$$\widetilde{I}=\frac{\widetilde{V}_S}{Z_{RLC}}=\frac{\widetilde{V}_S}{R+j\omega L+1/(j\omega C)}=\frac{\widetilde{V}_S}{R}\cdot\frac{1}{1+jQ(\omega/\omega_0-\omega_0/\omega)} \tag{2.49}$$

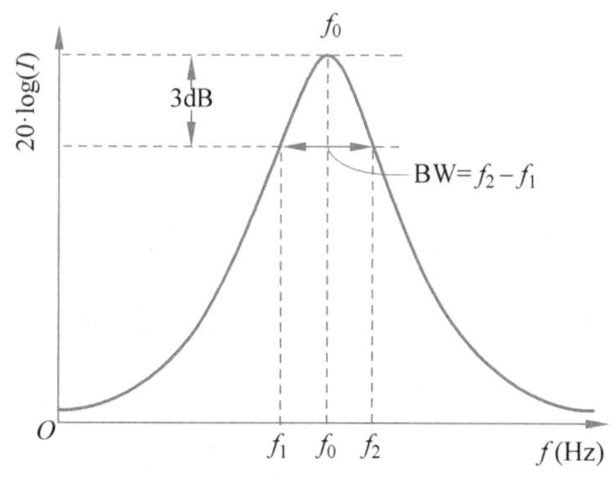

图 2.37 谐振电路共振峰的带宽

在共振频率时($\omega=\omega_0$)，电容和电感的阻抗相抵消，所以电流的共振峰值是V_s/R。当电流值下降到峰值的$1/\sqrt{2}$时，它所对应的两个频率之差($\Delta f=f_2-f_1$)被定义为这个共振峰的频带宽度，简称带宽(BandWidth，BW)，如图2.37所示。

如果利用式(2.49)来推导就会发现这个带宽与共振频率之间有着简单的关系：$BW=f_0/Q$。从另一方面来看，也可以将此公式当作品质因子的另一个定义：

$$Q=\frac{f_0}{BW} \tag{2.50}$$

利用这3个参数的关系，也可以得出带宽的另一个表达式，它可以直接用器件参数来求出。

$$BW=\frac{\omega_0}{2\pi Q}=\frac{1}{2\pi}\frac{R}{L} \tag{2.51}$$

这个公式表明，带宽仅仅由电感和其寄生电阻之比来决定，与电容无关。换言之，当电容值改变时，共振峰的位置f_0和品质因子Q值都会以同样的比例变化($\sim1/\sqrt{C}$)，但是带宽却保持不变。直观上来看，高品质因子对应于尖锐而陡峭的共振峰，而低品质因子则对应于平缓的共振峰。如果在共振频率下测量电感或电容上的电压，则会看到这个共振电路有放大的功能：

$$|\widetilde{V}_L|=|\widetilde{V}_C|=|\widetilde{I}|\cdot|Z_{L0}|=|\widetilde{I}|\cdot|Z_{C0}|=Q\cdot|\widetilde{V}_S| \tag{2.52}$$

例如，电压源的振幅是100mV，而共振电路的$Q=20$，那么在电容或电感上就可以测量到2V的电压振幅。由于电容和电感上的电压有180°相位差(符号相反)，所以彼此抵消。此时电压源输出的电压全部落在电阻上，所以电流会很高。

Q 如果在串联RLC电路中的电容或电感上测量电压，其峰值是否会出现在共振频率？

从以上分析可以得出这样的结论：如果对电压源的频率进行扫描，那么RLC串联电路中电流的峰值出现在共振频率。然而，电容或电感上的电压等于电流乘以阻抗，而阻抗本身也随频率而变化。因此，电压的峰值并不出现在共振频率，在品质因子比较高的情况下其差别可以忽略不计。

如果输出电压取自电容,其结果是低通滤波器;由于其阻抗与频率成反比,所以峰值出现在共振频率以下。如果电压取自电感,其结果则是高通滤波器;由于其阻抗与频率成正比,所以峰值会出现在共振频率以上。可以利用串联电路的分压公式来推导其传递函数:

$$T_{\mathrm{C}}(\omega)=\frac{\widetilde{V}_{\mathrm{c}}}{\widetilde{V}_{\mathrm{s}}}=\frac{Z_{\mathrm{C}}}{R+Z_{\mathrm{L}}+Z_{\mathrm{C}}}=\frac{1}{(1-\omega^2LC)+\mathrm{j}\omega RC}$$

$$T_{\mathrm{L}}(\omega)=\frac{\widetilde{V}_{\mathrm{L}}}{\widetilde{V}_{\mathrm{s}}}=\frac{Z_{\mathrm{L}}}{R+Z_{\mathrm{L}}+Z_{\mathrm{C}}}=\frac{\omega^2LC}{(\omega^2LC-1)-\mathrm{j}\omega RC} \tag{2.53}$$

通过对其绝对值求导数就可以得出峰值频率的表达式:

$$f_{\mathrm{C,max}}=f_0\sqrt{1-1/(2Q^2)},\quad f_{\mathrm{L,max}}=f_0\sqrt{\frac{1}{1-1/(2Q^2)}} \tag{2.54}$$

从以上公式中也可以看出,当 $Q<1/\sqrt{2}$ 时,根号下的数值为负数,这说明没有共振峰出现。因此,如果希望避免在输出信号中出现过冲(overshoot),那么品质因子 Q 就需要满足这个条件。将峰值频率的公式代入式(2.53),就可以求出传递函数的峰值:

$$|T|_{\max}=\frac{Q}{\sqrt{1-1/(4Q^2)}} \tag{2.55}$$

下面通过一个例子来验证一下。在图 2.38(a)所示的电路中,在共振频率下电感和电容的阻抗抵消,所以电流仅仅由信号源的电压和电阻值来决定,图中显示的结果与理论值(20mA)完全一致。此外,根据器件的参数可以计算出品质因子:$Q=2$。图 2.38(b)显示了这个 RLC 串联电路的波特图,其横轴的坐标是 1~100kHz,而纵轴的坐标是 −40~+20dB。由于其输出信号取自电容,所以这是一个二阶低通滤波器。

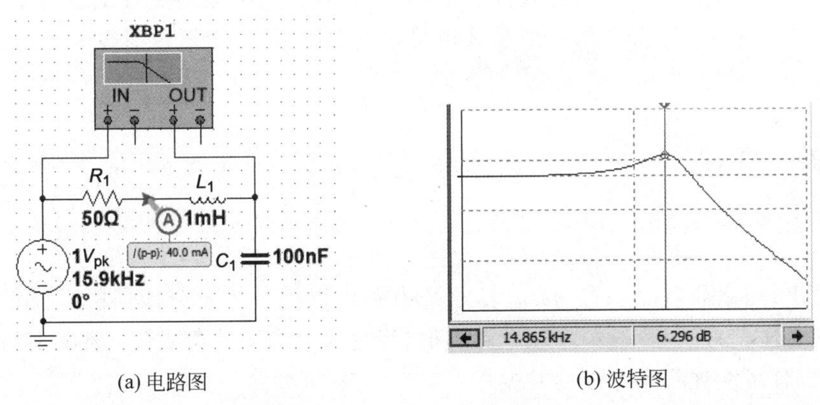

(a) 电路图　　(b) 波特图

图 2.38　串联 RLC 电路

图 2.38(b)中显示的结果表明,电容电压的峰值出现在 $f_{\max}\approx 14.865\mathrm{kHz}$,它略低于共振频率 $f_0\approx 15.9\mathrm{kHz}$。这里可以代入公式来验算一下,$f_{\max}=f_0\sqrt{1-1/2Q^2}\approx 14.873\mathrm{kHz}$,它与仿真的结果基本符合。此外,也可以用式(2.55)来计算电容上的峰值电

压，$|T|_{max} \approx 2.066 = 6.30dB$，它与仿真结果十分吻合。

尽管 RLC 串联电路有电压放大的效应，而且也确实可以在实验室中测量到，但是它并不能作为放大器来使用，因为它没有功率放大的能力。在测量电压过程中，仪器的输入阻抗很高，所以不需要从这个共振电路中输出电流。换句话说，测量过程不会带来任何干扰。可是，一旦将负载直接连到电容或电感上，则会从根本上改变其特性，此时 Q 会大幅度减小，电压放大作用也就不复存在了。从另一方面来说，功率放大需要额外能量的输入，而由 3 个被动器件组成的这个电路没有任何能量来源，电压源仅仅提供了一个输入信号而已。

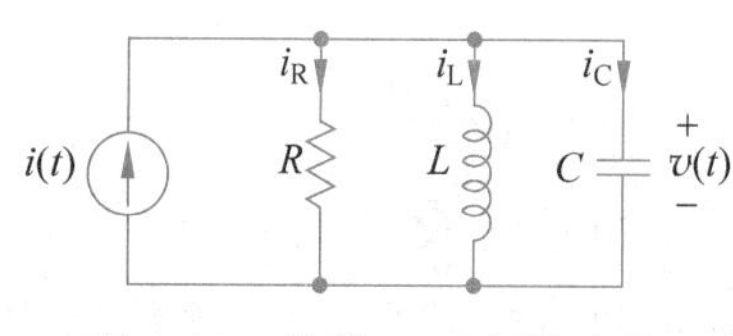

图 2.39　并联 RLC 振荡电路

除了 RLC 串联电路以外，这 3 个器件并联起来也可以形成共振电路，如图 2.39 所示。在并联电路中电压是相同的，利用这 3 个器件的电流电压关系和 KCL 可以得出以下方程：

$$C\frac{d^2 v(t)}{dt^2} + \frac{1}{R}\frac{dv(t)}{dt} + \frac{1}{L}v(t) = 0 \tag{2.56}$$

其共振频率的公式与串联电路完全相同，此时电容与电感的导纳相互抵消：$Y_C + Y_L = 0$。此外，也可以用存储能量和耗散功率的关系来推导出品质因子：

$$Q = \omega_0 RC = \frac{R}{|Z_{C0}|} = \frac{R}{|Z_{L0}|} \tag{2.57}$$

从上式中可以看出，在共振频率下品质因子等于电阻值除以电容或电感的阻抗值，这与串联 RLC 电路的结果正好相反。因此，电阻值越高，能量耗散功率越低，品质因子也就越高。直观上可以这样来理解，电阻的存在是 Q 值有限的根源。在串联电路中，电阻逐渐变小则会趋于不存在，因此 Q 值则会增加。在并联电路中则相反，电阻逐渐变大则会趋于不存在，因此 Q 值才会增加。此外，品质因子的公式也可以用 RLC 的 3 个器件参数来表达：

$$Q = R\sqrt{\frac{C}{L}} \tag{2.58}$$

在共振频率下，由于电感和电容的导纳相互抵消，所以输出的电压信号与输入电流之间有十分简单的关系：

$$\tilde{V} = R \cdot \tilde{I}_S = Q \cdot |Z_{L0}| \cdot \tilde{I}_S = Q \cdot |Z_{C0}| \cdot \tilde{I}_S \tag{2.59}$$

由此可以看出，当高品质因子 Q 很高时，这个电路可以把一个十分微弱的电流信号转变成相对较强的电压信号。与 RLC 串联电路类似，当输入电流源的振幅恒定而对其频率进行扫描的时候，也有可能观测到电压的共振峰。

$$\tilde{V}(\omega) = \frac{\tilde{I}_S}{Y_{RLC}} = \frac{\tilde{I}_S}{1/R + j\omega C + 1/(j\omega L)} = \frac{R\tilde{I}_S}{1 + jQ(\omega/\omega_c - \omega_c/\omega)} \tag{2.60}$$

比较一下式(2.49)和式(2.60)，会发现它们的分母是相同的，因此其频谱特征也完全一样。

图 2.40(a)是 20 世纪早期使用的矿石收音机的电路图，它没有放大器所以也不需要电

池，全靠天线接收到的信号来驱动耳机。在二极管的左侧是 LC 振荡电路，它右侧的检波电路可以去掉载波从而还原基频信号。图 2.40(b)显示了其 LC 等效电路和仿真结果，其中的电流源表示天线所接收到的信号，并且在电感下方添加了一个 1Ω 的寄生电阻。当输入电流的振幅只有 10μA 时，在电路中就可以激发起振幅超过 10mV 的电压。

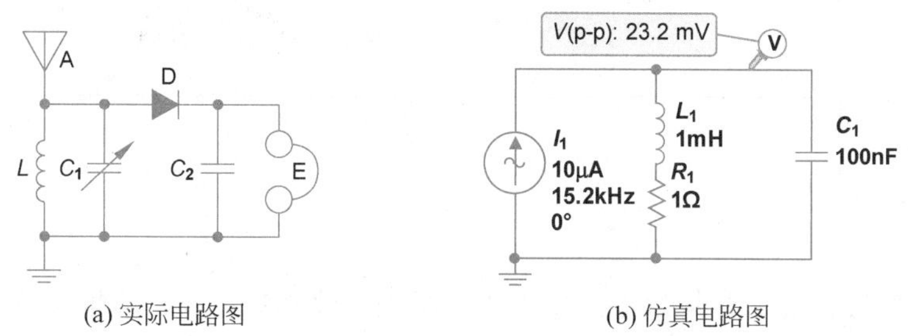

(a) 实际电路图　　(b) 仿真电路图

图 2.40　矿石收音机电路

矿石收音机尽管结构简单而且不需要电源，但是其接收范围十分有限。在引入了放大器以后，收音机的信号接收范围有了质的飞跃。人们不仅能够收听本地的广播，而且能够听到几百千米以外的电台节目。在短波段电磁波可以通过电离层进行反射，因此，人们甚至可以听到几千千米以外电台的节目。然而，放大电路的输入阻抗也会降低共振电路的品质因子；所以在选择前置放大器时，其输入阻抗的参数十分重要。如果品质因子被降低很多，则会同时接收到不同电台播出的信号，出现所谓“串台”的现象。

延伸阅读

有兴趣的读者可以查阅和了解以下相关内容的资料：

(1) 直流高压输电技术。

(2) AM、FM 和 PM 信号调制技术。

(3) 光纤通信系统。

(4) 电容中的位移电流。

(5) 单相交流电机中启动电容的作用。

(6) 时域与频域之间的转换。

(7) 滤波器的种类和应用。

(8) 带通和带阻滤波器及其应用。

(9) 动态范围的概念和应用。

(10) 分贝的概念与应用。

(11) 品质因子的概念和应用。

(12) 带宽的概念和应用。

第 3 章

暂态电路

本章所讨论的暂态电路是指当信号源或电路本身突然发生变化的情况，例如开关过程。一阶电路的暂态过程比较简单，电容上的偏压或流经电感的电流会以指数衰减的方式从初始态过渡到终止态。二阶电路的暂态过程则要复杂一些，除了指数衰减以外还可能会出现振荡。与暂态过程有密切联系的是数字信号，由于它只有 0 和 1 这两个状态，因此它可以通过一个开关来产生。然而，开关过程又与控制系统关系密切，所以很多控制理论的概念都被用于分析暂态过程。

电子电路可以分为两大类：模拟电路和数字电路，图 3.1 展示了分别与这两种电路所对应的信号。第 2 章的内容主要涉及模拟信号，本章的内容则与数字信号有关。早期的通信系统采用的是模拟信号，其优点是电路十分简单，其缺点是信号质量较差。例如，早期的电视屏幕上会出现很多“雪花”，而无线电广播中也会有很多噪声。与模拟信号相比，数字信号有很多优点：其一是存储和读取十分方便，例如存储在手机里的文字和影音信息；其二是信号处理十分方便，例如手机里的美颜修图软件；其三是在信号传播过程中可以避免噪声的干扰，例如用手机进行信息交流十分可靠；其四是加密和解密过程十分方便，例如用手机进行支付和转账都相当安全。如今，绝大多数电子产品的核心都是数字电路，而模拟电路则主要用于通信系统之间进行信息交流的界面。

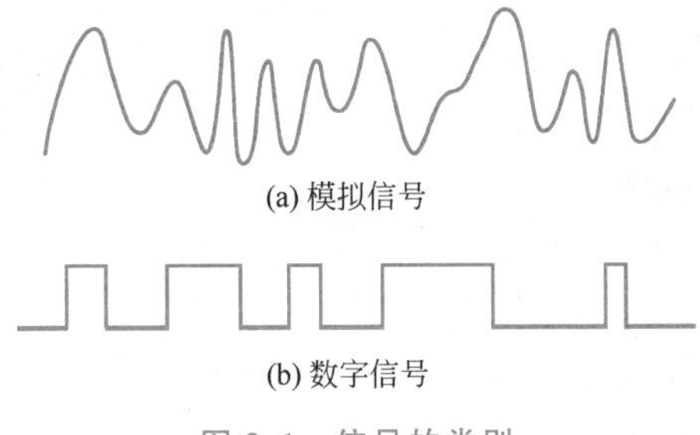

图 3.1　信号的类别

K 很多人有一种误解，认为数字通信过程就是直接发射和接收由 0 和 1 组成的数字信号。其实，除了光通信以外，这在其他通信领域都无法实现。因此，数字通信系统与模拟通信系统并没有本质的区别，在空间和电缆中传播的电磁波都是正弦波。这两者的差别仅仅在于调制和解调的具体细节中；例如，利用第2章介绍的调幅(AM)和调频(FM)方式既可以传输模拟信号也可以用于数字通信。此外，相位调制(Phase Modulation, PM)在数字通信过程中得到了广泛应用，但不适用于模拟通信系统。

3.1 电容的模型

电容这个词翻译得很到位，它就相当于一个电荷的容器。当然，capacitor 这个英文词也有它的意义，其所强调的是容量问题。如果把一个电容当作在一个截面相同的容器，如图3.2所示的量筒或烧杯，那么其横截面积就相当于电容的大小(capacitance)。

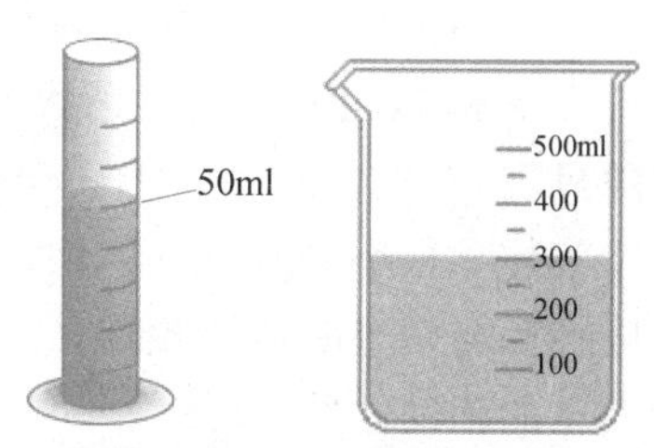

图3.2 电容器的流体模型

在这个流体模型里，液面的高度相当于电压，而液体的体积则对应于电荷总量，它等于底面积与高度的乘积。

$$q(t)=C\cdot v(t) \tag{3.1}$$

电容的单位是法拉(F)，用来纪念19世纪的英国著名物理学家法拉第(Faraday)，他在电磁感应领域做出了重要贡献，并且发明了原始的电动机和发电机。法拉这个单位可以通过式(3.1)来定义：[F]=[C]/[V]。也就是说，当电容的两个极板上分别带有一库仑的正负电荷时，彼此之间的电压是一伏特，那么这样的一个电容器的值被定义为一法拉。这是一个很大的单位，在实验室所用的分立电容器一般都在 nF～mF 的范围，而在集成电路上的电容一般都在 pF 量级以下。

K 在电子电路实验室中使用的分立电容器主要分为两种：电介质电容和电解质电容。前者有不少优点，例如无极性、耐高压和低漏电，可以在高频工作，但缺点是容量比较小。在这一大类中又可以按介电材料分为很多类，例如陶瓷电容、聚合物电容、纸质电容，等等。

电解质电容的容量比较大，可是有一些工作条件的限制，而且大部分有极性。在使用电解质电容时一定要注意上面标注的极性，如果弄错了则有可能导致爆炸。

此外，与容器中液体的势能所对应的是电容器中存储的能量。

$$W_C(t)=\frac{1}{2}q(t)\cdot v(t)=\frac{1}{2}C\cdot v^2(t) \tag{3.2}$$

在式(3.2)中，$\frac{1}{2}v(t)$可以理解为液体重心的高度，而且假设$\rho g=1$，这样$q(t)$既是体积也是重量。

K 当电容充满电以后，它可以像电池那样来提供电源。与电池相比，电容的功率密度较高，但是能量密度较低。换言之，用同样质量的电容和电池来比较，电容可以释放更高的瞬间电流，但是它的续航能力较差。此外，随着电量的释放，其电压也会急剧下降。因此，在不需要很高瞬间功率的应用中，例如便携式电子设备和小型电动工具中，电池就可以满足要求。然而，在对瞬间功率要求很高的应用中，例如电磁炮和电磁弹射，则需要依靠电容来实现。

电容不仅可以存储能量，而且也可以存储信息。当它处于“空”和“满”两种状态时，分别对应于 0 和 1，这和古人所采取的“结绳记事”方法如出一辙。目前计算机内存所采用的动态随机存储器(Dynamic Random Access Memory，DRAM)的存储单元就是一个小电容。由于其体积很小，密度很高，因此价格十分低廉。图 3.3 是 DRAM 的示意图，每个存储信息的电容都与一个晶体管相连，它起到控制信息存取的作用；此外，还需要一些用于读写和刷新信息的辅助电路。

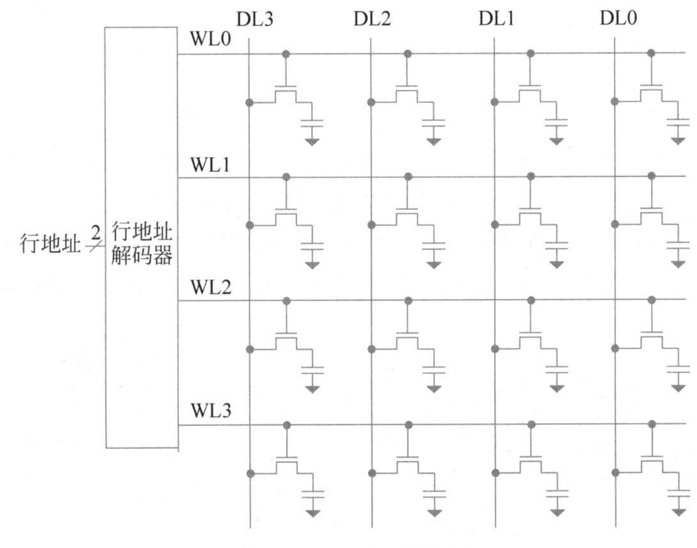

图 3.3 DRAM 示意图

早期 DRAM 中的电容结构十分简单，先在硅片上的一块区域内生长出一层氧化层，然后再覆盖一层导电材料就形成了一个平行板电容器。但是，这种结构占据的面积太大，后来为了增加密度，电容的结构转向纵深方向发展：先在硅片上刻蚀出一个比较深的小洞，然后在其表面生长出很薄的一层氧化层，最后再填充进导体材料。如今在先进工艺过程中电容是在硅片的上面制成的，从而可以采用性能更优异的材料。无论采用什么结构和工艺过程，如此微小的电容总存在漏电现象。为了防止信息丢失就需要经常重新充电，所以才被称为“动态”存储器。手机和计算机在“待机”状态下也要耗电，原因之一就是 DRAM 中的信息需要不断刷新。所以“动态”是这类存储器的弱点，而“静态随机存储器”(SRAM)的性能更优越。

K 与 DRAM 相对应的是 SRAM(Static Random Access Memory)，其核心部分由 4 个晶体管或 2 个非门构成。由于其复杂度远高于一个电容，所以其价格要比 DRAM 高很多，目前主要用作 CPU 中的高速缓存(cache memory)。因为采用了自锁的正反馈机制，这种存储器所存储的数据在不断电的情况下不会流失，所以被称为静态随机存储器。在响应速度上，SRAM 比 DRAM 快得多。因此，这里的"动"与"静"与数据的读写速度没有任何关系。

在这里用的"随机"(Random Access)指的是一种读写方式，其含义是读写处在任何位置的存储单元所需的时间都是相同的。与之相对的是"顺序存储器"，例如磁盘和 CD，最具代表性的就是一维的磁带。在 20 世纪 80 年代人们听音乐主要靠磁带，那时必须先要花时间"倒带"(rewind)，然后才能听挑选的歌曲。如今大家都把音乐存储在手机的固态存储器中，播放曲库中的任何一首歌都没有时间延迟。因此，这个看似贬义的"随机"实际上是一大优点。

3.2 电容的时域分析

当有电流输入到电容器时，它与通过一根管子向一个容器中注水的过程有类似之处，如图 3.4 所示。管子中液体的流量所对应的是电流，而容器中液体的体积是电荷总量。这两者之间有着简单的关系：后者是前者的积分，而前者是后者的导数。由此可以得出电流与电压之间的关系：

$$i(t)=\frac{\mathrm{d}q(t)}{\mathrm{d}t}=C\,\frac{\mathrm{d}v(t)}{\mathrm{d}t} \tag{3.3}$$

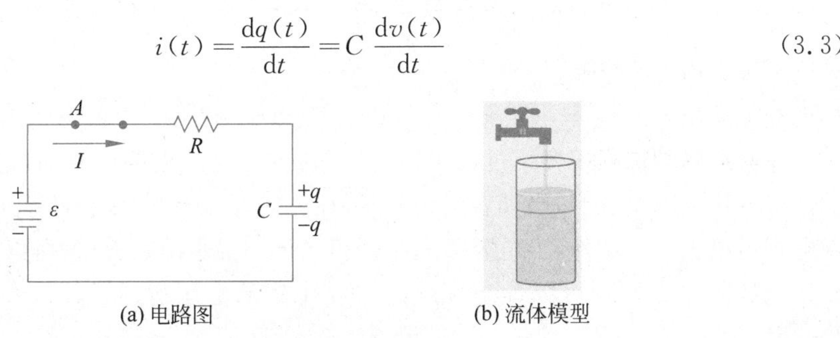

图 3.4 含有电容的电路

这个流体模型还可以帮助我们来确定电流与电压的极性。如图 3.4(a)中的电路所示，如果把电流从上方流入电容定为正向，那么电容上偏压的定义则是上方电压减去下方电压。如果这个电容下端接地，那么式(3.3)中的偏压就是电容器上方的节点电压。

K 在系统思维(systems thinking)领域有两个基本的概念：增量和存量。利用电容的液体模型可以帮助人们理解这两个概念：与增量对应的是电流，而与存量对应的是总电量，这两者的关系是对时间的积分和微分。其实，人们在学微积分的时候也可以参考这个模型。

在实际电路中，电容往往会与一个电阻相连，如图 3.5(a)所示。图中左侧的电压源输出一个电压在 0～V_S 变化的方波，如图 3.5(b)所示。假如最初电容中没有电荷，而电压源从 0 突然变化到 V_S，电荷就会被注入电容当中去，会使其电压逐渐增高。此时，电阻两端的偏压就会逐渐减小，从而导致电流减弱。所以，电容上的电压最初增加很快，但是随后会变得越来越慢。

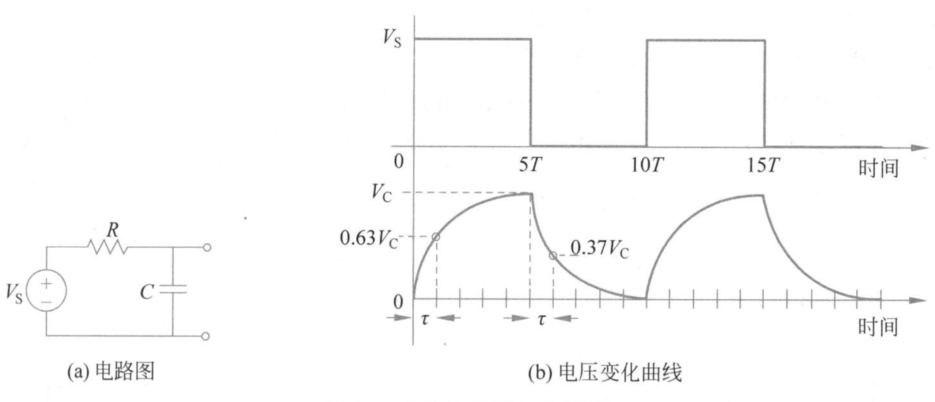

(a) 电路图

(b) 电压变化曲线

图 3.5　RC 电路充放电过程

这个过程可以用以下公式来表达：

$$i_R(t)=i_C(t) \quad \Rightarrow \quad \frac{V_S-v_C(t)}{R}=C\frac{dv_C(t)}{dt} \tag{3.4}$$

其解不难求出：

$$v_C(t)=V_S(1-e^{-t/\tau}) \tag{3.5}$$

在普通物理课程中介绍过，$\tau=RC$ 所对应的是这个电路的时间常数。在流体模型中我们把电容比作一个容器，当其容量很大时，往往需要很长时间才能将其注满，因此时间常数与电容值成正比。此外，当电阻很大时则相当于一根很细的管子，所以时间常数也与电阻成正比。从图 3.5(b)中可以看出，当 $t=\tau$ 时，电容的电压达到了其最大值的 63.2%，也就是 $1-e^{-1}$。

当图 3.5(a)中的电压源从 V_S 突然降到 0 时，电容就开始了放电过程。此时，电容从负载变成了电压源，所以电阻中的电流方向发生了变化。为了简化公式，可以把时间的起点平移一下，这样就可以利用与式(3.4)同样的方程求出其解。

$$\frac{0-v_C(t)}{R}=C\frac{dv_C(t)}{dt} \quad \Rightarrow \quad v_C(t)=V_Se^{-t/\tau} \tag{3.6}$$

从图 3.5(b)中可以看出，在 $t=\tau$ 时，电容上的电压下降到初始值的 36.8%，也就是 e 的倒数。

从图 3.5(b)中还可以看出,电容上的电压是连续的。由于电容上存储的电荷和能量都与电压有关,所以这个参数不能发生跳变。此外,如果电压源的信号变化周期太短,那么电容就没有足够的时间来进行充放电。从式(3.5)和式(3.6)中可以算出,方波的周期至少要达到 RC 电路时间常数的 5 倍,电压才能趋于稳定值: $e^{-5}\approx 6.74\times 10^{-3}$。

> **K** 在数字电路中各个部分都是按照同一个时钟的节奏来运行的,这个节奏越快信息处理的速度越高,但是它受到了电子器件响应时间的限制。在评估数字电路的性能时,这个时钟频率是一个核心参数。集成电路芯片的信息处理速度主要受两个因素制约:其一是晶体管的响应速度;其二是信号在导线上的传输速度。前者就可以用简单的 RC 电路来加以估算,而后者可以用分布的 RC 电路来分析。当晶体管的尺寸减小时,其对应的电容也会减小,但是电阻 R 可以基本保持不变,所以总的效果是延迟降低和响应速度提高。

其实,充电和放电过程可以用同一个公式来统一处理(如果系统有充足的响应时间的话)。这个过程可以分为 3 个阶段:

(1) 变迁发生以前($t\leqslant t_0$),电容的电压处于初始值 V_I。

(2) 变迁过程之中($t_0< t<\infty$),电容的电压以指数函数变化,时间常数 $\tau=RC$。

(3) 变迁发生以后($t\to\infty$),电容的电压已经达到其终止值 V_F。

在确定了这些参数以后,变迁过程的函数就可以用以下公式来描述:

$$v_C(t)=V_F+(V_I-V_F)\exp[-(t-t_0)/\tau] \tag{3.7}$$

不妨检验一下这个表达式:当 $t=t_0$ 的时候,指数函数为 1,所以 V_F 被抵消,$v_C(t=t_0)=V_I$。在 $t\to\infty$的情况下,指数函数为 0,$v_C(t\to\infty)=V_F$。从另一个角度来看,指数函数前面的这个系数是初始值与终止值的差别,$V_D=V_I-V_F$;随着时间的流逝,这个差别以指数衰减的方式而逐渐消失。这个公式不仅可以用于简单的 RC 电路,而且可以用于复杂的电路,如下例所示。

在如图 3.6(a)所示的电路中,开关的状态在 $t_0=1\text{s}$ 时发生变化。在 $t<t_0$ 时接地,在 $t\geqslant t_0$时与 6V 电压源相连。首先需要找到那 3 个关键参数:V_I、V_F和时间常数 τ。

(1) 初始状态($t<t_0$)。

此时系统处于稳态,相当于直流电路,电容当作开路来处理:$V_I=0\text{V}$。

(2) 时间常数。

首先可以让 C_1 和 R_2 交换位置,然后用戴维南定理算出折合的电阻:

$R=R_1\parallel R_2=(20/3)\text{k}\Omega$,然后就可以算出时间常数:$\tau=RC=1/15(\text{s})$。

(3) 终止状态($t\to\infty$)。

此时系统也处于稳态,电容相当于开路,利用串联分压电路可以得出:$V_F=4\text{V}$。

把这 3 个参数代入式(3.7)就可以求出电容上的电压变化函数:$v_C(t)=4[1-e^{-15(t-1)}]$。这个解只适用于开关过程以后($t>t_0$)的情况,它与仿真结果十分吻合。图 3.6(b)

中的阶跃曲数是节点 2 处的电压，而另一条曲线是电容上方节点 3 处的电压。图 3.6(c)中的曲线所显示的是电阻 R_1 上的偏压，它与电容上的电压有互补的关系，因为两者之和就是电压源的电压。顺便解释一下，Multisim 的 Transient Analysis 除了可以显示节点电压、流经器件的电流以及消耗的功率这些基本参数以外，还可以展示由这些参量之间的数学运算而得出的新参数。例如，图 3.6(c)中所显示的偏压就是两个节点电压之差。

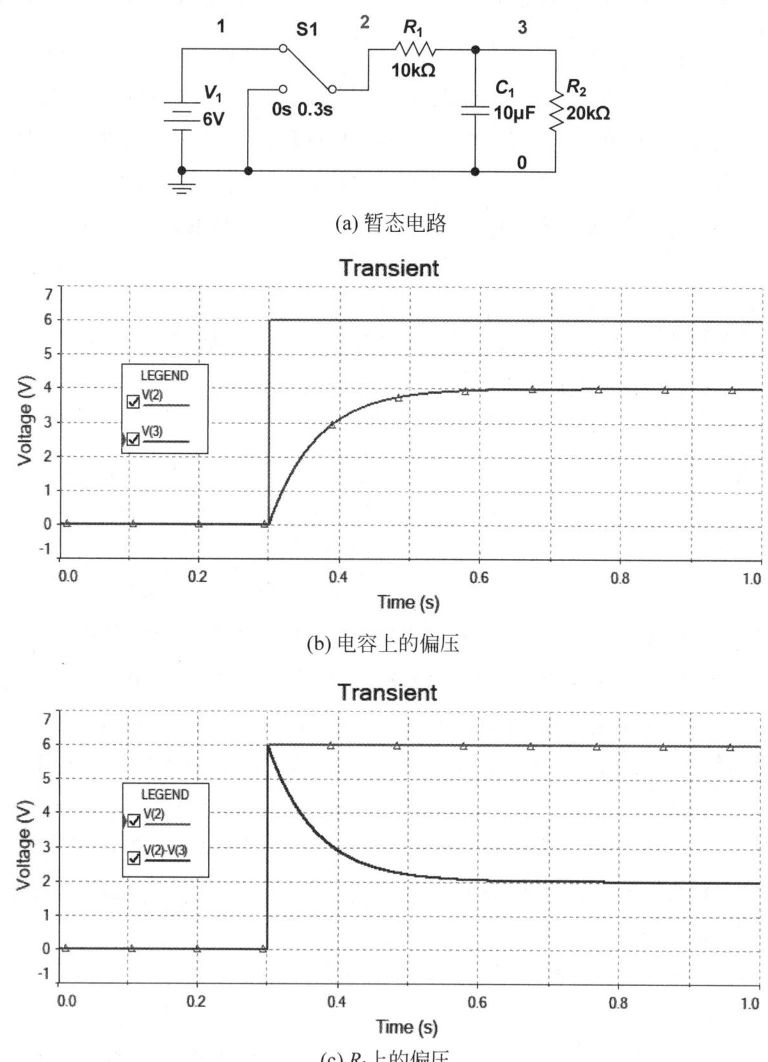

(a) 暂态电路

(b) 电容上的偏压

(c) R_1上的偏压

图 3.6 一阶电路的暂态过程

这个电路还有另一种解法，首先交换电容和电阻 R_2 的位置，然后利用戴维南定理把电容左侧的电路转化为其等效电路，结果就变成了简单的 RC 电路。电路中的开关在变换中保持不变，仅仅需要把直流电压源从 6V 变成 4V。

Q 如果需要求解电阻上的电压和电流，或者流经电容的电流，是否也可以使用式(3.7)这个通解？

原则上来说是可以的，但是并不像求解电容上的电压那么简单。其原因在于电容上的偏压在开关过程中不会跳变，满足$V_C(t_0^+)=V_C(t_0^-)$这个条件，所以可以利用开关过程之前的稳态电路来求出$V_C(t_0^+)$。然而，其他的变量则会发生跳变，如图3.6(c)所示，因此求解其初始值($V(t_0^+)$或$I(t_0^+)$)的过程变得复杂得多。

如果需要求解除了电容电压以外的其他变量，那么可以采用两种方法。

(1) **间接方法**：首先利用式(3.7)来求解电容上的电压($V_C(t)$)，然后把电容当作一个电压源来求解。当电路比较复杂时，可以利用线性叠加原理来分别计算电容和其他源的贡献。

(2) **直接方法**：直接使用式(3.7)，但是求初始值的过程有些复杂。例如，在计算电阻上的初始值的时候，电容相当于一个直流电压源，其电压取其初始值，$V_C(t_0^+)=V_C(t_0^-)=V_C(t<t_0)$。此外，在求解电阻参数的终止值时可以按照直流电路的解题方法来求解，此时电容相当于开路。

下面就用这两种方法来分别求解图3.6(a)中流经电阻R_1的电流。

(1) 间接方法。

- 首先求出电容上的电压：$V_C(t)=4[1-e^{-15(t-1)}]$。
- 在$t\geqslant t_0$的条件下，R_1左端与6V电压源相连，而右端与电容相连，所以其偏压可以很容易求出：$V_{R1}(t)=V_S-V_C(t)=2+4e^{-15(t-1)}$(V)。
- 利用欧姆定律就可以求出电流的函数：$I_{R1}(t)=0.2+0.4e^{-15(t-1)}$(mA)。

(2) 直接方法。

- 计算初始值：首先计算电容在$t\leqslant t_0$情况下的电压：$V_C(t\leqslant t_0)=0$。在$t=t_0^+$时刻，R_1的左右两侧的电压分别是6V和0V，所以偏压是6V，由此得出$I_I=0.6$(mA)。
- 计算终止值：当$t\to\infty$时，电容相当于开路，由此得出$I_F=0.2$(mA)。
- 代入通解就可以得出暂态电流的表达式：

$$I_{R1}(t)=I_F+(I_I-I_F)\exp[-(t-t_0)/\tau]=0.2+0.4e^{-15(t-1)}\ (\text{mA})$$

在分析暂态过程中，初学者在求解时间常数时常常会出错。下面就介绍两种常见的等效电路，如图3.7所示。在如图3.7(a)所示的电路中，电容的两侧各有一个串联电阻，而且还与一个直流电压源相连。在如图3.7(b)所示的电路中，电容的两侧各有一个并联电阻，而且还与一个直流电流源相连。在求解时间常数时，首先需要关闭各种源；为了消除其影响，电压源要短路($V=0$)而电流源要开路($I=0$)。其次，在串联和并联电路中，器件的位置是可以互换的，所以电容可以挪到电路的一侧。经过这样的变换以后，时间常数就很容易求得了，它们分别是：$\tau_1=(R_1+R_2)C_1$，$\tau_2=(R_3\parallel R_4)C_2$。

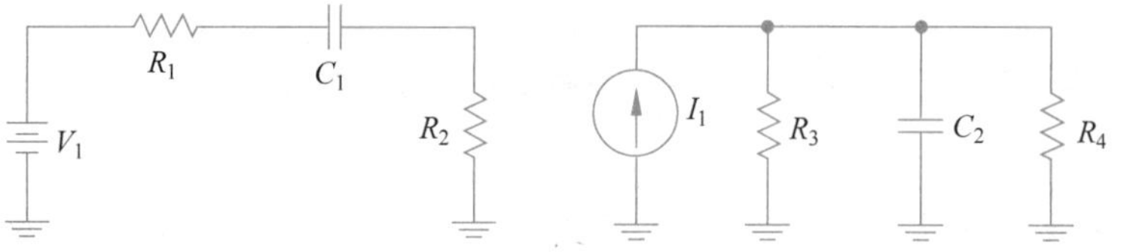

(a) 串联电路　　(b) 并联电路

图 3.7　串联和并联 RCR 电路

3.3 电感的模型和时域分析

电感的一个实物模型类似于一个在运河上的水车，如图 3.8 所示。电感值可以与水车的转动惯量对应起来，所以高电感对应于比较大的水车。如果把运河的水流比喻为电流，那么水车前后的水面高度差则相当于电感上的偏压。当水流保持稳定时，水车前后的水面高度是相同的；因此，在电流恒定的直流状态，电感两端的偏压为零，此时电感就相当于短路。假设运河的通道与水车的叶轮十分吻合，当运河上游的流量突然发生变化的时候，其下游的流量不会立即改变，但会导致其前后的水面高度出现差别。例如，当上游的流量突然增加的时候，由于水车的惯性，它的转速不会立刻增大，所以水会在水车前积累起来。与这个过程相对应的就是电流的变化会导致电感两端出现偏压，下面将推导这个公式。

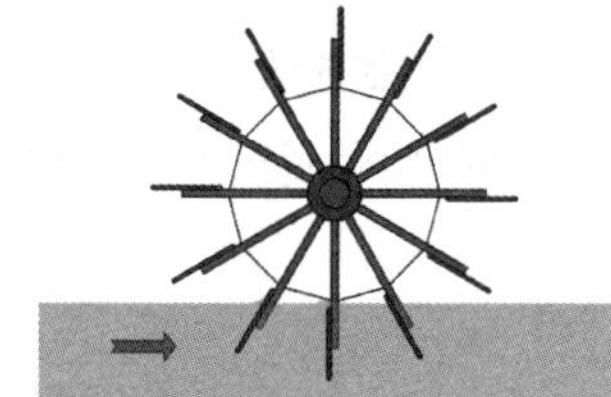

图 3.8　电感的"水车模型"

利用这个机械模型，电感上的能量类似于水车旋转的动能：$W=\frac{1}{2}I\omega^2$，其中，I 是转动惯量，而 ω 是角速度。如果把转动惯量换成电感，而把角速度变成电流，就可以得出电感的能量公式：$W_\mathrm{L}(t)=\frac{1}{2}L\cdot i(t)^2$。从物理学的角度来看，在电感上存储的能量来自于空间中存储的磁场能：$W_\mathrm{L}=\int w_\mathrm{m}\mathrm{d}V$，其中的磁场能量密度是 $w_\mathrm{m}=\frac{1}{2}\mu H^2$。

Q 有两根长度相同但是直径不同的直导线，哪根导线的电感更高一些？

细的导线比粗的导线电感更高一些。这个问题可以这样来思考：假如同样的电流通过这两根导线，它们分别产生的磁场有何区别？为了解释方便，假设细导线的半径为 R_1，而粗导线的半径为 R_2，$R_1<R_2$。根据安培定律，直导线外面的磁场与距离成反比：$H(r)=\frac{I}{2\pi r}$，其中 I 是导线中的电流。所以，在 $R>R_2$ 这个空间内两者产生的磁场完全一样。然而，在 $R<R_2$ 区域内，细导线产生的磁场更强，所以其电感值略高一些。尽管如此，细导线的寄生电阻也比较高，这会导致生热，同时也会降低其 Q 值。

3.1 节中定义了电容的能量，它实际上是在空间中存储的电场能量。在普通物理中介绍过，在空间中电场的能量密度是 $w_E=\frac{1}{2}\varepsilon E^2$，其中 $\varepsilon=\varepsilon_r\varepsilon_0$ 是介电常数。例如，在平行板电容器之间，其电场的强度是 $E=V/d$，d 是两个极板之间的距离。假设每个极板的面积为 A，那么在这两个极板之间的能量就是能量密度与体积的乘积：$W_C=w_E\cdot(Ad)=\frac{1}{2}\varepsilon E^2(Ad)$。如果把电场用电压来表示，就可以得出电容上的能量表达式：

$$W_C=\frac{1}{2}\varepsilon\frac{A}{d}V^2=\frac{1}{2}CV^2$$

从能量与功率的关系可以推导出电流与电压之间的关系：

$$p_C(t)=\frac{dW_C}{dt}\Rightarrow i_c(t)\cdot v_c(t)=C\cdot v_c(t)\frac{dv_c(t)}{dt}\Rightarrow i_c(t)=C\frac{dv_c(t)}{dt}\tag{3.8}$$

利用同样的方法也可以得出电感上电流与电压的关系：

$$p_L(t)=\frac{dW_L}{dt}\Rightarrow i_L(t)\cdot v_L(t)=L\cdot i_L(t)\frac{di_L(t)}{dt}\Rightarrow v_L(t)=L\frac{di_L(t)}{dt}\tag{3.9}$$

K 在第 2 章推导电容的电流与电压之间的关系时，使用的是流体模型，也就是把电荷想象为流体。然而，自然界中并没有与电荷所对应的“磁荷”，而与之所对应的是“磁通量”。在量子理论中磁通量是可以量子化的，在超导体中也可以观测到这种现象。换言之，磁通量也是可数的，就像电子一样。如果使用磁通量来推导，也可以看出这两种器件之间的对应关系。

$$\Phi(t)=L\cdot i(t)\Leftrightarrow Q(t)=C\cdot v(t)$$

$$v(t)=\frac{d\Phi(t)}{dt}=L\frac{di(t)}{dt}\Leftrightarrow i(t)=\frac{dQ(t)}{dt}=C\frac{dv(t)}{dt}$$

加州大学伯克利分校的蔡少棠(Leon Ong Chua)教授在 1971 年注意到电荷与磁通量之间的对应关系。他认为应该存在第四种被动器件，并且命名为“忆阻器”(memristor)，它是电阻在磁场下的对应器件。在 2008 年惠普公司的研究团队终于开发出了实用的忆阻器，它可以被用于神经网络电路。

电感中的电流与电容上的偏压一样都不允许发生跳变，因为它们与存储的能量直接相关。图 3.9(a)是一个简单的 RL 串联电路，当电压源发生跳变时，流经这个回路的电流始终是连续的，如图 3.9(b)所示。然而，电感上的电压却是可以跳变的，如图 3.9(c)所示。图 3.9(d)所显示的就电阻上的偏压，其波形与如图 3.9(b)所示的电感中的电流十分相似。在串联电路中电流是处处相同的，而电阻的电流与偏压之间满足线性的欧姆定律，所以这两个波形是一致的。

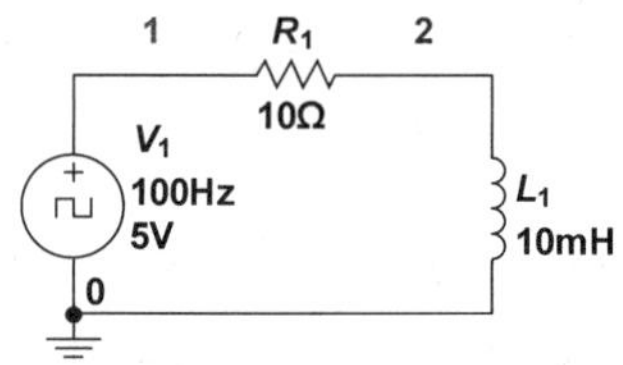

(a) RL串联电路

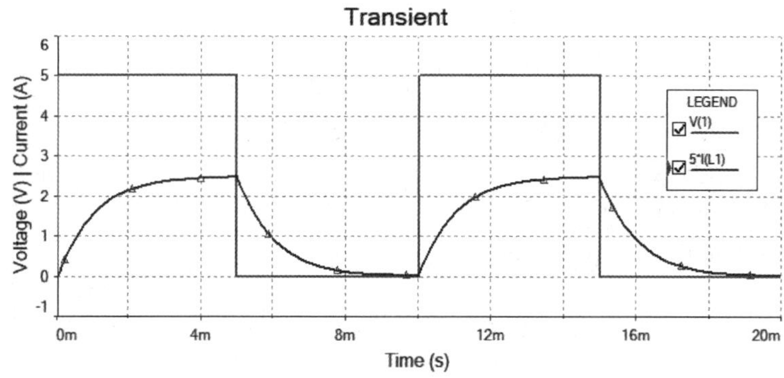

(b) 电感电流(×5)

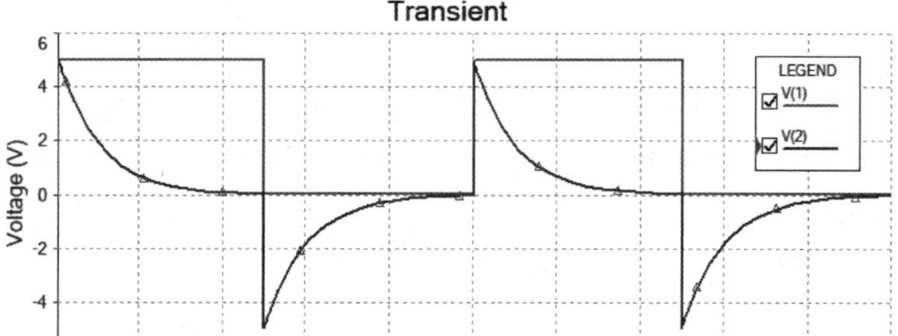

(c) 电感偏压

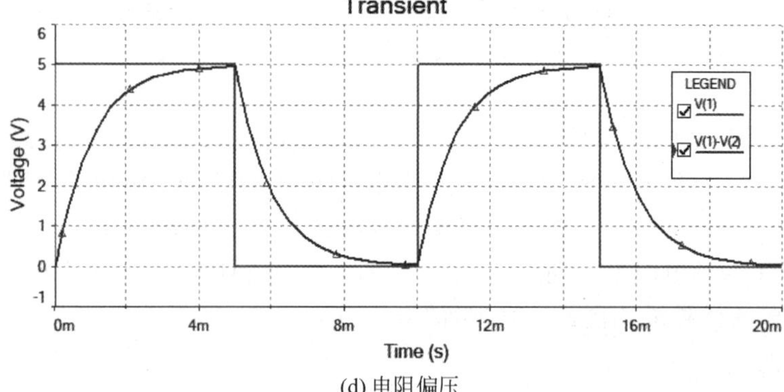

(d) 电阻偏压

图 3.9 暂态特性分析

电容的充放电过程中对应着能量的存储和释放，在电感上也有同样的效应。当电流增强的时候，电感上存储的能量也在逐渐增大。如果外加的能量源突然消失，电感的作用就与电流源类似，但是其电流会随着能量的消耗而逐渐减小。在能量积累与释放的过程中也有一个时间常数，在串联 RL 电路中，其值为 $\tau=L/R$。代入图 3.9(a)中电路器件的参数，可以求出时间常数：$\tau=1\text{ms}$。

下面先定性地分析一下这个过程，此时 KCL 和 KVL 依然成立。换言之，流经电阻和电感的电流总是相同的，而且这两个器件上的偏压之和等于电源提供的电压。

(1) 当电压源从 0 跳变到 5V 时，电感不允许电流发生跳变，所以瞬间电流依旧为零。根据欧姆定律，电阻上的偏压也为零，此时电感承受着全部的偏压。

(2) 随着时间的推移，电流开始增加，电阻上的偏压也按比例增加，而电感上的偏压则在下降。在这个过程中，电感上存储的能量在增加。

(3) 经过一段时间以后，电流达到了稳定的最大值，电感上的偏压降为零而能量却达到了最大值，此时全部偏压落在了电阻上。

(4) 当电压源突然从 5V 跳变到 0 时，电感不允许电流发生跳变，所以瞬间电流依旧保持在高水平。根据欧姆定律，电阻上的偏压也保持不变，此时电感的偏压跳变到负值，只有这样二者相加才能为零。这时，电感起到了一个电流源的作用。

(5) 随着时间的推移，电感中的能量开始降低，电流开始缓慢减弱，电阻上的偏压也随之降低，而电感上的偏压则与之始终保持同步但符号相反。

(6) 最终存储在电感中的能量耗尽，电路中所有器件中的电流和电压都趋于零。

下面来进行定量的分析：由于电感的能量与电流直接相关，所以应该选择电流而不是电压来作为独立变量。然后利用欧姆定律可以把电流转化为电阻上的电压，最后利用 KVL 就可以得出电感上的电压。此外，这里的时间常数与电阻成反比，这与 RC 电路相反。为了适用于一般的情况，假设电压源产生的方波在 0 与 V_S 之间变化。

(1) 电压源：$0\rightarrow V_S$

$$v_L(t)+v_R(t)=V_S \quad\Rightarrow\quad L\frac{\mathrm{d}i_L(t)}{\mathrm{d}t}+R\cdot i_L(t)=V_S$$

代入初始条件 $i_L(0)=0$ 就可以求出其解：

$$i_L(t)=\frac{V_S}{R}[1-\exp(-t/\tau)]$$

根据欧姆定律可以求出电阻上的电压：

$$V_R(t)=V_S[1-\exp(-t/\tau)]$$

利用 KVL 可以求出电感上的电压：

$$V_L(t)=V_S-V_R(t)=V_S\cdot\exp(-t/\tau)$$

(2) 电压源：$V_S\rightarrow 0$

$$v_L(t)+v_R(t)=0 \quad\Rightarrow\quad L\frac{\mathrm{d}i_L(t)}{\mathrm{d}t}+R\cdot i_L(t)=0$$

代入初始条件 $i_L(t)=V_S/R$ 就可以求出其解：

$$i_L(t)=\frac{V_S}{R}\exp(-t/\tau)$$

根据欧姆定律可以求出电阻上的电压：

$$V_R(t)=V_S\exp(-t/\tau)$$

利用 KVL 可以求出电感上的电压：

$$V_L(t)=-V_R(t)=-V_S\cdot\exp(-t/\tau)$$

(3) 与 RC 电路相同，这两个过程也可以用一个统一的公式来描述：

$$i_L(t)=I_F+(I_I-I_F)\exp[-(t-t_0)/\tau] \tag{3.10}$$

其中，I_I 是开关过程之前的初始值，而 I_F 是开关过程结束很长时间以后达到的终止值。

暂态过程除了可以用来分析时钟信号驱动的电路以外，还可以用来分析开关过程。

在如图 3.10(a)所示的电路中，在 $t=1\text{ms}$ 之前开关与 6V 电压源相连，在此之后则接地。图 3.10(b)显示了节点 3 处的电压变化，在开关时刻此处电压出现了跳变。然而，在图 3.10(c)显示的节点 4 处的电压变化是连续的，因为流经 R_3 的电流受到了电感的限制。

与含有电容的一阶电路类似，求解含有电感的一阶电路也有两种方法。其一是间接方法：先求出流经电感上的电流，然后以此为电流源来求解电路。其二是直接方法：在使用式(3.10)时需要注意初始值的定义。

(1) 间接方法。

• 计算流经电感的初始和终止电流。

无论开关处于何种状态，只要电路处于稳态，电感都可以当作短路来处理。所以，$I_I=10\text{mA}$，$I_F=0\text{mA}$。其终止态参数可以直接得出，因为当开关接地很长时间以后，电感上存储的能量已经耗尽，所以电路中的电流也就消失了。

• 计算时间常数。

借助如图 3.7 所示的 RCR 电路，类似的规律也可以用于 RLR 电路。左侧的 R_1 和 R_2 是并联的，其等效电阻是 100Ω。因此可以计算出等效电阻：$R=100\Omega+200\Omega=300\Omega$。接下来就可以算出时间常数：$\tau=L/R=1/30\text{ms}\approx 33.3\mu\text{s}$。

• 电感上电流的表达式。

将以上 3 个参数代入式(3.10)：$i_L(t)=10\exp[-3\times10^4(t-0.001)](\text{mA})$。

• 节点 3 和节点 4 的电压表达式($t>1\text{ms}$)。

$$v_3(t)=-i_L(t)\cdot(R_1\parallel R_2)=-\exp[-3\times10^4(t-0.001)](\text{V})$$

$$v_4(t)=i_L(t)\cdot R_3=2\exp[-3\times10^4(t-0.001)](\text{V})$$

图 3.10(b)中的绿线和蓝线分别表示节点 3 和节点 4 处的电压，它们与解析结果十分吻合。在开关过程以前($t<1\text{ms}$)，电感相当于短路，R_2 和 R_3 是并联的，所以这两个节点上的电压是相同的：$V_3=V_4=2\text{V}$。然而，在开关突然切换以后，电感变成了电流源，此时流经 R_2 的电流方向发生了变化，所以其节点电压跳变为负值。

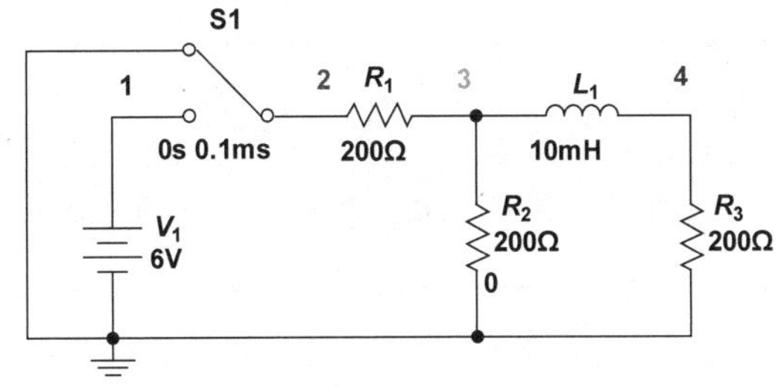

(a) 电路图

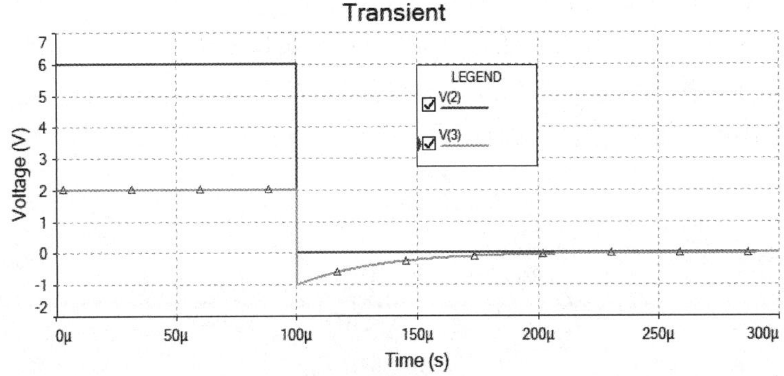

(b) 节点3处的电压

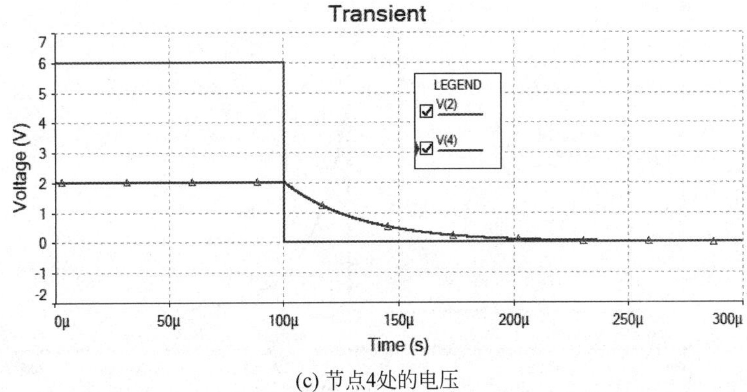

(c) 节点4处的电压

图 3.10　电感电路的暂态过程

(2) 直接方法。

- 初始值。

在 $t=t_0^+$ 时刻，开关已经接地，所以 R_1 和 R_2 是并联的。此时电感相当于一个电流为10mA 的电流源。由此可以求出 $V_{3I}=-1(\mathrm{V})$ 和 $V_{4I}=2(\mathrm{V})$。

- 终止值。

最终电感上存储的能量会耗尽，所以这两个节点电压的终止值都为零，$V_{3F}=V_{4F}=0$。

- 代入通解：

$$v(t)=V_F+(V_I-V_F)\exp[-(t-t_0)/\tau]$$

$$v_3(t) = -\exp[-3\times10^4(t-0.0001)](\mathrm{V}),$$

$$v_4(t) = 2\exp[-3\times10^4(t-0.0001)](\mathrm{V})。$$

K 内燃机可以根据使用的不同燃料而主要分为两类：汽油机和柴油机。前者主要用于轿车、摩托车和小型动力工具，而后者则主要用于卡车和拖拉机等重型动力机械。汽油机的气缸压缩比相对较低，所以需要火花塞来点火，其工作原理就可以通过电感电路来理解。

如图 3.11 所示，一开始开关与 10Ω 电阻相连，在电感中产生了 1.2A 的电流。在 $t=0.1\text{ms}$ 时刻开关突然与一个 100kΩ 电阻相连，这个电阻用来模拟火花塞顶端两个电极之间的空气间隙。由于电感上的电流在瞬间需要保持恒定，所以在大电阻上产生了一个高压脉冲，它会击穿两个电极之间的空气从而产生一个电火花。

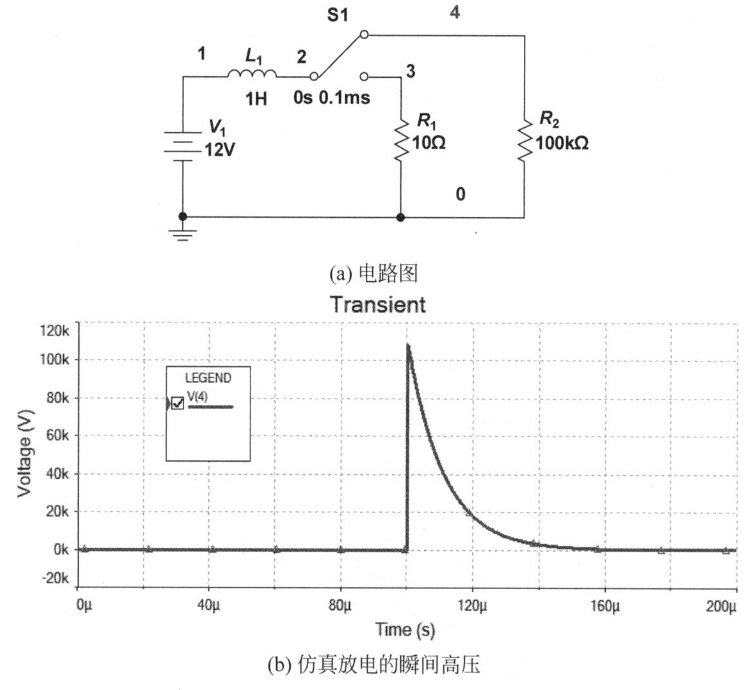

(a) 电路图

(b) 仿真放电的瞬间高压

图 3.11 简化的火花塞电路

在很多情况下，在开关过程中产生的电火花是十分有害的。例如，直导线的电感值与长度成正比，因此长距离的输电线具有很高的电感。因电路突然断开而产生的电弧有可能对开关器件造成严重损毁。早期的技术把开关浸在变压器油中，从而起到灭弧的作用。近年来，真空灭弧技术被广泛采用，它适用于频繁开关的情况。

3.4 二阶系统的暂态过程

第 2 章在分析 RLC 电路时，曾经与有阻尼的弹簧振子做过类比。其实，汽车的悬挂系统也可以简化为这样的模型，从而可以分析其在冲击下的反应。此外，很多乐器是靠拨动琴弦来弹奏的，其过程也可以用这样的模型来描述。

图 3.12 是一个串联 RLC 电路，当 $t<0$ 时，开关接地；当 $t\geqslant 0$ 时，开关与电压源相连。因此，电阻左侧的节点电压可以用一个阶跃函数来表示：$v_S(t)=V_0\cdot u(t)$。如果以回路中的电流作为独立变量，借助 KVL 可以得出以下微分方程：

$$L\frac{\mathrm{d}^2 i(t)}{\mathrm{d}t^2}+R\frac{\mathrm{d}i(t)}{\mathrm{d}t}+\frac{1}{C}i(t)=V_0\frac{\mathrm{d}u(t)}{\mathrm{d}t}=V_0\delta(t) \tag{3.11}$$

上式左侧描述的是系统的特征，而右侧则是外界的冲击。首先可以来研究系统的特性，因此假设右侧为零。

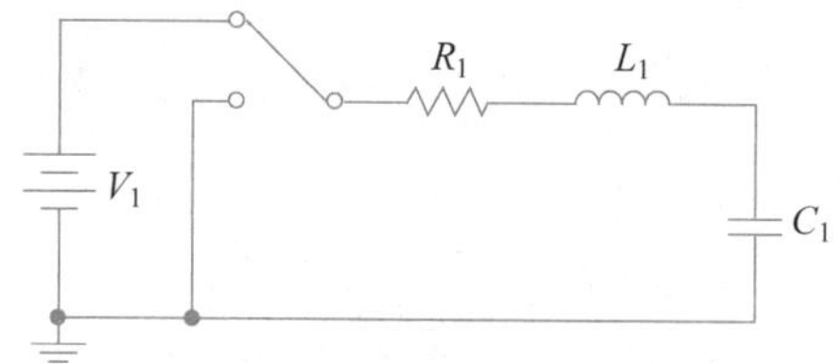

图 3.12　串联 RLC 电路

在进行一些简单的变换以后，式(3.11)可以写成如下形式：

$$\frac{\mathrm{d}^2 i(t)}{\mathrm{d}t^2}+2\zeta\omega_0\frac{\mathrm{d}i(t)}{\mathrm{d}t}+\omega_0^2 i(t)=0 \tag{3.12}$$

其中，$\omega_0=\sqrt{\frac{1}{LC}}$，$\zeta=\frac{R}{2\omega_0 L}$。在第 2 章介绍其自然响应过程时，引进了衰减系数 α，这里将它拆成了两个因子：$\alpha=\zeta\omega_0$，其中，ζ 被称为阻尼比，它是一个无量纲参数。此外，阻尼比 ζ 与品质因子 Q 之间也有十分简单关系：$\zeta=1/(2Q)$。在 RLC 串联电路中，$Q=\sqrt{L/C}/R$，所以 $\zeta=(R/2)\sqrt{C/L}$。

图 3.13 是一个并联 RLC 电路，当 $t<0$ 时，开关接地；当 $t\geqslant 0$ 时，开关与电流源相连。因此，电流源与开关的组合也可以用一个阶跃函数来表示：$i_E(t)=I_0\cdot u(t)$。如果以上端的电压作为独立变量，借助 KCL 可以得出以下微分方程：

$$C\frac{\mathrm{d}^2 v(t)}{\mathrm{d}t^2}+\frac{1}{R}\frac{\mathrm{d}v(t)}{\mathrm{d}t}+\frac{1}{L}v(t)=I_0\frac{\mathrm{d}u(t)}{\mathrm{d}t}=I_0\delta(t) \tag{3.13}$$

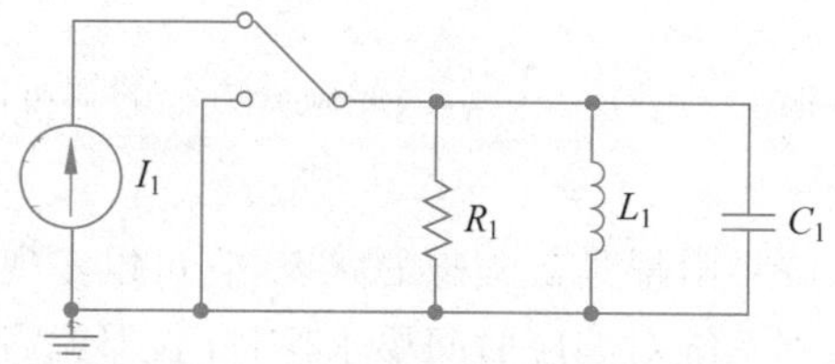

图 3.13　并联 RLC 电路

利用同样的方法，上式的特征方程也可以表示为如下形式：

$$\frac{d^2 v(t)}{dt^2} + 2\zeta\omega_0 \frac{dv(t)}{dt} + \omega_0^2 v(t) = 0 \tag{3.14}$$

其中 ω_0 的定义相同，阻尼比 ζ 与品质因子 Q 的关系也相同：$\zeta=1/(2Q)$。由于 $Q=R\sqrt{C/L}$，所以阻尼比的表达式是：$\zeta=\sqrt{L/C}/(2R)$。

既然串联和并联 RLC 电路的特征方程具有相同的形式，它们就可以用一个统一的方程来描述：

$$\frac{d^2 y(t)}{dt^2} + 2\zeta\omega_0 \frac{dy(t)}{dt} + \omega_0^2 y(t) = 0 \tag{3.15}$$

这类微分方程的解应该具有这样的形式：$y(t)=A e^{st}$。将此解代入微分方程，简化以后就可以得出以下的特征方程：

$$s^2 + 2\zeta\omega_0 s + \omega_0^2 = 0 \tag{3.16}$$

可以求出这个一元二次方程的一般解：

$$s = -\omega_0\left(\zeta \pm \sqrt{\zeta^2 - 1}\right) \tag{3.17}$$

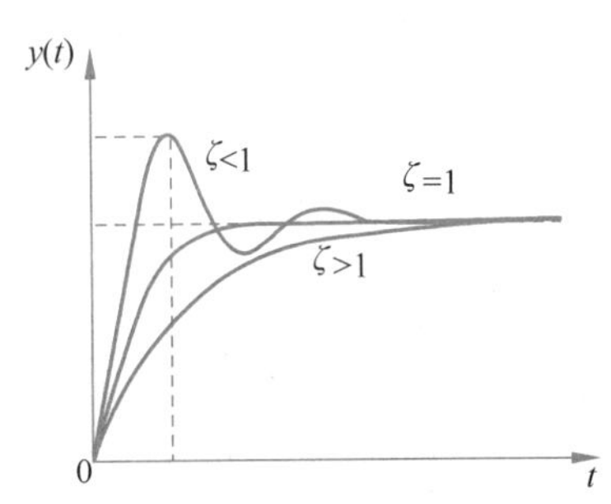

图 3.14　二阶系统对阶跃函数的响应

从这个表达式可以看出，$\zeta=1$ 是其分界点，在此临界值的上下系统的响应是相当不同的。第 2 章介绍了品质因子 Q 的物理意义，它是能量耗散率的一个指标。换言之，Q 越大则能量耗散率越低，振荡过程的衰减会很慢。由于 ζ 与 Q 有倒数的关系，所以 ζ 越小则能量耗散率越低，系统也会出现振荡，如图 3.14 所示。

(1) $\zeta<1$（欠阻尼）。

此时特征方程的解是共轭复数：

$$s=-\omega_0\left(\zeta \pm j\sqrt{1-\zeta^2}\right)$$

因此微分方程的解可以表示为衰减的振荡函数：

$$y(t) = e^{-\zeta\omega_0 t}\left\{A_1\cos\left[\left(\omega_0\sqrt{1-\zeta^2}\right)t\right] + A_2\sin\left[\left(\omega_0\sqrt{1-\zeta^2}\right)t\right]\right\} \tag{3.18}$$

在初始条件为零的情况下，第一项不存在，结果就是一个衰减的正弦函数。如果初始条件改为其导数为零，结果就是一个衰减的余弦函数。欠阻尼系统的优点是响应时间很短，而缺点是会出现过冲和振荡。在很多系统设计中对过冲量是有限制的，因此阻尼比不能太低。

(2) $\zeta=1$（临界阻尼）。

此时特征方程的解是重根：$s_1=s_2=-\omega_0$，因此微分方程的解可以表示为指数衰减的函数：

$$y(t) = A_1 e^{-\omega_0 t} + A_2 t e^{-\omega_0 t} \tag{3.19}$$

在一些系统的设计过程中，临界阻尼是最理想的状态，它可以实现在两种状态之间的快速而平稳的过渡。然而，很多控制系统对响应时间要求比较高，那就需要容忍一些过冲和振荡。

(3) $\zeta>1$（过阻尼）。

此时特征方程的解是两个负的实数：$s_1=-\omega_0\left(\zeta+\sqrt{\zeta^2-1}\right)$，$s_2=-\omega_0\left(\zeta-\sqrt{\zeta^2-1}\right)$，

因此微分方程的解可以表示为指数衰减函数：

$$y(t)=A_1\mathrm{e}^{-s_1 t}+A_2\mathrm{e}^{-s_2 t} \tag{3.20}$$

如果用时间常数来表示，它是特征方程解的倒数：$\tau=1/|s|$。由于 s_1 的绝对值比较大，它所对应的时间常数比较小，因此这一项可以很快衰减。然而，绝对值很小的 s_2 对应于很大的时间常数，结果会产生很慢的衰减过程。

下面通过电路模拟来进一步研究二阶系统的暂态过程。图 3.15(a)是一个 RLC 串联电路，电感和电容的参数保持不变，共振频率可以很容易计算出来：$\omega_0=10^4\,\mathrm{rad/s}$。电阻值分别为 50Ω、20Ω 和 10Ω；利用这个公式，$\zeta=(1/2)R\sqrt{C/L}$，可以算出其所对应的阻尼比分别是 2.5、1、0.5。电路中的信号源是 0～5V 的方波，其频率是 500Hz，所以周期是 2ms。

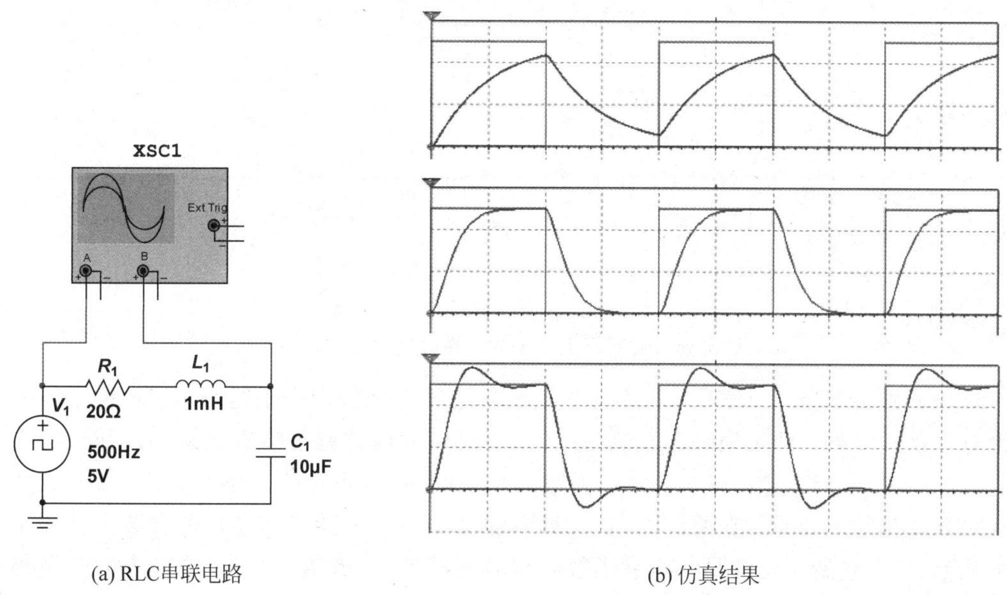

(a) RLC串联电路 (b) 仿真结果

图 3.15 二阶系统对方波信号的响应

仿真的结果显示在图 3.15(b)中。最上面的结果所对应的参数是 $R_1=50\Omega$，$\zeta=2.5$，这是过阻尼的情况，所以第一个波形呈现出很缓慢的响应。中间的结果所对应的参数是 $R_1=20\Omega$，$\zeta=1$，在这种临界阻尼的情况下系统有较快的响应。最下面的结果所对应的参数是 $R_1=10\Omega$，$\zeta=0.5$，在欠阻尼的情况下出现了振荡的响应。如果阻尼比进一步降低，那么振荡的幅度会继续增大。

3.5 拉普拉斯变换简介

第 2 章在分析交流电路时，利用了时域与频域之间的转换，从而避免了求解微分方程的难题。类似的方法也可以用于暂态过程，只不过需要把频域做一个拓展。在交流电路的推导过程中曾经使用了欧拉公式：$\exp(\mathrm{j}\omega t)=\cos(\omega t)+\mathrm{j}\sin(\omega t)$。由于交流信号的强度并不随时间变化，所以这个指数函数的变量是一个纯虚数。然而，在暂态电路中信号的强度会随时间而变化，因此需要将这个变量拓展为一般的复数。

$$s=\sigma+\mathrm{j}\omega \tag{3.21}$$

如果把 s 想象为复平面上的一个点，那么它所在的位置则对应着不同的信号类型。因此，s 域也被称为“复频域”，图 3.16 显示了位于不同区域的 s 所对应的时域函数。

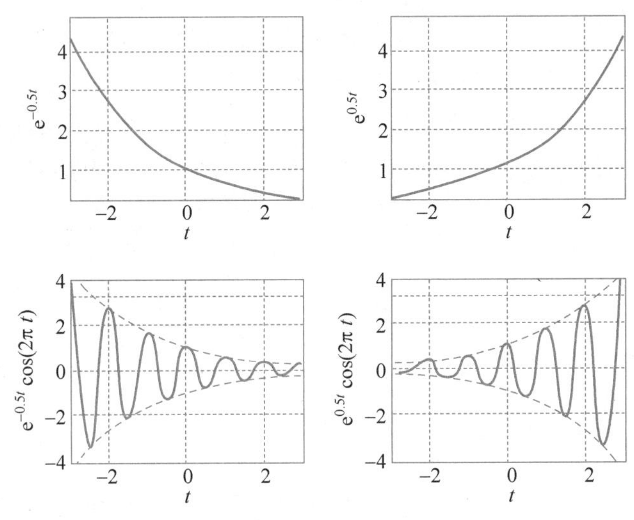

图 3.16　在复平面上 s 的位置与所对应的波形

首先分析一下当 s 位于横轴上的情况，如图 3.16 上面的两个子图所示。此时 $\omega=0$，所以没有振荡。如果 s 处在横轴的左侧($\sigma<0$)，所对应的函数就是指数衰减的。如果 s 在横轴的右侧($\sigma>0$)，所对应的函数就是指数增长的，这是一种不稳定的情况，在绝大多数情况下是需要避免的。如果 s 在原点上，它所对应的就是一个不随时间变化的常数。如果 s 不在横轴上，那么它所对应的是一个复函数：$x(t)=\mathrm{e}^{\sigma t}\mathrm{e}^{\mathrm{j}\omega t}$。当然，在实际应用中的时域函数都是实函数，所以需要把两个共轭的复数组合起来。后面将会看到，传递函数的复数极点都是成对出现的。图 3.16 下面的两个子图则对应于这对共轭复数位于左半平面和右半平面的情况。如果它们位于虚轴上，则对应正弦或余弦函数。

拉普拉斯变换就是时域函数与 s 域函数之间转换的一座桥梁，它的表达式如下：

$$\hat{X}(s)\equiv L\{x(t)\}\equiv\int_0^{\infty}x(t)\mathrm{e}^{-st}\,\mathrm{d}t \tag{3.22}$$

在工程应用中，时域函数的测量都是从某一时刻开始的，所以上式的积分下限为零，因此，它也被称为“单侧拉普拉斯变换”。在数学领域，人们也使用所谓的“双侧拉普拉斯变换”，其积分下限是 $-\infty$。从某个角度来看，很多类似的“变换”实际上是在计算“相合度”或“相关度”，下面以指数函数为例进行说明。

$$x(t)=\mathrm{e}^{at}\Leftrightarrow X(s)=\frac{1}{s-a} \tag{3.23}$$

从上式右侧的表达式可以看出，$X(s=a)\rightarrow\infty$，这可以理解为当 s 接近 a 时，e^{-st} 与 e^{at} 正好

相消或相合。然而，随着 s 离开 a 越来越远，这两者之间的“相合度”或“关联度”变得越来越低，因此 $X(s)$的值也变得越来越小。

下面看另一个例子：

$$x(t)=\cos(\omega t)\Leftrightarrow X(s)=\frac{s}{s^2+\omega^2}=\frac{1}{2}\left(\frac{1}{s-\mathrm{j}\omega}+\frac{1}{s+\mathrm{j}\omega}\right) \tag{3.24}$$

其实，三角函数也可以转化为指数函数：$\cos(\omega t)=(\mathrm{e}^{\mathrm{j}\omega t}+\mathrm{e}^{-\mathrm{j}\omega t})/2$。与拉普拉斯变换的函数做个比较就可以看出其相关性。与此类似，正弦函数也可以做类似的分析，大家回顾一下：$\sin(\omega t)=(\mathrm{e}^{\mathrm{j}\omega t}-\mathrm{e}^{-\mathrm{j}\omega t})/(2\mathrm{j})$。

$$x(t)=\sin(\omega t)\Leftrightarrow X(s)=\frac{\omega}{s^2+\omega^2}=\frac{1}{2\mathrm{j}}\left(\frac{1}{s-\mathrm{j}\omega}-\frac{1}{s+\mathrm{j}\omega}\right) \tag{3.25}$$

最后对单位阶跃函数进行变换：

$$x(t)=u(t)\Leftrightarrow X(s)=\frac{1}{s} \tag{3.26}$$

前面介绍过，$s=0$ 所对应的是一个常数，这反映在上式的变换中。

拉普拉斯变换被广泛地用于分析系统的传递函数，在很多情况下它可以表示为有理函数：

$$H(s)=K\frac{(s-z_1)(s-z_2)\cdots(s-z_m)}{(s-p_1)(s-p_2)\cdots(s-p_n)} \tag{3.27}$$

当分母为零的时候，其解$(p_1,p_2,\cdots,p_n)$被称为极点(poles)；而当分子为零的时候，其解$(z_1,z_2,\cdots,z_m)$被称为零点(zeros)。顺便提一下，并不是所有传递函数都可以写成这种有理函数的形式；例如，当系统有比较严重延迟的时候。

K 如果把传递函数的绝对值$|H(S)|$在复平面上画出来，结果就像一顶帐篷一样：在零点处帐篷贴近地面，而在极点处则像柱子(pole 的本意)那样被高高地顶起。在实际应用中，极点和零点的位置对系统的响应有决定性的作用。

在实际应用中，简单函数的拉普拉斯变换可以通过查表来获得，如表 3.1 所示。如果函数变得复杂，那么可以需要借助计算机软件，例如 MATLAB。

表 3.1　拉普拉斯变换表

$f(t)$	$F(s)$	DOC
$\delta(t)$	1	所有的 $s\in\mathbf{C}$
$\mathrm{e}^{at}u(t)$	$\frac{1}{s-a}$	$\mathrm{Re}[s]>\mathrm{Re}[a]$
$u(t)$	$\frac{1}{s}$	$\mathrm{Re}[s]>0$

续表

$f(t)$	$F(s)$	DOC
$t^n u(t)$	$\frac{n!}{s^{n+1}}$	$\mathrm{Re}[s]>0$
$\cos(\omega t)u(t)$	$\frac{s}{s^2+\omega^2}$	$\mathrm{Re}[s]>0$
$\sin(\omega t)u(t)$	$\frac{\omega}{s^2+\omega^2}$	$\mathrm{Re}[s]>0$

在表 3.1 中除了位于第一行的 δ 函数以外，其他的时域函数后面都加上了 $u(t)$，其含义是表明这是“单边拉普拉斯变换”。此外，在此表的右侧还列出了“收敛域”(Domain Of Convergence,DOC)。由于拉普拉斯变换涉及指数函数，因此当 s 在某些区域内积分会发散。

当输入信号是一个 δ 函数时，其传递函数就是其输出信号，因为 δ 函数的拉普拉斯变换为 1：$\hat{V}_o(s)=\hat{H}(s)\cdot\hat{V}_i(s)=\hat{H}(s)$，因此，系统的传递函数可以通过施加一个脉冲输入来直接进行观测。

除了表 3.1 中列出的变换公式以外，利用拉普拉斯变换的性质还可以推导出一些新的公式。首先，比较一下表 3.1 中第 2 行和第 3 行的变换，就可以推测出这样一个在 s 域进行平移的性质：

$$L\{e^{at}f(t)\}=F(s-a) \tag{3.28}$$

根据这个性质就可以推出以下公式：

$$L\{e^{-at}\cos(\omega_0 t)\}=\frac{s+a}{(s+a)^2+\omega_0^2} \tag{3.29}$$

$$L\{e^{-at}\sin(\omega_0 t)\}=\frac{\omega_0}{(s+a)^2+\omega_0^2} \tag{3.30}$$

如果平移发生在时域，那么在 s 域也会出现一个指数函数：

$$L\{f(t-t_0)u(t-t_0)\}=e^{-st_0}F(s) \tag{3.31}$$

例如，延迟的单位阶跃函数的拉普拉斯变换：$L\{u(t-t_0)\}=\frac{e^{-st_0}}{s}$。这里大家要注意符号的问题：在时域平移时，指数函数上的符号与时域平移的符号是一致的。然而，在 s 域平移时，指数函数上的符号与 s 域平移的符号是相反的；例如，$L\{e^{-at}u(t)\}=\frac{1}{s+a}$。

由于拉普拉斯变换是一个线性变换，因此可以进行线性叠加：

$$L\{a_1f_1(t)+a_2f_2(t)\}=a_1F_1(s)+a_2F_2(s) \tag{3.32}$$

其实，在讨论三角函数的拉普拉斯变换时已经使用了这一性质。此外，在利用变换对照表来求解逆拉普拉斯变换时，一个常用的方法就是将其转化为一些分数项之和，在这个过程中也需要利用这一线性特性。

Q　在了解了拉普拉斯变换以后，是否还需要了解其逆变换的公式？

大家在分析交流电路时，从时域到频域的变换被比喻为走上一个过街天桥，而最终还要从桥上走下来，也就是从频域再回到时域。在用拉普拉斯变换来分析电路的暂态过程时，这一步也是需要的。然而，逆拉普拉斯变换在数学上比较复杂，因此人们往往通过对照拉普拉斯变换表以及变换的性质来找到对应的逆变换。当然，也可以借助计算机软件来做逆变换。

与分析交流电路时从时域到频域进行变换一样，采用拉普拉斯变换的一大优势就是把微分和积分变换成代数运算的乘和除，如下式所示。

$$y(t)=\mathrm{d}x(t)/\mathrm{d}t \Leftrightarrow \hat{Y}(s)=sX(s)-x(0^{+}) \tag{3.33}$$

$$y(t)=\int_{-\infty}^{t} x(\tau)\mathrm{d}\tau \Leftrightarrow \hat{Y}(s)=\frac{X(s)}{s} \tag{3.34}$$

为了避免混淆这两个公式，可以进行量纲分析。从其定义就可以看出 s 的量纲是时间的倒数：$[s]=[\omega]=1/[T]$。因此，一个函数对时间的微分需要乘以 s，而对时间的积分则需要除以 s。此外，拉普拉斯变换本身对时间进行了一次积分，所以式(3.33)右侧的两项量纲是一致的。

利用拉普拉斯变换的表达式可以很容易地求出时域函数的初值和终值，这在很多情况下是十分有用的。从量纲分析来看，s-t 之间有着互为倒数的关系，因此求初值时 $s\to\infty$，而求终值时 $s\to 0$。这两个公式分别被称为初值定理和终值定理。

$$\begin{aligned}\lim_{t\to 0} f(t) &= \lim_{s\to\infty}[sF(s)]\\ \lim_{t\to\infty} f(t) &= \lim_{s\to 0}[sF(s)]\end{aligned} \tag{3.35}$$

3.6　拉普拉斯变换应用

电容和电感的电流与电压的关系式中有微分的关系，因此可以借助拉普拉斯变换来进行简化：

$$i_{\mathrm{C}}(t)=C\frac{\mathrm{d}v_{\mathrm{C}}(t)}{\mathrm{d}t} \Leftrightarrow \hat{I}_{\mathrm{C}}(s)=sC\cdot\hat{V}_{\mathrm{C}}(s)-C\cdot v_{\mathrm{C}}(0^{+}) \tag{3.36}$$

$$v_{\mathrm{L}}(t)=L\frac{\mathrm{d}i_{\mathrm{L}}(t)}{\mathrm{d}t} \Leftrightarrow \hat{V}_{\mathrm{L}}(s)=sL\cdot\hat{I}_{\mathrm{L}}(s)-L\cdot i_{\mathrm{L}}(0^{+}) \tag{3.37}$$

当初始值为零的时候，以上关系式与交流电路完全一致：$\hat{I}_{\mathrm{C}}(s)=Y_{\mathrm{C}}\cdot\hat{V}_{\mathrm{C}}(s)$，$\hat{V}_{\mathrm{L}}(s)=Z_{\mathrm{L}}\cdot\hat{I}_{\mathrm{L}}(s)$，因此可以利用这两种器件的“阻抗”和“导纳”来建立起电流与电压的关系。然而，如果初始值不为零，则需要使用上面的完整方程，也就是式(3.36)和式(3.37)。

对于电阻来说，时域和 s 域的关系式是相同的，也就是欧姆定律。为了完备起见，这里也把它列出来：

$$\hat{V}(s)=R\cdot\hat{I}(s) \tag{3.38}$$

除了这3个被动器件以外，还需要找到电源和开关的拉普拉斯变换。对于前面所使用的电压源和开关的连接方式，如图3.17所示，可以用一个单位阶跃函数(unit step function)来表示。$v_S(t)=V_0u(t-t_0)$表示在$t=t_0$时刻接通电压源，而$v_S(t)=V_0[1-u(t-t_0)]$则表示在$t=t_0$时刻断开电压源。

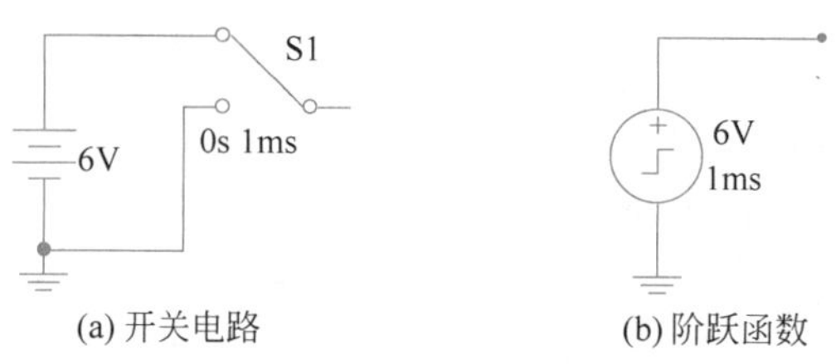

图3.17 开关过程的数学表达

E 用拉普拉斯变换来分析一个十分简单的RC电路，如图3.18所示。其中的电压源在$t_0=0$的时刻从0跳变到5V，假设电容上的初始电压为零，求解电容上电压的表达式。在3.2节分析过这类电路，其解是$v_C(t)=5(1-e^{-1000t})\cdot u(t)$。

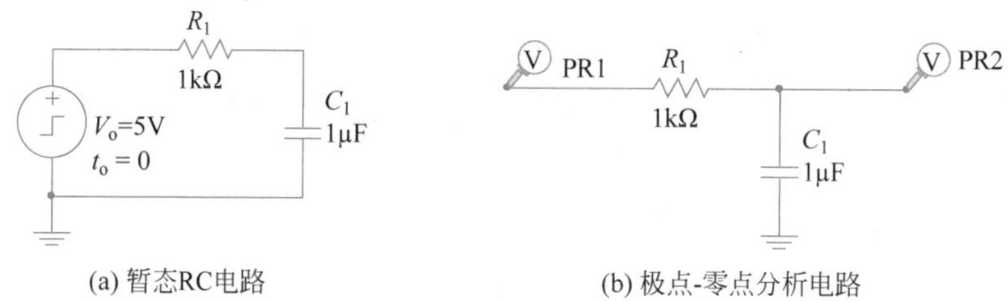

图3.18 简单电路分析

S 首先从时域转换到s域，然后利用KVL方程求解输出信号，最后再转化为时域信号。

(1) 电源：$\hat{V}_S(s)=\dfrac{5}{s}$

(2) 电容：$\hat{I}(s)=sC\cdot\hat{V}_C(s)-C\cdot v_C(0^+)=10^{-6}s\hat{V}_C(s)$

(3) 电阻：$\hat{V}_R(s)=R\cdot\hat{I}(s)=10^{-3}s\hat{V}_C(s)$

(4) 代入KVL方程$\hat{V}_S(s)=\hat{V}_R(s)+\hat{V}_C(s)$：$\dfrac{5}{s}=10^{-3}s\hat{V}_C(s)+\hat{V}_C(s)$。为了使其适用于电阻和电容的各种参数，可以用时间常数$\tau=RC$来取代式中的10^{-3}，从而可以得出一般的表达式：$\hat{V}_C(s)=\dfrac{5/\tau}{s(s+1/\tau)}$。

(5) 在做逆变换之前，需要把这个表达式化简为简单有理式之和：$\hat{V}_C(s)=\dfrac{A}{s}+$

$\frac{B}{s+1/\tau}$。其中，处在分子位置的两个待定常数可以很容易求出：$A=5, B=-5$。

（6）对照拉普拉斯变换表，就可以求出电压在时域的表达式：
$v_C(t)=5u(t)-5e^{-t/\tau}u(t)=5(1-e^{-t/\tau})u(t)$。代入 $\tau=10^{-3}$(s)，就可以得到最终答案。

这个方法看起来有些复杂，但是其适用性很强；无论电容的初始条件是否为零，都可以用这个方法来求解。

S 在第 2 章这个电路曾经被当作低通滤波器进行过分析，现在也可以从这个角度来对其进行研究。由于电容的初始电压为零，所以可以借助类似于交流电路的方法来求解。

（1）求出输入信号的拉普拉斯变换：$\hat{V}_i(s)=5/s$。

（2）求出传递函数的表达式：$\hat{H}(s)=\hat{V}_o(s)/\hat{V}_i(s)=\frac{Z_C}{R+Z_C}=\frac{\omega_c}{s+\omega_c}$，其中 $\omega_c=1/\tau=1/(RC)=10^3$(rad/s)。

（3）求出输出信号的表达式：$\hat{V}_o(s)=\hat{H}(s)\cdot\hat{V}_i(s)=\frac{10^3}{s+10^3}\frac{5}{s}$。

（4）利用逆拉普拉斯变换求出时域输出信号：$v_o(t)=5(1-e^{-1000t})u(t)$(V)
这个方法看起来更简单明了，但是它只适用于初始条件为零的情况。如果其信号源是从 5V 跳变到 0V，这个方法则不适用。

由于极点和零点在系统响应分析中十分重要，Multisim 提供了一个分析传递函数 $\hat{H}(s)$的极点和零点的仿真工具(Pole Zero Analysis)，图 3.18(b)是做此分析的电路图，其中的电压源需要从电路中移除，因为传递函数与输入信号无关。分析的结果显示：pole=−1k，这个值与理论值($-\omega_c$)是一致的。

E 如图 3.19(a)所示的电路被称为超前-滞后网络(lead-lag network)，在不少领域都会遇到。信号源输出的是一个单位阶跃函数 $u(t)$。如果在初始状态电容里没有电荷，则可以借用类似于交流电路的方法来求解传递函数。

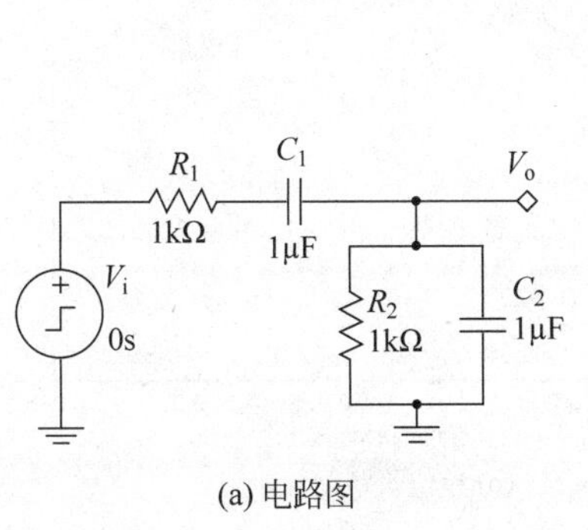

(a) 电路图

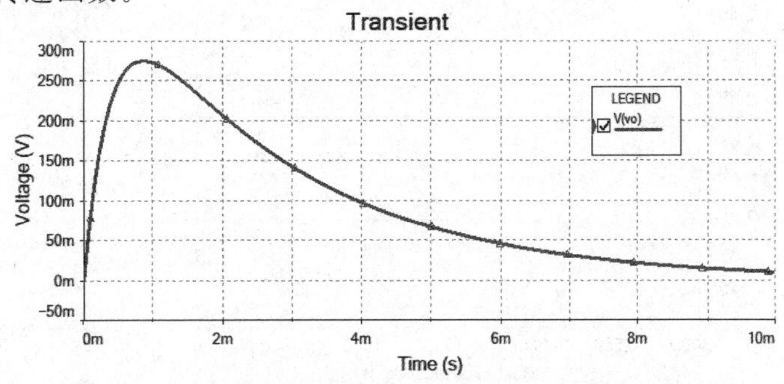

(b) 阶跃函数激励下的输出端信号

图 3.19　超前-滞后电路

S 解题步骤与上题类似，先在 s 域解题，然后再转换到时域。

(1) 先把(R_1,C_1)和(R_2,C_2)分别组合起来，然后计算它们的阻抗和导纳：$Z_1=R_1+1/sC_1=(1+sR_1C_1)/sC_1$，$Y_2=G_2+sC_2=(1+sR_2C_2)/R_2$。

(2) 利用串联分压电路的公式就可以求出传递函数：

$$H(s)=\frac{Z_2}{Z_1+Z_2}=\frac{1}{1+Z_1Y_2}=\frac{sR_2C_1}{(R_1R_2C_1C_2)s^2+(R_1C_1+R_2C_1+R_2C_2)s+1}$$

这个表达式比较复杂，可以分析其中一个特例：$R_1=R_2=R$，$C_1=C_2=C$，然后定义 $\omega_0=1/RC=10^3\,(\mathrm{rad/s})$。此时，传递函数就可以得到简化：$H(s)=\dfrac{\omega_0 s}{s^2+3\omega_0 s+\omega_0^2}$。

(3) 这个传递函数的零点一目了然：$z=0$。其极点也不难求出：$p_{1,2}=\dfrac{-3\pm\sqrt{5}}{2}\omega_0$。代入 $\omega_0=1000\mathrm{rad/s}$，就可以算出极点的值：$p_1=-382\mathrm{rad/s}$，$p_2=-2618\mathrm{rad/s}$。

(4) 输出信号的表达式如下：$\hat{V}_o(s)=\hat{H}(s)\hat{V}_i(s)=\dfrac{\omega_0}{(s-p_1)(s-p_2)}=\dfrac{A}{s-p_1}+\dfrac{B}{s-p_2}$，两个待定系数分别是：$A=0.447$，$B=-0.447$。

(5) 转换到时域就可以得到输出信号：$v_o(t)=0.447(\mathrm{e}^{-382t}-\mathrm{e}^{-2618t})$。图 3.19(b)显示了用 Multisim 仿真的结果：在 $t=0$ 时，两个指数函数彼此抵消，所以输出信号为零。随后，第二项迅速衰减，在此之后的曲线是由第一项决定的指数衰减函数。

(6) 利用 MATLAB 也可以很方便地从传递函数的表达式求出零点和极点的位置并且将其在复平面上显示出来，如图 3.20(a)所示。其代码如下：{sys=tf([1e3　0],[1　3e3　1e6]);　h=pzplot(sys);}。其中，tf 是 transfer function 的缩写，第一个方括号里描述的是分子：$10^3 s+0$，而第二个方括号里描述的是分母：$s^2+3\times10^3 s+10^6$。此外，MATLAB

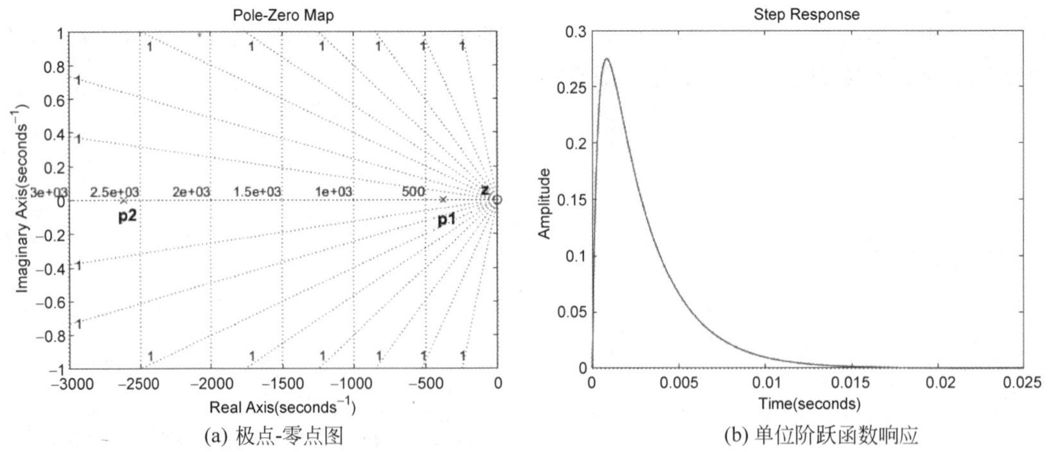

(a) 极点-零点图　　(b) 单位阶跃函数响应

图 3.20　MATLAB 仿真结果

还可以画出系统对单位阶跃函数的响应,如图 3.20(b)所示。其代码如下:{ sys=tf([1e3 0], [1 3e3 1e6]); step(sys); }。如果与图 3.19(b)做个比较,就会发现它们十分吻合。

E 如图 3.21(a)所示的是串联 RLC 电路,其信号源是一个阶跃函数,其高度为 5V。利用 Multisim 的极点-零点分析就可以得出其结果,如图 3.21(b)所示。

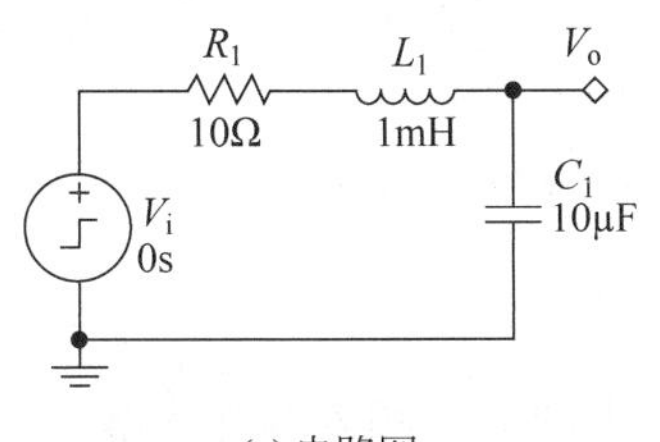

(a) 电路图

Pole Zero Analysis

	Poles/Zeros	Real	Imaginary
1	pole(1)	-5.00000 k	8.66025 k
2	pole(2)	-5.00000 k	-8.66025 k

(b) 极点-零点分析的仿真结果

图 3.21 RLC 串联电路

S 如果电容和电感在初始状态下没有能量存储,那就可以按照上题的解法来做。不过,根据从极点-零点分析的结果也可以直接得到传递函数。图 3.21(b)中信息显示,它有两个共轭极点而没有零点。

(1) 传递函数表达式:$H(s)=\dfrac{C_0}{(s-p_1)(s-p_2)}$,其中 $p_{1,2}=(-5\pm \mathrm{j}8.66)\times 10^3$。由于存在两个位于左平面的共轭极点,所以这个系统对脉冲的响应特征是衰减的振荡。这两个极点可以写为这样的标准形式:$p_{1,2}=-\alpha \mp \mathrm{j}\omega_d$,其中衰减参数是 $\alpha=5\times 10^3$(Np/s),而振荡角频率则是 $\omega_d=8.66\times 10^3$(rad/s)。

(2) 这个传递函数也可以写成另一种形式:$H(s)=\dfrac{C_0}{s^2+2\zeta\omega_n s+\omega_n^2}$。经过简单的推导就可以求出相应的参数:$\omega_n=\sqrt{p_1 p_2}=10^4$ (rad/s),$\zeta=0.5$。所以传递函数是:$H(s)=\dfrac{C_0}{s^2+10^4 s+10^8}$。

(3) 以上两种形式可以通过图 3.22(a)找到彼此之间的对应的关系,实际上就是复数的两种表达形式。例如,$p_1=-\alpha+\mathrm{j}\omega_d=\omega_n\angle\phi=\omega_n\angle(\pi-\theta)$。从直角坐标参数($\alpha,\omega_d$)可以求出其极坐标参数($\omega_n,\theta$),反之亦然。

$$\omega_n=\sqrt{\alpha^2+\omega_d^2},\quad \theta=\arctan(\omega_d/\alpha) \tag{3.39}$$

此外,在欠阻尼的情况下,阻尼比可以从极点在复平面上所对应的角度求出:$\zeta=\cos(\theta)$。这个参数决定了过冲高度的比例,阻尼比越小过冲就越大。

(4) 求出待定系数 C_0:因为这个电路类似于一个二阶低通滤波器,所以在低频段其传递函数应为 1,由此可以得出分子上的待定常数:$s\to 0$,$C_0=p_1 p_2=10^8$。此外,这个参数也可以利用拉普拉斯变换的终值定理来求出。

（5）输入信号是一个高度为 5 的阶跃函数 $v_i(t)=5u(t)$，它的拉普拉斯变换就是 $\hat{V}_i(s)=5/s$。由此可以求出输出函数的表达式：$\hat{V}_o(s)=\hat{H}(s)\cdot\hat{V}_i(s)=\frac{10^8}{s^2+10^4s+10^8}\frac{5}{s}$。

（6）为了做逆变换，上式需要进行分解：$\hat{V}_o(s)=\frac{A}{s}+\frac{Bs+C}{s^2+10^4s+10^8}$，其中的待定系数可以通过对比原表达式而求出：$A=5, B=-5, C=-5\times10^4$。

（7）在求出了这些系数以后，就可以将这个表达式写成与衰减的三角函数相对应的格式：$\hat{V}_o(s)=\frac{5}{s}-\frac{5s}{(s+\alpha)^2+\omega_d^2}-\frac{5\times10^4}{(s+\alpha)^2+\omega_d^2}$。

（8）这里可以分析一下所对应的时域信号：上式中的第一项对应于一个常数或阶跃函数，$v_{o1}(t)=5u(t)$；第二项和第三项则分别对应于一个衰减的余弦和正弦函数：$v_{o2}(t)=-5e^{-5000t}\cos(8.66\times10^3t)u(t)$，$v_{o3}(t)=-5.77e^{-5000t}\sin(8.66\times10^3t)u(t)$。

（9）如图 3.22(b)所示的是用 Multisim 仿真的结果，它是前面求出的 3 项之和：$v_o(t)=v_{o1}(t)+v_{o2}(t)+v_{o3}(t)$。

（10）这个求解过程尽管看起来有些复杂，其实从图 3.21(b)中提供的极点信息可以直接写出输出信号的函数，只不过需要确定一些系数而已。

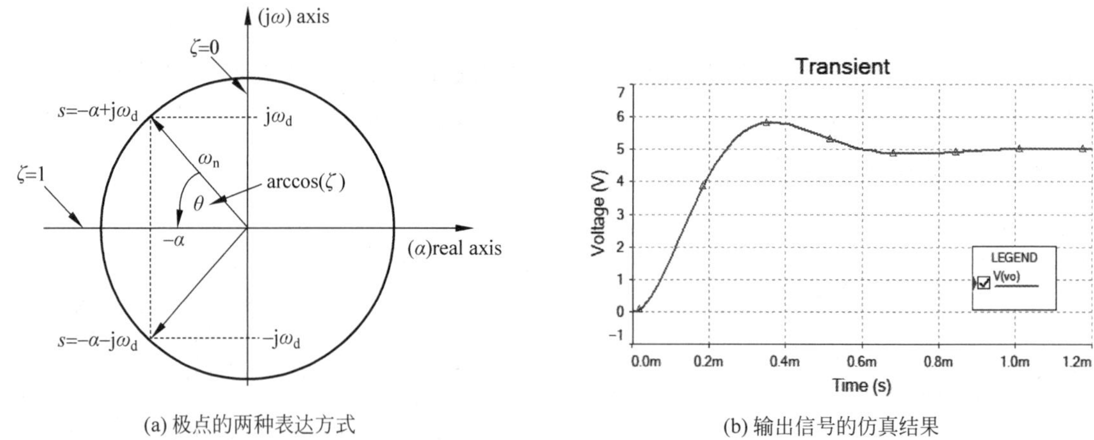

(a) 极点的两种表达方式　　(b) 输出信号的仿真结果

图 3.22　极点位置与信号特性

> **K** 二阶系统的极点位置与传递函数的关系在经典控制理论中扮演重要的角色。通过分析这个 RLC 电路读者可以获得一些感性的认知，将来在学习控制理论课程时会很有帮助。

延伸阅读

有兴趣的读者可以查阅和了解以下相关内容的资料：

(1) 超级电容器及其应用。

(2) DRAM 和 SRAM 的结构以及性能比较。

(3) Elmore 延时模型在集成电路中的应用。

(4) 超导体中磁通量的量子化。

(5) 忆阻器的性能和应用。

(6) 内燃机中火花塞的工作原理。

(7) 阻尼比在汽车底盘悬挂系统的应用。

(8) 拉普拉斯变换及其应用。

(9) 拉普拉斯变换与傅里叶变换之间的关系。

(10) 极点-零点分析在控制系统中的应用。

第 4 章

半导体器件

从某种意义上来看，人类文明的进程可以按所使用的材料来划分时代。例如，旧石器时代、新石器时代、陶器时代、青铜时代和铁器时代。第一次工业革命用的主要材料是制造机器的钢材，而第二次工业革命中登上历史舞台的新材料是制造导线和电动机线圈的铜。如今，人类进入了信息时代，而半导体则是第三次工业革命的代表性材料。

早期的电子器件是真空电子管，其功耗很高而可靠性却很低。1947 年，美国贝尔实验室的科研人员发明了半导体三极管，从此开启了近代电子技术的大门。1960 年，仙童(Fairchild)公司制造出了最早的集成电路，而美国航空航天局(NASA)成了当时最大的买家，因为在阿波罗登月计划的火箭和飞船中需要大量的电子器件用于通信和飞行控制。进入 20 世纪 70 年代以后，集成电路在民用领域也得到了迅猛发展。例如，英特尔(Intel)公司在 1971 年推出了第一款 4 比特的微处理芯片(Intel 4004)，在 1974 年推出了 8 比特的 CPU(Intel 8080)，在 1978 年推出了 16 比特的 CPU(Intel 8086)。进入 20 世纪 80 年代以后，个人计算机行业异军突起，单片机也在很多领域被广泛应用，一场信息革命席卷全球。图 4.1 简要地展示了不同阶段的电子器件。

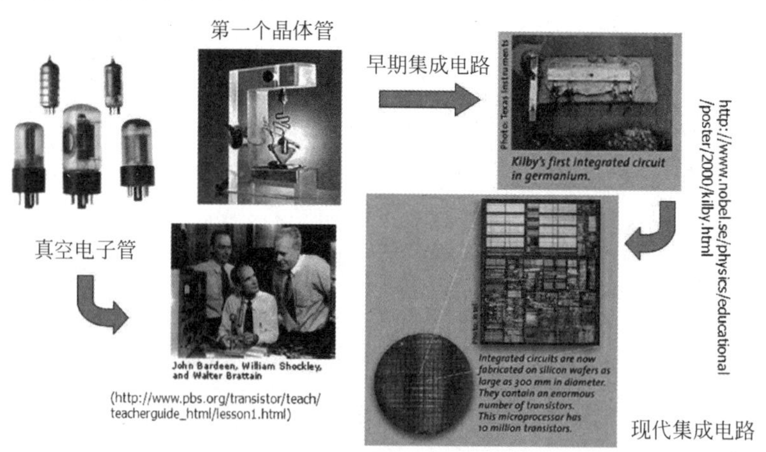

图 4.1　电子器件的发展阶段

在 1965 年，仙童和英特尔公司的创始人之一的 Gordan Moore 注意到集成电路迅猛的发展趋势，最初他预测在一块集成电路上的晶体管数量每年会翻一番，在1975年他将发展规律修正为每两年翻一番。随着晶体管尺寸的减小，其响应速度也在迅速加快。如果按信息处理能力来推算，每18个月就可以翻一番。在此后的四十年中，半导体工业把这个预测作为研发的规划蓝图，并且实现了持续性发展，因此而形成了发展规律，被称为摩尔定律(Moore's law)。在2010年以后，集成电路的发展遇到了不少挑战，从而开始偏离摩尔定律。

4.1 半导体的能带

在普通物理课程中介绍过，原子中的电子处在分立的能级上。当两个氢原子彼此靠近而形成H_2分子的时候，其能级将如何变化？首先，能级的数量在分子的形成过程中需要保持一致，两个氢原子的1s能级组合起来也应该产生两个能级。如图4.2所示，来自两个氢原子的电子有两种组合方式：一种是能量较低的成键态，而另一种是能量较高的反键态。其次，由于电子自旋的自由度，每个能级可以容纳两个电子。俗话说："水往低处流。"电子也是一样，当两个电子处于成键态时就形成了稳定的氢气分子H_2。如果希望把两个氢原子分开，那么外界就需要提供足够的能量，例如光照或加热。反之，如果有一个或两个电子处于反键态，那么这个系统就很不稳定，两个氢原子可以轻易地分开。

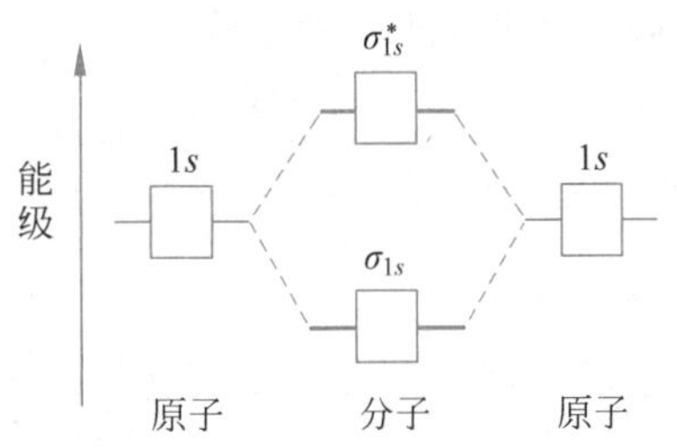

图4.2 两个氢原子的电子形成的成键态和反键态

当比较复杂的原子彼此靠近时，只有外层的电子之间才能成键，它们被称为"价电子"(valence electrons)。例如，很多碳原子聚合起来可以形成长链分子烷烃。Kronig-Penny模型对于理解能带的形成过程十分有用，如图4.3所示。能带是由十分靠近的很多能级构成的，它类似于人们的长辫子，仔细观察就会发现是由很多根头发组成的。如果耦合强度比较大，那么能带的宽度就大，这就相当于能级分布在更大的能量范围内。如图4.3(a)所示，在耦合发生以前电子在原子中的能级是分立的。图4.3(b)显示了原子靠近以后的情况，最高的能级形成的能带比较宽，因为能级之间的耦合很强。与

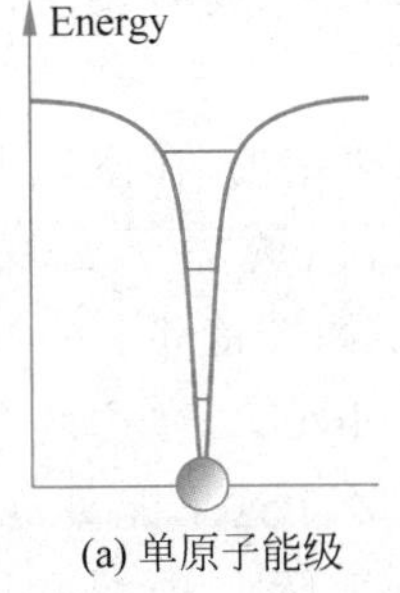

(a) 单原子能级

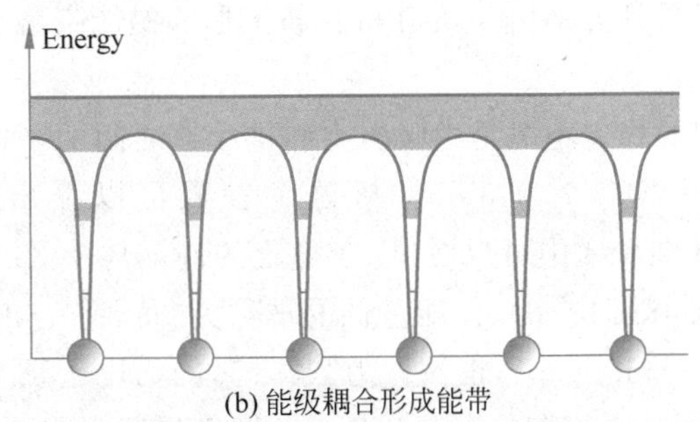

(b) 能级耦合形成能带

图4.3 Kronig-Penny模型

之相反，基态的能级因耦合太弱而没有形成能带。这种情况类似于原子的内层电子，它们的能级一直保持分立的状态。

K 由于碳原子有4个价电子，彼此之间可以形成多种多样的结构。除了形成长链以外，碳原子也可以形成二维的晶体结构，这就是新型材料石墨烯，它具有很好的导电和导热性能，因为价电子可以在整个平面内自由迁徙。此外，碳原子也可以形成三维的晶体结构——金刚石。另外，石墨也是碳原子形成的三维晶体，它可以看作把二维的石墨烯叠加在一起而形成的。尽管在每一层中碳原子的结合非常紧密，但是在两层碳原子之间的结合却非常松散。因此，各原子层之间可以很轻易地发生错位或滑动，这样的特性使石墨在工业界被广泛地当作润滑剂来使用。此外，石墨还有抗腐蚀和耐高温的特性，而且导电性也很好，可以用作电池和电解装置的电极。当然，在日常生活中石墨最普遍的应用是铅笔芯。如果把金刚石和石墨做一个对比就会发现，晶体的结构对物质的特性有决定性的影响。

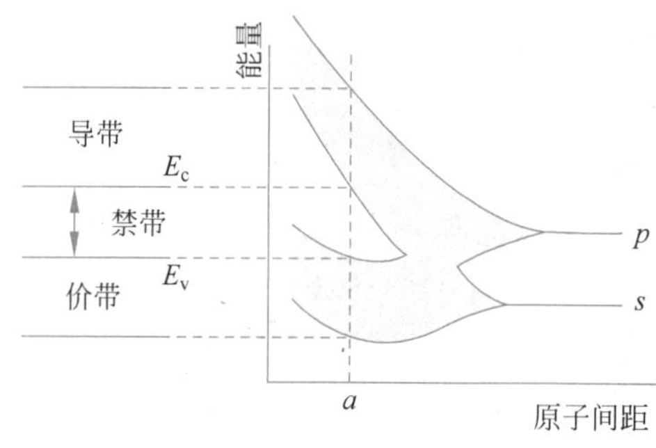

图 4.4 晶体能带的形成

与碳原子类似，硅原子在元素周期表中也处在第Ⅳ主族，它有 14 个电子($1s^2 2s^2 2p^6 3s^2 3p^2$)，其最外层的 4 个价电子($3s^2 3p^2$)可以和其他原子的价电子耦合成键。在单晶硅中，每个硅原子都与 4 个邻居形成了空间对称的键。在形成晶体以后，价电子获得了极大的自由，它们可以在整个晶体内四处迁徙。与此同时，它们的能级也转化成了能带，如图 4.4 所示。

图 4.4 的横轴是原子间的距离，这里人们可以做一个假想实验：在保持晶体空间结构不变的情况下，假设原子之间的距离不断增大，结果价电子的耦合就会变弱而最终消失了，因此电子的能级恢复到单个原子时的分立状态，如图 4.4 右侧所示。然后，再想象原子之间的距离逐渐减小，结果价电子之间的耦合就会增强，单个能级变成了由很多相近能级组成的能带。当原子之间的距离近到一定程度时，从图 4.4 中可以看到分别由 s-轨道和 p-轨道形成的能带融合起来了，此时发生了原子轨道的杂化。

原子之间的稳定距离是由吸引力和排斥力之间的平衡来决定的，在室温下两个相邻硅原子之间的距离是 0.235nm。从这个参数可以算出硅晶体的原子密度为 $4.995 \times 10^{22} cm^{-3}$。从图 4.4 中可以看出，在稳定的硅晶体中，出现了两个能带：能量高的被称为“导带”(conduction band)，而能量低的被称为“价带”(valence band)，在这两个能带之间存在一个“能隙”(band gap)，也被称为“禁带”，因为电子被禁止处于这个能量范围。不过，这只是个示意图，其中能带的宽度和禁带的宽度看起来差不多。实际上，导带和价带的宽度要远大于禁带的宽度。因此，在画能带图时，人们只能画出导带和价带的边缘(band edge)，它

们分别用 E_C 和 E_V 来表示。

Q 能隙是否会随温度而变化？如何变化？

半导体材料的很多参数都会随温度而剧烈变化，相对而言，能隙可以说是相当稳定的，所以有些电路以此作为基准。然而，绝大多数物体都会出现热胀冷缩的现象，半导体也是一样。当温度升高而原子间的距离增大时，从图 4.4 中可以看出，能隙会有所减小。反之，在温度降低时，能隙会有所增加。能隙随温度的变化规律可以用以下公式来描述，其中 T 是热力学温度：$E_g(T)=E_g(0)-\alpha T^2/(T+\beta)$。对于单晶硅而言，$E_g(0)=1.166(\text{eV})$，$\alpha=4.73\times10^{-4}(\text{eV/K})$，$\beta=636(\text{K})$。这里 $E_g(0)$ 是温度降到接近绝对零度时的带隙，它与室温值 1.12eV 也相差无几。

在单晶硅中，硅原子的价电子轨道发生了 sp^3 杂化，如图 4.5(c)所示。换言之，1 个 s-轨道和 3 个 p-轨道混合在了一起，从而形成了 4 个相同而在空间中对称的轨道。在形成晶体的过程中，其中的两个轨道变成了价带，而另外两个变成了导带。所以，价带和导带分别有 $2N$ 个能级，计入自旋因素以后每个能带可以容纳 $4N$ 个电子，这里的参数 N 是晶体中的原子数。

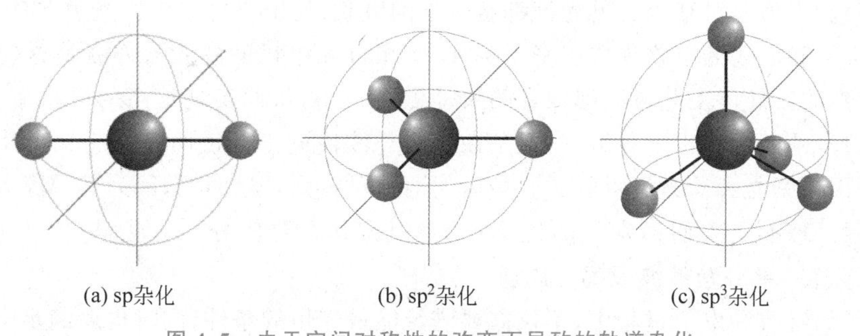

图 4.5 由于空间对称性的改变而导致的轨道杂化

K 电子轨道的杂化是一个有些费解的问题，人们可以从偏微分方程的边界条件的角度来理解。电子的运动规律可以用薛定谔方程来描述，但是其解可以有不同的形式，这取决于边界条件。在单个原子的情况下，电场具有球对称性，所以其解呈现出 s-轨道和 p-轨道，等等。然而，在形成晶体的时候，其对称性发生了变化，所以其解也自然不同。然而，人们还是习惯于认为单个原子的电子轨道是“正宗”，所以就把这些新的解看作这些正宗轨道的组合或杂化。除了 sp^3 杂化以外，还有 sp 和 sp^2 杂化，分别如图 4.5(a)和图 4.5(b)所示。例如，在石墨烯中，为了满足在平面上 3 个键相隔 120°键角的对称性，1 个 s-轨道和 2 个 p-轨道形成了 sp^2 杂化。

硅原子只有 4 个价电子，而其外围壳层中却可以容纳 8 个电子。如果与图 4.2 做一个比较，就可以得到一个启示：硅晶体的价带基本上是被电子填满的，而导带则几乎是空的。其实，绝大多数半导体晶体的情况都很类似，彼此之间的一个显著差别就是能隙的宽度，它对材料的物理特性影响很大。表 4.1 中列出了一些半导体材料在室温下的能隙参数。

表 4.1 半导体材料在室温下的能隙参数

半导体材料	InSb	Ge	Si	GaAs	GaP	GaN	金刚石
能隙 E_g(eV)	0.18	0.67	1.12	1.42	2.25	3.4	6

一种材料是否透明主要是由其能隙的大小来决定的，而这也是测量能隙的最直接的方法。光子的能量是 $E=h\upsilon$，如果转换成波长的表达式则是 $E(\mathrm{eV})=1.24/\lambda$，其中波长的单位是微米(μm)。当光子的能量小于能隙的时候，它不会被吸收，否则电子会从价带跃迁到禁带中去，这个量子过程是被禁止的。在这种情况下，光子可以畅通无阻地从中穿过，所以看起来就是透明的。然而，一旦光子的能量大于能隙，电子就可以从价带跃迁到导带，结果光子就被吸收了，材料看起来就是不透明的。严格地说，一种材料是否透明不仅由其本身的结构来决定，也要考虑电磁波的波段。

可见光的波长范围为 0.38～0.75μm，所以光子的能量范围为 1.65～3.26eV。对照表 4.1 中的半导体材料的能隙就可以看出，前 4 种是完全不透明的，因为其带隙小于可见光能量的下限。因为硅对整个可见光谱都有较强的吸收，所以它可以用作光敏器件，这样就可以和信号提取和放大的电路集成起来。例如，照相机和手机的感光器件就是这样的集成电路，利用成熟的半导体工艺可以把像素的尺寸做得很小，从而实现很高的分辨率。此外，硅对近红外波段的电磁波也十分敏感，但是在远红外波段硅则是透明的。GaP 晶片看起来是橘黄色的，因为紫光和蓝光被吸收了。最后的两种材料则是透明的，因为其带隙大于可见光能量的上限。玻璃是人们最常见的透明材料，因为其主要成分二氧化硅(SiO_2)的能隙是 9eV，所以就连一部分紫外波段都可以通过。

在光子的吸收和发射过程中，不仅需要满足能量守恒的条件，同时也要满足动量守恒的条件。如果把能带图的横轴变成动量，就会发现半导体材料可以被分为两类，如图 4.6 所示。与电子和空穴的动量相比，光子的动量很小而可以忽略不计。如果没有第三方的介入，在此图中电子的跃迁过程只能是垂直地跳上或跳下。如图 4.6(a)所示的第一类材料的导带低谷与价带的顶峰在动量空间是重合的(直接带隙)，因此光子的发射和吸收都可以实现。

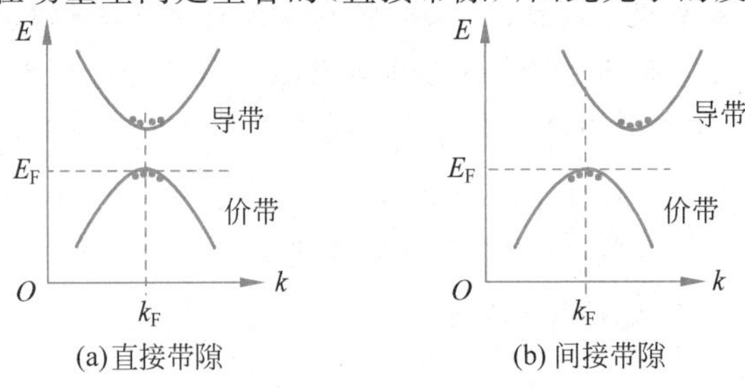

图 4.6 不同类型的能带结构

如图 4.6(b)所示的第二类材料的导带低谷与价带的顶峰在动量空间是错开的(间接带隙),因此,这类材料可以吸收光子却很难发射光子。半导体材料导带中的电子很少,它们都集中在谷底。与此同时,价带中的空穴也很少,它们都集中在顶峰。发射光子的过程需要电子与空穴复合,也就是电子从导带向下跃迁到价带,因此间接带隙材料需要第三方介入才能满足动量守恒的条件,结果就导致其效率很低。打个比方,如果把直接带隙材料发射光子的过程比喻为足球赛中的罚点球,那么,间接带隙材料发射光子的过程则需要附加另一个条件,足球必须先撞到门柱或门梁上然后弹进去才算数,因此进球的可能就十分渺茫了。

这里有一个很有趣的现象,像硅和锗这样的由第Ⅳ族元素组成的半导体都具有间接带隙,而大部分Ⅲ-Ⅴ族化合物半导体都具有直接带隙,例如 GaAs 和 GaN。所以硅只能用于电子器件,而不能用于发光器件。而发光二极管(LED)和半导体激光器只能采用化合物半导体。有些Ⅲ-Ⅴ族化合物半导体的电子迁移率很高,例如 GaAs 和 InP,因此可以用于微波器件。此外,利用三元Ⅲ-Ⅴ族化合物半导体还可以形成各种异质结和超晶格结构,例如 $Ga_xAl_{1-x}As$ 和 $Ga_xAl_{1-x}N$,从而可以形成性能更优越的电子和光电器件。

4.2 本征半导体

在半导体工业的早期,一项十分艰巨的任务就是提纯。自然界的物质中都有很多杂质,它们对材料性能的影响很大。例如,最早的铁器在公元前 2500 年左右就出现了,但是直到 19 世纪中叶才出现了工业化的炼钢技术。换言之,在四千多年的时间里人们所使用的铁器基本上都是生铁或铸铁,它与钢的差别仅仅是碳的成分太高。在炼铁的过程中,人们使用焦炭去还原铁矿石,也就是用化学活性更高的碳原子来置换氧化铁中的铁原子,结果在炼铁的过程中大量的碳原子就混杂在了铁中,从而形成了生铁。与钢相比,生铁的韧性很差,在冲击下很容易破裂,而且也很难加工。炼钢的过程可以看作炼铁过程的逆操作,通过吹氧把铁水中过量的碳清除掉。古人也可以制造出钢材,但是效率很低。铁匠需要不断地把铁器放入炉子中烧红,然后拿出来用锤子锻打。这个过程就像揉面一样,从而使材料内部也可以接触到氧气,如此这般地重复很多次才能把铁器中多余的碳氧化掉。"百炼成钢"这个成语所描述的就是这样一个原始的制钢过程。当碳元素的重量比被控制在 0.02%～2%的时候,这种铁碳合金就被称为钢。如果碳元素的重量比低于 0.02%这个下限,则变成了熟铁,其硬度太低,但是延展性很好。反之,如果碳元素的重量比高于 2%这个上限,则变成了生铁,其硬度很高但韧性很差。在铁与钢之间并没有明确的界限,其材料性能呈现出连续的变化,所以不同的国家对此有不同的定义。

K 在室温下碳在铁中的固态溶解度只有 0.02%(重量比),当碳的含量低于这一阈值的时候,碳原子会均匀地分布在铁晶体的空隙中,从而变成所谓的间质缺陷(interstitial defects),它对铁的机械性能影响很小。然而,当碳的含量超过这一比例时,它与铁原子会形成了碳化铁(Fe_3C)这种结构,它像陶瓷一样硬度很高但韧性很差。一般来说,碳的含量越高,则钢材的硬度就越高,而韧性和延展性就越差。像齿轮这样的零件表面需要高硬度来减少磨损,而芯体又需要高韧性以避免断裂。所以,可以采用表面渗碳的技术来满足这两种矛盾的需求。

与冶金行业相比,半导体材料对纯度的要求高很多,至少需要达到99.9999%的纯度。换言之,杂质原子的比例要低于10^{-6},也就是在一百万个硅原子中只允许有一个杂质原子。在半导体行业,人们习惯于用厘米来作为空间尺度的单位。作为参照,单晶硅的原子密度约等于$5\times10^{22}cm^{-3}$。由此可以推算出,杂质原子的密度应该低于$5\times10^{16}cm^{-3}$。在现代的半导体工业中,未掺杂的单晶硅中杂质原子的含量可以减少到$10^{13}cm^{-3}$的水平。换言之,其纯度可以高达99.9999999%。当然,对于特殊用途的单晶硅,其杂质浓度还可以进一步降低。例如,在远红外和毫米波的设备中硅可以用来制作透镜,因为它的折射率远高于玻璃而且有完善的加工工艺。但是,高纯度硅的价格很高,在电子工业中并不适用。

从原子的有序排列结构来看,金属也是晶体。但是,在绝大多数应用中,金属材料都处于多晶形态,也就是由很多小块单晶体堆积起来的。在冶金学中,晶粒的尺寸和形态对材料的机械性能有直接的影响。在极个别的情况下,例如航空发动机里的涡轮叶片,则需要使用单晶的金属。在半导体工业中,多晶硅的用途十分有限,主要用来制造太阳能电池板。在早期人们只能制造出直径很小的单晶硅,结果在一块晶圆或晶片上只能做出有限的几块集成电路,因此生产效率很低,如图4.7所示。在集成电路的很多工艺过程中,例如氧化、积淀(deposition)和刻蚀(etching),整个表面是同步进行的,所以其速度与面积的大小无关。因此,在大直径的单晶硅上可以同时制造出更多的集成电路芯片(die),因此其效率会提高而成本则会下降。如今半导体工业主要使用直径为12英寸(300mm)的硅片,同时也有一部分旧的加工厂使用8英寸(200mm)的硅片。

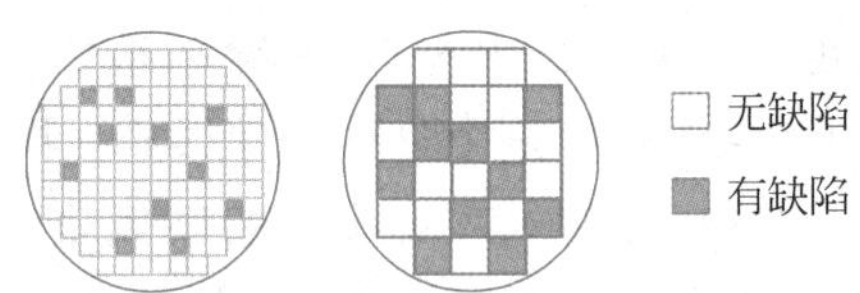

图4.7 比较不同尺寸晶片上制成的集成电路芯片数量

假如有一块不含任何杂质的理想单晶硅,请问在低温下它的导电性能如何?正如4.1节所讲述的,它的价带是满的而导带是空的,所以是绝缘体。为了理解这个现象,不妨将能带结构想象为一个没有电梯的大楼,它只有两个很大的阶梯教室,分别在第一层和第十层。在这里温度所对应的是学生的体能,低温则表示学生们没有足够的体能爬上十楼的教室。在这种情况下,一楼的阶梯教室里坐满了学生,而十楼的阶梯教室则空无一人。此时,如果教师希望同学们向左或向右挪动一下,结果没有学生能够移动。因为电子属于费米子,需要遵循泡利不相容原理,所以不可能有两个电子处在同一个电子态,就像两个学生不能坐在同一把椅子上一样。

如果温度升高，有一些电子就会拥有足够的能量从价带跃迁到导带，就像一些学生会离开拥挤的一楼而上到十楼一样。这样一来，自由度就出现了，不仅十楼的学生可以自由移动，一楼坐在空位两侧的学生也有了移动的可能。然而，从讲台上教师的角度来看，似乎不是学生在换座位，而是那些空座位在左右移动。当学生向左移动时，空座位则向右移动，这两种表述是相同的。由于学生很多而空座位很少，所以后者的运动更容易描述。在半导体中，价带中的空位被称为"空穴"，它被当作具有正电荷的粒子来处理。在价带中这些空穴会出现在价带的顶端，就像水中的气泡一样。在没有杂质的本征半导体中，空穴是靠电子跃迁而产生的，所以其数量与导带中的自由电子数是相同的，它们被统称为"载流子"。

本征半导体中的载流子的浓度主要由两个因素决定：其一是能隙，其二是温度，其公式如下：

$$n_i=\sqrt{N_C N_V}\,e^{-E_g/2kT} \tag{4.1}$$

其中，E_g 表示能隙，k 是玻尔兹曼常数，T 是热力学温度。在计算的时候 kT 可以形成一个组合，在室温下（$T=300$K），$kT=0.0259$eV。当温度变化时，可以按以下公式来计算：$kT=0.0259\cdot(T/300)$eV。式(4.1)中的另外两个参数 N_C 和 N_V 则分别是导带和价带的有效电子态密度。换言之，当导带和价带被压缩为两个能级的时候，N_C 和 N_V 则是其等效量子态的数量。

K 早期的晶体管是用锗这种材料制造的，在室温它的能隙只有 0.67eV，这会导致其对温度非常敏感。例如，当材料温度在 200℃ 时，其本征载流子浓度已经超过了 $10^{16}\,cm^{-3}$。这个值已经接近掺杂浓度了，所以会导致器件无法正常工作。由于电子器件在工作时会发热，而且具有负的温度系数，所以以锗为材料的器件在环境温度较高的情况下工作很不稳定。

硅的能隙是 1.12 eV，所以硅基晶体管可以在环境温度高达 200℃ 的情况下正常工作。如今，在电力电子领域，例如电动汽车和变电站，其工作温度会很高，因此以碳化硅（SiC）为器件材料的集成电路成了一个研发的热点。它的能隙在 3eV 左右，可以在超过 600℃ 的高温环境中正常工作。

表 4.2 列出了 3 种半导体在室温下的有效态密度数据。可以看出，不同材料之间的差别并不是很大。然而，在其后列出的本征载流子浓度却相差悬殊，这主要归功于能隙的差别。

表 4.2　室温下有效态密度和本征载流子浓度

参　数	符　号	Ge	Si	GaAs
导带有效态密度	N_C (cm^{-3})	1.05×10^{19}	2.82×10^{19}	4.37×10^{17}
价带有效态密度	N_V (cm^{-3})	3.92×10^{18}	1.83×10^{19}	8.68×10^{18}
本征载流子浓度	n_i (cm^{-3})	2.3×10^{13}	1.0×10^{10}	2.1×10^{6}

Q **N_C 和 N_V 是否也随温度变化？**

回答是肯定的，它们随温度变化的共同关系是 $N(T)=N_{300}(T/300)^{3/2}$。其中 N_{300} 是在 $T=300$K 时的参数，如表 4.2 中所列出的数值。此外，式中的温度需要使用热力学温度。此外，这个公式是根据玻尔兹曼分布推导出来的，因此在极低温和极高温的情况下会有偏差。然而，在普通的应用场景下，这个公式是一个很好的近似。

大家可以思考这样一个理想化的问题，假如可以不考虑材料的熔点，在温度无限高时，本征载流子的浓度是多少？在这种情况下，导带与价带之间的能量差别显得无足轻重，所以价带中的电子有一半会跃迁到导带。单晶硅的原子密度大约是 $5\times10^{22}\text{cm}^{-3}$，而每个原子贡献 4 个价电子，所以价电子密度是 $2\times10^{23}\text{cm}^{-3}$。这也就是价带的态密度，同时也是导带的态密度。所以在温度无限高时，导带中的电子密度和价带中的空穴密度都是 10^{23}cm^{-3}。

在正常的温度范围内，只有很小比例的电子有足够的能量从价带跃迁到导带，所以 N_C 和 N_V 的值都远小于导带和价带中的总密度（$2\times10^{23}\text{cm}^{-3}$）。如果用阶梯教室的比喻，每个教室都有 2×10^{23} 个座位，有效态密度的值所反映的是在教室内学生的分布情况。例如，在十楼的阶梯教室里只有很少的学生，结果绝大多数人都坐在前排，而后排的座位实际上是没有什么用的。因此，可以折算出教室的一个有效座位数，这个值就是有效态密度。例如，第十排有 20 个座位而上座率只有 10%，那么其有效座位数则是 2。换言之，也就是以第一排座位为基准，其上座率定为 100%，而其他各排座位需要根据其上座率来进行折算，最后把各排的折算结果都加起来就得出了有效态密度。从这个比喻中就可以理解其温度效应，它反映在各排的上座率中。在温度很低时，大家都挤在前排座位上，后面的座位基本上完全无用，所以有效态密度就很低。然而，在温度升高时，各排的上座率都会提高，所以有效态密度也就会增大。

载流子的浓度基本上决定了晶体材料的电导率，其公式如下：

$$\sigma=e(n\mu_n+p\mu_p) \tag{4.2}$$

其中，n 和 p 分别表示导带中的电子和价带中的空穴密度；对于本征半导体而言，这两者是相同的：$n=p=n_i$。另外两个参数 μ_n 和 μ_p 则分别表示电子和空穴的迁移率，它所描述的是载流子的流动性，在各种晶体材料之间相差不是很悬殊。因此，晶体材料的电导率主要由载流子的浓度来决定，而这又是由能隙的宽度来决定的，如图 4.8 所示。电导率的倒数就是电阻率，由此可以计算出材料的电阻。

固体材料可以根据其导电性分为 3 类：导体、半导体和绝缘体。晶体绝缘体材料的能隙很宽，所以跃迁到导带中去的电子数量微乎其微。例如，二氧化硅的能隙是 9eV，所以其电导率低到 10^{-15}S/cm 的量级。此外，非晶体的迁移率比晶体低很多；例如，塑料中电子的迁移率在 $10^{-6}\text{cm}^2/(\text{s}\cdot\text{V})$的量级，它比晶体材料的电子迁移率低 8 个数量级以上，所以塑料也是很好的绝缘体。金属材料是晶体但是没有能隙，所以每个原子都能贡献出载流子，海量的载流子使其电导率很高。例如，铝的电导率是 3.77×10^7S/cm，而铜的电导率是 5.96×

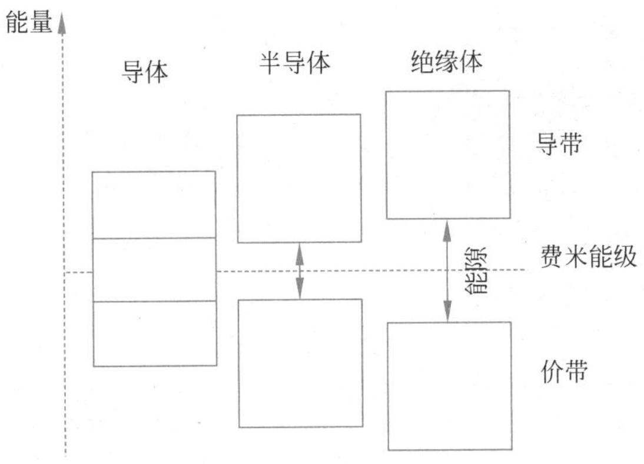

图 4.8　材料的导电特性与能隙之间的关系

10^7 S/cm。顾名思义，半导体材料的电导率介于金属和绝缘体之间，例如，室温下未掺杂的单晶硅的电导率在 10^{-3} S/cm 的量级，而掺杂可以使其达到 10^4 S/cm 的量级。

> **K** 目前绝大多数集成电路都是在硅这种材料上制成的，其中一个重要的原因就是在硅的表面可以很容易形成高质量的二氧化硅，而这两种材料的电导率之差高达十几个数量级。所以，一纳米厚的二氧化硅薄膜就具有很好的绝缘性。然而，不少其他半导体材料则没有办法在其表面形成这样好的绝缘层，所以也就无法有效地制造出高性能的集成电路。

4.3　掺杂半导体

未掺杂的半导体材料在电子领域的用途十分有限，为了制作电子元器件，需要人为地引入一些杂质原子，主要是与硅所在的第Ⅳ主族相邻的第Ⅲ和第Ⅴ主族的元素，如图 4.9(a)所示。

如果采用第Ⅴ主族的元素来掺杂，磷(P)、砷(As)和锑(Sb)都是可选的元素，彼此各有利弊。在元素周期表中磷是硅的邻居，原子的尺寸十分接近，所以扩散比较容易，但是在器件工作过程中磷原子也会漂移。锑原子比硅原子大不少，所以扩散比较困难，但是在器件工作过程中也不易迁徙。当第Ⅴ主族的杂质原子取代了硅原子以后，会贡献出一个自由电子，因此它们被称为施主(donor)，如图 4.10 所示。由于电子带有负电荷，所以被称为 N 型掺杂，这里的 N 表示载流子的电性是负的(Negative)。当电子处在这些施主原子附近的时候，会感到来自原子核的库仑作用力，因此其能量会略低于导带的下限，在图 4.9(b)中 E_D 表示施主的能级。在温度不很低的情况下，这个电子可以从晶体中获得足够的能量从而逃离施主的束缚而成为自由电子。从图 4.9(b)中来看，也就是电子从施主能级跃迁到导带中去。一般而言，掺杂的浓度(N_D)会远高于本征载流子浓度。在温度不是很接近绝对零度

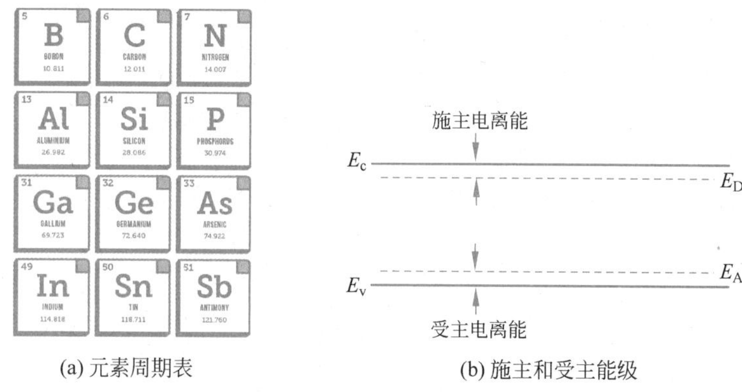

(a) 元素周期表　　(b) 施主和受主能级

图 4.9　N 型和 P 型掺杂与其能级的位置

的情况下，可以认为所有由第Ⅴ族元素带来的多余电子都获得了自由，这个过程也被称为"电离"。所以，导带中自由电子的浓度与掺杂浓度大致相等：$n \approx N_D$。

Q 为什么大部分电子可以离开施主能级而进入能量更高的导带？

这个问题涉及态空间的概念，用量子理论可以做定量的分析，这里仅仅做定性的解释。如果电子围绕着施主原子而运动，其量子态的数量屈指可数。然而，一旦跃迁到导带，其量子态的数量则变得十分巨大。如果用教学楼来比喻，这些施主能级就相当于处在第九层的一间只有几个座位的小教室，而在第十层则有一间很大的阶梯教室，所以大多数学生都会离开第九层那个狭小的教室而进入第十层宽敞的大教室，尽管需要爬一层楼梯。也可以想象一个更极端的例子，尽管犯人在监狱里的生活有保障，但是一旦有机会这些人还是会越狱逃脱的。

如果采用第Ⅲ主族的元素来掺杂，硼原子(B)是目前普遍采用的元素。当硅原子被硼原子取代以后，会出现一个电子的空缺，也就是产生了一个空穴，如图 4.10 所示。周围的电子可以来填补这个空缺，所以这样的杂质原子被称为受主(acceptor)。由于空穴带有正电荷，所以被称为 P 型掺杂，这里的 P 表示载流子的电性是正的(positive)。当电子在这些施主原子附近的时候，其能级 E_A 略高于价带的顶端，如图 4.9(b)所示。根据同样的原理，价带中的电子会跃迁到这些受主能级上去，从而产生了空穴。与 N 型掺杂相同，在温度不是

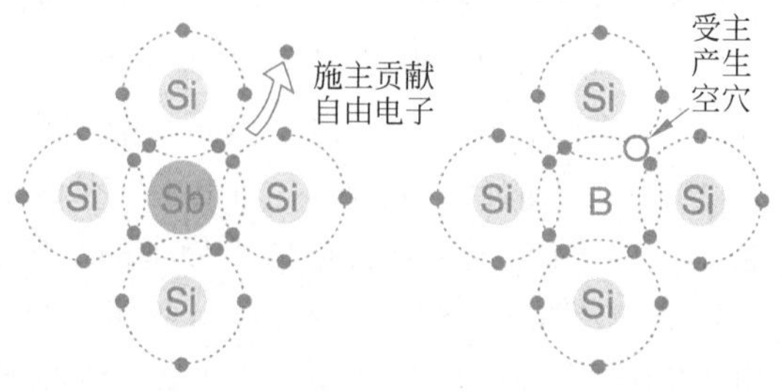

图 4.10　单晶硅中 N 型掺杂和 P 型掺杂的示意图

很接近绝对零度的情况下，可以认为所有由第Ⅲ族元素引入的空隙都被填满，从而在价带中产生相同数量的空穴。所以，空穴的浓度与掺杂浓度大致相等：$p \approx N_A$。

K 早期的半导体工艺中采用固相或气相扩散的方法来进行掺杂。在一块晶片上，有些区域需要N型掺杂，而有些区域需要P型掺杂。因此，首先需要在硅片上通过氧化或淀积的方式形成保护层，然后通过光刻和刻蚀工艺露出需要掺杂的区域。固相掺杂需要在晶片表面淀积一层含有掺杂原子的物质，然后将晶片放入扩散炉中，在高温环境下掺杂原子就会扩散到硅中去。气相掺杂工艺与固相掺杂工艺类似，但不用在晶片表面做淀积，而是在扩散炉中释放需要掺杂的原子，比固相掺杂工艺过程简单而且可控性更高。

然而，扩散过程是各向同性的。换言之，在向晶片的深度方向扩散的同时，掺杂原子也会在保护层的边缘下面进行横向扩散。当晶体管的尺寸很大的时候，这个问题并不突出。然而，随着晶体管尺寸的减小，这种横向扩散变得不可接受。所以，现代半导体工艺中的掺杂采用离子注入的方式来进行。也就是用加速器将需要掺杂的原子加速到很高的能量，然后直接射入半导体晶片。由于加速过程是通过电场来实现的，所以中性的原子需要先变成离子。通过选择注入离子的能量，还可以控制注入的深度。但是，在这个过程中高能的离子会破坏半导体的晶体结构。所以在注入完成以后，需要进行退火(anneal)处理来修复晶格结构。

在半导体中，导带中的自由电子和价带之中的空穴是同时存在的，但是这种存在并不是静态的。换言之，电子和空穴都是有寿命的；与此同时，电子-空穴对也在不断地产生。如果回到半导体的晶体结构中，绝大多数价电子都与邻居形成了共价键从而定居下来，但是有些电子受到热激发而逃离了束缚从而获得了自由，这就产生了一个电子-空穴对。过了一段时间以后，那个游走的电子遇到了另一个空穴，结果就又被束缚住了，这就是电子-空穴对的复合，或者说湮灭。

对于本征半导体而言，电子和空穴的平均寿命是相同的，因为它们是生死相依的。这里可以利用人口的规律来获得一些启示：假如一个国家每年有一百万婴儿出生，而平均寿命是70岁，那么这个国家的人口就是七千万人，也就是出生率与寿命的乘积。本征半导体的载流子数量也可以这样来计算：$n_i = G \cdot \tau$。其中，G 表示电子-空穴对产生的速率，而 τ 则是载流子的寿命。随着温度的升高，电子更容易从晶格振动中获得能量而挣脱束缚，所以电子-空穴对产生的速率(G)会明显增大，结果本征载流子密度也会相应地增高。

然而，对于掺杂半导体来说，情况发生了变化。例如，在N型掺杂的半导体中，有大量来源于杂质的自由电子，它们被称为多数载流子。结果，空穴的寿命就会缩短很多，这个现象应该不难理解。例如，如果一个公司里男性雇员占99%，那么女性雇员处于单身状态的窗口期就会很短。因此，人们可以直觉地得出这样的规律：多数载流子浓度越高，则少数载流子浓度越低。它们之间的关系可以用下面这个简单的公式来表达：

$$np = n_i^2 \tag{4.3}$$

如果希望证明这个关系式，那就需要一些统计物理方面的知识。去过西藏的读者都有这样的亲身经历，那里空气稀薄而且气压也低，人们会出现高原反应。在地球的重力场中，空气分子的势能与高度成正比，而能量越高的状态则空气就越稀薄，也可以解释为存在的概率越低。经过大量实验，人们总结出这样的规律：$f(E)=C\cdot\exp(-E/kT)$，其中 E 表示能级的高度，$f(E)$ 表示能级被占有的概率，而系数 C 则与系统的总粒子数有关。其实，常数 C 可以归入指数函数中，这个公式被称为玻尔兹曼分布函数：

$$f(E)=\mathrm{e}^{-\frac{E-E_F}{kT}} \tag{4.4}$$

在这个公式中引进的参数 E_F 被称为费米能级，用以纪念杰出的物理学家 Enrico Fermi。

根据前面的介绍，导带中的所有能级可以折合成一个处在导带边缘的单一能级，价带中的能级也可以做同样的处理。经过这样的换算，复杂的能带系统被简化为两个单一的能级，每个能级上的态密度分别是 N_C 和 N_V。因此，导带中的电子浓度和价带中的空穴浓度就可以直接用玻尔兹曼分布函数来算出：

$$\begin{aligned} n &= N_C\exp\left(-\frac{E_C-E_F}{kT}\right)\\ p &= N_V\exp\left(-\frac{E_F-E_V}{kT}\right)\end{aligned} \tag{4.5}$$

前面提到过，空穴就像水中的气泡，飘浮到表面则能量最低，而潜入深水中则能量增高，这与水面以上物体的势能正好相反。如果以费米能级作为参考点，空穴相对于费米能级的能量则是 E_F-E。其实，表 4.2 中列出的 N_C 和 N_V 的数值正是利用玻尔兹曼分布函数而从理论上推导得出的，而不是实验测量的结果。直接代入式(4.5)的表达式来计算这两种载流子浓度的乘积，就可以推导出式(4.3)。

Q 玻尔兹曼分布函数以及有关的公式的适用范围如何？

玻尔兹曼分布只是一种近似，严格来说，应该采用费米-狄拉克分布函数来处理像电子这样的费米子：$f(E)=1/\{1+\exp[(E-E_F)/kT]\}$。当满足 $E-E_F>3kT$ 这个条件时，分母中的指数项远大于 1，结果就变成了玻尔兹曼分布函数。这种近似的优点是可以推导出不少简单的结果，如有效态密度和载流子浓度的公式，等等。

虽然在形式上这两个分布函数十分接近，但是在极端情况下则会存在很大偏差。例如，当掺杂浓度很高时，费米能级会很接近导带或价带的边缘，甚至有可能进入导带或价带，此时就不能使用式(4.5)。此外，当温度很低或很高时，玻尔兹曼分布也不适用，由此而推导出的这些公式也就失效了。然而，在电子器件的实际应用中，就温度而言不会出现这类极端的情况。

如图 4.11 所示，本征半导体的费米能级在带隙的中间附近，N 型掺杂的半导体的费米能级在带隙的上半部分，而 P 型掺杂的半导体的费米能级在带隙的下半部分。此外，掺杂浓度越高，费米能级则越靠近导带或价带的边缘。从式(4.5)中可以看出，如果温度恒定，那么掺杂浓度与费米能级的位置有一一对应的关系。然而，如果温度发生变化，即使掺杂浓度不变，费米能级也会发生移动。其趋势是这样的：随着温度的增高，费米能级会向带隙的中间位置移动，也就是趋向于本征半导体的费米能级位置。

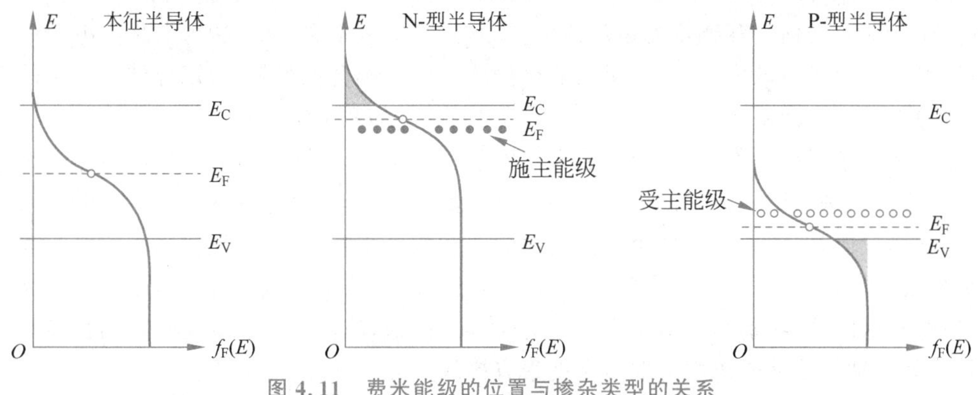

图 4.11　费米能级的位置与掺杂类型的关系

4.4　载流子的输运过程

导体中的自由电子常常被比喻为气体，其实，人们对周围空气的微观图像并不熟悉，往往认为空气是虚无缥缈的。例如，在室温和常压的条件下，空气分子的密度是多大？答案是 $2.7\times10^{19}\text{cm}^{-3}$。如果与固体或液体的原子密度相比，两者只相差 3 个数量级。换言之，如果将一块固体的原子之间的距离增大 10 倍，其密度就与气体相当。所以，在地球表面的大气层是相当稠密的，否则飞机就很难飞起来。例如，火星表面的大气密度不足地球的 1%，因此设计火星上的飞行器就很困难。

空气分子的平均速度是多少？答案是大约 500m/s，这个速度和子弹差不多。任何物体的表面，包括我们的皮肤，每时每刻都受到周围空气分子的轰击，由此而产生了大气压。空气分子的平均自由程是多远？答案是大约 70nm，这个长度与空气分子之间的平均距离密切相关。例如，在稀薄气体中自由程要长很多，因为分子要走相当远的距离才能碰到另一个分子。用平均自由程除以平均速度就得出了空气分子在两次碰撞之间的时间间隔；在地表大气中它大约在 10^{-10} 秒的数量级，由此可见其碰撞是相当频繁的。

K 读者可能十分好奇，面对如此大量的空气分子，如何能算出其平均速度。这里需要利用统计物理的一个规律，微观粒子在每一个自由度上有 $\frac{1}{2}kT$ 的能量。在室温下，$kT=25.9\text{meV}$。如果把空气分子当作一个质点在三维空间中运动，那么每个分子就有 $\frac{3}{2}kT$ 的动能。利用质点的动能公式，$E_k=\frac{1}{2}mv^2$，就可以求出空气分子的均方根速度：$v_{\text{th}}=\sqrt{3kT/m}$。代入空气分子的平均质量，就可以求出其热运动的平均速度。

根据同样的原理，电子在导体中热运动的平均速度也可以从这个公式求得：$v_{\text{th}}=$

$\sqrt{3kT/m}$。在半导体中电子的质量需要做一个修正，单晶硅中电子的有效质量是 $m_{\text{eff}}=0.26m_0$，代入公式就可以得出电子的平均速度是 $2.3\times10^7\text{cm/s}$。它相当于 670 倍音速，所以远高于地球上任何宏观物体的运动速度。然而，除了电子之间的"碰撞"以外，电子还会被带电荷的杂质原子所散射，而且电子与晶格振动发生的耦合也很强，所以导体中电子的平均自由程在 10nm 的量级，而碰撞的间隔时间在 10^{-13} 秒的数量级。

当导体处于平衡状态时，尽管所有自由电子都在高速运动，但没有定向的整体运动。换言之，假想可以深入到导体内部去观察通过某一截面的电流，就会发现有大量的电子高速穿过这个截面。但是，由于沿着各个方向运动的电子数量相当，故此电流时间平均值为零。然而，如果观察的时间很短，则会有类似于噪声信号的随机涨落电流出现。电子电路的噪声是一个很重要的问题，特别是在信号很微弱的时候。例如，当信号的强度比噪声的强度低很多的时候，如何把信号从噪声中提取出来就很有挑战性。

一旦导体的平衡态被打破，就会有电流出现。例如，如果导体的一侧的温度高于另一侧，结果就导致电子的迁徙从而产生电势差，这个现象被称为赛贝克(Seebeck)效应或帕尔帖(Peltier)效应。此外，当一侧的自由电子浓度高于另一侧时，电子也会从高浓度区域向低浓度区域迁徙，这个扩散过程可以用菲克第一定律(Fick's first law)来描述。在一维情况下，公式中的梯度可以简化为导数：

$$\boldsymbol{F}=-D\nabla C(\boldsymbol{r}),\quad F_x=-D\frac{\mathrm{d}C(x)}{\mathrm{d}x} \tag{4.6}$$

上式中 F 表示粒子经过单位横截面的通量或流量，其单位是每秒钟通过单位截面的粒子数($\text{cm}^{-2}\text{s}^{-1}$)，$D$ 是扩散系数(cm^2/s)，C 是粒子的浓度或密度(cm^{-3})。当存在浓度梯度的时候，扩散过程会自发出现。如果深究其背后的机制，这是热力学第二定律所决定的，因为扩散以后熵会增加。其实，很多人们习以为常的事都是由这一规律所决定的，例如热量会自发地从温度高的物体流向温度低的物体，电子会从高能级自发地跃迁到低能级，等等。

当电子或空穴扩散的时候，由于其带有电荷，所以也会产生电流。一个电子所带的电荷是 $-e$，而一个空穴所带的电荷是 $+e$，用电荷乘以粒子的流量就得出了电流密度。

$$\begin{aligned}J_n(x)&=eD_n\frac{\mathrm{d}n(x)}{\mathrm{d}x}\\J_p(x)&=-eD_p\frac{\mathrm{d}p(x)}{\mathrm{d}x}\end{aligned} \tag{4.7}$$

上式中 n 和 p 分别表示电子和空穴的浓度。在半导体器件中，载流子梯度的出现主要有两种方式：其一是电流注入；例如，在双极型晶体管中，有大量载流子会从发射极进入基极，然后通过扩散而流向集电极。其二是光激发；例如，当一束激光照射到半导体材料的表面上时，瞬间会产生大量的电子-空穴对，它们就会向四周扩散。如果做二维的分析，此时载流子浓度的分布函数就像一座小山一样，山峰所对应的位置就是光照之处。式(4.6)中的梯度的方向是从山脚指向山顶的，但是前面的负号表示载流子扩散的方向则是从山顶指向山脚。虽然电子与空穴的扩散系数不同，可是由于正负电荷之间的相互吸引力，两者其实是携手同行的。在这种情况下，电子和空穴有一个共同的扩散系数：$D'=D_nD_p(n+p)/(nD_n+pD_p)$。在掺杂的半导体中，少数载流子的扩散系数是制约因素：$D'\approx D_{\min}$。

K 1905 年，爱因斯坦发现了狭义相对论，同年他还研究了扩散现象。后来，人们把扩散系数与迁移率的关系称为“爱因斯坦关系式”(Einstein relation)：$D=\frac{kT}{e}\mu=V_{\mathrm{T}}\mu$。直观的解释是这样的，迁移率高的粒子也很容易扩散。此外，从这两个参数的量纲也可以猜出两者之间的关系：$[D]$为 $\mathrm{cm^2/s}$，$[\mu]$为 $\mathrm{cm^2/(V\cdot s)}$。

从直觉中人们认识到扩散现象的效率其实并不高，例如空气中烟尘和气味的扩散。与之相比，风的流动性则更强，其来源在于不同的地点之间存在压力差。气压在半导体上所对应的就是电压，而与电压之差所对应的是电场强度。因此，载流子的速度与电场强度之间存在简单的关系：

$$v=\mu E \tag{4.8}$$

其中的系数 μ 被称为迁移率，它与载流子类型(电子或空穴)、材料、掺杂浓度和温度都密切相关。前面介绍过，电子的热运动速度很高($\sim 10^7\mathrm{cm/s}$)，在一般情况下漂移速度要比热运动速度低很多。例如，迁移率为 $10^3\mathrm{cm^2/s}$ 的电子在 $10^3\mathrm{V/cm}$ 的电场下，其漂移速度是 $10^6\mathrm{cm/s}$。所以，载流子的漂移过程类似于醉汉跌跌撞撞地走在回家的路上。此外，由式(4.8)求出的载流子速度是统计平均的结果。

Q 电场会产生库仑作用力，因此它应该与加速度成正比，这里为什么电场与速度成正比？

前面介绍过，电子在导体和半导体中的平均自由程大约在 10nm 的量级，而碰撞的间隔时间大约在 10^{-13} 秒的量级，所以这个加速过程转瞬即逝。为了理解这个问题，可以拿在山坡上的一片树林中滑雪来做比喻。山坡的梯度就相当于电场强度，假如滑雪者技术很差而经常撞到树上，其加速的过程仅仅存在于两次碰撞之间。假设每次碰撞之后其速度就降为零，那么其平均速度就是 $\bar{v}=a\tau/2$。因此，速度与加速度之间有着简单的线性关系，由此就可以理解式(4.8)中速度与电场强度之间的关系。掺杂浓度很高的半导体材料就相当于一片稠密的树林，所以碰撞就变得频繁而加速时间就变短，所以平均速度就会下降，这反映在迁移率随掺杂浓度的增加而下降，如图 4.12 所示。此外，利用牛顿第二定律可以求出加速度：$a=eE/m$，代入前面的平均速度公式就可以得到迁移率的表达式：$\mu=e\tau/(2m)$。从此式可以看出，迁移率与自由飞行的时间成正比。除了会被杂质原子所散射以外，电子与晶格的振动也会发生耦合，这就体现在温度效应上。

对于金属材料来说，由于电场强度很低，所以电子的漂移过程十分缓慢。例如，铜的电

导率是 5.96×10^7 S/cm，而自由电子的密度是 8.4×10^{22} cm^{-3}，由此可以算出其迁移率为 4.43×10^3 cm^2/s，这个值与半导体材料在同一数量级。当电流密度为 100A/cm^2 时，其电场强度只有 1.68×10^{-6} V/cm，所以电子的平均漂移速度是 7.44×10^{-3} cm/s。换言之，导线中的电子漂移一米的距离需要将近四个小时，这个结果几乎让所有初学者都感到十分意外。由此可以看出，导线的作用只是电磁场的"波导"而已，能量是靠导线外面的电磁场来传播的。

半导体材料的迁移率受掺杂浓度的影响很大，如图 4.12 所示。在掺杂浓度小于 10^{15} cm^{-3} 时，迁移率曲线比较平坦，迁移率接近常数。在很多参数表中都列出了不同半导体材料的迁移率值，读者应该了解这些值只是掺杂浓度很低时的参数。当掺杂浓度很高时，迁移率会降低一个数量级。

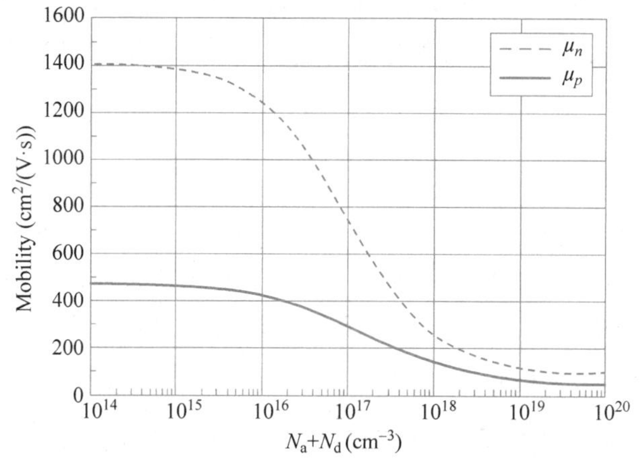

图 4.12　单晶硅中载流子迁移率与掺杂浓度之间的关系

除了与掺杂浓度密切相关以外，迁移率与温度的相关性也很高，这个温度效应可以借用水面上行驶的船只来理解。与温度对应的是晶格的振动，温度越高则振动的幅度越大，与此对应的则是水面上的波浪。因此，当风浪很大时，船只的行驶速度自然会降低，所以迁移率会随温度的升高而下降。然而，当掺杂浓度很高而温度较低时，这个温度效应是相反的。由于电子的能量也与温度有关，所以高能量的电子被杂质原子散射的概率会减小，如图 4.13 最下面的两条曲线所示。

当飞机的速度接近音速的时候会遇到所谓的"音障"，此时空气阻力会急剧增大。与此类似，当载流子的速度达到一定极限时就很难再继续增加了，即使增加电场强度也无济于事，这个现象被称为"速度饱和"，如图 4.14 所示。这个现象也可以从另一个角度来理解，当电子在晶体中漂移的时候，就像船在水中前进那样会在船头激起水波，船的速度越高则阻力越大。因此，加速度和速度与电场也就不再成比例了，有效的推力等于来自电场的作用力减去阻力。这个阻力的来源主要是电子与晶格振动的耦合，它需要用量子理论来处理，就像爱因斯坦当年解释光电效应时一样。此外，从图 4.14 中还可以看出，迁移率的定义只在电场强度比较低的时候才适用。而在高电场强度的区域，速度与电场强度之间呈现出非线性关系。

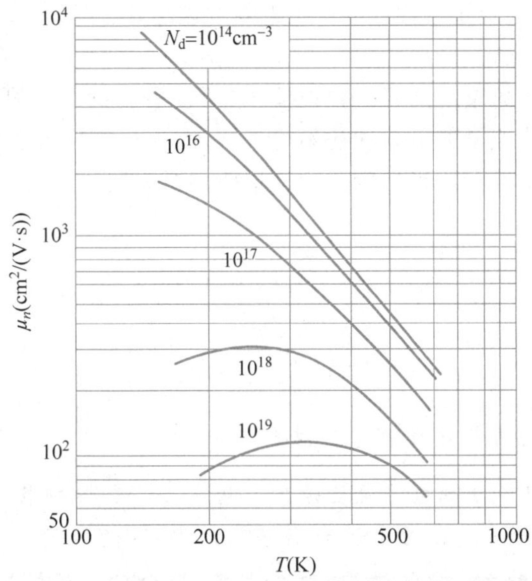

图 4.13　单晶硅中电子的迁移率与温度之间的关系

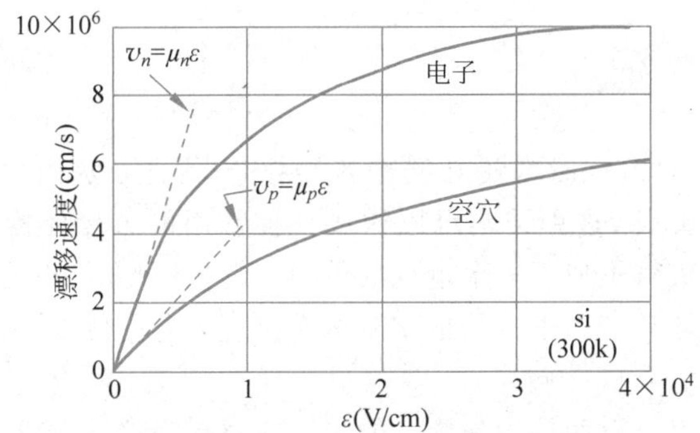

图 4.14　单晶硅中载流子的速度饱和现象

当载流子的平均速度已知的时候，其电流密度就可以很容易推导出来。可以想象样品的形状与导线类似，其横截面积为 A，其长度为 $l=v\cdot\Delta t$，那么样品的体积就是 $V=A\cdot v\cdot\Delta t$。根据载流子的浓度可以算出其中自由电子或空穴的数量：$N_n=nAv_n\cdot\Delta t$ 或 $N_p=pAv_p\cdot\Delta t$。如果把样品与电压源相连，就会有电流出现。假设人们可以在样品的一端来观测从此处通过的电子或空穴的数量，那么它们在 Δt 时间内就全部流过了这一截面。如果乘上电子电荷然后除以时间 Δt，那么这个值就变成了电流：$I_n=env_nA$ 或 $I_p=epv_pA$。然后再除以横截面积，就可以得出电流密度：

$$\begin{aligned} J_n &= env_n = en\mu_n E \\ J_p &= epv_p = ep\mu_p E \end{aligned} \tag{4.9}$$

从式(4.9)可以看出，无论载流子是电子还是空穴，其电流的方向都与电场一致。严格来说，半导体中的漂移电流应该包括电子和空穴的共同贡献：$J=J_n+J_p=e(n\mu_n+p\mu_p)E$。结合微观形式的欧姆定律，$J=\sigma E$，就可以得出电导的表达式：

$$\sigma=e(n\mu_n+p\mu_p) \tag{4.10}$$

然而，由于多数载流子的数量远高于少数载流子，所以后者的贡献可以忽略不计。可是，在计算扩散电流时，少数载流子的贡献往往不可忽视，因为与电流密度相关的是载流子浓度的梯度，而不是载流子浓度本身。当扩散和漂移这两种机制同时存在的时候，电流密度的公式需要考虑到这两者的贡献：

$$\begin{aligned} J_n &= e\left(n\mu_n E+D_n\frac{\mathrm{d}n}{\mathrm{d}x}\right) \\ J_p &= e\left(p\mu_p E-D_p\frac{\mathrm{d}p}{\mathrm{d}x}\right) \end{aligned} \tag{4.11}$$

Q 晶体管中的电流是扩散电流还是漂移电流？

双极型晶体管(BJT)中的电流主要是扩散电流，而MOS场效应晶体管(MOSFET)中的电流主要是漂移电流。在功率放大器的应用中，这两者的差别还是很明显的；例如，MOSFET比BJT的输出电流更高，而BJT比MOSFET更耐高压。

4.5 平衡态pn结

绝大多数半导体器件都同时需要P型和N型掺杂，因此在这两种掺杂区域的交界处就形成了所谓的pn结。此外，这种结构可以构成一种常用的半导体器件——二极管。与一般的被动器件不同，二极管类似于一个电流的单向阀门，它只允许电流沿一个方向流动。二极管的最普遍应用就是“整流”，也就是把交流电变成直流电。例如，人们平时用的手机充电器就是其应用之一。

为了分析方便，可以假设两块均匀掺杂的半导体材料突然结合成一体，在最初两者的能带是对齐的。此时N型掺杂的一侧就会有不少电子扩散到P型掺杂的一侧，结果就与那里的空穴复合而失去了自由，如图4.15(a)所示。在发生接触之前，这两块材料都是电中性的；然而，电子的扩散导致在交界的区域形成了一个“空间电荷区”(space charge region)。在N型一侧掺杂的第V族原子由于失去了一个电子而带有正电荷，在P型一侧掺杂的第Ⅲ族原子由于捕获了一个电子而带有负电荷。

从如图4.15(b)所示的载流子分布图来看，在空间电荷区的边缘存在一个很窄的过渡区域。不过，在分析这一区域的静电学特性的时候，人们往往使用一个简化的模型：假设载流子浓度在进入空间电荷区时突然变成零。由此可以定义两侧空间电荷区的宽度或长度，如图4.15所示的W_p和W_n。由于空间电荷区中的所有载流子都消失了，这个空间电荷区也被称作“耗尽区”(depletion region)，从静电学的角度来看它与绝缘体类似。当然，在以后分析电流的时候就必须采用载流子密度连续变化的模型。

N型区域的电子跨过边界进入了P型区域，结果就在耗尽区内产生了电场。随着电子

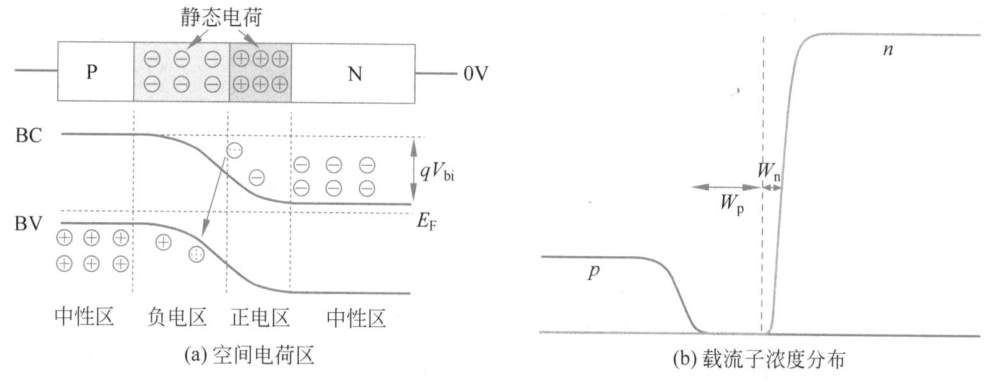

(a) 空间电荷区

(b) 载流子浓度分布

图 4.15 半导体的 pn 结

的不断扩散，电场的强度也会不断增大。由于这个电场产生的漂移电流的方向与扩散电流的方向相反，所以当两者旗鼓相当的时候，总电流则为零，pn 结就达到了平衡态。因为有电场的存在，pn 结两侧的能带就彼此错开了，但是两侧的费米能级则是水平的，这是平衡态的一个必要条件。图 4.15(a)中的能带示意图看起来有些像海岸的地质构造图，P 型的一侧像高原，而 N 型的一侧像海洋。导带中的电子则类似于水蒸气，在海平面附近浓度很高，但是随着高度的上升其浓度就会逐渐下降。价带中的空穴分布则与导带中自由电子的分布呈现出镜像的对称性。

K 人们常用“海拔高度”来定义山峰的高度，其实就是以海平面来作为测量的基准。由于地球上的大洋都是连通的，所以海平面的高度被认为是一致的。费米能级的作用就与海平面类似。在理想情况下，无论是高山还是海洋，大气压只与高度有关。换言之，在珠穆朗玛峰的顶点测量大气压与处在同样高度的海洋上测量的结果应该是一致的。如果这两个气压值不同，那就会产生风，直到气压达到平衡时为止。

气象问题是很复杂的；例如，气压与空气的温度和湿度都密切相关。在海岸附近，由于海洋的热容量高于陆地，结果气压差就会产生海风，在夏季尤为明显。在白天海洋比陆地气温低，所以海洋上的相对高气压会导致风吹向陆地；在夜晚陆地比海洋气温低，所以陆地上的相对高气压会导致风吹向海洋。

当掺杂浓度已知的时候，两侧能带的落差就可以推导出来。由于费米能级是水平的，可以用它作为基准来比较两侧导带的高度。顺便提一下，在画能带图时，需要先画费米能级，然后再画耗尽区以外的平直导带和价带边缘，最后再画耗尽区内的曲线。在 N 型区：$E_{C,n}-E_F=kT\ln(N_C/N_D)$，其中 N_D 是 N 型掺杂浓度；在 P 型区：$E_F-E_{V,p}=kT\ln(N_V/N_A)$，其中 N_A 是 P 型掺杂浓度。这两个公式是从式(4.5)推导出来的，此处用了这样的条件：$n\approx N_D$(N 型区)和 $p\approx N_A$(P 型区)。既然求出了 P 区域的费米能级与价带边缘的能量差，就可以求出它与导带边缘的能量差：$E_{C,p}-E_F=E_g-kT\ln(N_V/N_A)$。有了 pn 结两侧导带边缘的相对高度，就可以求出彼此之间的落差：$E_{C,p}-E_{C,n}=E_g-kT\ln(N_CN_V/$

$N_D N_A$)。从式(4.1)可以推导出能隙的表达式：$E_g = kT\ln(N_C N_V / n_i^2)$。由此可以得出所谓的“内建电压”(built-in voltage)：

$$V_{bi} = \frac{E_{C,p} - E_{C,n}}{e} = \frac{kT}{e}\ln\left(\frac{N_D N_A}{n_i^2}\right) \tag{4.12}$$

这个公式前面的系数被称为“热电压”(thermal voltage)，它在分析二极管和三极管时会经常出现。在室温下($T=300\text{K}$)，$V_T = kT/e = 25.9\text{mV}$。此外，由此公式可以得出这样的结论，掺杂浓度越高，费米能级就越接近导带或价带的边缘，所以内建电压也就越高。但是，内建电压的变化幅度并不大，原因是对掺杂浓度做了对数运算。一般来说，内建电压的值比能隙值略低一些；当然其单位不同，前者是电压(V)而后者是能量(eV)。由于这些公式都是基于玻尔兹曼分布函数推导出来的，所以在掺杂浓度很高时并不适用。

除了内建电压以外，另一个重要的参数就是耗尽区的长度，它可以通过求解泊松方程获得。

$$W = \sqrt{\frac{2\varepsilon_r \varepsilon_0 V_{bi}}{e}\left(\frac{1}{N_A} + \frac{1}{N_D}\right)} \tag{4.13}$$

从式(4.13)可以看出，掺杂浓度越高，则耗尽区越短，尽管式中的内建电压会略微有所增加。电荷的平衡要求两侧耗尽区的长度(x_A和x_D)满足这样的关系：$N_A x_A = N_D x_D$。由这两个关系式就可以解出x_A和x_D。此外，很多pn结两侧的掺杂浓度相差两个数量级以上，此时式(4.13)中高掺杂浓度的那一项可以被忽略，而只保留低掺杂浓度项。在这种情况下，绝大部分耗尽区都处在低掺杂的一侧，所以被称为“单侧pn结”。由于掺杂浓度可以在$10^{15} \sim 10^{19}\text{cm}^{-3}$的范围内变化，所以耗尽区的宽度的变化范围也会比较大，一般在$0.01 \sim 1\mu\text{m}$的范围。

另一个重要的参数就是在pn结交界处出现的峰值电场强度，它可以通过内建电压和耗尽区的长度来求得。

$$E_{pk} = \frac{2V_{bi}}{W} \tag{4.14}$$

从式(4.14)可以看出，掺杂浓度越高这个峰值电场强度就会越高，因为内建电压变化不大，耗尽区的长度与掺杂浓度的平方根成反比。

4.6 反向偏置的pn结

当pn结的两端与电压源相连时，不同的极性会导致两种完全不同的现象出现。首先来讨论一下反向偏置的情况，也就是P型半导体与负极相连，而N型半导体与正极相连，如图4.16(a)所示。从能带的起源大家了解到它来自于电子在原子中的能级。由于电子带负电荷，所以势能的增减与所施加的偏压相反。当P型半导体与一个负电压相连的时候，电子的势能反而会增加。从图4.16(b)中可以看出，左侧的费米能级被拉高了，而两侧费米能级的差就等于电压乘以电子电荷。

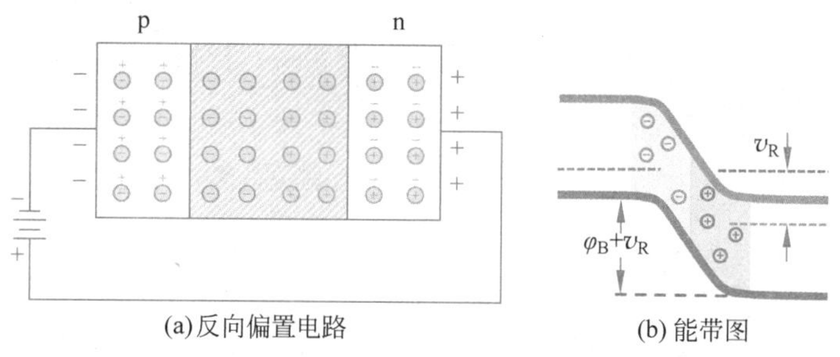

(a)反向偏置电路 (b)能带图

图 4.16 反向偏置的 pn 结

在有反向偏压的情况下,很多平衡态 pn 结参数的公式都可以使用,只需要对内建电压做以下修正：$V_{bi} \to V_{bi}+V_R$。例如,耗尽区的长度和峰值电场强度,等等。在平衡态时,扩散电流与漂移电流彼此抵消,所以总电流为零。然而,在有反向偏压的时候,电场强度增大,漂移电流得到了增强,结果这个平衡就被打破了,从而出现了净电流。从图 4.16 中可以看出,产生漂移电流的是少数载流子;由于其密度很低,所以这个电流会很小,在电子电路中往往可以忽略不计。

当 P 型区导带中的自由电子向 N 型区漂移的时候,人们的直觉会把耗尽区的能带当作一个“滑梯”,因此而认为电子就像儿童从滑梯上滑下时一样。其实,电子是从一个阶梯上走下来的,如图 4.17 所示。前面提到过,电子在漂移过程中有一个 10nm 量级的平均自由程,在此期间其能量是守恒的,因此在能带图上电子会在同一高度上移动。然而,在广义的碰撞过程中,电子会失去其动能,结果就落到了导带的边缘。在反向偏置电压较低的情况下,电子的动能会传递给晶格的振动,也就是所谓的“发射声子”,如图 4.17(a)所示。空穴的漂移过程与此类似,但是在图中没有画出来。然而,当偏置电压很高时,在这个平均自由程内就可以从电场中获得足够的能量来把另一个电子从价带激发到导带,从而造成雪崩效应,如图 4.17(b)所示。

硅的禁带宽度是 1.12eV,假设电子的平均自由程为 10nm,那么出现雪崩效应的电场强度应该在 10^6 V/cm 量级。当然,电子的自由程并不完全一致,有一些电子的自由程会长一些,因此所需的电场强度会低于这个平均值。例如,如果 pn 结两侧的掺杂浓度都在 10^{17}cm^{-3} 水平,那么当外加反向电压为 80V 时,可以算出其耗尽区的长度是 1.46μm,而峰值电场强度为 1.1×10^6 V/cm。这里使用了修正的公式(4.14),$E_{pk}=2(V_{bi}+V_R)/W$。当掺杂浓度降低时,耗尽区的长度会增加,因此需要更高的偏压才能达到相同的峰值电场强度。换言之,低掺杂浓度的 pn 结可以承受更高的反向偏压。因此,人们设计出可以承受不同反向偏压的二极管,如表 4.3 所示。其中第一行是二极管的型号,而第二行是反向峰值电压,最下面一行是交流电压的均方根值(rms)。

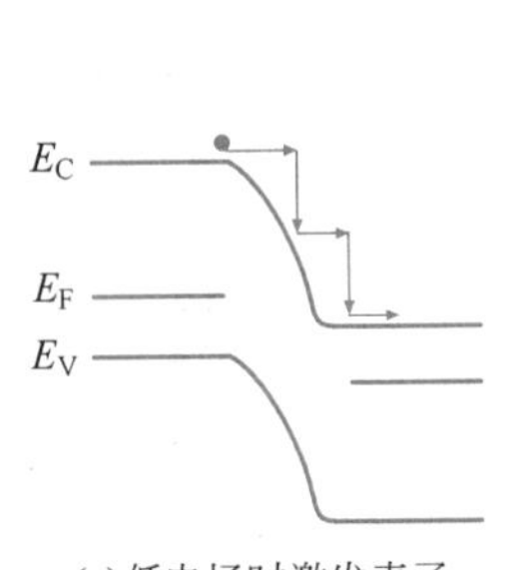

(a)低电场时激发声子

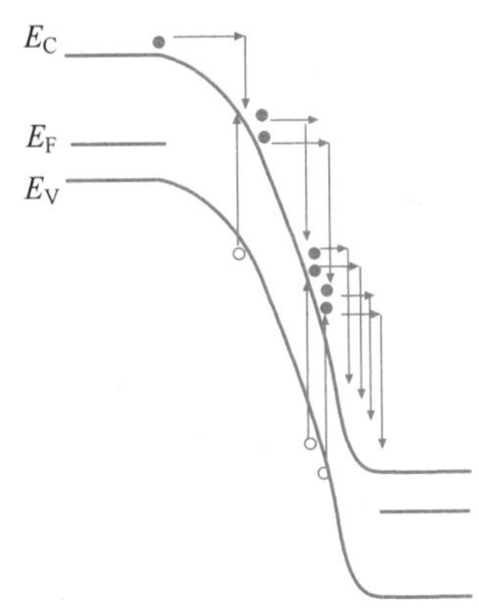

(b)高电场时激发电子-空穴对

图 4.17 反向偏置 pn 结的电子跃迁过程

表 4.3 整流二极管的反向偏压范围($T=25℃$)

符　号	1N4001	1N4002	1N4003	1N4004	1N4005	1N4006	1N4007	单　位
V_{RRM} V_{RWM} V_R	50	100	200	400	600	800	1000	V
$V_{R(RMS)}$	35	70	140	280	420	560	700	V

K 雪崩效应是一把双刃剑,在不同的应用领域所起的作用是不同的。例如,在整流应用中,雪崩效应会导致 pn 结二极管失效,因此是需要加以避免的。然而,雪崩效应也有电荷放大的作用;如果耗尽区足够窄,那么有限次的电荷倍增就不会带来破坏性的作用。利用这个效应,"雪崩管"(avalanche photodiode,APD)可以用来探测很微弱的光辐射。

如果 pn 结两侧的掺杂浓度足够高时,耗尽区的长度很短,在这种情况下会出现另一个现象:齐纳击穿(Zener tunneling)。如图 4.18(a)所示,P 型区价带中的电子会穿越禁带而进入 N 型区的导带,从而形成如图 4.18(b)所示的反向电流。可以看出,反向电流的斜率很高,因此在整流电路中可以把电压锁在这个反向偏压上。通过设计掺杂浓度的分布,可以制造出不同击穿电压的齐纳二极管,可选范围一般为 3~200V。如果需要更高的电压,可以选用宽禁带材料制作的齐纳二极管,或者把几个齐纳二极管串联起来。此外,与雪崩击穿不同,齐纳击穿不会对器件造成任何损害。

表 4.4 列出了 1N47 系列齐纳稳压二极管的参数,限于篇幅只列出了前面和后面的几种型号,中间的部分省略了。首先,这一系列中齐纳电压值最低可以到 3.3V(1N4728),最高可以到 100V(1N4764)。此外,很多参数表中还列出了齐纳电阻值(Z_Z),它是图 4.18(b)最左边那段直线斜率的倒数。因此,这段直线越陡峭,齐纳电阻值就越低。另外,齐纳电压值很低的几个二极管在 1V 反向电压的情况下漏电流很高,在使用时需要加以注意。在很

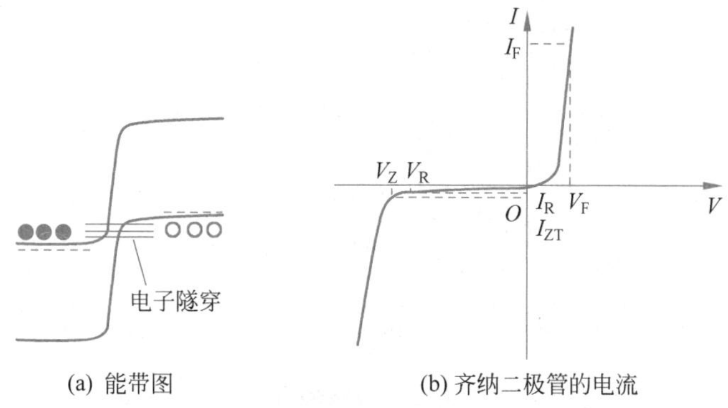

(a) 能带图　　(b) 齐纳二极管的电流

图 4.18　齐纳二极管的电子隧穿和伏安特性曲线

多参数表中还会列出最大允许的电流，如果不能满足需要，那就可以选用其他系列的齐纳二极管。在一些不同系列的齐纳二极管的参数表中还会列出在不加偏压情况下测量的电容值，从中可以看出掺杂浓度的不同。一般来说，掺杂浓度越高则齐纳电压值越低。

表 4.4　1N47 系列齐纳稳压二极管的参数表($T=25$℃)

产品型号	额定稳压值(V)	最小稳压值(V)	最大稳压值(V)
1N4728A	3.3	3.14	3.47
1N4729A	3.6	3.42	3.78
1N4730A	3.9	3.71	4.1
1N4731A	4.3	4.09	4.52
1N4732A	4.7	4.47	4.94
1N4733A	5.1	4.85	5.36
…	…	…	…
1N4761A	75	71.25	78.75
1N4762A	82	77.9	86.1
1N4763A	91	86.45	95.55
1N4764A	100	95	10

反向偏置的 pn 结的另一个应用就是"变容管"(varactor)，也就是利用电压来改变电容的器件。这种器件的用途相当广泛，它可以实现电压与振荡器频率之间的转换。例如，在很多汽车音响系统中可以自动对电台进行扫描，其核心器件就是压控振荡器(Voltage Controlled Oscillator，VCO)。前面提到，在耗尽区载流子都消失了，所以从静电学的角度看，这个区域类似于一个绝缘层。它两侧的掺杂半导体则类似于导体，因为具有比较高的电导率。从这个角度来看，pn 结就类似于平行板电容器。通过改变反向偏压可以调节耗尽区的宽度或厚度，进而就可以改变电容值。由于电容值与耗尽区的厚度成反比($C\propto 1/W$)，而后者的平方与自建电压和反向偏压之和成正比($W^2\propto V_{bi}+V_R$)，所以电容与偏压的关系在理想情况下可以用图 4.19 中的直线来表示，请注意此图的纵轴是 $1/C^2$。

在实验室里测量 pn 结的电容十分方便；因此，从测量结果可以反推出一些其他参数。从图 4.19 中可以看出，如果把这条直线向下延伸，它与横轴的交点就是负的自建电压值。如果 pn 结两侧的掺杂浓度相差比较悬殊，那么就可以通过这条曲线的斜率来推导出低掺

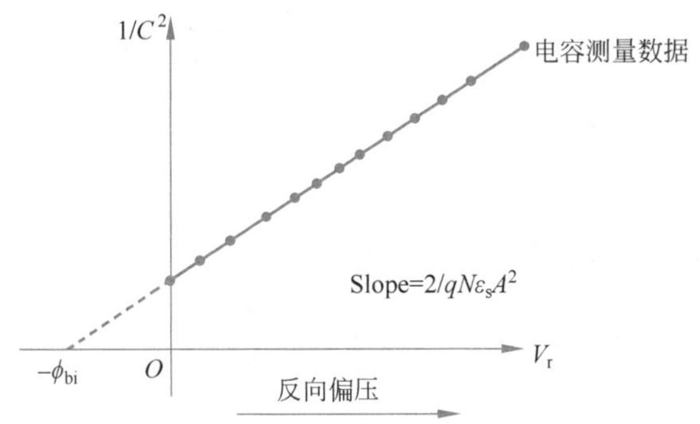

图 4.19　pn 结的电容与反向偏置电压之间的关系

杂区的掺杂浓度 N_A 或 N_D，如图 4.19 所示。当然，实际的 pn 结的掺杂浓度往往并不均匀，所以测量结果有时并不是一条完美的直线。

4.7　正向偏置的 pn 结

当 pn 结处于正向偏置时，耗尽区的长度会缩短。如果需要计算耗尽区的长度和峰值电场强度，公式中的内建电压需要做以下修正：$V_{bi} \rightarrow V_{bi} - V_a$，其中 V_a 表示正向的偏置电压。在正向偏置的情况下，扩散与漂移之间的平衡也被打破，如图 4.20(a)所示。此时，由于电场强度减弱，载流子的扩散电流占据了优势。在耗尽区载流子的浓度急剧变化，如图 4.20(b)所示。与平衡态相比，大量扩散过来的载流子需要传播一段距离以后才能逐渐达到其平衡态值，在此期间它们与多数载流子的复合过程也相当强烈。

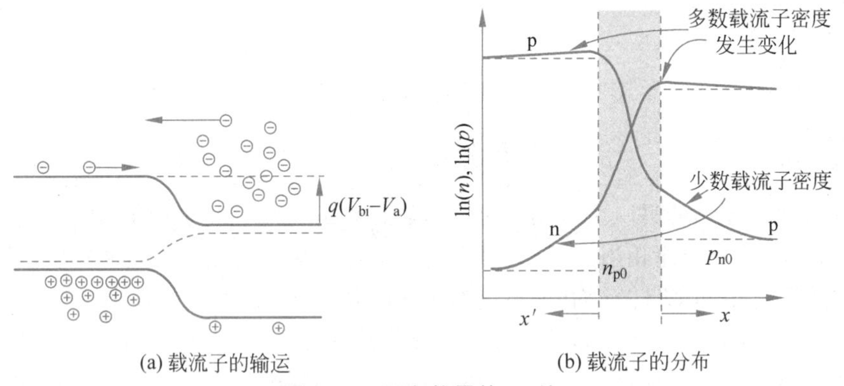

图 4.20　正向偏置的 pn 结

如果知道少数载流子的寿命 τ，就可以定义一个相关的参数，它被称为扩散长度：$L \equiv \sqrt{D\tau}$，其中 D 是载流子的扩散系数。利用这个参数，少数载流子在耗尽区以外的表达式变得相当简单：

$$
\begin{aligned}
n(x') &= n_0 + n_0(e^{V_a/V_T} - 1)e^{x'/L_n} \\
p(x) &= p_0 + p_0(e^{V_a/V_T} - 1)e^{-x/L_p}
\end{aligned}
\tag{4.15}
$$

上式中 V_T 是热电压，x 和 x' 的起点在耗尽区的边缘，如图 4.20(b)所示。在空间分布上过剩少数载流子呈现出指数衰减的形式，在远离 pn 结的区域少数载流子就回归到了平衡态时的浓度。由于在耗尽区以外是中性区，所以大量少数载流子的存在也导致多数载流子的浓度有所增加，如图 4.20(b)所示。

当外加偏压 V_a 做周期性变化时，e^{V_a/V_T} 这个指数函数会使这一区域的少数载流子的浓度发生很大变化。因此，这会产生一个新的电容，它被称为“扩散电容”(C_d)。因此，正向偏置的 pn 结的等效电路中有两个并联的电容，而扩散电容比由静态的耗尽区形成的结电容(C_j)更高。

在耗尽区以外电场强度很小，如图 4.20(a)所示，能带几乎是水平的。因此少数载流子的漂移电流的贡献可以忽略不计，而其扩散电流却相当重要。在耗尽区的边缘处，可以分别求出少数载流子的扩散电流密度：$J_n=\dfrac{en_0D_n}{L_n}(e^{V_a/V_T}-1)$，$J_p=\dfrac{ep_0D_p}{L_p}(e^{V_a/V_T}-1)$。

假设在耗尽区的电子-空穴之间的复合过程可以忽略，正向偏置时二极管的电流密度就等于在耗尽区边缘处少数载流子的扩散电流密度之和：

$$J=J_S(e^{V_a/V_T}-1)=e\left(\frac{n_0D_n}{L_n}+\frac{p_0D_p}{L_p}\right)(e^{V_a/V_T}-1) \tag{4.16}$$

上式中的所有参数都对应于少数载流子：$n_0=n_i^2/N_A$，$p_0=n_i^2/N_D$。图 4.21 显示了在 pn 结附近的电流密度分量，这两条曲线分别表示电子和空穴的电流密度，位于中间的那两段水平的短线是一个近似，而位于下方的那两段指数衰减曲线代表少数载流子的电流密度。由于总电流密度是个常数，从少数载流子的电流密度可以推导出多数载流子的电流密度，它们分别表现在那两段上扬的曲线。当远离耗尽区时，少数载流子的扩散电流逐渐消失，而多数载流子的漂移电流则称为主流。顺便说一下，图 4.20(a)中两侧的能带看似是水平的，其实应该是略微倾斜的。如果没有这样的一个微小电场，则没有漂移电流的存在。

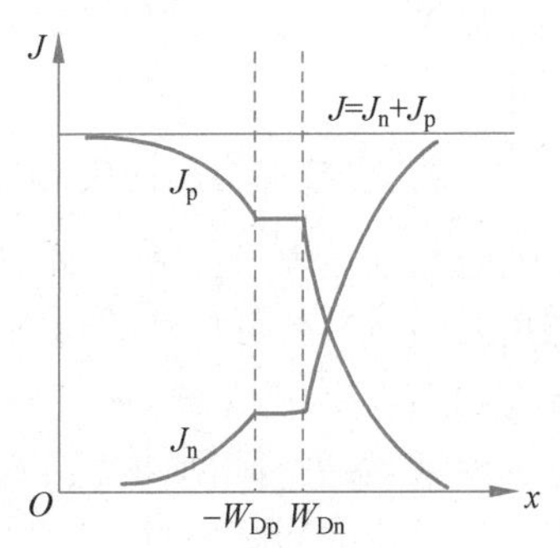

图 4.21 正向偏置 pn 结中的电流密度分量

Q 图 4.21 中的 pn 结哪一侧的掺杂浓度更高？

从图 4.21 中可以看出，在耗尽区的边缘左侧 P 型区中的电子扩散电流密度 J_n 比右侧 N 型区中的空穴扩散电流密度 J_p 低。从式(4.16)可以推测出 $n_{P,0}<p_{N,0}$；然而，少数载流子的密度与掺杂浓度成反比，所以左侧的 P 型掺杂浓度要高于右侧的 N 型掺杂浓度。如果这个掺杂浓度之间的相对关系发生了反转，那么图 4.21 中电流密度的交叉将会出现在左侧的 P 型区，不过也要考虑扩散系数之间的差别。

式(4.16)中的 J_s 被称为“反向饱和电流密度”；因为在反向偏置时，$V_a<0$，结果这个指

数项接近于零而可以忽略不计，此时的反向电流密度值就是 J_s。其实，实际测量到的反向电流密度要高于 J_s，因为在以上推导过程中忽略了在耗尽区电子-空穴对的产生和复合机制。当正向偏置电压足够高的时候，耗尽区变得很窄，在此处的复合电流可以忽略不计。然而，在反向偏置的情况下，耗尽区的宽度会随着电压而增大，在此区域内则会产生出大量的电子-空穴对，它们成为了反向电流中的主要成分。因此，反向电流会随着偏压的增大而缓慢增加，并不会出现饱和的现象。

Q 如果两个二极管的掺杂浓度不同，那么在相同正向偏置电压的情况下哪个二极管的电流更大？

从式(4.16)中可以看出，反向饱和电流密度与少数载流子密度成正比，因此与掺杂浓度成反比。所以，在同样偏压的情况下，掺杂浓度低的二极管电流更高。这个问题也可以换一种形式：在电流相同的时候，哪个二极管上的偏压更高？答案是掺杂浓度高的二极管上的偏压更高。在实验室里用的万用表上有一个挡专门用来测量在恒定电流情况下二极管上的偏压，因此这个问题可以用实验来验证。此外，人们也常用此方法来鉴别双极型晶体管的三个引脚。

如果 pn 结的面积已知，将其乘以电流密度就可以得出二极管电流的表达式：

$$I = I_s(e^{V_a/V_T} - 1) \tag{4.17}$$

上式中的 I_s 被称为反向饱和电流，其数值很小。在正向偏压足够高的时候($V_a > 5V_T$)，式中的指数项远大于 1，所以此式可以简化为 $I = I_s e^{V_a/V_T}$。假如在 $V_a = 0.7$V 时，$I = 1$mA，利用式(4.17)就可以估算出在室温条件下反向饱和电流的值：$I_s = 1.83$fA。但是，这个参数会随温度变化，从式(4.17)中可以看出，I_s 与本征载流子密度的平方成正比。在室温附近的温区，温度每增加 10℃，I_s 就会翻一倍。此外，温度的变化会直接改变热电压 V_T，这个因素对电流的影响也很大。如图 4.22 所示，随着温度的变化，二极管的伏安特性曲线会发生位移。今后会看到，几乎所有半导体器件对温度都十分敏感，在器件和电路设计过程中都需要考虑到温度效应。

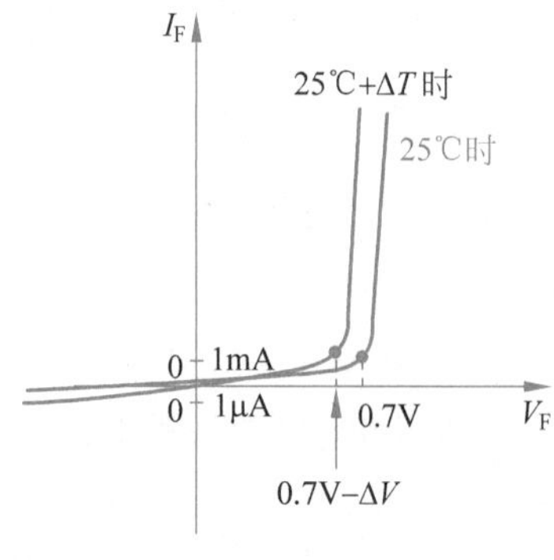

图 4.22 二极管电流的温度效应

二极管的温度效应会带来很多问题，但是也可以利用这一效应来设计温度传感器。从原理来讲，想象在图 4.22 上画一条横线，也就是让电流保持相同，这条直线与二极管的两条伏安特性曲线的交点所对应的偏压是不同的。因此，通过测量二极管上的偏压就可以找到所对应的温度。这种二极管温度传感器有不少优势，例如简单和廉价，而且还可以与集成电路兼容。

在实验室里可以用一种被称为“晶体管特性图示仪”(curve tracer)的仪器来测量二极管的伏安特性，Multisim 也提供了一个类似的虚拟仪器，如图 4.23(a)所示。双击这个仪器就会弹出如图 4.23(b)所示的显示窗，在其右上角可以选择不同的测试器件，包括二极管、BJT 和 MOSFET。当选择了二极管以后，在右下角则提示了如何与之相连。在此图标之上是仿真参数设置(Simulate param.)按钮，单击之后就可以设置以下参数：起始偏压、终止偏压、电压增幅。在这个例子中，这 3 个参数的选择分别是：−1V、800mV、500μV。遗憾的是在图中没有坐标值的标示，只能通过一个游标来显示曲线中某一点的信息。例如，在正向偏压等于 498mV 的时候，二极管的正向电流已经达到了 1.17mA。这个结果说明 1N4007 型的二极管的掺杂浓度很低，所以才能承受很高的反向偏压。如果向右滑动游标，当电流达到 10.5mA 时，其偏压是 555mV。继续向右移动游标，当电流达到 93.7mA 时，其偏压是 617mV。由此可以看出，当偏压增加 60mV 时，电流大约会增长 10 倍。从理论推导中也可以得出类似的结论：$\Delta V = V_T \ln 10 \approx 59.6\text{mV}$。

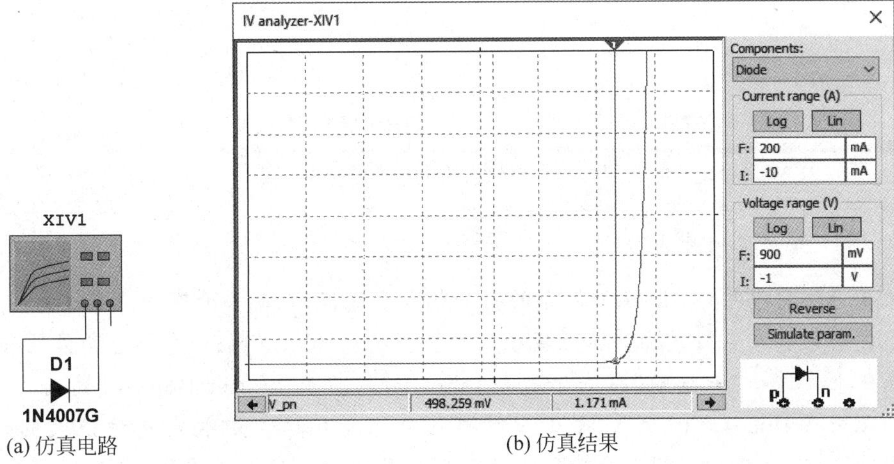

(a) 仿真电路　　(b) 仿真结果

图 4.23　整流二极管的伏安特性

如果测试不同类型的二极管，就会发现要达到同样的电流所需的正向偏压是不同的。例如，改用 1N4001 型二极管，在电流为 1mA 时其偏压大约是 540mV，比 1N4007 型二极管的偏压要高一些。这个结果说明 1N4001 型二极管的掺杂浓度比 1N4007 型二极管高很多，所以 1N4001 型耐受的反向偏压只有 50V，而 1N4007 型却可以承受 1000V 的反向偏压。

4.8　双极型晶体管

在晶体管被发明之前，人们只能使用真空电子管来构成模拟和数字电路，其功耗很高而可靠性很差，而且造价十分高昂。电子管的原理相当简单，如图 4.24(a)所示。首先，通过灯丝加热让阴极发射出电子，然后由栅极来控制电子的运动，最后由阳极来收集电子。在研制双极型晶体管(Bipolar Junction Transistor，BJT)的时候，人们试图在半导体器件上来实现电子管的工作原理，所以有些名称十分相似。从图 4.24(b)中可以看出，发射极(emitter)就类似于发射电子的阴极，而集电极(collector)就相当于收集电子的阳极。但是，基极这个名称比较令人费解，它的本意是“底座”(base)。

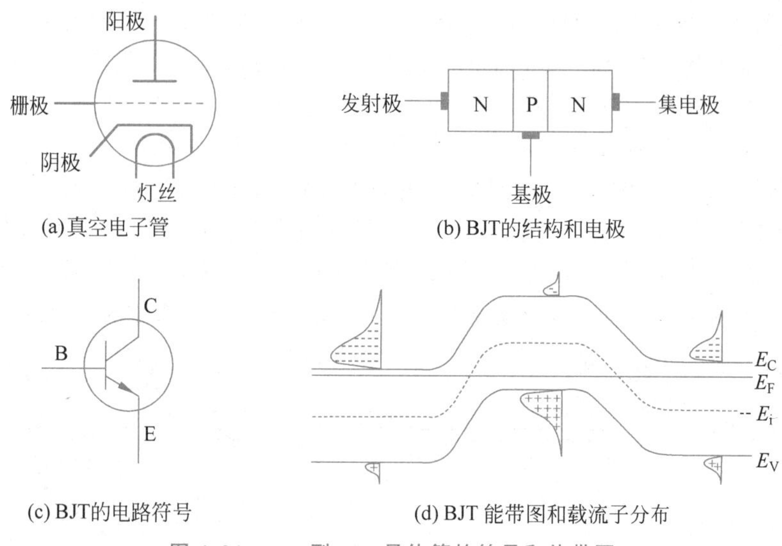

(a) 真空电子管

(b) BJT的结构和电极

(c) BJT的电路符号

(d) BJT 能带图和载流子分布

图 4.24 npn 型 BJT 晶体管的符号和能带图

> **K** 在 1947 年底第一个晶体管诞生于美国的贝尔实验室，它的结构十分简单：在试验台上放了一块锗半导体，其 N 型掺杂的衬底构成了基极，在其表面有一薄层进行了 P 型掺杂。发射极和集电极是由两条距离很近的金箔构成的，它们被一个弹簧紧紧地压在 P 型锗晶体上。这个“点接触”晶体管是由 John Bardeen 和 Walter Brattain 发明的，但是他们的上司 William Shockley 对此感到妒火中烧。有时嫉妒也是一种强大的动力，Shockley 在 1948 年初发明了我们熟悉的双极型晶体管。这三人在 1956 年获得了诺贝尔物理学奖。

双极型晶体管可以有两种形态，根据掺杂的类型可以分为 npn 和 pnp 这两类。前者更接近电子管的原型，其性能也更优越一些，所以主要分析这类晶体管。图 4.24(c)是 npn BJT 的符号，其中的箭头可以想象为一个二极管，因为这是一个 pn 结。图 4.24(d)是在平衡状态下的能带图以及载流子的分布，左侧是高掺杂浓度的 N^+ 型发射区，右侧是低掺杂浓度的 N^- 型集电区，中间 P 型基区的掺杂浓度介于这两者之间。在平衡状态下费米能级是水平的，所以 P 型掺杂的基区隆起成了一个“高原”。从能带图中人们很容易理解其工作原理：发射区导带中大量的自由电子被基区势垒挡住，所以通过调节势垒的高度就可以有效地控制电流的强弱。

在测试晶体管的伏安特性的时候可以采用图 4.25(a)的偏置电路，由于发射极接地，所以也称作“共发射极”模式。当晶体管的基极与一个正电压相连时，基区的能带就会被拉低，从而使很多发射区的电子都可以由此而通过。与此同时，集电极也需要施加一个正电压，从而拉低集电区的能带，这样电子才能够流动。

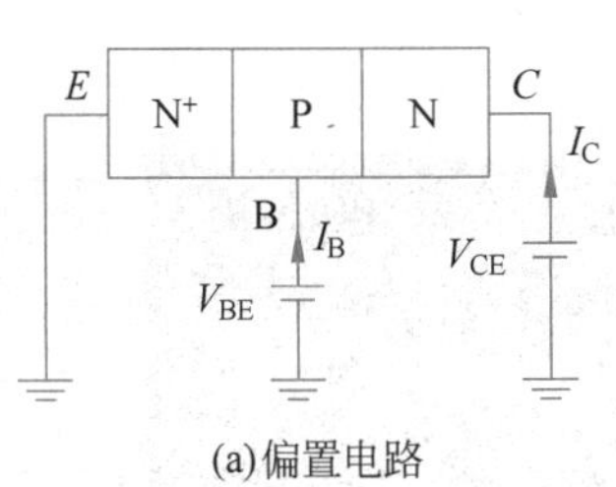

(a)偏置电路

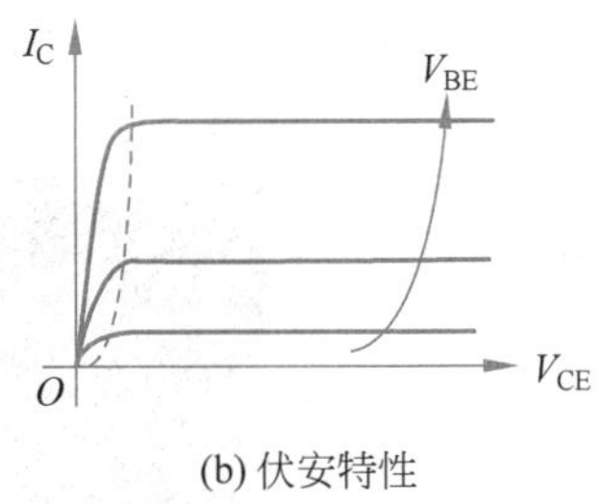

(b)伏安特性

图 4.25 npn BJT 处于正向偏置的情形

图 4.25(b)展示了理想情况下的伏安特性，它可以被分为两个区域：在 V_{CE} 较小的时候，电流会随 V_{CE} 而快速增长，这个参数空间被称为“饱和区”(saturation)；而在 V_{CE} 超过了一个范围以后，电流则不随 V_{CE} 变化，这个参数空间被称为“放大区”或“主动区”(active)。其实，还有另一个参数空间隐藏在横轴上：当 V_{BE} 不够大时，基区的势垒依旧很高，此时电流则很微弱，这个参数空间被称为“截止区”(cutoff)。

> **K** 有时曲线平缓的区域被称为“饱和区”，但是，这里的含义却很不一样。例如，在干旱的季节下了一场小雨，雨水很快就会渗入地下。然而，如果在雨季中下了一场暴雨，雨水则会在地面积聚起来，此时人们就说土壤已经“饱和”了，而 BJT 饱和区的含义就与此类似。在 V_{BE} 较大而 V_{CE} 较小的时候，大量的电子从发射区扩散到了基区；然而，从集电区“排洪”的渠道却很不畅通，结果电子就在基区积累起来了。由于基区是 P 型掺杂从而有大量的空穴，所以很多电子就与空穴在这里复合了，由此而导致基极的电流会增高。从图 4.25(b)中可以看出，仅仅需要很小的集电极偏压(大约 0.2V)就可以让电子顺利地通过而不会在基区积聚起来。

如果做一个直观但不太严格的比喻，晶体管的工作原理就像用一个水桶在水龙头下接水一样。水龙头的开关是由 V_{BE} 控制的，水桶位置的高低则受 V_{CE} 的控制。首先，改变 V_{BE} 对水的流量有巨大影响，但是它必须高于一个阈值才能有水流出。其次，水桶位置的高低其实是无关紧要的，所以如图 4.25(b)所示的伏安特性曲线很平坦，说明电流不随 V_{CE} 而改变。在电路中，有一种器件的电流不随偏压而改变，那就是电流源。所以，在放大区晶体管的等效电路就相当于一个可控电流源，其控制参数既可以是 V_{BE} 也可以是基极电流 I_B。然而，这个比喻也是有局限性的，因为它无法解释晶体管在“饱和区”的行为。这里需要做一些改进，如果把水龙头换成水渠上的水闸则更趋近于 BJT 的情形。要想让水流动起来，除了开启水闸以外，在水闸两侧还需要一些水位的落差。

在二维平面上的一条曲线只能表示两个变量之间的关系。然而，在图 4.25(a)所示的偏置电路中存在 3 个变量，因此只好把 V_{BE} 或 I_B 作一个可变参数来处理，由此而产生了一组曲线，如图 4.25(b)所示。当 V_{BE} 变化的时候，晶体管的电流会按指数函数来改变，这与二极管的 I-V 关系十分类似。利用晶体管特性图示仪可以很方便地测试其伏安特性，如

图 4.26 所示。

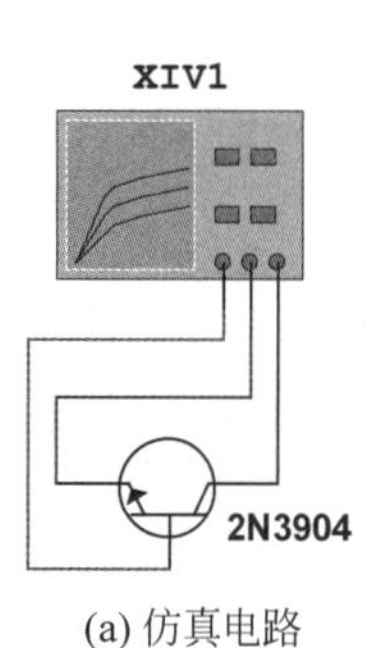

(a) 仿真电路

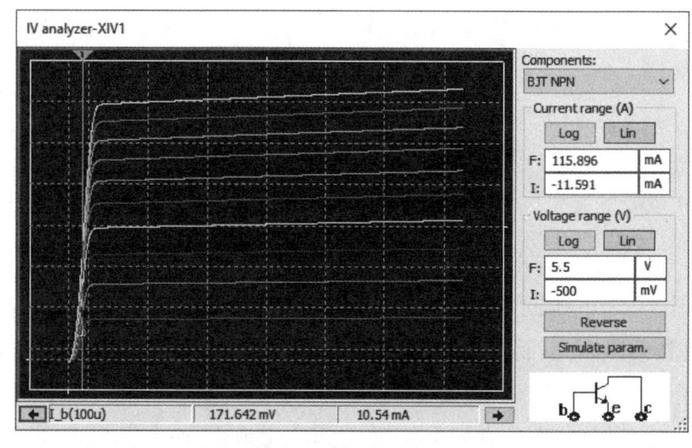

(b) 仿真结果

图 4.26 npn BJT 的伏安特性

如果仔细分析 BJT 中的电流，则需要考虑它的几个分量，但是，其中最主要的莫过于在基区的扩散电流，因此可以做一些简化。首先，假设基极和集电极的电压相同，也就是说基区和集电区这个 pn 结处于平衡状态。其次，假设在基区的电子-空穴复合过程可以忽略。此外，还可以假设发射区的长度很短，远小于扩散长度。图 4.27(a)展示了在这种简化条件下 BJT 中电子浓度的分布，而集电极的电流密度则可以从基区电子的扩散而求出：

$$J_{\mathrm{C}}=eD_{\mathrm{nB}}\frac{\mathrm{d}n}{\mathrm{d}x}=\frac{eD_{\mathrm{nB}}n_{\mathrm{p0}}}{w_{\mathrm{nB}}}(\mathrm{e}^{V_{\mathrm{BE}}/V_{\mathrm{T}}}-1) \tag{4.18}$$

其中 w_{nB} 是两个 pn 结之间那段电中性的基区长度，从能带图上来看也就是那段平坦区域的长度。与此类似，由发射区的空穴浓度分布可以推导出基极电流密度：

$$J_{\mathrm{B}}=\frac{\mathrm{e}D_{\mathrm{pE}}p_{\mathrm{n0}}}{w_{\mathrm{pE}}}(\mathrm{e}^{V_{\mathrm{BE}}/V_{\mathrm{T}}}-1) \tag{4.19}$$

在放大电路中，BJT 的核心参数就是以上两个电流之比，它被称为共发射极电流放大倍数：

$$\beta=\frac{I_{\mathrm{C}}}{I_{\mathrm{B}}}=\frac{D_{\mathrm{nB}}N_{\mathrm{DE}}w_{\mathrm{pE}}}{D_{\mathrm{pE}}N_{\mathrm{AB}}w_{\mathrm{nB}}} \tag{4.20}$$

首先，这个公式表明它是一个器件的常数，在一定范围内不因工作电流的变化而改变。其次，在器件设计方面，为了提高这个电流放大倍数，需要满足 $N_{\mathrm{DE}}\gg N_{\mathrm{AB}}$ 的条件，也就是说，发射区的掺杂浓度需要远大于基区的掺杂浓度。此外，发射区可以采用多晶硅材料，这样其迁移率和扩散系数就会大幅下降，从而实现 $D_{\mathrm{nB}}\gg D_{\mathrm{pE}}$ 的条件。虽然式(4.20)对帮助人们理解 BJT 的工作原理十分有帮助，但此式是在一些简化前提下推导出来的，所以有些效应没有被考虑进去。

在电力电子器件中一个重要的参数就是击穿电压；在集电极的电压很高时，基区与集

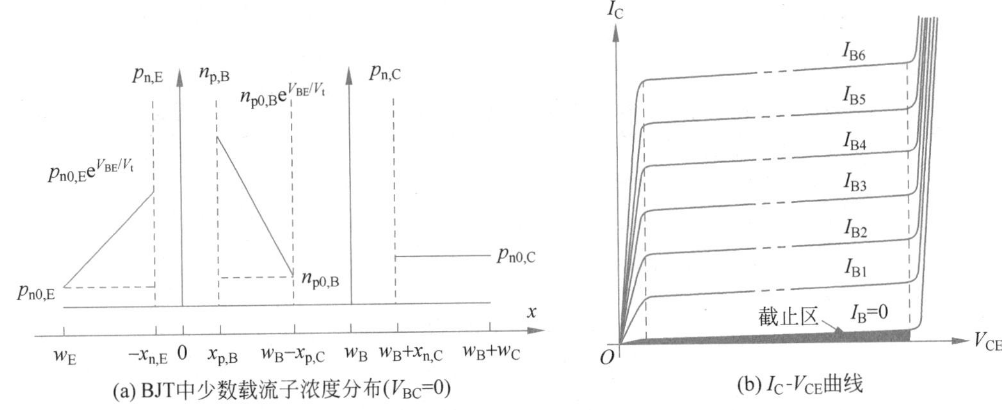

(a) BJT中少数载流子浓度分布($V_{BC}=0$) (b) I_C-V_{CE}曲线

图 4.27 BJT 少数载流子浓度分布和伏安特性曲线

电区之间 pn 结的耗尽区向两侧扩张会导致电中性的基区长度的减小乃至势垒高度的降低，这样会使电流激增从而导致器件的失效，如图 4.27(b)中的伏安特性曲线的右侧所示。为了减小电中性的基区长度 W_{nB} 对集电极偏压的敏感性，这就要求在基区和集电区之间形成单侧的 pn 结。换言之，在满足 $N_B \gg N_C$ 这个条件的时候，基区一侧的耗尽区很短，这样其变化也就很小。降低集电区的掺杂浓度可以有效地减弱基区长度的改变，从而提高击穿电压这个参数。综上所述，BJT 的掺杂浓度需要满足以下条件：$N_E \gg N_B \gg N_C$。

即使在低电压的工作模式中，集电极电压的变化也会影响到电中性的基区长度 W_{nB}。因此，当 V_{CE} 变化时，它会导致集电极的电流发生微弱的变化，如图 4.27(b)中的伏安特性曲线的中段所示。如果把这些线段向左延长出去，它们会汇聚到横轴的一个点上，这个电压的绝对值被称为厄利(Early)电压 V_A，这是 BJT 的另一个关键参数，如图 4.28(a)所示。顺便介绍一下，James Early(1922—2004 年)是一名美国电子工程师，除了在晶体管研究方面的贡献，他在 1952 年率先研发出频率高于 1GHz 的振荡器电路。

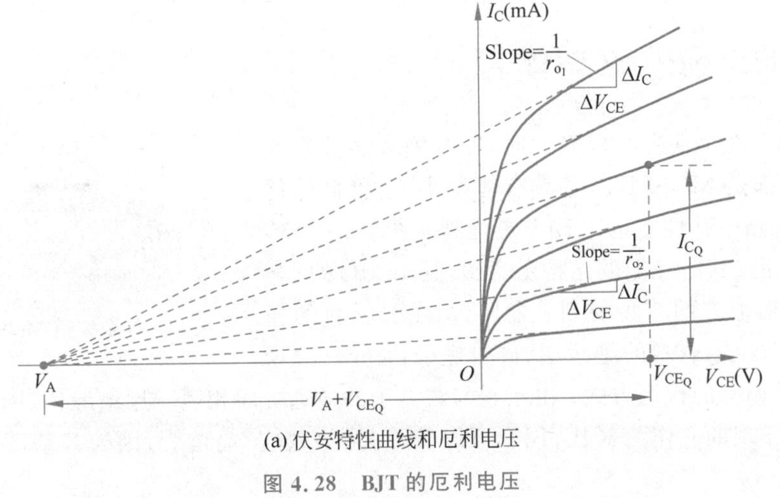

(a) 伏安特性曲线和厄利电压

图 4.28 BJT 的厄利电压

Model

.MODEL 2N3904__BJT_NPN__1 NPN　　Tools ▾　Views ▾

Name	Description	Value	Units	Use default
Level	Device model level	Gummel-Poon (Level 1) ▾		
IS	Transport saturation current	6.734f	A	☐
BF	Ideal maximum forward beta	416.4		☐
NF	Forward current emission coefficient	1.0		☑
VAF	Forward Early voltage	74.03	V	☐
IKF	Corner for forward beta high current r...	66.78m	A	☐
ISE	B-E leakage saturation current	6.734f	A	☐
NE	B-E leakage emission coefficient	1.259		☐
BR	Ideal maximum reverse beta	.7371		☐

(b) BJT的模型参数

图 4.28 （续）

一般来说，图 4.28(a)中的伏安特性曲线的中段越平坦越好；换言之，厄利电压越高越好。实验室中用的分立 BJT 的厄利电压一般都在 70～100V 范围内，这个参数可以在晶体管的模型中找到。在 Multisim 中双击晶体管就会弹出一个信息栏，在上方的栏目中选择 value，然后单击下方的选项 Edit model，就会出现如图 4.28(b)所示的模型参数表，其中的 VAF(Forward Early voltage)就是厄利电压，2N3904 型 BJT 的值为 74.03V。如果选择不同型号的 BJT，那么这个参数会不同。例如，如果使用 2N4401 型 BJT，那么它的厄利电压是 90.7V。

Q 既然 BJT 是由两个 pn 结组成的，用两个二极管是否可以组合成一个三极管？

答案是否定的，因为 BJT 的两个 pn 结之间的距离必须很小，而早期 BJT 制造工艺的一大挑战就是控制基区的长度或厚度。如果 BJT 的两个 pn 结之间的距离很大，很多电子在穿越基区的过程中就与空穴复合了，从而导致电流放大倍数很低。反之，如果这个厚度太薄，则很容易被击穿。

4.9 MOS 场效应晶体管

尽管 BJT 在早期曾经风光一时，如今绝大多数集成电路采用的都是 MOSFET，它具有体积小、造价低的优势，在数字电路中其性能也比 BJT 更优越。图 4.29 是传统的 N 型沟道 MOSFET 的结构示意图，其中 MOS 的含义是导电沟道上方的 3 种材料：金属(Metal)材料的栅极、氧化物(Oxide)材料的绝缘层、硅衬底(Silicon)。“场效应”指的是栅极的作用方式；由于它与载流子的通道之间相隔一层绝缘体，因此其影响是通过电场来实现的。作为对比，BJT 可以被称为“势效应”晶体管，因为其基区的电势被直接控制。

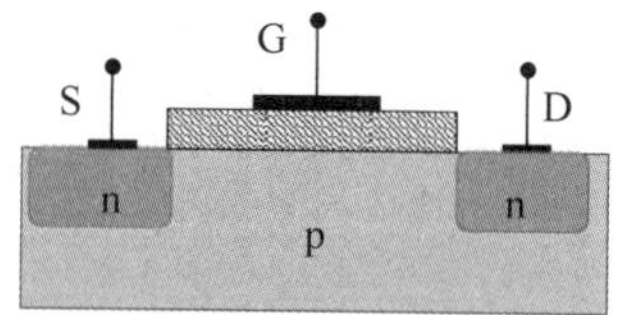

图 4.29 N 型沟道 MOSFET 的结构

如果忽视栅极和氧化物绝缘层这部分结构，那么 MOSFET 与 BJT 的结构几乎是相同的：N 型掺杂的源极(source)和漏极(drain)分别对应于发射极和集电极，两者之间被 P 型区所形成的势垒所阻隔。不过，MOSFET 和 BJT 还是有一些差别的。首先，就是栅极电流为零，所以在早期它有一个别称：绝缘栅型场效应管(Insulated Gate FET，IGFET)。由此而导致漏极电流与源极电流相同；如果套用 BJT 的参数，则可以得出这样的结论：$\alpha=1$，$\beta\to\infty$。其次，源极和漏极的掺杂浓度相同，因此 MOSFET 是一个对称的器件。换言之，如果交换源极和漏极的位置，则没有任何区别。不过，在一些特殊类型的 MOSFET 中源极和漏极并不是对称的，例如在电力电子领域中的功率场效应管。

MOSFET 和 BJT 的工作原理也十分类似：当栅极的电压增高时，其费米能级降低，如图 4.30(a)所示。借助绝缘层中电场的作用就可以把靠近绝缘层的 P 型硅的能带边缘拉低，从而形成一条电子的通道。此外，MOSFET 栅极上的电压也只有超过了一个阈值时才会出现明显的电流。这个阈值是由 MOSFET 的结构决定的，包括掺杂浓度、氧化层的厚度和介电常数。顺便说一句，在栅极电压略微低于这个阈值时，电流尽管很弱但并非为零，而是呈现出与 BJT 类似的指数函数形式，如图 4.30(b)所示。如今很多便携式或可穿戴设备需要在极低功耗的条件下工作，而这个亚阈值(subthreshold)区域正好可以满足要求。

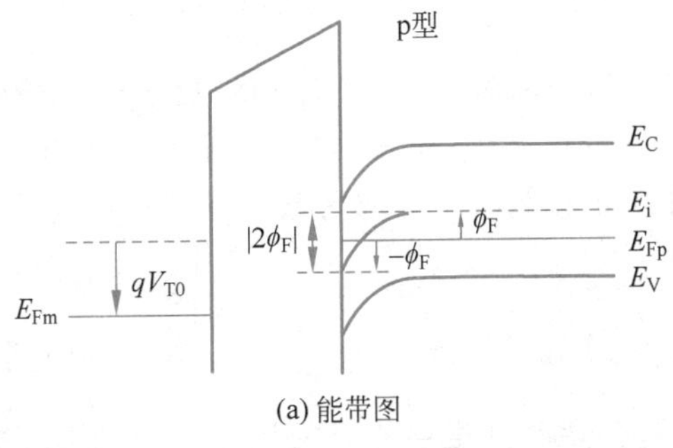

(a) 能带图

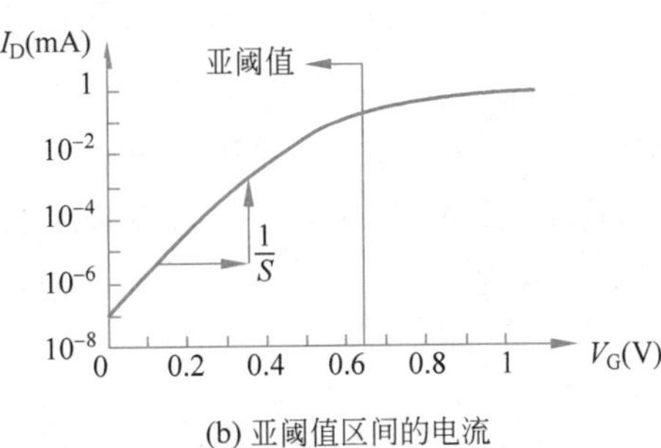

(b) 亚阈值区间的电流

图 4.30 N 型沟道 MOSFET

假如在源极和漏极之间只有很小的电压，那么 MOSFET 就类似于一个可变的压控电阻。在实验室测量时，一般选择 $V_{DS}=0.05V$。栅极的电压越高，则电子流通的沟道就越宽，因此电阻也就越小。在图 4.31 的左下角可以看到一个线性区域，那些直线的斜率就是电阻的倒数，从中可以验证栅极电压与电阻之间的关系。当源极和漏极之间的电压增大以后，这种线性关系就消失了，其伏安特性曲线的形状与 BJT 十分类似。

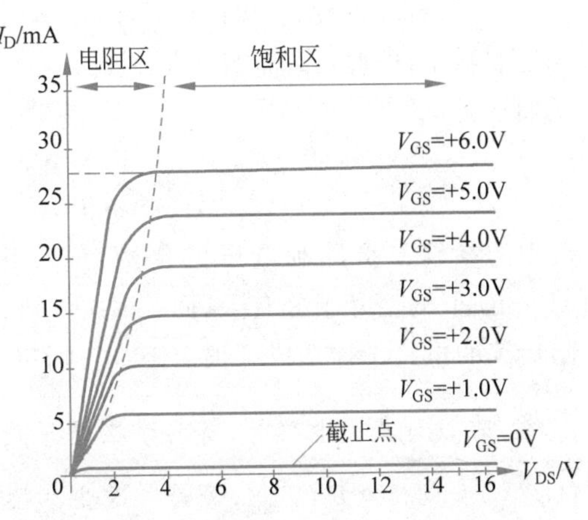

图 4.31 N 型沟道 MOSFET 的伏安特性曲线

从图 4.31 中可以看出，伏安特性曲线可以分为两个不同的区域。为了方便，可以先定义一个过驱(overdrive)电压：$V_{ov}=V_{GS}-V_{th}$；其中 $V_{GS}=V_G-V_S$ 是以源极为基准的栅极电压，而 V_{th} 则是 N 型 MOSFET 的阈值电压。图 4.31 中虚线的左侧满足 $V_{DS}<V_{ov}$ 的条件，此时的电流可以表达为

$$I_D=\frac{W}{L}\mu_n C_{ox}\left(V_{ov}V_{DS}-\frac{1}{2}V_{DS}^2\right) \tag{4.21}$$

其中 L 和 W 分别是栅极区域的长和宽，这两个参数是集成电路设计者可以控制的。栅极的长度 L 指的是源极和漏极之间的距离，如图 4.29 所示。在集成电路发展的早期，栅极的长度曾经是摩尔定律的指标，因为它与 MOSFET 的响应速度密切相关。此外，式中的 C_{ox} 是单位面积的氧化物绝缘层的电容，它与材料的介电系数和厚度有关。

当 $V_{DS}\ll V_{ov}$ 时，式(4.21)中的第二项可以忽略不计，结果电流与电压之间表现出线性关系：$I_D=\left(\frac{W}{L}\mu_n C_{ox}V_{ov}\right)V_{DS}$，此时 MOSFET 就变成了由栅极控制的一个电阻。所以，这一区域被称为线性区或欧姆区，而更正规的名称是“三极管区”(triode region)。这里的“三极管”是指有 3 个引脚的真空电子管，因为其伏安特性曲线与此形状类似。顺便说一句，由于真空三极管的伏安特性曲线太陡峭，人们试图通过增加电极来使其平坦，因此用于放大电路的真空电子管往往是四极管或五极管。

图 4.31 中虚线的右侧满足 $V_{DS}>V_{ov}$ 的条件，这一区域被称为“主动区”(active region)或“放大区”。不过，由于曲线十分平坦，人们过去也称之为“饱和区”(saturation region)。然而，这个名称很容易与 BJT 的饱和区混淆，两者分别表示不同的区域。在主动区电流可以近似地表达为

$$I_D=\frac{1}{2}\frac{W}{L}\mu_n C_{ox}V_{ov}^2 \tag{4.22}$$

这个公式与 V_{DS} 无关，所以伏安特性曲线是平坦的直线，在电路中这等同于一个由 V_{GS} 控制的电流源。在 $V_{DS}=V_{ov}$ 这个分界线处，以上两个电流公式应该相等。其实，后者正是在代入这一条件时由前者得出的。不过，式(4.22)也只是近似形式，实际的伏安特性曲线会有一定的斜率，由此可以推导出厄利电压，这与 BJT 是完全相同的。因此，需要将式(4.22)修正如下：

$$I_D=\frac{1}{2}\frac{W}{L}\mu_n C_{ox}V_{ov}^2(1+\lambda V_{DS}) \tag{4.23}$$

其中的参数 λ 是厄利电压的倒数：$\lambda=1/V_A$。遗憾的是，在 Multisim 的器件库中普通 MOSFET 的型号十分有限，而 2N7000 型 MOSFET 的模型过于简陋而没有 λ 这个参数，这给后续的电路设计造成了很多困难。所以，本书后面的章节主要以 BJT 电路为主。

K 在设计集成电路时，有些参数是不能改变的，例如载流子的迁移率(μ_n)、栅极电容(C_{ox})和阈值电压(V_{th})，等等。这些参数都是由集成电路制造工艺决定的；每向前推进

一个技术节点，这些参数都会发生相应的变化。在每一代制造工艺中，栅极的长度 L 都有其下限。在数字电路中人们一般都采用这个下限来设计电路，因为其性能最佳。从 MOSFET 的结构来看，栅极的长度就相当于 BJT 基区的厚度，如果尺寸太小就对漏极电压过于敏感。因此，在模拟电路中 L 的数值往往选用其下限的 2～3 倍。在设计栅极宽度 W 时限制比较少，它一般都会比 L 大很多倍，这与人们通常对长和宽的认知是相反的。

与 BJT 相比，MOSFET 有不少优点。首先，MOSFET 的栅极电流为零，所以由 MOSFET 组成的数字电路在状态不发生改变的时候原则上是不消耗能量的，而 BJT 电路则会始终有电流流动。早期的超级计算机是由 BJT 数字电路构成的，为了解决散热问题，集成电路只好放在铜片上靠水冷来降温。其次，MOSFET 是“单极型晶体管”，因为其载流子要么是电子要么是空穴，而 BJT 却同时需要电子和空穴，所以才被称为“双极型晶体管”。这个差别导致在高频数字电路中 MOSFET 比 BJT 更优越，因为后者在这种情况下会出现少数载流子的堆积从而导致延迟。此外，BJT 的基区能带是平坦的，所以载流子输运靠扩散来实现，其效率较低；然而，MOSFET 的沟道中沿电流的方向是存在电场的，所以载流子输运靠漂移来实现，所以效率较高。在电力电子领域的大功率晶体管的应用方面，这种输运模式的差别导致 MOSFET 的电流参数比 BJT 更高。

不过，MOSFET 也有一些弱点；例如，BJT 的集电极电流是 V_{BE} 的指数函数，而 MOSFET 的漏极电流是 V_{GS} 的二次函数，这个差别会导致其核心小信号参数——跨导(transconductance)相差很大。因此，在分立放大电路中，BJT 比 MOSFET 更优越。在集成电路领域，由于 BJT 的制造工艺相对复杂而且在晶片上占用的面积比较大，如今在绝大多数应用中已经被 MOSFET 所取代。

随着摩尔定律的不断推进，传统的 MOSFET 的器件结构遇到了挑战，在 28nm 那个节点以后不得不采用鳍式场效应管(FinFET)的结构，如图 4.32(b)所示。在 2022 年集成电路已经推进到 3nm 节点了，台积电依旧使用鳍式场效应管结构，而三星公司则率先采用了“多层通道场效应管”(Multi-Bridge Channel FET，MBCFET)的结构，如图 4.32(c)所示。

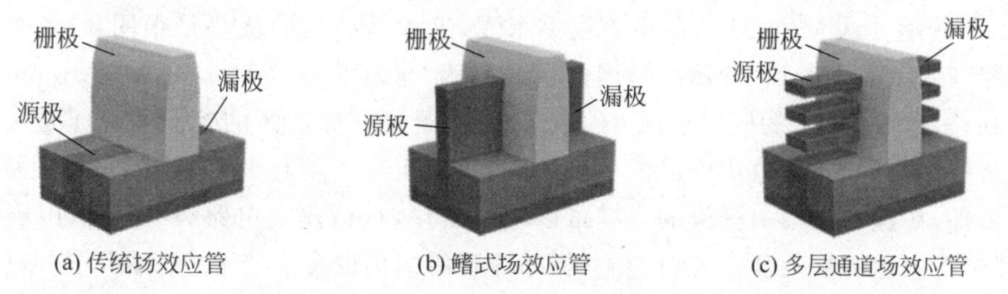

图 4.32　MOSFET 的 3 种结构

如前所述，MOSFET 的工作原理与 BJT 类似，源极和漏极之间被一个势垒区所分隔，而势垒的高度可以由栅极来控制。然而，MOSFET 的栅极与势垒区是通过绝缘层的电场耦合起来的，而 BJT 的基极则直接与基区相连。从这个角度来看，MOSFET 的栅极对势垒区的控制是较弱的。随着栅极长度(L)的缩短，它对势垒区的控制变得越来越弱，最终甚至低于漏极对势垒区的影响力，此时就会出现相当严重的漏电流。除此之外，厄利电压也会急剧减小，在主动区伏安特性的斜率会变得过大。

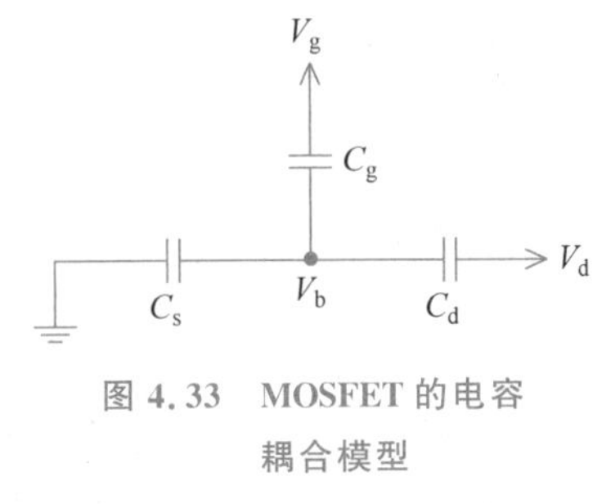

图 4.33 MOSFET 的电容耦合模型

如果把势垒区当作一个电路节点，那么它与 MOSFET 的 3 个电极之间都是通过电容来耦合的，如图 4.33 所示。其中 V_b 表示势垒区的电压，V_g 和 V_d 则分别表示栅极和漏极的电压。C_s 和 C_d 表示由 pn 结形成的电容，而 C_g 则是 MOS 结构的电容。如果希望栅极能够对势垒区形成有效的控制，则需要满足 $C_g \gg C_d$ 的条件。这里可以利用平行板电容器的公式来分析电容 C_g 的参数：$C_g = k\varepsilon_0 A/d = k\varepsilon_0(LW)/t_{ox}$。在半导体工业，人们常用 k 来表示相对介电系数 ε_r。对于常规 MOSFET 来说，随着晶体管尺寸的缩小，也就是源极与漏极之间的距离 L 越来越小，栅极电容也会相应地缩小($C_g \sim L$)，而 C_d 却变化不大。为了防止 C_g 随着 L 而降低，在早期绝缘层的厚度 t_{ox} 也按比例同步减小($C_g \sim 1/t_{ox}$)。然而，当这个厚度减小到一定程度时，就会出现隧穿电流。当 t_{ox} 不能继续减小的时候，人们只好选择拥有较高 k 值的氧化物来代替二氧化硅。

到了 28nm 那个技术节点以后，所有这些优化措施都无法再继续向前推进，此时只好采用鳍式场效应管(FinFET)的结构。如图 4.32(b)所示，栅极从三面包住了导电通道，从而使栅极电容的面积得到很大提升。与此同时，在晶体管所占用的面积不变的情况下，栅极的有效宽度 W 也大幅增加，因此其电流和跨导都得到了增强。不过，这种晶体管的有效宽度是"数字化"的：人们只能选择栅极的个数，而每个栅极的尺寸是标准化的。这对于数字电路设计不会造成任何问题，但是模拟电路设计会受到一些限制。与传统 MOSFET 工艺相比，采用鳍式结构导致制造工艺变得更加复杂，因此其成本也增高不少。所以，在很多对性能要求不高的电子产品中，28nm 的制造工艺具有最高的性价比。

随着摩尔定律的推进到 3nm 以下的技术节点，接替 FinFET 的是 MBCFET 结构，如图 4.32(c)所示。从 MOSFET 的电容模型来看，这种新结构的优势是很明显的，栅极对势垒区的控制从三面夹击到四面合围，因此也被称为"全环绕栅极"(Gate-All-Around，GAA)结构。此外，在增大 C_g 的同时还减小了 C_d，因此栅极对势垒区的控制得到了进一步的提高。在这种结构中，电源电压可以进一步压低，从而实现了功耗的降低，同时也缓解了散热问题。另外，在这种结构中栅极的宽度可以连续变化，这给模拟电路设计带来了不少方便。然而，其制造工艺的复杂度让人望而生畏，晶体管的结构也有一些隐患。在以往的工艺过程中，每一道工序都是在晶片表面上进行的，因此很容易利用显微镜对其进行检测，合格以后再进行下一道工序。然而，MBCFET 结构的制造工艺中有几步很难从表面来进行检测，因此有可能会出现隐患而浪费很多晶片。所以，即使在制造工艺成熟以后，它的良品率也会相对较低，从而导致价格十分昂贵，其市场份额估计会被局限在高端产品领域。

Q 除了 BJT 和 MOSFET 之外，是否还有其他形式的晶体管？

在早期与 BJT 和 MOSFET 并列的还有一种“结型场效应晶体管”(JFET)，但是它的性能没有任何优势而逐渐被淘汰了。另一个与 MOSFET 类似的晶体管是“金属半导体场效应晶体管”(MESFET)，只是没有栅极下面的那层氧化物。这种器件主要是以砷化镓为衬底的，而这种材料的表面没有像二氧化硅那样优质的天然氧化物存在。由于砷化镓的电子迁移率很高，所以这类 MESFET 可以用于微波电路。近年来，这种器件也逐渐被更先进的晶体管所取代。

使用 MBE 或 MOCVD 这样的先进材料生长工艺可以制备优质的半导体异质结，例如 GaAs/AlGaAs 和 GaN/GaAlN 结构。利用这样的异质结可以制成“高迁移率晶体管”(High Electron Mobility Transistor, HEMT)，其性能比 MESFET 更加优异。但是，其应用也仅限于微波电路，而不能在数字电路中取代 MOSFET。此外，利用这种材料生长技术也可以制成“异质结双极型晶体管”(Heterojunction Bipolar Transistor, HBT)，它在高功率微波器件方面比 HEMT 性能更优越。

BJT 和 MOSFET 之间有一个杂交的器件：绝缘栅双极型晶体管(Insulated Gate Bipolar Transistor, IGBT)，它综合了这两者的优点而避免了其缺点，因此在电力电子领域得到了广泛应用。由于其结构比传统的晶体管复杂，所以价格也比较高。

延伸阅读

有兴趣的读者可以查阅和了解以下相关内容的资料：

(1) 一维 Kronig-Penny 模型。

(2) 半导体单晶的生长方法。

(3) 窄禁带半导体的应用。

(4) 宽禁带半导体的应用。

(5) 半导体掺杂的工艺过程。

(6) 3 种分布函数：玻尔兹曼分布、费米-狄拉克分布、波色-爱因斯坦分布。

(7) 双极(Ambipolar)扩散方程。

(8) 高电场情况下的弹道输运现象。

(9) 电阻率与掺杂浓度的关系。

(10) 线性掺杂浓度的 pn 结。

(11) 变容管的原理和应用。

(12) 雪崩管的原理和应用。

(13) 齐纳二极管的原理和应用。

(14) 欧姆接触和肖特基二极管。

(15) pnp BJT 的结构和工作原理。

(16) P 型 MOSFET 的结构和工作原理。

(17) 鳍式场效应管和多层通道场效应管。

第 5 章

放大电路基础

在 20 世纪初，电子工业的重点在于通信领域，其主要应用是有线电话和无线电广播。这些应用都遇到了同一个问题，随着信号传播距离的增加，其信号强度变得越来越弱。因此，那时电子电路的核心是放大器。在 1904 年真空电子管被发明了，几年后就被应用于放大电路，通信的距离得到了极大的拓展。例如，在 1915 年美国首次在东西海岸之间通了电话，在 1927 年通过海底电缆美国与英国之间实现了通话。在 1947 年晶体管被发明，并且因其在性能、可靠性和价格上的巨大优势而很快取代了真空电子管。放大器属于模拟电子电路领域，设计人员需要对电路有直觉的理解，所以被人们称为“黑色艺术”。与之对应的是数字电子电路领域，在 20 世纪后期随着微处理器的应用而得到了迅猛的发展，如今已经成为了电子工业的主流。

5.1 逻辑门电路

数字电路所处理的是数字信号，它只有 0 和 1 这两种状态，但是它们所对应的电压值却相差很大。简单来说，0 和 1 分别代表低电平和高电平的状态。早期的数字电路在 0～5V 工作，如今在大学的实验室里使用的简单门电路模块依旧采用这样的工作电压。数字电路的一大优点就是不受噪声信号的干扰，因为与 0 和 1 这两种状态相对应的电压范围相当宽。例如，在电源电压为 5V 的 CMOS 规范中，与 0 对应的电压在 0～1.5V 的范围内，而与 1 对应的电压在 3.5～5V 的范围内。然而，随着摩尔定律的不断推进，大规模集成电路遇到的一个严峻的挑战就是散热问题，而其功耗与工作电压的平方成正比。因此，为了缓解散热和降低功耗，如今很多集成电路内部的电源电压已经降到了 1V 以下。

在数字电路中晶体管的作用有些类似于可控的开关，简单来说，它只有两种状态：开路和短路。如果需要更为精确的分析，也可以使用可控电阻模型：晶体管可以处于高阻态和低阻态。图 5.1 是由单个晶体管组成的“非门”电路，如果把晶体管当作可变电阻，就可以用分压电路来分析：

$$V_o = \frac{R_T}{R_2 + R_T} V_H \tag{5.1}$$

其中，R_T 表示晶体管所对应的等效电阻，V_H 表示电源电压 V_{CC} 或 V_{DD}。当输入信号处在高电平的时候，等效电阻 R_T 会很小，所以输出信号则处在低电平；当输入信号处在低电平的时候，晶体管处于截止的状态，等效电阻 R_T 会很大，所以输出信号则处在高电平。在数字电路中，这种输入与输出具有相反电压水平的器件被称为“非门”（NOT gate 或 inverter）。

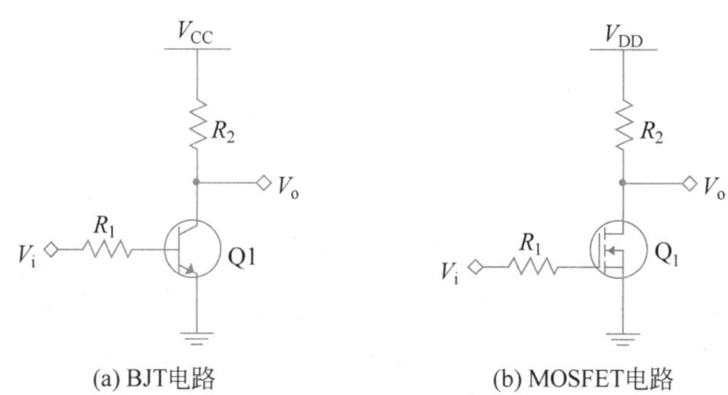

(a) BJT电路　　(b) MOSFET电路

图 5.1　由单个晶体管组成的非门电路

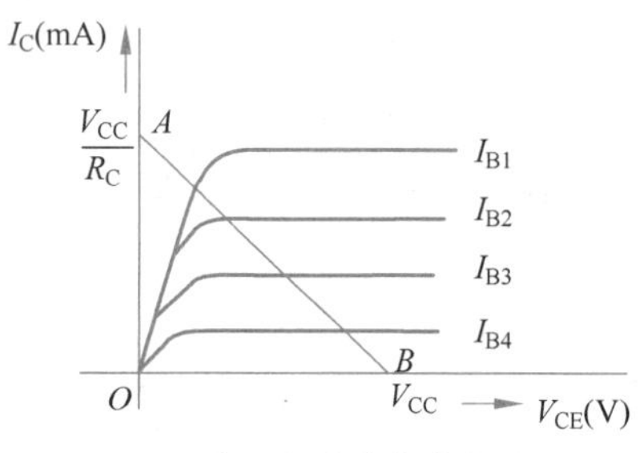

图 5.2　非门电路的负载线分析

晶体管除了可变电阻模型以外，也可以当作可控电流源来分析。从这个角度来看：输入信号的电压控制着晶体管中的电流，由此可以决定输出信号的电压。以图 5.1(a) 中的 BJT 电路为例：$V_o = V_{CC} - I_C R_2$。对于 BJT 电路来说，$V_o = V_{CE}$，由此可以得出这样的关系：$V_{CE} = V_{CC} - I_C R_2$，其中 V_{CC} 和 R_2 是常数。这个方程中的两个变量之间的关系可以表现在图 5.2 中，其中电阻特性表现为一条斜率为 $(-1/R_2)$ 的直线，它被称为“负载线”（load line）。BJT 本身的伏安特性可以表示为一组 $I_C - V_{CE}$ 曲线，每条曲线对应于一特定的基极输入电流 (I_B)，而这个基极电流又是由输入端电压来决定的。

如图 5.2 所示的图解法被称为“负载线分析法”（load line analysis），其中与电阻对应的直线与 BJT 的特性曲线交于一点，从其位置就可以找到所对应的 V_{CE} 和 I_C。尽管这种图解法不能得出精确解，但是对于人们直观地理解这个电路很有帮助。对于非门电路而言，在理想情况下其输入信号只有 0 和 V_{CC} 这两种选择。前者对应于 BJT 处于截止状态，电流为零而 $V_o = V_{CC}$；后者则对应于 BJT 处于饱和状态，电流较高而 V_o 很低。由此也可以验证“非门” 这种“颠倒黑白”的功能。

Q　如果把 BJT 和 MOSFET 实现的非门做一个比较，哪个性能更优越？

对于数字电路来说，MOSFET 更优越。顾名思义，BJT 被称为“双极型晶体管”，在工作的时候电子和空穴都做出贡献。换言之，多数和少数载流子都积极参与了进来。多数载流子的输运过程主要是漂移,这个过程速度很快。相对而言,少数载流子的输运过程主要是扩散,这个过程则相对缓慢。所以,BJT 在从饱和态向截止态过渡时会出现时间延迟,这就限制了其工作频率。MOSFET 的电流是靠多数载流子的漂移来实现的,所以没有类似的延迟现象。

下面利用 Multisim 来对 BJT 和 MOSFET 的非门进行仿真,输入信号的电压为 0~5V,其频率是 500kHz,在图 5.3 中输出信号向下做了平移以避免重叠。如果比较一下输出信号,就会发现在"拉低"的过程中,BJT 非门的输出曲线更陡峭,说明它的电流更大,也可以认为它在低阻状态时的电阻值更低。然而,在"拉高"的过程中,BJT 非门的输出曲线出现了一个延迟,这与少数载流子的扩散过程有关。此外,两者在"拉高"过程中都比较缓慢,这是由于电阻 R_2 造成的。其实,这就是一个 RC 暂态电路,减小 R_2 值就可以降低时间常数。在实用的非门中,R_2 会被一个 P 型的晶体管所代替。在现代的集成电路中,电阻所占的面积比晶体管大很多倍,因此就变得十分昂贵。所以,在集成电路中人们尽量避免使用电阻。

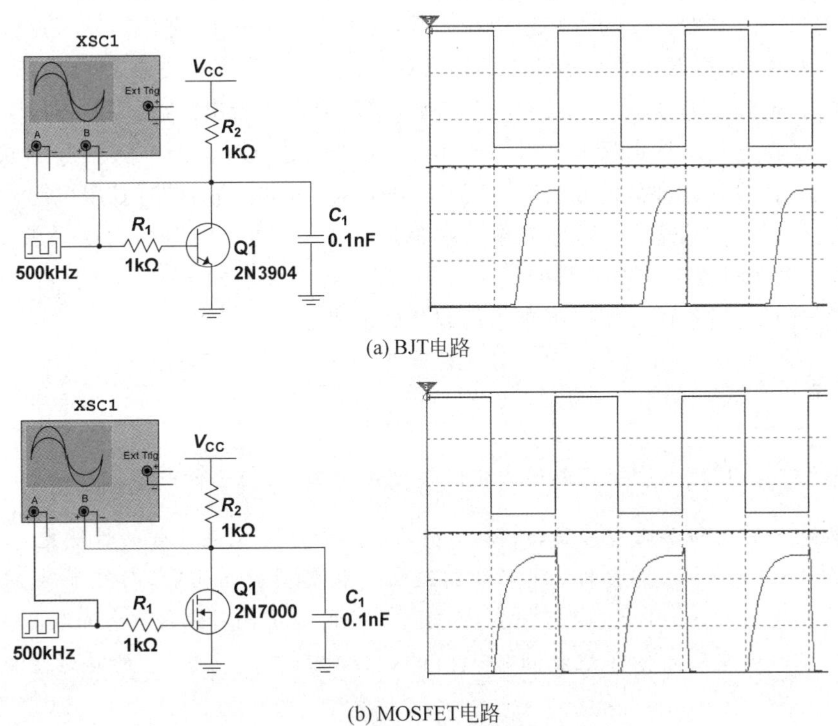

图 5.3　单晶体管非门电路的时间响应

在数字电路中除了"非门"以外,还有两个基本的逻辑门:"与门"(AND gate)和"或门"(OR gate)。有了这 3 种逻辑门,就可以组合成任何逻辑电路。但是,从电路的角度来看,"与非门"(NAND gate)和"或非门"(NOR gate)更简单。而且,用其中的任何一种都可以组成这 3 种基本逻辑门；因此，当年美国的“阿波罗登月计划”中所有的飞行控制电路都是由“或非门”搭建成的，其电路如图 5.4 所示。这个集成电路十分简单，只有 6 个晶体管和 8 个电阻，它们组成两个独立的“或非门”，每个门有 3 个输入端。其工作原理其实与“非门”颇为相似，只不过把一个晶体管换成了 3 个并联的晶体管。当其中任何一个晶体管的输入为高电平时，输出都变成低电平；只有在 3 个输入都是低电平的时候，输出才是高电平。

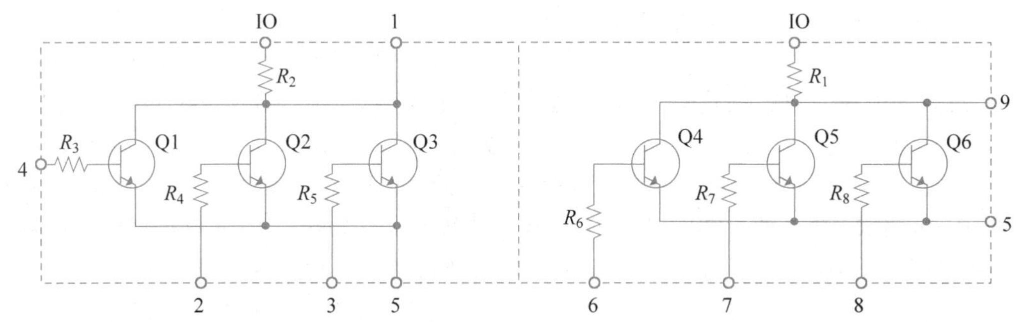

图 5.4 “阿波罗登月计划”飞行控制系统使用的“或非门”集成电路

如果把“或非门”的 3 个输入端连接在一起，它就变成了一个“非门”，这一点应该很好理解和验证。此外，也可以把两个晶体管的输入端接地，这样它们就处在开路状态，结果同样会变成“非门”电路。如今，有了“或非门”与“非门”就可以组合出“或门”和“与门”，然后就可以搭出任何逻辑电路。从定义上来看，“或非门”无非就是“或门”与“非门”的串联；如果再串联一个“非门”，那么这两个“非门”就抵消了，所以把“或非门”与“非门”串联起来就变成了“或门”。此外，如果“或非门”的每个输入端都连接上一个“非门”，那么结果就变成了“与门”。如果读者学过数字逻辑电路的相关知识，那么通过“或非门”和“非门”的组合来形成“或门”和“与门”的过程可以用以下布尔代数公式来表达：

$$\begin{aligned}\overline{\overline{A+B+C}} &= A+B+C \\ \overline{\bar{A}+\bar{B}+\bar{C}} &= ABC\end{aligned} \tag{5.2}$$

Q 既然“与非门”和“或非门”都可以组成任何逻辑电路，哪个性能更优越一些？

因为电子的迁移率比空穴高，所以 N 型的晶体管比 P 型晶体管的性能更好。在“阿波罗登月计划”的时代，集成电路上只能制造出一种类型的晶体管，而且那时 MOSFET 的制造工艺还不成熟，因此选择了 npn 型 BJT。此时还有两种选择：由并联晶体管组成的“或非门”和由串联晶体管组成的“与非门”。相对而言，“或非门”的延迟更低而可靠性更高。

如今逻辑电路都采用 CMOS 技术，也就是同时包括 N 型和 P 型 MOSFET，此时与非门的性能更好，或者说集成度更高。如图 5.5 所示，或非门的上部由 3 个 P 型 MOSFET(PMOS)串联而成，因此其电阻值比较高(如果所有晶体管的尺寸都相同的话)。所以，或非门在把输出端“拉高”的过程中会相当缓慢。而与非门的下部由 3 个 N

型 MOSFET(NMOS)串联而成,其电阻值会小于 3 个 PMOS 串联的结果。其实,在门电路中,“拉高”和“拉低”过程是需要匹配的。为了实现阻值的匹配,在简单的非门中 PMOS 的宽度大约是 NMOS 的 3 倍,因为电子的迁移率大约是空穴的 3 倍。从这个角度来分析,图 5.5(b)中的与非门中 PMOS 的宽度可以与 NMOS 相同,而图 5.5(a)中的或非门中 PMOS 的宽度则需要是 NMOS 宽度的 9 倍,显然与非门的面积更小,从而价格更低。

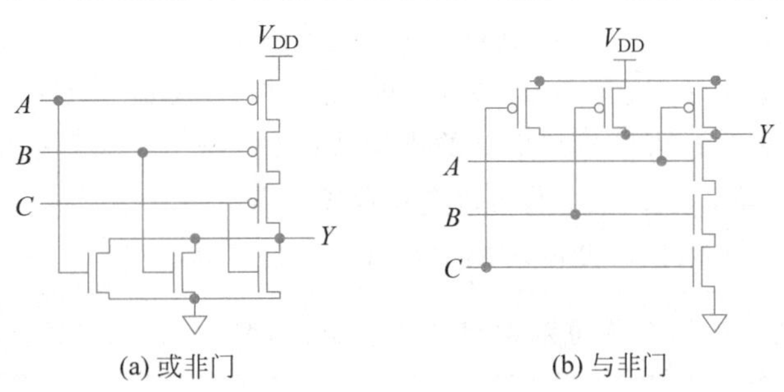

(a) 或非门　　(b) 与非门

图 5.5　CMOS 门电路

5.2 基本放大电路

为了理解放大器的工作原理,可以用一个电压控制电流源来构建放大器电路,如图 5.6(a)所示。压控电流源的核心参数是跨导(transconductance),在此电路中其参数值选为 $g_m=0.1$S。图 5.6 中的单位显示为 Mho,它是电阻单位 Ohm 的倒数,其实也就是西门子(S)。换言之,这个压控电流源可以把 1V 的输入电压转化为 0.1A 的输出电流。

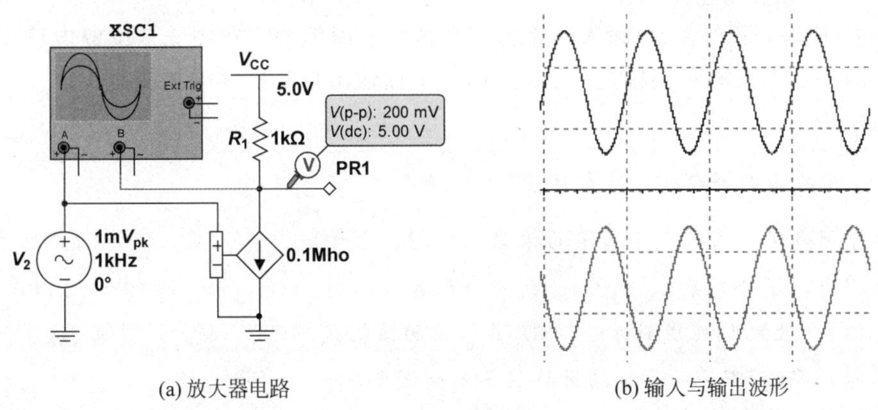

(a) 放大器电路　　(b) 输入与输出波形

图 5.6　放大器原理

在输入信号的振幅为 1mV 的情况下,压控电流源产生了振幅为 0.1mA 的电流,在 1kΩ 的电阻上就被转化为振幅为 100mV 的电压信号(峰谷振幅 $V_{p-p}=200$mV),由此可以算出其增益的绝对值是100V/V。然而，从如图5.6(b)所示的波形图可以看出，输入和输出信号之间有180°的相位差。如果做一个简单的推导，就可以理解这个相位差的存在：

$$v_O(t)=V_{CC}-i(t)R_1=V_{CC}-g_mR_1v_i(t) \tag{5.3}$$

这个方程同时包含着直流和交流分量，因此可以利用叠加原理将它们分开：$v_O(t)=V_O+v_o(t)$。在电子电路中有一个规范，符号和脚标都是小写字母时表示交流信号，而两者都是大写字母时表示直流参数；此外，小写的符号和大写的脚标组合起来表示交直流的混合信号。

当直流和交流信号分开以后，其中的直流分量十分简单：$V_O=V_{CC}$，这个值显示在电压探针的仿真结果中。去掉直流变量以后，就可以得出交流分量的关系式：$v_o(t)=-g_mR_1v_i(t)$，由此关系式可以找到增益的表达式：$A_V=v_o/v_i=-g_mR_1$。在图5.6所示的电路中，$g_m=0.1S$，$R_1=1k\Omega$，由此可以算出其增益是$-100V/V$。此外，从增益的表达式可以看出，当跨导值或电阻值改变的时候增益都会发生变化。

Q 从以上电路的分析中是否可以得出这样的结论，增大电阻值就可以提高增益？

对于这个电路来说是正确的。然而，如果当这个电路中的压控电流源被晶体管所取代的时候，人们还需要考虑直流电路的限制。对于初学者来说，放大电路的难处就在于直流和交流电路之间的耦合和嵌套。人们一般先分析直流电路，然后再分析交流电路。打个比方：设计和优化直流电路就像弦乐器的调弦过程，而交流电路的工作过程则像是演奏乐器。

图5.7(a)是一个简单的BJT放大器电路，其中用一个BJT取代了电压控制电流源。在第4章介绍BJT的时候，曾经提到过其平坦的伏安特性曲线就类似于一个电流源。从图5.7(b)中可以看出输入和输出信号之间也有180°的相位差。从某个角度来看，这个放大电路和“非门”十分相似，所以输入和输出信号是上下颠倒的。在图5.7中的电路中输入信号的振幅是5mV，其峰谷振幅是$V_{p-p}=10mV$；而输出信号的峰谷振幅是$V_{p-p}=917mV$，所以其增益是$-91.7V/V$。

Q 这个放大电路增益的上限是多少？

这个问题可以通过一个简单的推导来分析。由于$g_m=I_C/V_T$，代入增益的表达式就可以推出以下公式：$A_V=-g_mR_1=-I_CR_1/V_T=-(V_{R1}/V_T)$。由此可以看出，增益与电阻$R_1$上的偏压成正比。因此，其增益的极限是$-(V_{CC}/V_T)$。然而，这个极限其实是不能实现的，下面的仿真结果将显示其问题所在。

图5.7(a)中的电压探针还显示了信号输出端的直流电压：$V_O=2.44V$，它十分靠近V_{CC}与发射极电压($V_E=0V$)的中间值，所以是一个比较理想的状态。在放大器的工作过程中，输出端的电压是直流和交流分量的叠加：$v_O(t)=V_O+v_o(t)$。如果此处的直流电压分

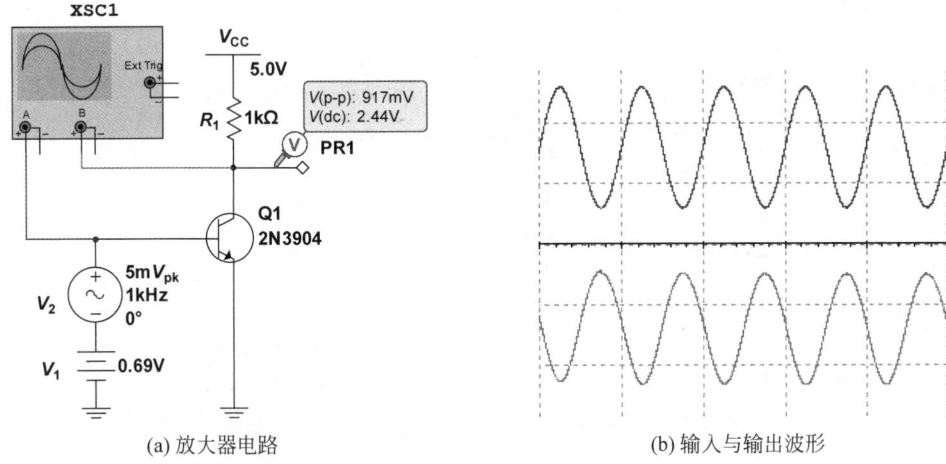

(a) 放大器电路　　(b) 输入与输出波形

图 5.7　BJT 放大器

量太高,则说明直流电流 I_C 较弱(欧姆定律),因为 $V_O=V_{CC}-I_CR_1$。由此而导致 BJT 的跨导变小($g_m=I_C/V_T$),最终会降低放大器的增益。反之,如果直流电压分量 V_O 太低,输出信号则会出现变形和失真,这可以从图 5.2 中的负载线分析来直觉地理解。

在图 5.7(a)中 BJT 的输入端有两个串联的电压源,当改变直流电压源的时候,就可以观察到很显著的变化。例如,当直流电压 V_{BE} 从 0.69V 调高到 0.71V 的时候,输出端的直流分量降低到 $V_O=0.267$V,BJT 接近了饱和区,结果输出的波形就失真了,如图 5.8(a)所示。如果输入端的直流电压 V_{BE} 从 0.69V 调低到 0.66V 的时候,输出端的直流电压增高到 $V_O=4.15$V,输出信号的峰谷振幅减小到 319mV,增益的绝对值从 91.7V/V 降到了 31.9V/V,但是波形的失真并不明显,如图 5.8(b)所示。

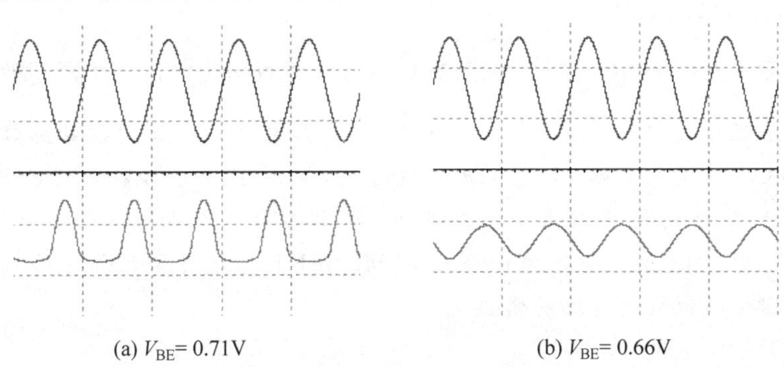

(a) V_{BE}= 0.71V　　(b) V_{BE}= 0.66V

图 5.8　基极直流电压参数的影响

从以上这两个放大器电路中可以总结出其工作原理：首先由一个器件(晶体管)把输入电压信号转化为电流信号,其参数是跨导值 g_m；其次,由另一个器件(电阻或晶体管)再把电流信号转化为电压信号,其参数是电阻值 R。放大器的信号增益可以由这两个参数来决定：$A_V=-g_mR$。如果希望对增益这个概念有更普遍和直观的理解,可以借助如图 5.9 所示的 MOSFET 放大器电路及其输入-输出特性曲线来了解。

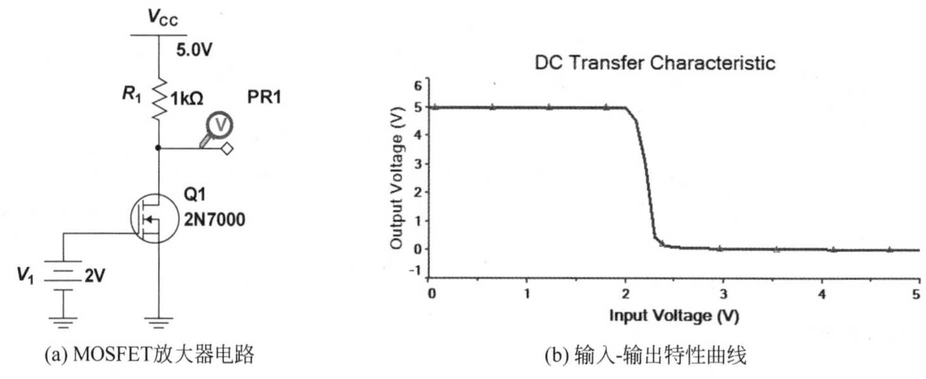

(a) MOSFET放大器电路

(b) 输入-输出特性曲线

图 5.9 MOSFET 放大器电路和输入-输出特性曲线

其实,这个电路与"非门"相同,从图 5.9(b)可以看出:当输入电压在低电平时,输出电压处在高电平;而当输入电压在高电平时,输出电压则处在低电平。此外,当输入信号在 0~2V 或 2.5~5V 范围内变化时,输出信号保持不变,因此这个非门对噪声干扰并不敏感。然而,输出信号从高电平到低电平的转换过程则相当陡峭,所对应的输入信号范围很窄,而这正是放大器的工作区间。其实,放大器的增益就是这段曲线的导数,所以曲线越陡峭,则增益的绝对值越高;如果这段曲线很平缓,则放大器的增益会很低。由此也可以看出,对于放大器电路而言,设计其直流工作点则显得相当重要。理想情况是选在这段曲线的中间,如果过于靠近其上端或下端则会导致输出信号变形和失真。此外,从图 5.9(b)中也可以看出,输入信号的振幅必须很小,否则就超出了这段线性区间,结果也会出现严重的失真。从更宽广的视角来看,对于任何器件而言,只要其输入-输出曲线的斜率的绝对值大于 1,它就可以成为交流信号的放大器。

Q 如果把图 5.9 中的 MOSFET 换成 BJT,是否也可以得出类似的传递函数曲线?

BJT 的基极与发射极之间是一个 pn 结,所以其电流是电压的指数函数。因此,如果在实验室里搭建这个电路,当输入电压超过 0.8V 时 BJT 会烧掉,而 MOSFET 却是安全的。因此,在使用 BJT 时需要在基极或发射极串联一个电阻来限制电流。在引入了这个电阻以后,BJT 放大电路可以得出与 MOSFET 电路类似的传递函数曲线,但是这个串联电阻会降低放大电路的增益。

5.3 放大器的参数

图 5.10 显示了单级放大电路的结构图,它可以分为 3 部分:左侧是信号源,它由交流电压源(v_{sig})和一个串联电阻(R_{sig})组成,右侧是负载电阻(R_L);中间的框图则是放大器,它有 3 个基本参数:核心电压放大倍数($A_{Vo}=v_a/v_i$),输入阻抗(R_i)和输出阻抗(R_o)。其

中输入阻抗与信号源形成了一个回路，而输出阻抗与负载电阻则形成了另一个回路，由此可以分别得出 3 个关系式：$v_i=\dfrac{R_i}{R_{sig}+R_i}v_{sig}$，$v_a=A_{Vo}v_i$，$v_o=\dfrac{R_L}{R_o+R_L}v_a$。将这 3 个关系式组合起来，就可以求出放大电路的增益：

$$A_V=\frac{v_o}{v_{sig}}=\frac{R_i}{R_{sig}+R_i}A_{Vo}\frac{R_L}{R_o+R_L} \tag{5.4}$$

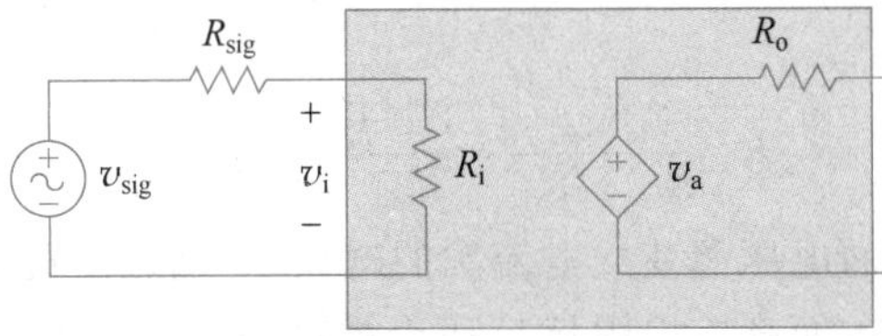

图 5.10 单级放大电路的结构图

对于一个放大器而言，如果希望实现高增益，那么它的 3 个参数就需要满足一些条件。首先，其核心增益 A_{Vo} 需要比较高；其次，输入阻抗要高而输出阻抗要低。例如，当满足 $R_i \gg R_{sig}$ 和 $R_o \ll R_L$ 的条件时，电路的增益可以接近放大器的核心增益（$A_V \approx A_{Vo}$）。相反，如果输入和输出阻抗不满足以上条件，那么整个电路的增益就会比核心增益低很多。因此，在设计放大电路时，不仅要关注核心放大倍数，输入和输出阻抗的影响也不可忽视。

在西方国家个人所得税和销售税都比较高，因此可以借助个人的收入来理解式(5.4)：与中间的核心增益 A_{Vo} 所对应的是人们的税前工资，前面的系数就相当于个人所得税的作用，而后面的系数则类似于销售税的影响，而电路的增益则是其实际的购买力。例如，一个人的年薪是 10 万美元，个人所得税税率是 30%，而销售税税率是 10%。首先，在支付完个人所得税以后此人的实际收入则变成了 7 万美元，在消费过程中还要支付销售税，所以其实际购买力只有大约 6.36 万美元。

提高输入阻抗往往比较简单，如果采用 MOSFET 其栅极的输入阻抗则趋于无穷大。但是，减小输出阻抗往往需要增大输出电流和提高器件的功率，因为输出阻抗是由输出电压除以输出电流来定义的。在很多应用中系统的末端都是一个功率放大器，它的能耗往往很高。例如，如果在信号很弱的地方使用手机，则需要发射很强的信号才能与信号塔之间建立起联系，因此耗电量就会很高。所以，在信号很弱的地方旅游，可以把手机设置为飞行模式，这样可以大幅度减少电量的消耗。

很多早期的电路用变压器来实现阻抗变换，其效果也相当不错。如图 5.11 所示，如果变压器的匝数比为 $n:1$，那么负载的阻抗就可以转化为 $R_L'=n^2R_L$。如果希望把 8Ω 的负载转化为 500Ω 的负载，则可以求出所需要的匝数比：$n=\sqrt{500/8}\approx 7.9$。如果从负载的角度来看，则是输出阻抗发生了变化：$R_o'=R_o/n^2$。由于变压器的体积太大，而且只能在低频工作，所以如今人们往往用晶体管电路来实现阻抗转换，其代价就是需要消耗能量。

图 5.12 是等效的放大电路框图，其中用一个电流源取代了电压源，这样就更接近于晶体管放大电路。当然，可以利用戴维南定理来将其转化为图 5.10 的形式，$v_a=i_aR_o$。其中

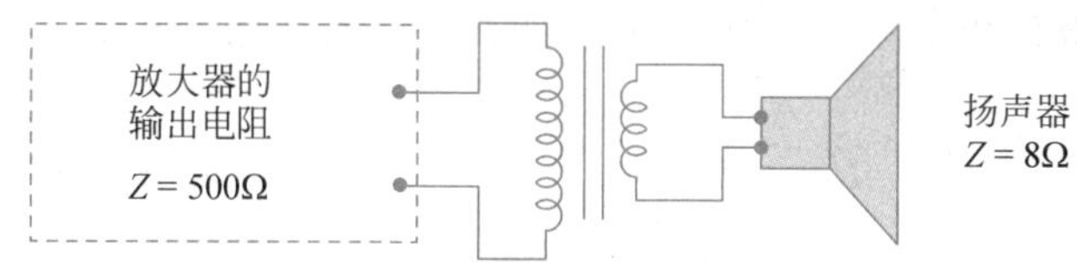

图 5.11 用变压器来实现阻抗变换

电流源的电流信号与输入电压之间可以通过跨导来联系起来，$i_a=g_m v_i$。由此可以得出整个放大电路的增益：

$$A_V=\frac{R_i}{R_{sig}+R_i}g_m R_o\frac{R_L}{R_o+R_L}=\frac{R_i}{R_{sig}+R_i}g_m(R_o\parallel R_L)\tag{5.5}$$

从式(5.5)可以看出，当放大器的电压源变成电流源的时候，对输出阻抗的要求发生了变化。换言之，低输出阻抗会降低增益，而高输出阻抗反而会提高增益。从图 5.12 中的放大电路可以看出，其输出回路实际上是一个分流电路，流经负载的电流是 $i_l=i_a\cdot R_o/(R_o+R_L)$。因此，当 $R_o\gg R_L$ 时，绝大部分电流都会流向负载 R_L，而不是浪费在输出阻抗上。

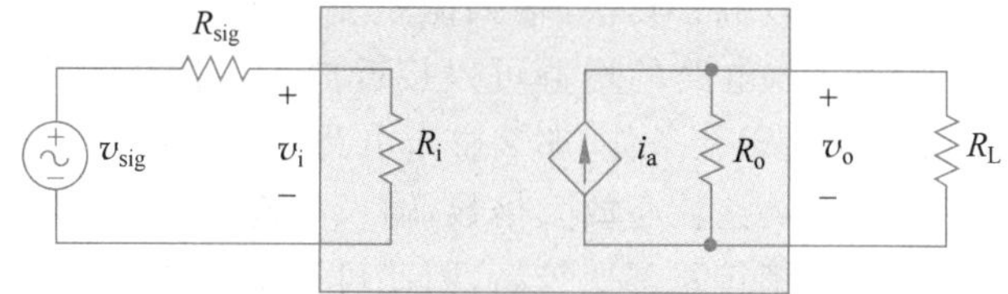

图 5.12 等效单级放大电路的结构图

5.4 简单直流偏置电路

放大器电路设计的一个难点就是直流分量与交流分量之间的密切关系。由于晶体管的小信号模型中的参数需要直流参数来确定，所以一般都是先设计直流电路，从而可以确保其静态工作点处在合适的参数空间。然而，电路设计往往是一个循环往复的过程，如果交流电路的参数达不到设计要求，则需要对直流电路进行修正。

图 5.13(a)是一个简单的 BJT 放大器的直流偏置电路，设计的目标是集电极的直流电压保持在 2～3V。假设直流电压源(V_1 和 V_{CC})以及 R_2 的值已经选定，唯一需要确定的就是 R_1 的值。

首先，分析集电极以上的电阻电路，假如集电极电压设置为 $V_C=2.5$V，那么集电极的电流就可以求出：$I_C=2.5$mA。从这个 BJT 的参数表中可以查到电流放大倍数，也可以在 Multisim 的模型中找到这个参数。不过这些数据只能提供这个参数大致的范围，实际情况往往会有不小的出入。因此，可以选择一个适中的值来进行计算：$\beta=200$。由此可以算出基极的电流：$I_B=12.5\mu$A。

其次，分析左侧与基极相关的电路。从前面的介绍了解到，基极与发射极之间是一个 pn 结，因此利用二极管的直流模型可以假设其偏压是 0.7V。因此，落在电阻 R_1 上的电压

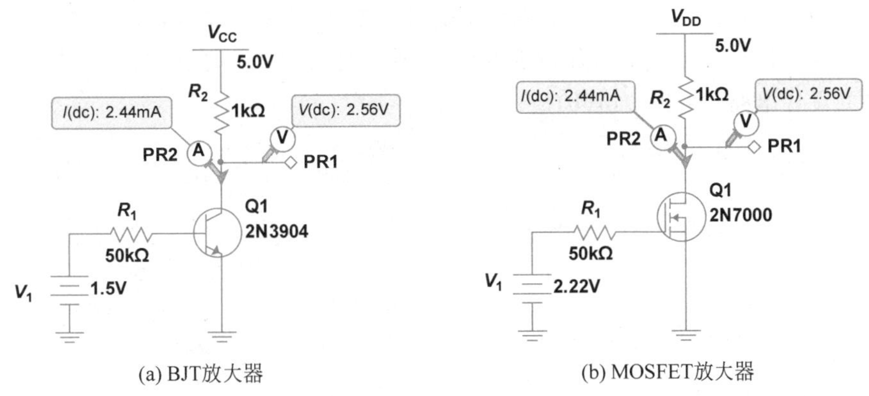

(a) BJT放大器　　(b) MOSFET放大器

图 5.13　简单直流偏置电路

只有 0.8V。利用欧姆定律就可以求出电阻值：$R_1=0.8/12.5\mu=64(\text{k}\Omega)$。

最后，利用 Multisim 来进行优化，经过几次迭代后就可以找到优化的答案：$R_1\approx 50\text{k}\Omega$。它与上一步求出的估算值的差异主要来自于电流放大倍数的不确定性。

图 5.13(b)是一个简单的 MOSFET 放大器的直流偏置电路，其中的电阻 R_1 不起任何作用，因为栅极是绝缘的。换言之，由于电流为零，所以这个电阻上的偏压也为零。这里需要设计的是电压源的值 V_1。

(1) 首先来分析漏极以上的电阻电路，如果 $V_D=2.5\text{V}$，那么漏极的电流就可以求出：$I_D=2.5\text{mA}$。

(2) 从这个器件的参数表或 Multisim 的模型中可以查到它的相关参数：$\kappa=20.78\text{u}$，$W=9.7\text{m}$，$L=2\text{u}$，$V_{th}=2$。这里的 m 和 u 分别表示 mm 和 μm，$\kappa=\mu_n C_{ox}$，V_{th} 是阈值电压。代入公式 $I_D=\dfrac{W}{2L}\kappa V_{ov}^2$，就可以求出超驱电压：$V_{ov}=0.22\text{V}$，$V_1=V_{th}+V_{ov}=2.22\text{V}$。

(3) 将 V_1 的计算值代入 Multisim 的电路中，仿真的结果与设计要求十分接近。

在实际应用中，往往只有一个电压源 V_{CC} 或 V_{DD}，此时可以利用由两个串联电阻组成的分压电路来产生所需的电压。而这个电路经过戴维南变换以后就变成了图 5.13 左侧的电路，从而可以产生出一个等效的电压源。对于 MOSFET 电路来说，由于栅极没有电流输入，所以分压电路的设计十分简单。以图 5.13(b)中的电路为例，所需的 $V_1=2.22\text{V}$ 是 V_{DD} 的 44.4%，因此就可以选取两个串联电阻形成分压电路，其值分别是 556kΩ 和 444kΩ。当然，这两个数值也可以乘上一个相同的系数，只要保持其比例即可。此外，电路中的 R_1 可以去掉，它不起任何作用。

BJT 电路情况要复杂一些，因为基极有电流输入。有了图 5.13(a)所示的电路作为参考，第一步的目标是产生一个 1.5V 的等效电压源。图 5.14(a)是一个初步设计的电路，根据戴维南定理，R_4 上的分压占 30%，R_3 上的分压占 70%。但是，仿真结果显示集电极的电压比 2.5V 低了一些，因为其等效电阻值是 $R_{th}\approx 42\text{k}\Omega$，略低于图 5.13(a)中的 50kΩ。在第二步可以对初步设计进行优化：为了提高集电极的电压，就要略微降低基极的电压，因为这个电路与“非门”是相同的。如果保持 R_4 不变，则需要增加 R_3 的值，经过几次迭代就可以完成改进的设计电路，如图 5.14(b)所示。

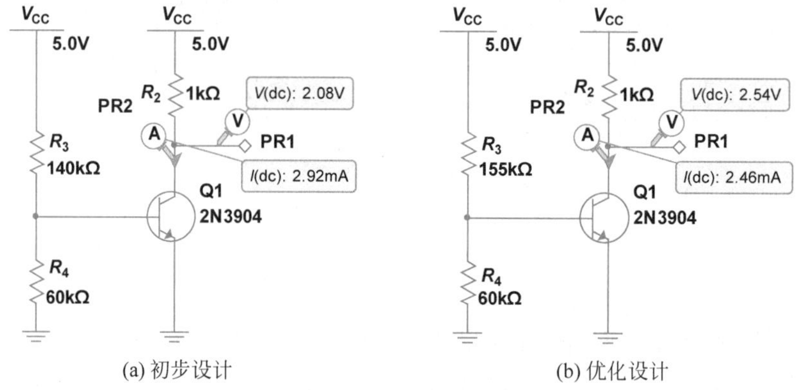

图 5.14　BJT 分压偏置电路

5.5　稳定直流偏置电路

在如图 5.13(a)所示的电路中，R_1 的作用是保护基极与发射极之间的 pn 结，因此也可以把它放置在发射极下方，如图 5.15(a)所示。人们把 R_1 称为“发射极衰减电阻”(emitter degeneration resistor)，因为它的存在会导致放大器增益的降低。不过，可以并联一个电容来将其屏蔽掉，所以这个名称并不十分合适。此外，R_1 的存在还降低了输出信号的摆幅。如果流经晶体管的电流是 1mA，那么发射极的电压就是 1V。当有并联电容存在时，这个发射极电压可以基本保持不变。因此，为了获得最大的输出电压摆幅，集电极的直流电压应该是 3V。

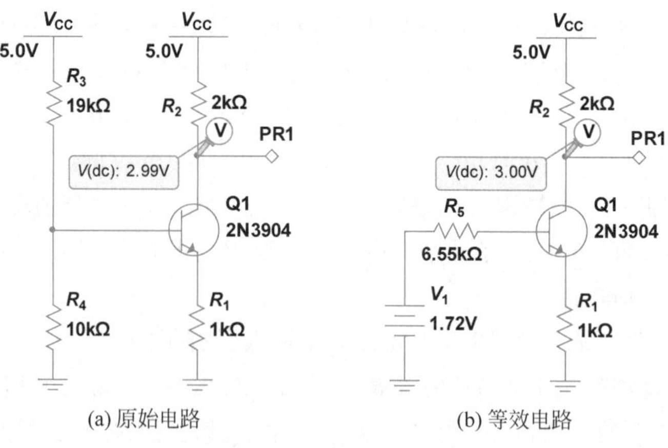

图 5.15　稳定的 BJT 分压偏置电路

当把一个发射极衰减电阻放置在晶体管下方以后，可以大幅度降低其对温度变化的敏感度。由于 BJT 的基极有电流的输入，所以电路左侧的分压电路需要利用戴维南定理来进行变换，如图 5.15(b)所示。其中 $R_5=R_3 \parallel R_4$，$V_1=V_{CC} \cdot R_4/(R_3+R_4)$。在分析这个电路时，由于接地的两个节点可以连接起来，所以在左下方形成了回路，利用 KVL 就可以建立起一个方程：

$$R_5 I_B + R_1 I_E = V_1 - 0.7 \tag{5.6}$$

式(5.6)中假设基极-发射极之间的偏压为 0.7V，利用 $I_E=(\beta+1)I_B$ 这个关系式，就可以求出 I_B 和 I_C：

$$I_B = \frac{V_1 - 0.7}{R_5 + (\beta+1)R_1}, \quad I_C = \frac{\beta}{R_5 + (\beta+1)R_1}(V_1 - 0.7) \tag{5.7}$$

当 $R_5 \ll \beta R_1$ 的时候，可以做一个近似：$I_C \approx (V_1 - 0.7)/R_1$。可以看出，在这个表达式中 β 并没有出现，因此也就对其变化不敏感。当温度发生变化时，β 值会发生很大变化，如图 5.16 所示。当晶体管被当作一个二端网络来分析时，与电流放大倍数 β 这个参数所对应的是 h_{FE}。

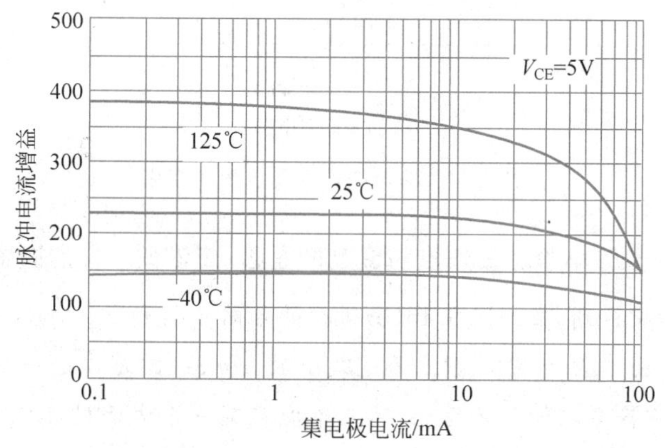

图 5.16　BJT 的电流放大倍数 β 值随温度和集电极电流的变化

图 5.16 的横坐标是集电极电流，在 0.1～10mA 的范围内 β 值变化并不大。然而，当温度发生变化时，β 值会发生显著变化。如果以 25℃的曲线作为基准并且假设集电极电流为 1mA，当温度上升到 125℃时，β 值会增加 50%左右；当温度下降到−40℃时，β 值下降了大约 50%。如果直流偏置电路对 β 值比较敏感，在温度发生变化时，放大器的直流静态工作点就会漂移很多，有可能会带来严重问题。

Multisim 提供了对温度进行扫描的仿真，图 5.17(a)显示了图 5.15(a)中电路的仿真的结果，当温度在 0～100℃变化时，集电极电压的变化范围为 2.7～3.1V。作为对比，对图 5.13(a)所示的简单偏置电路也做了同样的仿真，如图 5.17(b)所示。可以看出，这个简单电路的静态工作点的变化范围是 1～3V，其变化范围远高于稳定偏置电路的漂移。

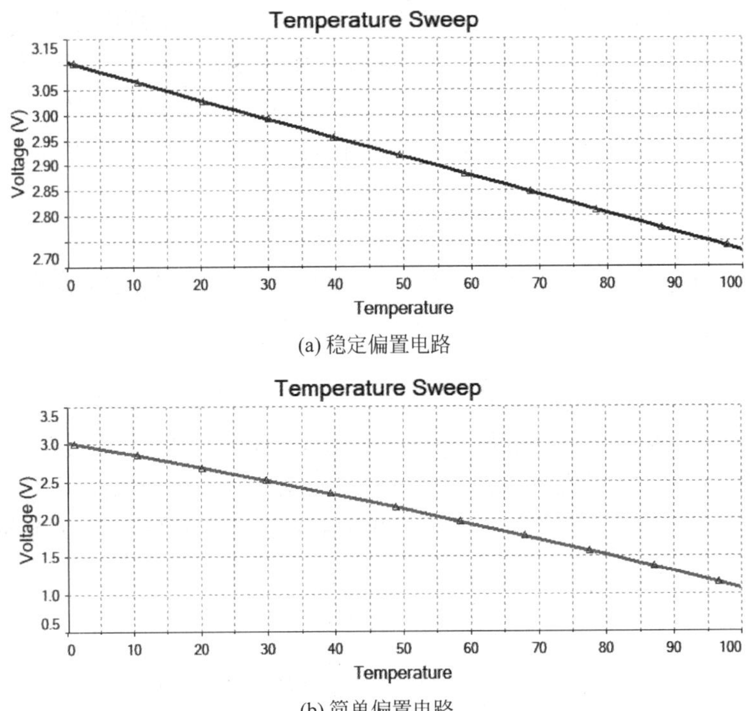

(a) 稳定偏置电路

(b) 简单偏置电路

图 5.17 集电极电压随温度的变化

> **Q** 如果希望进一步缩小静态工作点随温度的漂移，应该做怎样的调整？
>
> 在上面的分析中提到，在如图 5.15(b)所示的电路中需要 $R_5 \ll \beta R_1$ 的条件，这样其温度漂移才不明显。由于 $R_5 = R_3 \parallel R_4$，通过减小 R_3 和 R_4 就可以进一步增加稳定性。然而，在电路设计中有很多指标是矛盾的，因此不能在某一个方面过度优化。如果把 R_3 和 R_4 的值降低一个数量级，一个直接的后果就是流经这两个电阻的电流会增高，从而功耗会增高。此外，一个更严重的后果则是放大器的输入阻抗会降低，因此会导致其增益的下降。

对比图 5.13(a)和图 5.15(a)中的两个电路，其差别仅仅是在发射极下面增加了一个电阻，为什么在温度变化的时候后者就比前者更稳定？其实，很多与稳定性有关的问题都可以用反馈系统的概念来理解，这一点在第 6 章将做详细讨论。一般而言，当存在负反馈时系统的稳定性就会提高。

图 5.18(a)是图 5.13(a)中基极回路的等效电路，其中基极-发射极之间的 pn 结用一个 0.7V 的电压源来代替。在这个回路中，I_B 可以保持稳定，但是集电极电流却随着 β 的变化而成比例地变化，$I_C = \beta I_B$，因此会导致静态工作点随温度变化而大幅度漂移。

作为对比，图 5.18(b)是图 5.15(b)中基极回路的等效电路，其中 R_6 是 R_1 的等效电

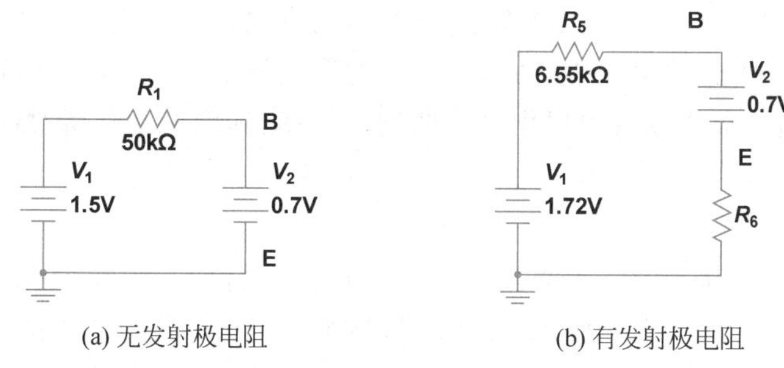

(a) 无发射极电阻　　(b) 有发射极电阻

图 5.18　偏置电路基极回路的等效电路

阻，它们之间的关系是 $R_6=(\beta+1)R_1$，这样就可以满足 $V_E=I_BR_6=I_ER_1$ 的条件。换言之，在做了这个电阻变换以后，这个回路中的电流就变成了 I_B，而不再需要考虑 I_E。当温度升高时，β 值会增高，R_6 会变大，结果 I_B 会降低：$I_B=(V_1-0.7)/(R_5+R_6)$。在集电极电流的表达式中，分子和分母中都有 β 出现，所以它随温度的变化就不明显了：$I_C=\beta I_B=(V_1-0.7)\beta/[R_5+(\beta+1)R_1]$。因此，在发射极下面的电阻在系统响应中起到了负反馈的作用，所以才带来了静态工作点的稳定性。顺便提一句，随着温度的变化，pn 结的偏压也会出现微小的变化，但是其影响往往可以忽略。

对于 MOSFET 偏置电路来说，随着温度的增高晶体管的阈值电压则会下降。如果其源极直接接地，那么其漏极电流就会明显增高，结果漏极电压就会显著降低。然而，如果在源极下方有一个电阻，那么当电流增强时，源极的电压就会增高，从而可以降低 V_{GS}，这就抵消了因阈值降低对超驱电压的影响（$V_{OV}=V_{GS}-V_{th}$），因此这种负反馈效应也导致静态工作点的稳定性大幅提高。

5.6　二极管模型

像电阻、电容和电感这样的被动器件只需要一个参数就可以描述其特性，然而半导体器件则复杂很多。然而，人们还是希望可以通过有限的参数来刻画其行为特征，为此而建立了一些器件模型。利用这些模型，人们可以通过简单的计算来设计电路，然后再利用计算机辅助设计软件来进行优化。

图 5.19 展示了二极管的直流模型，它把一条指数函数曲线简化为两条直线，其关键参数就是开启二极管的电压值 V_{Don}。对于由硅 pn 结形成的二极管，一般采用以下近似：$V_{Don}=0.7V$。当偏压小于 V_{Don} 时，二极管处于开路状态。但是，二极管又不允许其偏压超过 V_{Don}；所以，当有电流通过的时候，二极管的偏压就被锁在了这个值上，此时相当于一个电压源。

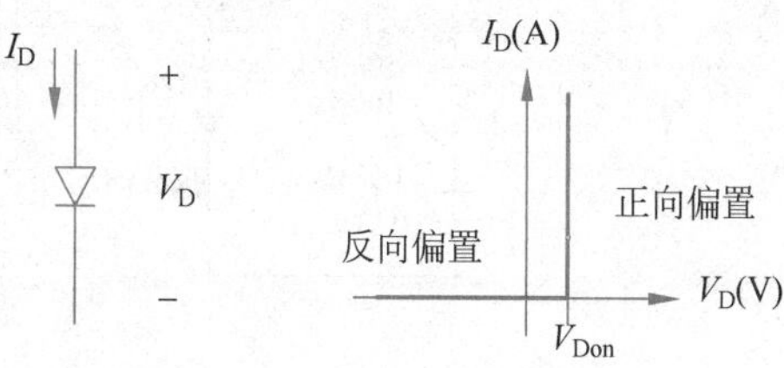

图 5.19　二极管的直流模型

除了直流模型以外，二极管还有一个交流模型。如图 5.20 所示，当二极管的偏压变化时，其电流也会出现相应的变化。当变化幅度很小时，这两者之比可以用这条曲线的导数来求出。在第 4 章推导出了二极管的电流表达式，其近似的形式如下：$I_D=I_S\exp(V_D/V_T)$。在一个静态工作点附近，通过求导数可以得出这条曲线的斜率，其倒数就是所对应的交流电阻值：

$$r_d=\left(\frac{dI_D}{dV_D}\right)^{-1}=\frac{V_T}{I_D} \tag{5.8}$$

其中 V_T 是热电压，在室温下 $V_T=25.9\text{mV}$。所以，二极管的交流模型就是一个电阻，其值与静态工作点的直流电流成反比。

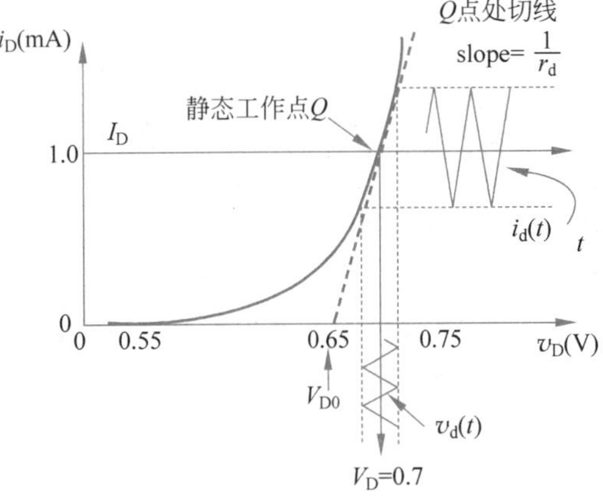

图 5.20 二极管的小信号响应

交流模型也被称为“小信号模型”，因为当电压信号的振幅增大以后，电流在正负两个方向的变化就失去了对称性，从而造成了信号的变形和失真。如图 5.20 所示，在直流工作点二极管的电压和电流分别是 V_D 和 I_D；如果电压变化的振幅达到了热电压 V_T，利用二极管的电流公式就可以计算出所对应的峰值和谷值电流：$I_p=I_De^1=2.72I_D$ 和 $I_v=I_De^{-1}=0.368I_D$，由此可以算出振幅的偏差：$\Delta I_+=I_p-I_D=1.72I_D$ 和 $\Delta I_-=I_D-I_v=0.632I_D$。如果输入的电压信号是对称的正弦曲线，那么输出的电流波形则变得很不对称，上方的振幅接近于下方振幅的 3 倍。

图 5.21 显示了二极管上电流的仿真波形：当输入信号的振幅为 50mV 的时候，电流波形的失真很严重。为了显示流经二极管的电流，电路中使用了一个类似于“电流钳”的转换器，它可以把 1mA 的电流转化为 1V 的电压。在图 5.21(a)中显示的电路中，输入交流信号的振幅是 50mV，其输出波形的失真十分严重。然而，当输入信号的振幅降到 10mV 时，其变形不明显，尽管其上下振幅依旧存在差异，如图 5.21(b)所示。

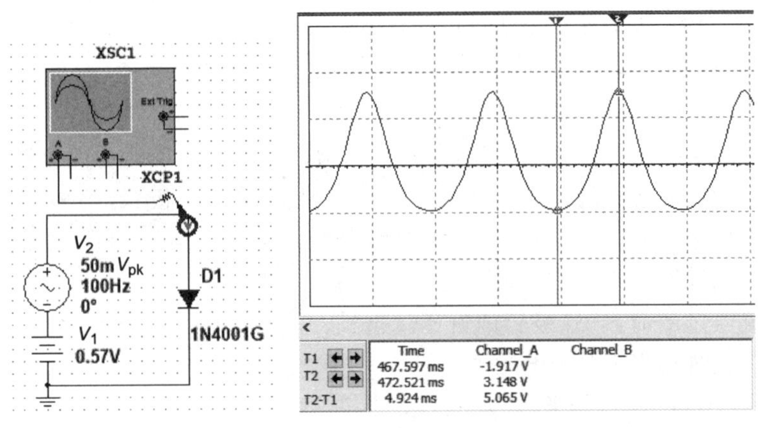

(a) 输入信号的振幅为50mV

图 5.21 二极管电流的波形

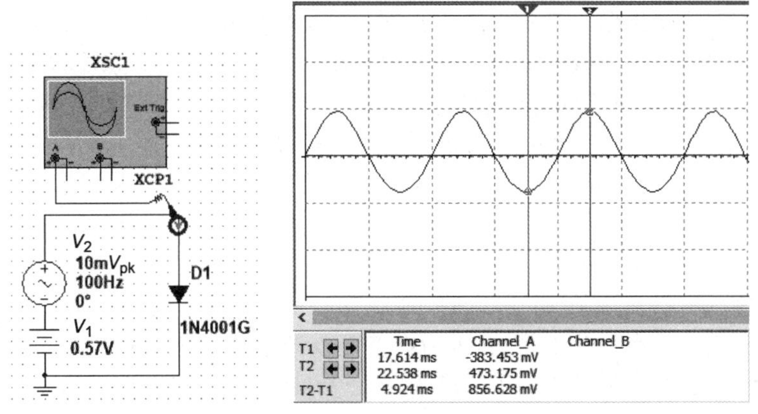

(b) 输入信号的振幅为10mV

图 5.21 （续）

K 与被动器件不同，各种型号的二极管的掺杂浓度相差很大，而且 pn 结的面积也有差异，因此用这样的简单模型来处理肯定会有一些偏差。例如，整流二极管的掺杂浓度很低，齐纳二极管的掺杂浓度很高。因此，在电流相同的情况下，各种类型二极管上的偏压会有不小的差异。在万用表上有一个挡专门用来检测二极管，当与一个二极管正向相连的时候，它会在输出 1mA 电流的同时测量二极管上的偏压。例如，1N4001 型整流二极管的偏压在 0.55V 左右，而 1N4733 型的齐纳二极管的偏压在 0.7V 左右。此外，人们也常用这个挡来检测导线的连通性。

在高频波段，除了等效电阻 r_d 以外，还需要考虑到电容的存在。在正向偏压的情况下，同时存在两个电容分量：其一是 pn 结的空间电荷区所形成的电容，其二是少数载流子扩散所形成的电容。这两者并联起来可以当作一个电容来处理，如图 5.22 所示。除此之外，二极管还有一个比较小的寄生串联电阻，它来自于金属引线与硅的欧姆接触电阻以及 pn 结两侧中性区域的硅材料电阻，在图 5.22 中，R_s 就表示这个寄生串联电阻。在实验室中使用的分立二极管，这个寄生电阻值一般都小于 1Ω，所以在一般情况下可以忽略不计。

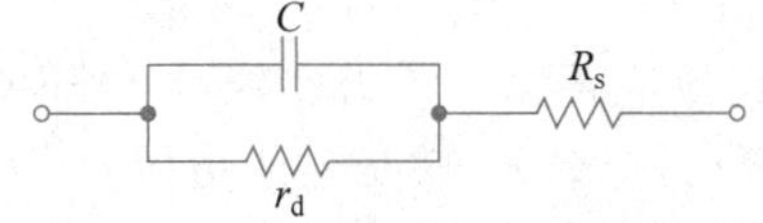

图 5.22　二极管的高频小信号电路模型

5.7　晶体管模型

虽然 BJT 由两个 pn 结组成，但是其作用却很不相同。在绝大多数放大电路中 BJT 处于正向工作模式，基区-发射区之间的 pn 结处于正向偏置，而基区-集电区之间的 pn 结处于反向偏置，而电流主要由前者来控制。在此模式下，人们可以用两个参数来描述BJT的行为：其一是正向电流放大倍数β；其二是厄利电压V_A，它描述了其伏安曲线在正向工作区的平坦程度。BJT的电流之间有两个基本的关系式：其一是基极和集电极电流之间保持着固定的比例：$I_C=\beta I_B$；其二是由电流守恒定律(KCL)得出的关系式：$I_B+I_C=I_E$。

如果忽略载流子的差异，发射极电流可以被分为两个部分：很小一部分是基极电流，剩余的部分则是集电极电流。按照这样的图像就可以把BJT转换为如图5.23(a)所示的电路模型，其中的二极管只是发射区-基区之间pn结的一小部分。例如，如果$\beta=99$，那么这个二极管只是由此pn结面积的1%形成的，而流经其余99%面积的电流则用一个电流源来表示。其实，这个模型是有一些不足的，因为在集电极的电压发生变化时，其电流也会出现相应的变化。换言之，这个模型只用了BJT的一个参数β，而没有用它的另一个参数V_A。这个不足在小信号等效电路中做了弥补。如果把如图5.23(a)所示的电路模型上下翻转，则看起来像希腊字母π，故此被称为混合π模型(hybrid-π model)。

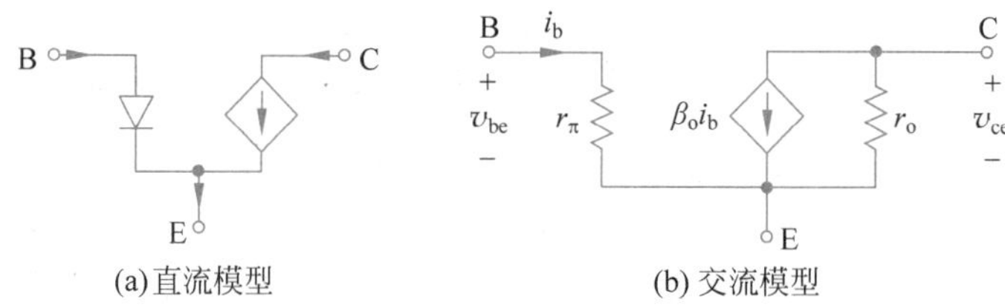

(a) 直流模型　　(b) 交流模型

图 5.23　BJT的混合π模型

在以上π模型电路的基础上就可以构建出交流模型，或称为小信号模型，如图5.23(b)所示。首先，二极管变成了其小信号模型的电阻：$r_\pi=V_T/I_B$。例如，在室温$V_T=25.9\text{mV}$，$I_B=10\mu\text{A}$，则可以求出$r_\pi=2.59\text{k}\Omega$。其次，由于晶体管的伏安特性曲线并不是绝对平坦的，所以在电流源的旁边并联了一个电阻：$r_o=V_A/I_C$，其中V_A是厄利电压。例如，$V_A=100\text{V}$，$I_C=1\text{mA}$，则可以求出$r_o=100\text{k}\Omega$。一般来说，分立器件的这个电阻值比较高，所以有时可以忽略。此外，电流源中的电流信号也可以用$v_\pi=v_{be}$来表示：$i_c=\beta i_b=g_m v_\pi$。由于$i_b=v_\pi/r_\pi$，可以得出跨导与r_π的关系：$g_m r_\pi=\beta$。利用这个关系式可以推导出跨导的表达式：

$$g_m=\frac{\beta}{r_\pi}=\frac{\beta I_B}{V_T}=\frac{I_C}{V_T} \tag{5.9}$$

由此可以看出，跨导与集电极电流成正比。作为比较，MOSFET的跨导则与电流的平方根成正比。如果BJT的发射极接地，那么r_π就是输入电阻，而r_o就是输出电阻。所以，BJT的小信号混合π模型中有3个参数：g_m、r_π、r_o，它们都需要BJT在静态工作点的直流参数I_B和I_C来确定。

Q　直流电流有$I_C=\beta I_B$这个关系式，那么交流电流是否也满足$i_c=\beta i_b$?

从原则上说，直流和交流的电流放大倍数在定义上是不同的，后者是集电极电流对基极电流的微分。在晶体管的参数表中它们分别表示为h_{FE}和h_{fe}；一般情况下，两者在数值上相差不大。然而,在电流很小或很大的情况下,两者会有显著差别。早年人们用二端网络模型来研究晶体管,与电流放大倍数对应的是混合二端网络的一个参数。

BJT 的小信号混合 π 模型也可以从另一个角度来理解。在发射极接地的情况下,其集电极电流会同时受到基极和集电极电压的影响,因此可以将其表达为这两个参数的函数:$i_C = f(v_B, v_C)$。当基极和集电极电压做微小变化时,集电极的电流也会发生相应的改变,可以用一阶近似来表达:

$$\mathrm{d}i_C \approx \frac{\partial f}{\partial v_B}\mathrm{d}v_B + \frac{\partial f}{\partial v_C}\mathrm{d}v_C \Rightarrow i_c(t) = g_m v_b(t) + g_o v_c(t) \tag{5.10}$$

在此式中,$g_o = 1/r_o$。由此可以看出,混合 π 模型中的两个参数 g_m 和 g_o 分别描述了集电极电流对基极电压和集电极电压变化的敏感度。由于 $g_m \gg g_o$,所以前者远比后者更敏感。人们也可以把 BJT 想象为一个实体电流源,它上面有两个控制旋钮,分别可以调节基极电压和发射极电压。当转动基极电压旋钮的时候,电流会发生剧烈变化。然而,调节发射极电压的旋钮则可以起到微调的作用,电流的变化十分有限。

K 在 1954 年两名美国的工程师提出了一个 BJT 模型,后来人们以他们两人的名字命名为 Ebers-Moll 模型,如图 5.24(a)所示。这个模型包括了正向和反向工作模式,所以看起来是对称的。如果只考虑正向工作模式,则可以只保留一个二极管和一个电流源,结果就变成了下面将要介绍的 T 模型。

1970 年,美国贝尔实验室的两名科研人员提出了另一个 BJT 的模型,其中包括了一些电容和寄生电阻,人们以他们两人的名字命名为 Gummel-Poon 模型。然而,这个模型有些过于复杂,因此在高频电路中人们往往会使用一个简化的小信号模型,如图 5.24(b)所示。

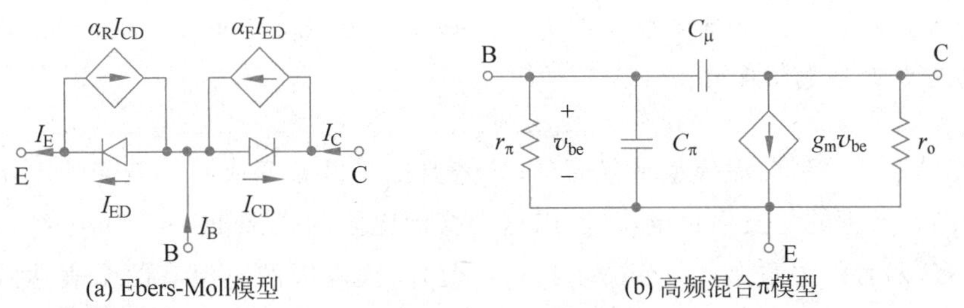

图 5.24 BJT 的电路模型

当 BJT 在正向工作模式下,Ebers-Moll 模型可以简化为 T 模型,如图 5.25(a)所示。如果将其逆时针旋转 90°,则看起来像拉丁字母 T,故此而得名。在这个模型中的二极管所对应的就是基区-发射区之间的 pn 结,因此流经其中的电流是 I_E。在此之上,电流分为两路,很少一部分是基极电流 I_B,而绝大部分是集电极电流 I_C。为了方便,这里可以定义一个新的参数,它被称为"共基极电流放大倍数":$\alpha = I_C/I_E = \beta/(\beta+1)$。例如,当 $\beta = 99$ 时,

$\alpha=0.99$；一般来说，α 都很接近 1，其含义是集电极电流与发射极电流相差无几。所以，有时可以做这个近似：$\alpha\approx1$。

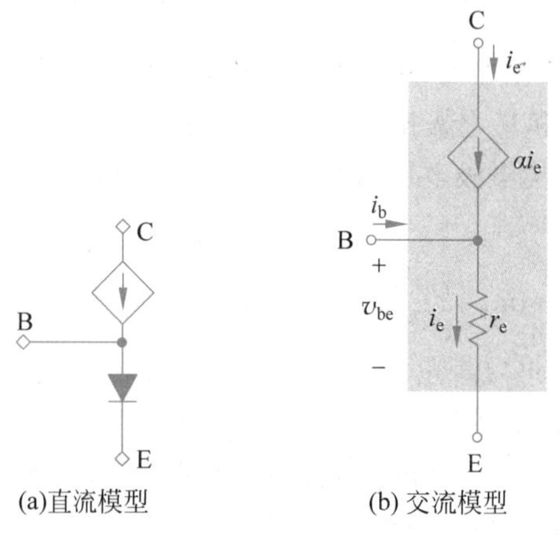

(a)直流模型 (b) 交流模型

图 5.25 BJT 的 T 模型

> **K** 由于 npn-BJT 中的主要电流是从集电极流向发射极，而且人们习惯于看到电路中的电流从上向下流动，所以 BJT 在电路中的符号一般都是这种“立起来”的画法。然而，在 BJT 刚刚被发明的时候，人们还普遍把它当作真空电子管来看待，所以那时 BJT 在电路中的符号一般都是那种“躺平”的画法，也就是基极向下，而这也正是“基极”这个名词的来源，其本意是“底座”的意思。那时，人们利用二端网络模型来研究晶体管的参数，所以这种模式被称为“共基极”。在这种设置下，发射极的电流被认为是输入信号，而集电极的电流则当作是输出信号，于是人们定义了这样一个参数用来描述其传递函数，并且采用第一个希腊字母 α 来表示。后来，人们逐渐采用了“立起来”的画法，而且把发射极接地，此时基极的电流变成了输入信号，而集电极电流还是输出信号，由此而定义的传递函数只好用第二个希腊字母 β 来定义。如今，β 远比 α 更常用，因此对这两者介绍的次序与历史次序是相反的。

从直流模型过渡到交流模型十分简单，只需要把二极管变成其等效交流电阻即可。不过，由于流经二极管的是发射极电流，所以这个交流电阻的定义是：$r_e=V_T/I_E$。这个电阻比 r_π 小很多，两者的关系是：$r_\pi=(\beta+1)r_e$。此外，集电极的电流有两个表达式：$i_c=\alpha i_e$ 和 $i_c=g_m v_{be}$，由这两者还可以推导出一个新的关系式：$g_m r_e=\alpha$。BJT 的小信号参数的一些公式在表 5.1 中做了一个总结。

表 5.1 BJT 小信号电路模型中参数的关系式

参　数	关 系 式
g_m	$g_m=I_C/V_T$
r_π	$r_\pi=V_T/I_B$

续表

参　　数	关　系　式
r_e	$r_e=V_T/I_E$
r_o	$r_o=V_A/I_C$
$g_m \sim r_\pi$	$g_m r_\pi=\beta$
$g_m \sim r_e$	$g_m r_e=\alpha$

相对而言，MOSFET 的模型比较简单，而且与 BJT 的模型也十分相似。早期的 MOSFET 模型中需要考虑到衬底（body 或 substrate）的影响，因此 MOSFET 有 4 个引脚。在如今的集成电路结构中晶体管与硅衬底之间被一层二氧化硅分隔开了，衬底的影响十分微弱，所以 MOSFET 也只有 3 个引脚。分立的 MOS 场效应管的衬底与源极是短接的，所以也只需要 3 个引脚。图 5.26(a)显示了 MOSFET 的小信号混合 π 模型，由于栅极下面是绝缘层，所以在模型中栅极是“悬空”的，其他部分与 BJT 基本相同。图 5.26(b)显示的是小信号 T 模型，其中的栅极似乎并没有处于绝缘的状态。不过，只要其电流为零，实质上就是绝缘的。为了实现这一点，源极与漏极的电流应该相同，由此可以推出电阻值：$r_{gs}=1/g_m$。

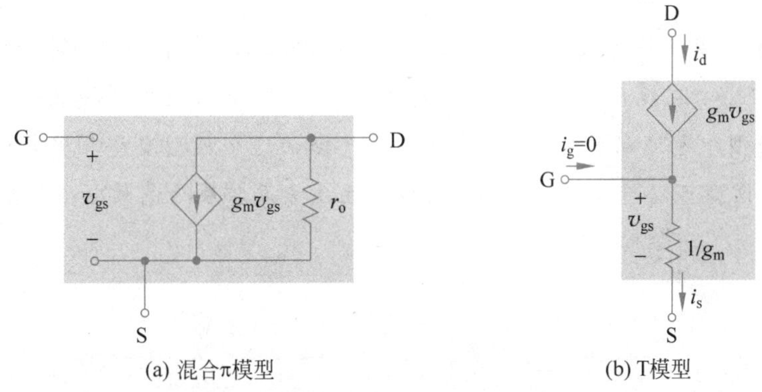

(a) 混合π模型　　(b) T模型

图 5.26　MOSFET 的小信号模型

与 BJT 相比，MOSFET 跨导的公式相对复杂一些。不过，其定义是类似的，也是电流相对于栅极-源极之间电压的导数：$g_m=\dfrac{dI_D}{dV_{GS}}$。MOSFET 的电流近似公式是 $I_D=\dfrac{1}{2}\dfrac{W}{L}\mu_n C_{ox} V_{OV}^2$，其中超驱电压是 $V_{OV}=V_{GS}-V_{th}$。所以跨导可以表示为

$$g_m=2I_D/V_{OV} \tag{5.11}$$

不过，这个公式有可能让人产生错觉，认为超驱电压 V_{OV} 越小则跨导越大，或者认为跨导与电流成正比。所以，最好只保留一个独立参数，尽管其表达式复杂一些：$g_m=\sqrt{2(W/L)\mu_n C_{ox} I_D}$。从此式可以看出，对于分立器件来说，跨导与电流的平方根成正比。然而，对于集成电路设计者而言，W/L 这个参数也可以改变，而它与电流依旧是相关的：在 V_{OV} 不变的情况下，这两者之间成正比。此外，也可以在电流不变的情况下通过增加 W/L 这个参数同时减小超驱电压 V_{OV} 来提高跨导。

K 在电流相同的情况下 MOSFET 的跨导一般要低于 BJT 的跨导，结果导致其放大器的增益较低。如果比较跨导的公式(式(5.9)和式(5.11))就可以看出，在相同电流的条件下如果跨导也相同，那就需要满足这个条件：$V_{OV}=2V_T$。然而，在一般情况下超驱电压是远大于热电压的，所以 MOSFET 的跨导要低一些。对于集成电路而言，设计者可以采用比较大的 W/L 值来提高 MOSFET 的跨导。

此外，在图 5.26(a)中的小信号混合 π 模型中，r_o 的公式与 BJT 类似：$r_o=V_A/I_D$。然而，有时也会采用另一个参数 λ，它来自于修正的电流公式：$I_D=I_{D0}(1+\lambda V_{DS})$。可以证明，λ 是厄利电压的倒数，所以 r_o 有另一个表达式：$r_o=1/(\lambda I_D)$。在分立器件中 r_o 值比较大，所以在有些情况下可以忽略。然而，在集成电路中有时 r_o 值与跨导值几乎同等重要，例如单级放大器的增益可以表示为 $A_V \sim g_m r_o$。为了提高 r_o，人们往往会选用比较大的 L，尽管跨导会因此而减小。

Q 混合 π 模型与 T 模型中哪个更有用？

T 模型主要用于一些低频分立电路，在 r_o 可以被忽略的情况下，它有时会很简洁。然而，输出电阻 r_o 在现代的集成电路中起到重要作用，所以混合 π 模型是人们的首选。其实，在 T 模型中也可以添加 r_o，但是这样做就会让这个模型变得相当复杂且不实用。此外，混合 π 模型可以通过添加电容和其他寄生元素而扩展为高频电路模型，如图 5.27 所示。

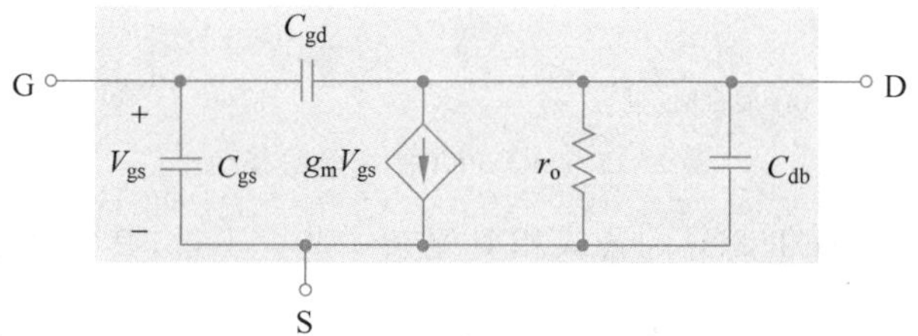

图 5.27 MOSFET 的高频小信号模型

5.8 共发射极放大电路

当把放大电路转化为其交流电路时，晶体管的一个引脚往往会接地，另外两个则分别是输入端和输出端。由于当初人们利用二端网络模型来分析晶体管，所以这个接地的引脚被称为共同(common)的节点。由此而出现了 3 种类型的基本放大电路：共发射极/源极放大电路、共基极/栅极放大电路、共集电极/漏极放大电路。本节介绍第一种也是最常见的共发射极/源极放大电路，在此基础上其他两类放大电路也就容易理解了。

图 5.28(a)是一个共发射极放大电路，其核心部分是比较熟悉的稳定分压偏置电路。在左侧通过一个电容与信号源相连，在右侧也通过一个电容与负载电阻相连，此外还有一个电容与 R_E 并联。在直流电路中，电容相当于开路。所以，在分析直流电路的时候，左侧的信号源和右侧的负载都没有任何影响。然而，在交流电路中电容则相当于短路(如果这些电容足够大的话)。从阻抗的公式中可以看出，$Z_C=1/(j\omega C)$，随着频率的变化其阻抗也会发生变化，所以这些电容的值决定了其低频特性。此外，在晶体管内部还有很小的寄生电容，它们决定了其高频特性。另外，在微波电路中电感被普遍应用，其性能与电容正好相反。换言之，在直流电路中电感相当于短路，在交流电路中其阻抗很高。

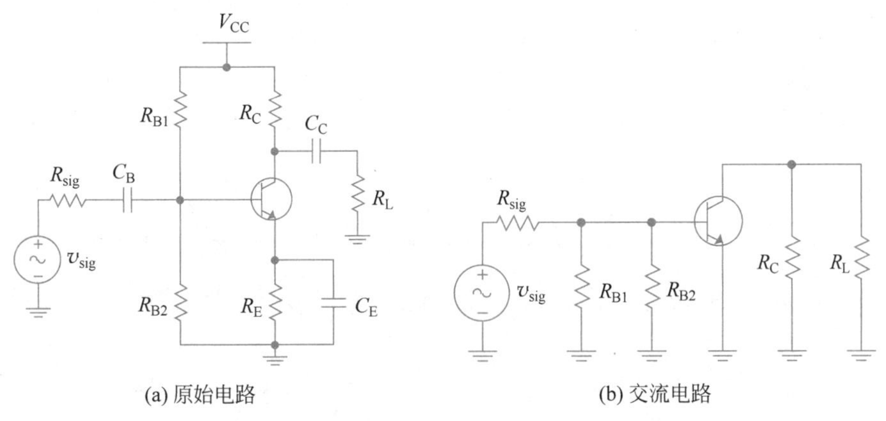

图 5.28 共发射极放大器电路

除了电容以外，另一个需要转化的就是直流电压源和电流源。交流电路所对应的是变化的分量，恒定的电压源和电流源没有提供其交流分量，因此其交流参数为零。对于直流电压源来说，因为其交流电压分量为零($v=0$)，所以相当于短路，与其相连与接地是等效的。然而，对于直流电流源而言，其交流电流分量为零($i=0$)，相当于开路。图 5.28(b)是从原始电路转换成的交流等效电路，其中所有电容都相当于短路，而与直流电压源相连的节点则相当于接地。此外，R_E 在交流电路中消失了，晶体管的发射极通过 C_E 而直接接地，所以才被称为“共发射极放大电路”。对于初学者来说，这个电路起到了过渡作用，对于电路分析是很有帮助的。然而，当人们对这些变换逐渐熟悉了以后，就不必再经过这一步骤而直接可以把原始电路转换为小信号交流电路，如图 5.29(a)所示。作为参考，表 5.2 列出了一些常用的交直流变换。

表 5.2 元器件的交直流变换

元 器 件	直 流	交 流
电阻	相同	相同
小电容	开路	开路
大电容	开路	短路
小电感	短路	短路

续表

元　器　件	直　　流	交　　流
大电感	短路	开路
直流电压源	相同	短路
交流电压源	短路	相同
直流电流源	相同	开路
交流电流源	开路	相同

图 5.29(a)中的电路可以分为 3 部分：左侧的信号源和内阻(V_{sig} 和 R_{sig})、中间的放大器和右侧的负载电阻(R_L)。因此，它可以转换为如图 5.29(b)所示的框图结构，其中的电流源可以通过戴维南定理转化为电压源。由此可以得出放大器的 3 个核心参数：$R_i = R_{B1} \parallel R_{B2} \parallel r_\pi$，$R_o = r_o \parallel R_C$，$A_{Vo} = v_a/v_i = -g_m R_o = -g_m(r_o \parallel R_C)$。代入式(5.12)就可以得出其增益：

$$A_V = \frac{v_o}{v_{sig}} = \frac{v_i}{v_{sig}}\frac{v_a}{v_i}\frac{v_o}{v_a} = \frac{R_i}{R_{sig}+R_i}(-g_m R_o)\frac{R_L}{R_o+R_L} \tag{5.12}$$

此外，也可以采用另一种形式：$A_V = -\dfrac{R_i}{R_{sig}+R_i} g_m (R_o \parallel R_L)$。

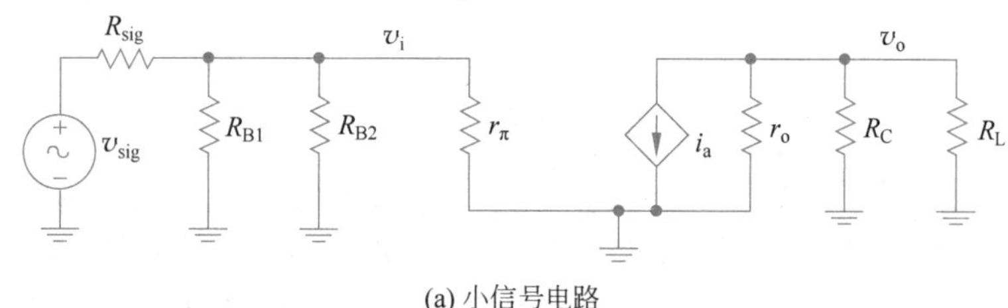

(a) 小信号电路

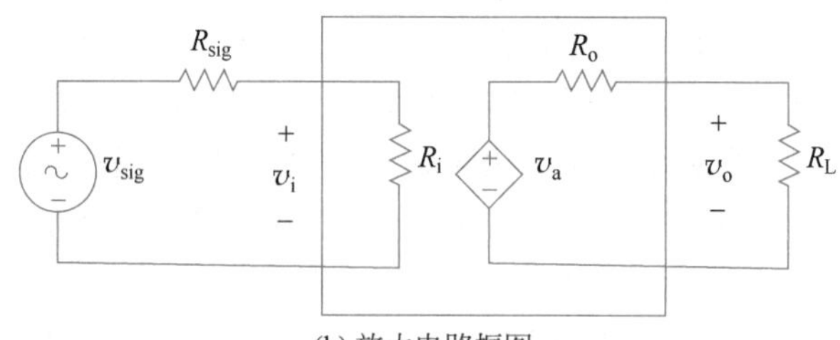

(b) 放大电路框图

图 5.29　共发射极放大器电路

Q 独立电流源的输出阻抗为无穷大，受控电流源的输出阻抗是否也一样？

答案是否定的。简单电路的输出阻抗是一目了然的，然而，当电路变得复杂以后，则需要遵循一些步骤来求解。例如，可以在输出端加载一个测试电压，然后求出相应的电流，两者之比就是输出阻抗。当然，也可以输入一个测试电流，然后求出相应的电压。在如图5.29(a)所示的电路中，由于发射极直接接地，当集电极的电压v_c改变时，v_{be}不会改变，所以受控电流源的电流也不会改变。在这种情况下，受控电流源的输出阻抗才是无穷大。然而，如果发射极不直接接地的话，当在集电极施加一个测试交流电压时(v_{ct})，就可以求出基极-发射极之间出现的电压(v_{be})，从而使受控电流源产生相应的电流($i_{at}=g_m v_{be}$)，此时就可以求出受控电流源的输出阻抗：$r_{cs}=v_{ct}/i_{at}$。

在如图5.30所示的电路中，电容的选择可以遵照这样的判据：$|Z_C|\ll R$，这里的R是与电容串联的电阻。例如，在输入和输出回路中，其电阻值是1kΩ，因此需要满足$C\gg 1/(2\pi fR)\approx 160\text{nF}$。与BJT下方的电容相连的最小电阻是$r_e=V_T/I_E\approx 26\Omega$，这里BJT需要使用T模型来进行分析。由于这个电阻值很低，所以需要一个比较大的电容：$C_E\gg 6.12\mu\text{F}$。一般来说，电路中的电容值可以选择其下限的5～10倍。

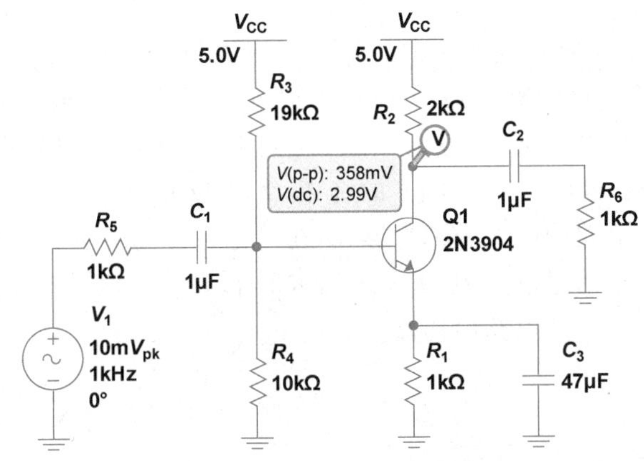

图5.30 共发射极放大电路的仿真

K 电容的作用也可以用暂态电路的特性来理解，这里的判据是其时间常数$\tau\gg T$，其中T是交流信号的周期。在满足了这个条件以后，当电容的一端电压发生变化的时候，电容的电压保持恒定，因此可以把一端的电压变化直接传导到另一端。从这个角度来看，电容对于交流信号而言仿佛是"透明"的，在剔除了直流分量以后，电容就消失了。

图5.30显示的仿真结果表明这个电路的增益是−17.8V/V，这个结果可以通过计算来验证一下。

(1) 从集电极的电压可以算出集电极的电流：$I_C=(V_{CC}-V_C)/R_C\approx 1\text{mA}$。

(2) 计算跨导：$g_m=I_C/V_T\approx 38.6\text{mS}$。

(3) 假设$\beta=200$，由此可以算出：$I_B\approx 5\mu\text{A}$。

(4) 接下来就可以算出：$r_\pi=V_T/I_B\approx 5.18\text{k}\Omega$。

(5) 计算输入阻抗：$R_i=R_{B1}\parallel R_{B2}\parallel r_\pi\approx 2.89\text{k}\Omega$。为了保持比较高的输入阻抗，$R_{B1}$

和 R_{B2} 不能太低，尽管低电阻值会增加静态工作点的稳定性。

(6) 假设 $r_o \gg R_C$，$R_o = r_o \parallel R_C \approx R_C = 2\text{k}\Omega$。

(7) 计算核心增益：$A_{Vo} = -g_m R_o \approx -77.2\text{V/V}$。

(8) 计算输入回路增益：$R_i/(R_i + R_{sig}) \approx 0.743\text{V/V}$。

(9) 计算输出回路增益：$R_L/(R_o + R_L) \approx 0.333\text{V/V}$。

(10) 计算整个放大电路的增益：$A_V = -0.743 \times 77.2 \times 0.333 = -19.1(\text{V/V})$。

对于由 MOSFET 组成的共源极放大电路，分析过程基本相同。由于栅极是绝缘的，所以可以省去计算 r_π 这一步，其输入阻抗为 $R_i = R_{B1} \parallel R_{B2}$。此外，这两个电阻值可以很高，例如在 MΩ 量级，因此输入回路的增益可以接近 1。但是，MOSFET 的跨导要比 BJT 小，所以总的增益会低一些。

5.9 共基极放大电路

如果把晶体管的基极交流接地而输入信号来自发射极，则变成了共基极放大电路，如图 5.31(a)所示。为了简化分析，略去了信号源和负载，而只剩下放大器的核心。其直流电路与 5.8 节的共发射极放大电路完全一致，但是其等效的小信号电路却差别很大，如图 5.31(b)所示。首先，这里采用了 BJT 的 T-模型，在忽略了 r_o 的条件下，它比混合 π 模型更方便。其次，假设电路中的电容都足够大，在转化为其交流小信号等效电路时这些电容也都消失了。此外，在小信号电路中，由于电阻 R_{B1} 和 R_{B2} 的两端都交流接地，所以没有电流从中流过，因此它们可以从电路中移除。

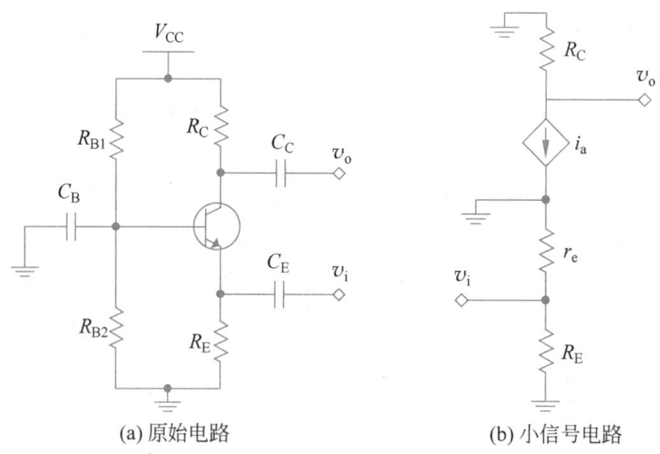

图 5.31 共基极放大器电路

最容易得出的放大器参数是输出阻抗，从电路中可以看出：$R_o \approx R_C$。在 r_o 可以忽略的情况下，在输出端下方电流源的输出阻抗是无穷大。在计算输入阻抗的时候，人们可以想象有一股测试电流从输入端流入，结果它就会分为两股电流：一路向下经过 R_E，另一路向

上经过 r_e。因此其输入阻抗是这两个电阻并联的结果：$R_i = r_e \parallel R_E$。一般来说，$r_e \ll R_E$，所以可以做一个近似：$R_i \approx r_e$。

这个放大电路的增益可以从输出端来开始分析：$v_o = -i_a R_C$，这个表达式与共发射极放大器是一致的。T 模型中的电流源是集电极电流，它与发射极电流有着简单的关系：$i_a = \alpha i_e$。发射极电流可以利用欧姆定律来求出：$i_e = (v_b - v_e)/r_e = -v_i/r_e$。这 3 个关系式就把输入信号和输出信号联系起来了，从而可以求出其增益：

$$A_{Vo} = \frac{v_o}{v_i} = \frac{\alpha}{r_e} R_C = g_m R_C \tag{5.13}$$

如果与共发射极放大器做一个对比，就会发现其增益的绝对值是完全相同的，但是符号相反。从如图 5.31(b)所示的小信号电路来看，共发射极放大器的输入信号与 r_e 的上端相连，而共基极放大器的输入信号与 r_e 的下端相连，所以其差别仅仅是符号不同：$v_\pi = \pm v_i$。此外，其输出阻抗也基本相同，$R_o \approx R_C$。但是，其输入阻抗则相差甚远：共发射极放大器的输入阻抗较高，$R_i \sim r_\pi$；而共基极放大器的输入阻抗则很低，$R_i \sim r_e$。如果信号源输入的是电压信号，那么共发射极放大器则有优势；如果输入的是电流信号，那么共基极放大器则有优势。与此相关的是电流放大倍数：共发射极放大器的电路放大倍数接近 β，而共基极放大器没有电流放大的功能，或者说其电流放大倍数接近 1。在集成电路中，电流形式的输入信号是很常见的，因此共基极放大器也大有用武之地。另外，共基极放大器的频谱比共发射极放大器更宽，后面将对此进行分析。

图 5.32(a)是一个共基极放大电路，其器件的参数与图 5.30 中的共发射极放大电路基本一致。从显示的结果来看，其核心增益是 73V/V，这与计算值相差不多。图 5.32(b)是仿真的输入(上)和输出(下)波形，由此可以看出两者之间没有 180°的相差。换言之，这两者是同相的，而共发射极放大器的波形是反相的。

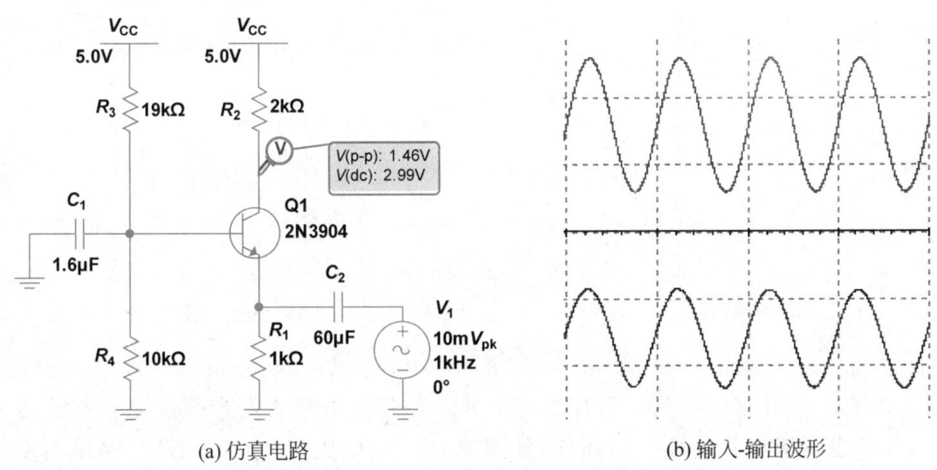

(a) 仿真电路　　(b) 输入-输出波形

图 5.32　共基极放大器电路

尽管输入信号是正弦波，但是可以用扰动的方法来推测相位的关系。假如输入的是一个正向的脉冲电压，结果发射极的电压就被抬高了一些。但是，基极连在一个电容上，它不允许电压出现跳变，所以基极的电压没有变化。因此，v_{BE} 的值就变小了，这就导致集电极的电流减小，最终使集电极的电压增高。由此可以看出，输入端的正向脉冲导致输出端也出现了正向的脉冲，因此其相位是相同的。读者可以用相同的方法来推测共发射极放大器输入输出信号之间的相位关系。

如果把电路中的 BJT 换成 MOSFET，则变成了共栅极放大电路。其分析方法和结论与共基极放大电路几乎完全相同，唯一的区别在于 r_e 变成了 r_{gs}，它是跨导的倒数：$r_{gs}=1/g_m$。作为对比，$r_e=\alpha/g_m$。由于 MOSFET 的栅极电流为零，所以 $I_D=I_S$，因此也可以定义出两个类似的参数：$\alpha=I_D/I_S=1,\beta=I_D/I_G=\infty$。由于 BJT 的 α 值也很接近 1，所以 r_{gs} 和 r_e 在表达式上几乎是相同的。但是，在直流参数相同的情况下 MOSFET 的跨导比 BJT 低，所以 r_{gs} 比 r_e 在数值上要更高一些。

5.10 共集电极放大电路

如图 5.33(a)所示的是一种共集电极放大电路，其输入端在基极而输出端在发射极。在这两者之间是一个 pn 结，其偏压几乎是恒定的，因此输出信号会跟随输入信号而变化，所以这个电路也被称为“射极跟随器”。仔细分析会发现，它的电压增益略小于 1，因此不能作为电压放大器来使用。然而，这个电路可以放大电流，因此可以当作简单的功率放大器来使用。此外，它的输入阻抗比较高，输出阻抗比较低，在多级放大电路中它可以用在输入和输出端，同时也可以在两个放大器之间作为缓冲器。

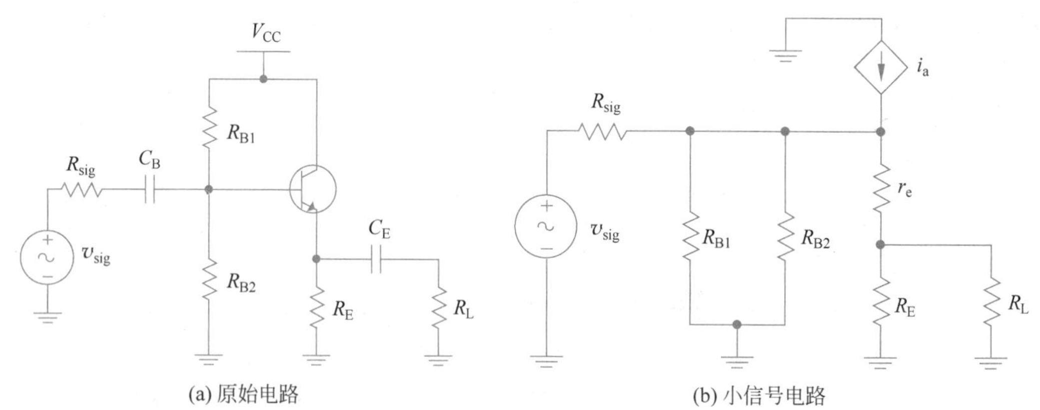

图 5.33 共集电极放大器电路

首先考察一下其直流电路。尽管失去了 R_C，但是对电路直流参数的影响却十分有限。换言之，与共发射极和共基极电路相比，如果其他 3 个电阻(R_{B1}、R_{B2}、R_E)保持不变，那么集电极电流几乎没有什么变化，基极和发射极的电压也是如此。其次，做交流分析需要把原始电路转化为其小信号电路，如图 5.33(b)所示，这里也采用了 T-模型并且忽略了 r_o。这个电路看似十分简单，只不过是串并联电阻的组合，但是基极和发射极的电流是不同的，因此需要进行变换，其法则如下：

$$R' = (i_{or}/i_{tr})R \tag{5.14}$$

其中 i_{or} 和 i_{tr} 分别是原来的电流和变换后的电流。这个变换的根据是保持各个电阻上的电压不变：$i_{tr}R' = i_{or}R$。图 5.34 显示了以基极和发射极为基准的等效电路，在做了变换以后，受控电流源就消失了。

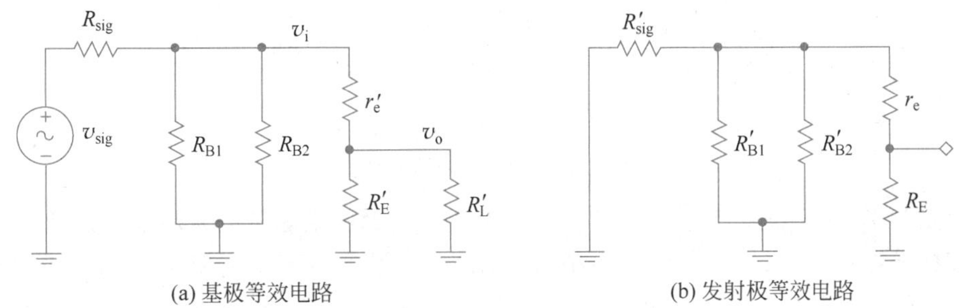

图 5.34　共集电极放大器电路的输入和输出阻抗分析

图 5.34(a)是以基极为基准的等效电路，因此与发射极有关的电阻都需要做变换。因为 $i_e/i_b = \beta + 1$，所以这 3 个电阻都需要乘以这个系数，结果其阻值都变大了。首先，可以算出输入阻抗：$R_i = R_{B1} \parallel R_{B2} \parallel (r'_e + R'_E \parallel R'_L)$。在这 3 组并联的电阻中，每一个阻值都比较高，所以并联以后的结果也是较高的。例如，$R_{B1} = 19\text{k}\Omega$，$R_{B2} = 10\text{k}\Omega$，$r_e = 26\Omega$，$R_E = 1\text{k}\Omega$，$R_L = 100\Omega$，如果 $\beta = 199$，那么 $r'_e = 5.2\text{k}\Omega$，$R'_E = 200\text{k}\Omega$，$R'_L = 20\text{k}\Omega$，因此 $r'_e + R'_E \parallel R'_L = 23.4\text{k}\Omega$。代入这些参数，就可以求出输入阻抗：$R_i = 5.12\text{k}\Omega$。

其次，可以计算其增益，它可以利用两层的分压电路公式来推出：

$$A_V = \frac{v_o}{v_{sig}} = \frac{v_i}{v_{sig}} \frac{v_o}{v_i} = \frac{R_i}{R_{sig} + R_i} \frac{R'_E \parallel R'_L}{r'_e + R'_E \parallel R'_L} \tag{5.15}$$

如果 $R_{sig} = 1\text{k}\Omega$，则可以计算出其增益是 $A_V = 0.65\text{V/V}$。

最后，利用图 5.34(b)中的等效电路可以求出输出阻抗。首先，信号源需要去掉，电压源就变成了短路。其次，基极一侧的电阻需要进行变化，此时的系数是 $i_b/i_e = 1/(\beta + 1)$，因此这一侧的 3 个电阻值（R_{sig}、R_{B1}、R_{B2}）都变小了。从输出端来看，其输出电阻是 $R_o = R_E \parallel (r_e + R'_{sig} \parallel R'_{B1} \parallel R'_{B2})$，代入相应的阻值，就可以得到 $R_o = 29.5\Omega$。由此可以看出，射极跟随器的输出阻抗是很低的。

图 5.35 是仿真的结果，在 R_C 被去除以后直流电路几乎没受什么影响，这反映在发射极的直流电压依旧十分接近 1V。从仿真的结果中也可以算出其电压增益，$A_V = 0.645\text{V/V}$，这与计算值十分接近。此外，还可以求出其电流放大倍数，$A_I = 37.7\text{A/A}$。另外，从输入端的电压和电流还能求出其输入阻抗，$R_i = 4.85\text{k}\Omega$，这与计算值也比较接近。

如果共集电极放大器中的 BJT 换成了 MOSFET，则变成了共漏极放大器，也被称为源极跟随器，如图 5.36(a)所示。在这里引入了一个直流电流源和一个负电压源（V_{SS}），因此电路得以简化，因为直流电流源在交流电路中相当于开路。图 5.36(b)显示了其小信号电

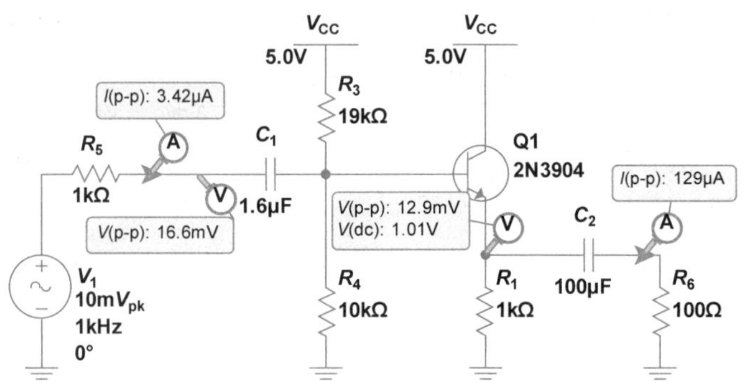

图 5.35　射极跟随器的仿真

路，其中采用了 T 模型并且忽略了 r_o。如果希望仿照射极跟随器的方法来分析这个源极跟随器电路，那就可以假设 $\beta=\infty$，因为栅极电流为零，尽管在图中电阻 R_{sig} 好像直接与 r_{gs} 连在一起似的。所以，这个电路的输入阻抗是无穷大($R_i=\infty$)。其电压增益是 $A_V=R_L/(r_{gs}+R_L)$，这里 R_L 是负载电阻，而与信号源相连的电阻 R_{sig} 其阻值对增益没有影响。从负载电阻 R_L 的角度来看，MOSFET 的栅极相当于直接接地，所以输出阻抗是 $R_o=r_{gs}$。仿真的结果显示其电压增益是 $A_V=0.585\text{V/V}$，由此可以反推出 $r_{gs}=70.9\Omega$，这个值比具有相同电流的 r_e 要大一些。由于栅极电流为零，所以源极跟随器的电流放大倍数是无穷大。其实，栅极的输入阻抗主要是由其电容决定的，随着频率的增高，其输入阻抗也会逐渐降低。

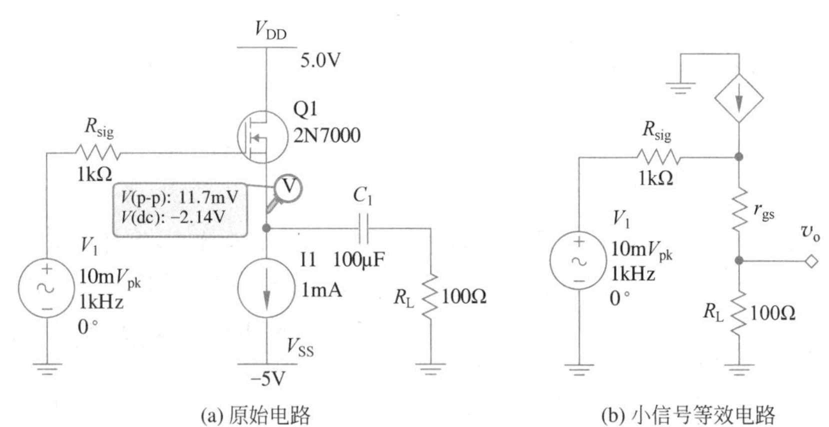

(a) 原始电路　　(b) 小信号等效电路

图 5.36　共漏极放大器电路

从公式来看，r_{gs} 越小其增益就越接近 1。由于 r_{gs} 是跨导 g_m 的倒数，而它又与电流的平方根成正比，因此需要提高电流才能减小 r_{gs}。例如，当直流电流源的参数增高到 4mA 时，r_{gs} 会减小一半，其电压增益变为 0.74V/V。如果把电流增加到 9mA，r_{gs} 会减小到原值的 1/3，电压增益则可达到 0.81V/V。然而，提高电流会导致功耗的增加，因为功率与电流成正比。

Q 如何直接理解输出阻抗?

在如图 5.36(a)所示的电路中,如果关掉输入信号源(短路),由于栅极电流为零,R_{sig} 上的偏压也为零,因此栅极是接地的。此时去掉负载电阻和耦合电容 C_1,同时从此处向内输入一个交流电流信号,结果它就会叠加到直流电流源上;利用 KCL 就可以得出叠加关系式:$i_D = I_o - i_t$。由于 MOSFET 的电流主要由 v_{GS} 来决定,$i_D = \frac{1}{2}\frac{W}{L}\kappa_n(v_{GS}-V_{th})^2$,所以电路对这个交流测试电流的响应就是源极电压会上下波动,输出阻抗的定义就是这个交流电压与输入的交流电流之比。可以先求解 $g_m = di_D/dv_{GS}$,然后取其倒数就变成了 r_{gs},而这就是输出阻抗:$r_{gs} = dv_{GS}/di_D = -dv_S/di_D = dv_S/di_t$。当输入交流电流为正向时,MOSFET 中的电流降低;由于栅极电压不变,所以 MOSFET 的源极电压会升高。

5.11 放大电路的低频响应

前面几节都是在单一频率下来研究放大电路的特性的,然而,当工作频率变化时,放大电路的特性会发生很大变化。Multisim 提供了一个很方便的手段来仿真放大电路的频率响应,如图 5.37 所示。一般而言,带有耦合电容的分立放大电路的频谱都可以分为 3 段:在低频段增益随频率降低而降低,这是由于耦合电容造成的;在高频段增益随频率增加而降低,这是由于晶体管内的寄生电容所导致的;在中频段增益保持稳定,耦合电容和晶体管内的寄生电容都可以忽略。前面几节的电路分析实际上都处在中频段,所以耦合电容可以当作短路来处理,而晶体管内的寄生电容则当作开路来处理。

在如图 5.37(a)所示的电路中,耦合电容 C_1 和 C_2 比较好分析,它们的等效电路也基本相同,如图 5.38 所示。

在求解传递函数的时候,可以先把图 5.38 中上方的电阻和电容换位,结果就变成了简单的高通滤波器,然后再利用分压电路的公式就可以推导出传递函数,其结果如下:

$$T_i(s) = \frac{\widetilde{V}_i}{\widetilde{V}_{sig}} = \frac{R_i}{R_{sig}+R_i}\frac{s}{s+\omega_i}, \quad T_o(s) = \frac{\widetilde{V}_o}{\widetilde{V}_a} = \frac{R_L}{R_o+R_L}\frac{s}{s+\omega_o} \tag{5.16}$$

其中,$\omega_i = 1/[(R_{sig}+R_i)C_1]$,$\omega_o = 1/[(R_o+R_L)C_2]$。当工作频率确定以后,这两个表达式在设计电路时可以用来确定耦合电容的大小。

相对而言,发射极下面的那个电容的频率响应要复杂一些。为了简化分析,可以采用 T 模型,图 5.39(a)是电流源以下的电路,输入信号来自基极,而输出信号则是基极-发射极之间的偏压 v_{be}。为了求解方便,在如图 5.39(b)所示的电路中器件的位置做了对换,利用分压电路公式就可以求出传递函数:

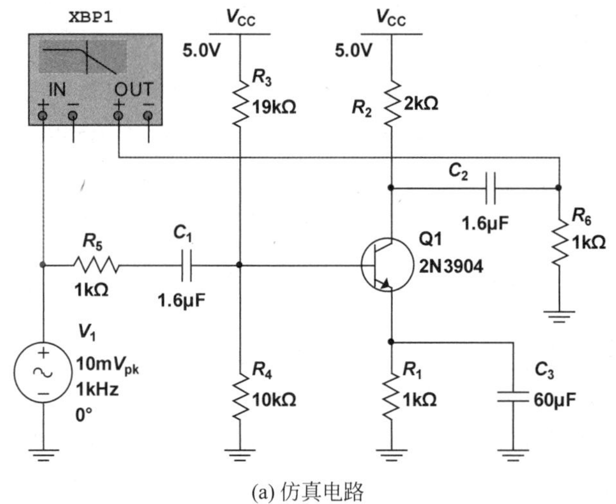

(a) 仿真电路

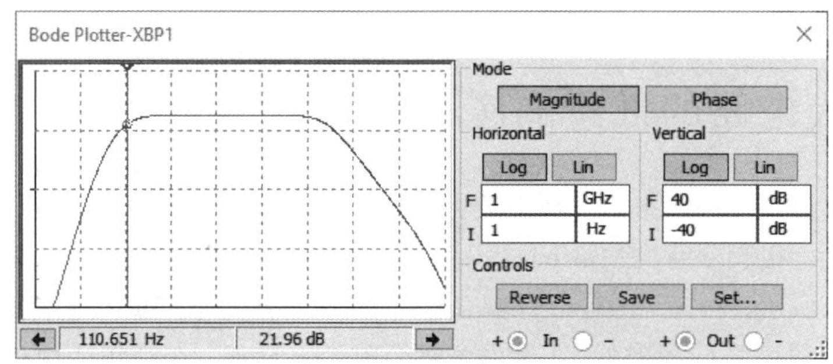

(b) 波特图

图 5.37　共发射极放大电路

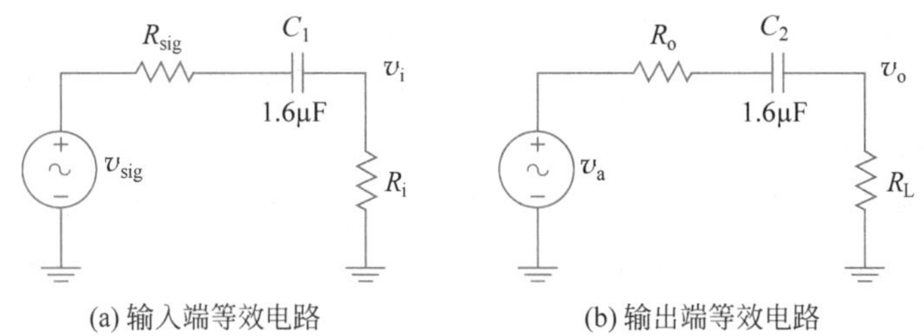

(a) 输入端等效电路　　(b) 输出端等效电路

图 5.38　输入端和输出端的等效电路

$$T_e(s)=\frac{\widetilde{V}_{be}}{\widetilde{V}_i}=\frac{s+\omega_z}{s+\omega_p} \tag{5.17}$$

其中 $\omega_z=1/(R_EC_E)$，$\omega_p=1/[(r_e \parallel R_E)C_E]\approx 1/(r_eC_E)$。这个电路也被称为“超前网络”，其特性在 2.7 节中做过详细讨论。一般来说，$r_e \ll R_E$，所以 $\omega_z \ll \omega_p$。换言之，零点频率远低于极点频率，所以在电路设计时应该注重用极点频率来确定电容 C_E 的值。例如，工作频率为 $f_o=1\text{kHz}$，而 $r_e=26\Omega$，如果需要满足 $\omega_p=0.1\omega_o$ 的条件，那么通过计算就可以得出

$C_E = 61\mu F$。

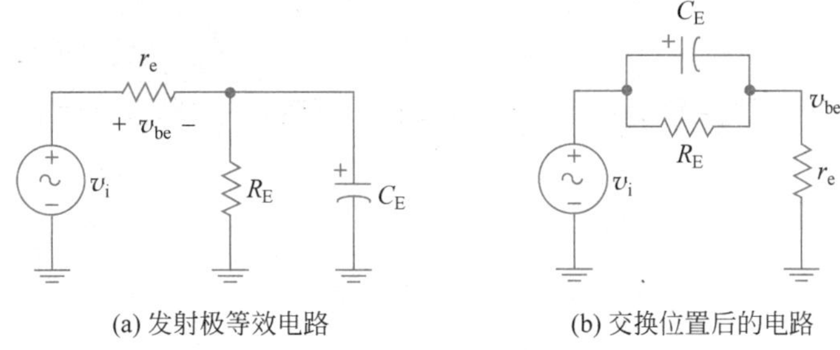

(a) 发射极等效电路　　(b) 交换位置后的电路

图 5.39　基极-发射极等效电路

尽管在截止频率附近，式(5.17)中的零点几乎没有什么作用，但是，在低于零点频率的区域其作用却不容忽视，因为它可以中和掉一个极点的影响。如图 5.40(a)所示的电路与如图 5.39(b)所示的电路一致，不过其参数有所不同。在第 2 章介绍过这个电路，它被称为"超前补偿电路"。图 5.40(b)是仿真的结果，如果忽略掉零点的作用，这就是一个典型的高通滤波器，其通频段的传递函数值为 0dB，在其极点处传递函数值降到 −3dB。从图 5.40 中可以看出，其极点频率是 3.26kHz，可以代入参数验证一下：$f_p = 1/[2\pi(R_1 \parallel R_2)C_1] \approx 3.34\text{kHz}$，这两者十分接近。在低于零点频率的波段，极点的作用被零点中和，因此下降的曲线被扳平。

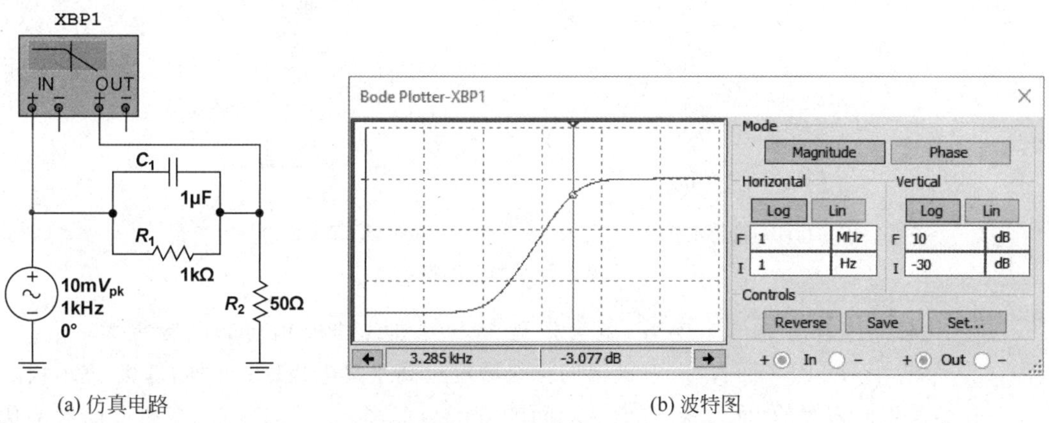

(a) 仿真电路　　(b) 波特图

图 5.40　发射极等效电路的仿真

如图 5.40(b)所示的波特图也可以从数学公式来理解：

(1) 高频段($\omega \gg \omega_p$)：$T_e(s) = \dfrac{s+\omega_z}{s+\omega_p} \approx \dfrac{s}{s} = 1$。

(2) 中频段($\omega_z \ll \omega < \omega_p$)：$T_e(s) = \dfrac{s+\omega_z}{s+\omega_p} \approx \dfrac{s}{s+\omega_p}$。

(3) 低频段($\omega \ll \omega_z$)：$T_e(s) = \dfrac{s+\omega_z}{s+\omega_p} \approx \dfrac{\omega_z}{\omega_p}$。

在低频段，传递函数的值很容易验证：$T_e(s)\approx\frac{\omega_z}{\omega_p}=\frac{R_2}{R_1}=0.05=-26\text{dB}$，这与图 5.40(b)中仿真的结果十分吻合。

综上所述，把低频段各个频率响应因子包括进来就可以推导出放大电路的增益：

$$A_V(s)=\frac{v_o}{v_{sig}}=\frac{v_i}{v_{sig}}\frac{v_{be}}{v_i}\frac{i_a}{v_{be}}\frac{v_a}{i_a}\frac{v_o}{v_a}=-\left(\frac{R_i}{R_{sig}+R_i}g_mR_o\frac{R_L}{R_o+R_L}\right)\left(\frac{s}{s+\omega_i}\frac{s+\omega_z}{s+\omega_p}\frac{s}{s+\omega_o}\right) \tag{5.18}$$

5.12 放大电路的高频响应

放大电路的高频响应主要是由晶体管内部的寄生电容造成的，图 5.41 把晶体管内部的主要寄生电容展现了出来。由于 BJT 是由两个 pn 结组成的，它们所对应的就是这两个寄生电容：C_{BE} 和 C_{BC}。此外，在集电极和发射极之间也可以通过衬底发生耦合，但是这个电容 C_{CE} 一般比较小，因此可以忽略。与此类似，在传统的 MOSFET 结构中漏极和源极之间也可以通过衬底而形成一个耦合电容 C_{DS}，而如今的制造工艺都是建立在 SOI(Silicon On Insulator)结构上的，所以这个耦合电容变得很小而可以忽略。因此，无论是 BJT 还是 MOSFET 仅需要保留两个寄生电容即可。

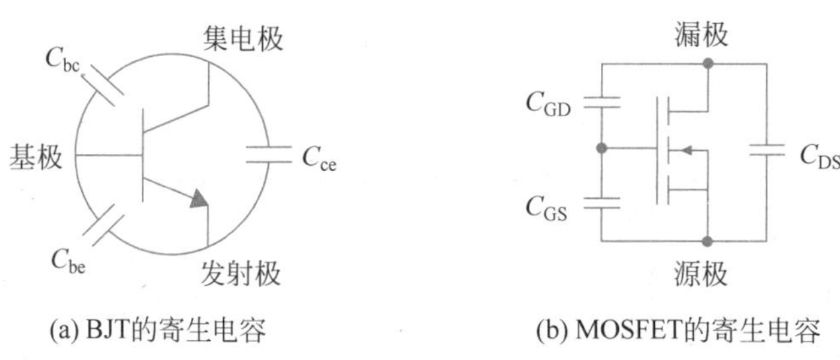

(a) BJT的寄生电容　　(b) MOSFET的寄生电容

图 5.41　晶体管中的主要寄生电容

如果比较晶体管的这两个电容，就会发现与发射极或源极相连的电容更大：$C_{BE}>C_{BC}$，$C_{GS}>C_{GD}$。就 BJT 而言，发射极区的掺杂浓度远高于集电极区；此外，基极-发射极之间的 pn 结是正向偏置的，而基极-集电极之间的 pn 结则往往是反向偏置的，所以前者会比后者的电容更大。对于 MOSFET 来说，导电沟道是与源极相连的，所以栅极-源极之间的电容会高于栅极-漏极之间的电容。分立器件的 MOSFET 的导电沟道很长，所以 C_{gs} 比 C_{gd} 大很多；然而，在现代的集成电路中这两个电容之间的差距并不悬殊。

在一些电路中，与集电极或漏极相连的小电容的作用反而更大。例如，在共发射极和共源极放大电路中，信号从基极或栅极输入，然后从集电极或漏极输出。在这种情况下，C_{BC} 和 C_{GD} 则在输入节点和输出节点之间形成了一个反馈通道，结果其作用就被放大了，因此放大器的带宽就会变低。

在图 5.42(a)中放大器用一个三角形符号来表示，并且假设其电压增益是负的：$A_V=$

$-K$。当有一个反馈电容存在时，它可以转化为如图 5.42(b)所示的等效电路，这被称为米勒定理(Miller's Theorem)。这个定理不仅适用于反馈电容，也可以处理一般的反馈阻抗的情况，假设这个阻抗为 Z_f。米勒定理给出其等效电路中的器件参数：

$$Z_{M1}=\frac{1}{1+K}Z_f,\quad Z_{M2}=\frac{K}{1+K}Z_f \tag{5.19}$$

米勒定理有严格的证明，这里希望给读者一个直观的解释。因为电压增益是负的，如果观察输入和输出端的电压，则会发现它们之间的关系就像跷跷板一样。如果能够找到其支点的位置，那么这个跷跷板就可以分为两段。在电路上，支点就相当于交流电路的接地，因为其电压不变。这样一来，就可以将原电路转化为如图 5.42(b)所示的等效电路。

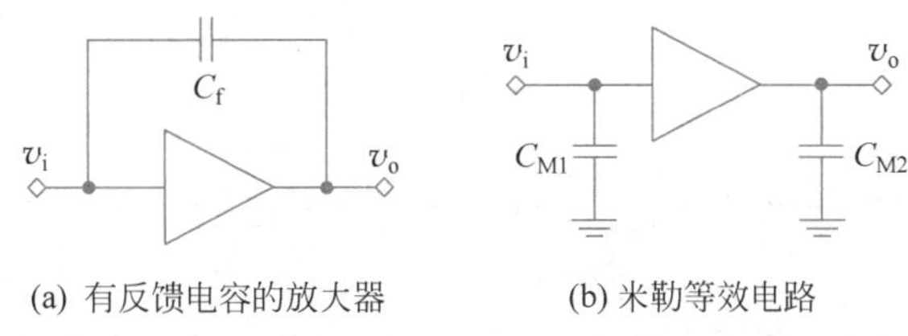

(a) 有反馈电容的放大器　　(b) 米勒等效电路

图 5.42　米勒定理

假如 $K=9$，当输入端为 0.1V 时，输出端为 -0.9V，所以这两端的电压差是 1V。由此可以得出一点启示：可以把跷跷板分为 $K+1$ 份，其中输入端一侧的长度是其中的 1 份，占总长度的 $1/(K+1)$；而输出端那边的长度为 K 份，占总长度的 $K/(K+1)$；这两个比例值就是米勒定理的那两个系数。如果这个反馈器件是个电阻或电感，在输入端的那部分会很小，而输出端的那部分则接近其原始值。然而，如果这个反馈器件是电容，那么其阻抗值与电容值成反比，结果在输入端则会出现一个被放大了 $K+1$ 倍的大电容：

$$C_{M1}=(1+K)C_f,\quad C_{M2}=(1+1/K)C_f \tag{5.20}$$

图 5.43 是一个共源极放大器的电路以及其在高频段的等效电路，其中 $R_i=R_1\parallel R_2$，$R_o=r_o\parallel R_D$，$C_{in}=C_{m1}+C_{gs}=(1+K)C_{gd}+C_{gs}$，$C_{out}=C_{m2}=(1+1/K)C_{gd}$。这里 $K=|A_{vo}|$，而 A_{vo} 是从栅极到漏极之间的电压增益：$A_{Vo}=v_o/v_i=-g_m(R_o\parallel R_L)$。

在图 5.43(d)中，输入端和输出端都简化成了相同的低通滤波电路，这个电路在第 2 章曾经介绍过。可以用戴维南定理将其进一步简化为标准的低通滤波器，如图 5.44 所示。

经过如图 5.44 所示的变换以后，$v_{th}=\dfrac{R_2}{R_1+R_2}v_i$，$R_{th}=R_1\parallel R_2$。从如图 5.44(b)所示的标准低通滤波器可以得出其传递函数：$T_{LP}(s)=\dfrac{v_o}{v_{th}}=\dfrac{\omega_o}{s+\omega_o}$，其中 $\omega_o=1/(R_{th}C)$。由此可以求出经过图 5.44(a)中低通滤波器的传递函数：$T_{LPF}(s)=\dfrac{v_o}{v_i}=\dfrac{v_{th}}{v_i}\dfrac{v_o}{v_{th}}=\dfrac{R_2}{R_1+R_2}\dfrac{\omega_o}{s+\omega_o}$。将此公式代入图 5.43(d)中，就可以求出整个电路增益的表达式：

$$A_V(s)=\frac{v_o}{v_{sig}}=\frac{v_i}{v_{sig}}\frac{v_a}{v_i}\frac{v_o}{v_a}=-\left(\frac{R_i}{R_{sig}+R_i}\right)g_m(R_o\parallel R_L)\left(\frac{\omega_{in}}{s+\omega_{in}}\frac{\omega_{out}}{s+\omega_{out}}\right) \tag{5.21}$$

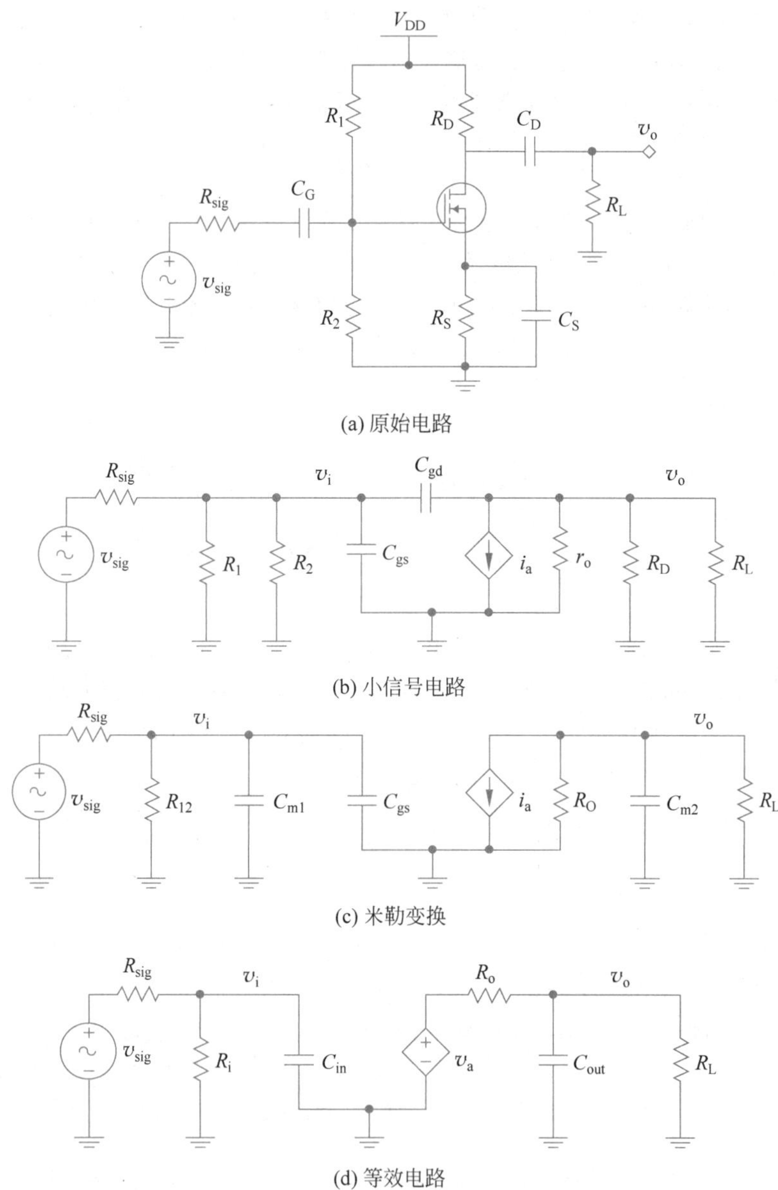

图 5.43 共源极放大电路

这个表达式可以分为两部分：前面是中频段的增益，后面是寄生电容造成的低通滤波器效应，其中，$\omega_{in}=1/[(R_{sig}\parallel R_i)C_{in}]$，$\omega_{out}=1/[(R_o\parallel R_L)C_{out}]$。由于 MOSFET 的栅极电流为零，$R_1$ 和 R_2 都很大，所以 $R_{sig}\ll R_i$，因此式(5.21)中的第一个因子可以去掉。此外，在低频的频率响应也可以包括进来，从而可以得出适用于全频段的频率响应。

$$A_V=\frac{v_o}{v_{sig}}\approx-\left(\frac{s}{s+\omega_i}\frac{s+\omega_z}{s+\omega_p}\frac{s}{s+\omega_o}\right)g_m(r_o\parallel R_D\parallel R_L)\left(\frac{\omega_{in}}{s+\omega_{in}}\frac{\omega_{out}}{s+\omega_{out}}\right) \tag{5.22}$$

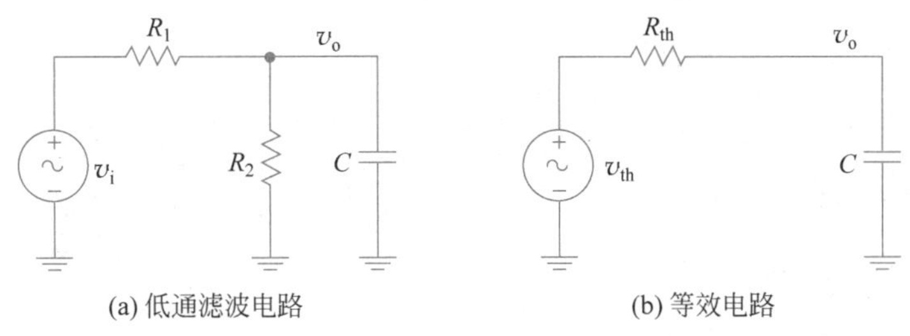

(a) 低通滤波电路　　(b) 等效电路

图 5.44　利用戴维南定理简化输入端电路

> **K** 利用米勒定理来推导增益实际上是一种近似，因为原电路的反馈通道消失了。如果按照原始电路来推导则会出现不同的结果：其一是在高频响应中会出现一个零点，它来自于输入信号直接跨过 C_{gd} 而到达输出端；其二是 MOSFET 漏极的输出阻抗不再是 r_o，C_{gd} 会导致反馈效应的出现。尽管如此，由于推导过程比较复杂，人们还是常常采用米勒定理在做电路分析。

图 5.45(a)是一个共源极放大电路，为了研究在高频波段电容的响应，外加了两个电容来模拟 C_{gd} 和 C_{gs}，这样就可以避免在高频时出现的各种复杂因素。与实际的寄生电容相比，图中的电容值要高很多。图 5.45(b)是其小信号等效电路，由于 C_{gd} 的存在，其跨导需要加以修正，具体的推导步骤如下。

(1) 流经电容 C_{gd} 的电流相量：$\tilde{I}_c=Y_{gd}(\tilde{V}_i-\tilde{V}_t)=s\gamma C_{gd}\tilde{V}_i$，$\gamma=1+K$，$K$ 是 C_{gd} 两端之间的电压增益的绝对值。

(2) 流经电流源的电流相量：$\tilde{I}_a=g_m\tilde{V}_i$。

(3) 等效电流相量：$\tilde{I}_{eq}=\tilde{I}_a-\tilde{I}_c=(g_m-s\gamma C_{gd})\tilde{V}_i$，其中的负号表示这两个电流分量的方向相反(如果从图 5.45(b)中的电流源顶端来观察的话)。

(4) 修正的跨导：$G_m=\tilde{I}_{eq}/\tilde{V}_i=g_m-s\gamma C_{gd}=g_m(1-s\gamma C_{gd}/g_m)=g_m(1-s/\omega_{zo})$，它与输出阻抗的乘积就是输出电压 v_o，因为没有负载电阻存在。

如果用修正的跨导 G_m 来取代原始的跨导 g_m，在频率响应上则会引入一个零点：$\omega_{zo}=g_m/(\gamma C_{gd})$，它位于 s-平面的右侧。与极点不同，位于右半平面的零点不会带来不稳定，但是其相位却很不同。例如，在 $\omega\ll\omega_{zo}$ 时，它几乎没有什么影响：$1-s/\omega_{zo}\approx1$；在 $\omega=\omega_{zo}$ 时，G_m 会产生 $-45°$ 的相移：$1-s/\omega_{zo}\approx1-j$；在 $\omega\gg\omega_{zo}$ 时，这个相移则会增高到 $-90°$：$1-s/\omega_{zo}\approx-j\omega/\omega_{zo}$。此外，在放大倍数较高的情况下，这个零点频率会接近极点频率，从而抵消其影响，图 5.46 中的仿真结果显示了这个效应。

图 5.46(a)显示了这个放大电路增益的绝对值，在 $f=4.64\text{kHz}$ 处出现了第一个极点(标尺所在位置)，它来自于被米勒效应放大的电容 C_{gd} 以及与其并联的 C_{gs}。从仿真结果可以看出，在中频段的增益是 29dB，它相当于 $K=|A_V|=28.2\text{V/V}$，由此可以估算出其跨

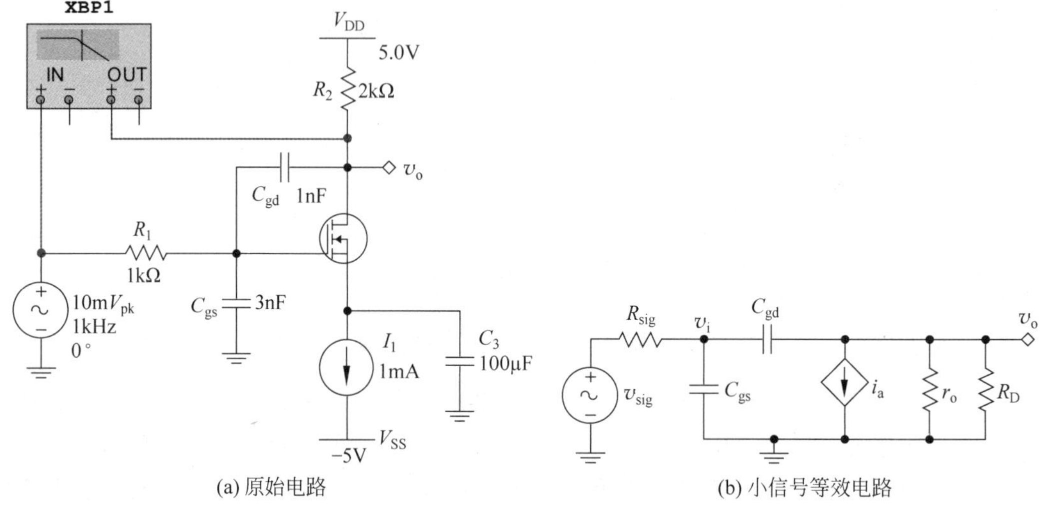

(a) 原始电路　　　　(b) 小信号等效电路

图 5.45　共源极放大电路

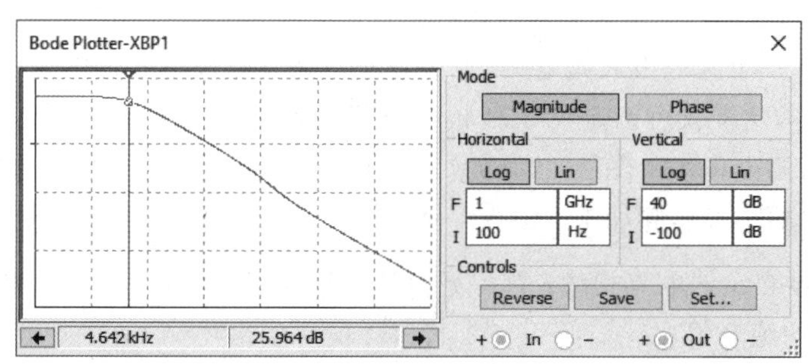

(a) 增益图

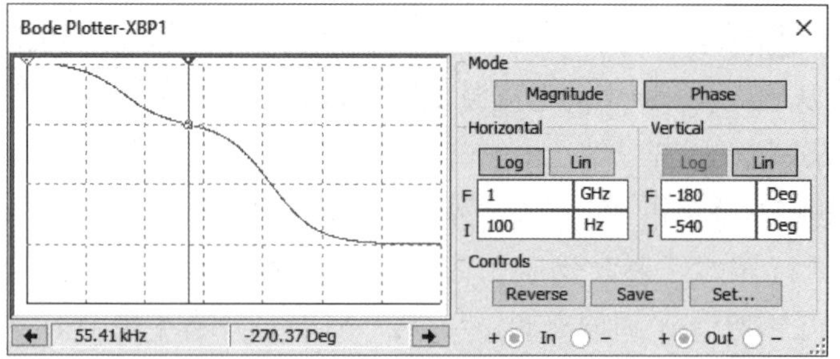

(b) 相位图

图 5.46　共源极放大器增益的波特图

导：$g_m \approx |A_V|/R_D = 14.1\text{mS}$。利用米勒定理可以算出输入端和输出端的等效电容：$C_{in} = (1+K)C_{gd} + C_{gs} = 32.2\text{nF}$，$C_{out} = (1+1/K)C_{gd} \approx 1.04\text{nF}$。接下来就可以求出与 C_{in} 对应的第一个极点频率，$f_{p1} = 1/(2\pi R_{sig} C_{in}) \approx 4.95\text{kHz}$，这个结果与仿真结果基本吻合。

此外，也可以估算一下第二个极点频率：$f_{p2} \approx 1/(2\pi R_D C_{gd}) \approx 79.6\text{kHz}$。最后，可以

估算零点频率：$f_{zo} \approx g_m/[2\pi(1+K)C_{gd}] \approx 76.9\text{kHz}$。由此可见，第二个极点与零点的频率十分接近，这个结果清楚地反映在波特图中。在图 5.46(a)中第二个极点的作用几乎完全被零点所中和，所以曲线似乎保持了-20dB/dec 的斜率。这对极点-零点组合在相位图中反映得比较清楚：在图 5.46(b)中第一个极点使相位降低了 90°(标尺左侧)，然而，在第二个极点与零点的共同作用下，相位降低了 180°(标尺右侧)。

此外，C_{gd} 也会导致 MOSFET 的输出阻抗发生变化，图 5.47(a)是其小信号等效电路。为了推导输出阻抗，需要在输出端施加一个测试电压信号 v_t，这会导致在两个电容之间的节点处出现一个响应电压 v_i，它会使电流源产生电流，然后就可以推导出从输出端进来的总电流，它与测试电压之比就是输出导纳，取其倒数就可以得出输出阻抗。

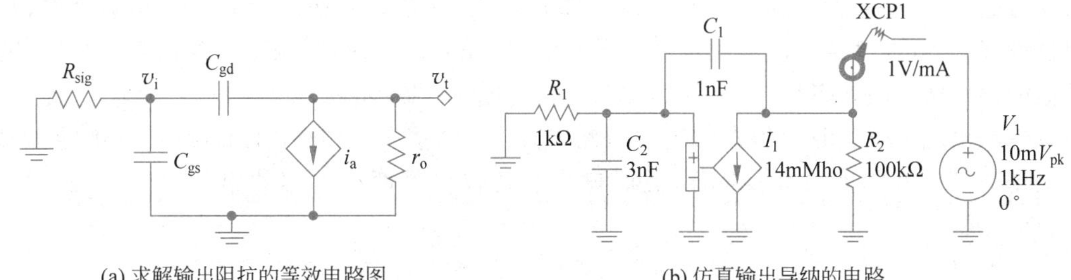

(a) 求解输出阻抗的等效电路图　　(b) 仿真输出导纳的电路

图 5.47　输出阻抗分析

(1) 流经 r_o 的电流相量：$\tilde{I}_r = \tilde{V}_t / r_o = g_o \tilde{V}_t$。

(2) 流经电容 C_{gd} 的电流相量：$\tilde{I}_c = \tilde{V}_t / Z_{RC}$，$Z_{RC} = Z_{Cgd} + R_{sig} \parallel Z_{Cgs}$。

(3) 流经电流源的电流相量：$\tilde{V}_i = \dfrac{R_{sig} \parallel Z_{Cgs}}{Z_{RC}} \tilde{V}_t$，$\tilde{I}_a = g_m \tilde{V}_i = \dfrac{g_m(R_{sig} \parallel Z_{Cgs})}{Z_{RC}} \tilde{V}_t$。

(4) 总电流相量：$\tilde{I}_t = \tilde{I}_r + \tilde{I}_c + \tilde{I}_a = \left[g_o + \dfrac{1}{Z_{RC}} + \dfrac{g_m(R_{sig} \parallel Z_{Cgs})}{Z_{RC}}\right] \tilde{V}_t$。

(5) 输出导纳：$Y_o = \dfrac{\tilde{I}_t}{\tilde{V}_t} = g_o + \dfrac{1}{Z_{RC}} + \dfrac{g_m(R_{sig} \parallel Z_{Cgs})}{Z_{RC}}$。

(6) 输出阻抗：$Z_o = \dfrac{\tilde{V}_t}{\tilde{I}_t} = r_o \parallel Z_{RC} \parallel \dfrac{Z_{RC}}{g_m(R_{sig} \parallel Z_{Cgs})}$。

(7) 在低频段和中频段，Z_{RC} 值很高，此时 $Z_o \approx r_o$。

(8) 在频率较高的情况下，r_o 可以忽略不计，此时可以做一个近似：$Z_o \approx Z_{RC} \parallel \dfrac{Z_{RC}}{g_m(R_{sig} \parallel Z_{Cgs})} = \dfrac{Z_{RC}}{1+g_m(R_{sig} \parallel Z_{Cgs})}$。

(9) 在一定的频率范围内，满足 $R_{sig} \ll |Z_{Cgs}| \ll r_o$ 的条件，此时可以做进一步的近似，$R_{sig} \parallel Z_{Cgs} \approx R_{sig}$，$Z_{RC} \approx Z_{Cgd}$，$Z_o \approx \dfrac{Z_{Cgd}}{1+g_m R_{sig}}$，其频率响应与单一电容相似。

(10) 当频率进一步增高以后，满足 $R_{sig} \sim |Z_{Cgs}|$，此时很难做近似。

(11) 在频率很高的情况下，满足 $R_{sig} \gg |Z_{Cgs}|$ 的条件，此时 $R_{sig} \parallel Z_{Cgs} \approx Z_{Cgs}$，$Z_{RC} \approx Z_{Cgd} + Z_{Cgs}$，$Y_o \approx \frac{1+g_m Z_{Cgs}}{Z_{Cgd}+Z_{Cgs}} = \frac{1}{Z_{Cgd}+Z_{Cgs}} + \frac{g_m C_{gd}}{C_{gd}+C_{gs}}$，因此输出阻抗是 $Z_o \approx (Z_{Cgd} + Z_{Cgs}) \parallel \frac{C_{gd}+C_{gs}}{g_m C_{gd}}$，前者是 C_{gd} 和 C_{gs} 串联的阻抗，后者是反馈效应所产生的一个电阻，它不随频率而变化。

(12) 如果频率进一步增加，输出阻抗则变成了两个电容的串联：$Z_o \approx (Z_{Cgd} + Z_{Cgs})$。

图 5.48 是图 5.47(b)中电路仿真的输出导纳，在低频段其值为 −40dB 而且相位为零，与此对应的是 $Y_o \approx g_o = 1/r_o = 10^{-2}$mS。图 5.47(b)中的电路使用了电压-电流转换器，其单位设置为 1mA 变成 1V，因此仿真结果的单位是 mS。然而，当频率增高以后，输出导纳的值随频率增长的斜率是 20dB/dec，这与电容的导纳一致，$Z_o \approx Z_{Cgd}/(1+g_m R_{sig})$。此外，相位应该出现 90°的相移，仿真的结果与此略有出入。另外，在图中的高频段，导纳随频率的变化又呈现出典型的电容特征，此时输出阻抗仅仅是两个电容的串联：$Z_o \approx (Z_{Cgd} + Z_{Cgs})$。

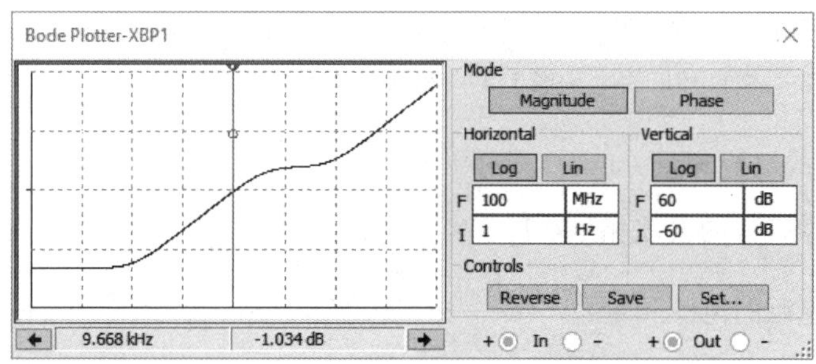

(a) 增益图

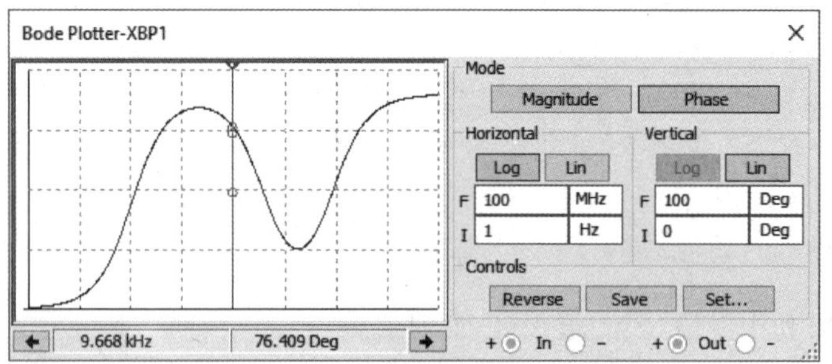

(b) 相位图

图 5.48　输出导纳的仿真结果

与共发射极和共源极放大器相比，其他类型的放大器没有输入-输出端之间的反馈电容，因此其高频电路的分析相对简单一些。例如，在共基极和共栅极放大电路中，晶体管的两个寄生电容都有一端接地，因此它们可以保持自身不变，所以其带宽会比较高。此外，在射极跟随器和源极跟随器中，电容 C_{BC} 和 C_{GD} 也都有一端接地，因此可以保持不变。顾名思义，在这类器件中输入和输出的信号基本相同，所以 C_{BE} 和 C_{GS} 两端的电压基本恒定，因此它们没有任何作用并且可以从交流电路中移除。根据以上分析，射极跟随器和源极跟随器的带宽比共基极和共栅极放大电路更高。

延伸阅读

有兴趣的读者可以查阅和了解以下相关内容的资料：

(1) 阿波罗登月飞行控制系统使用的磁环存储器。

(2) CMOS 基本逻辑门电路：非门、与门、或门。

(3) CMOS 逻辑电路对噪声信号的抑制。

(4) CMOS 逻辑电路对弱信号的加强。

(5) 放大器的工作原理。

(6) 放大器的参数。

(7) 偏置电路的温度稳定性。

(8) 晶体管的小信号模型。

(9) 3 种基本放大电路的比较。

(10) 放大电路的频率响应。

第6章

反馈电路

由于半导体器件的参数对温度普遍非常敏感，而很多器件的工作环境温度变化范围又很大，所以电子电路需要一种稳定机制来克服其对参数漂移的敏感性。在模拟电子电路中，可以通过引入负反馈来实现这一目标。除此之外，负反馈还有一些其他的特性，例如减小失真和调节输入-输出阻抗，等等。

在很多通信电路中需要信号源来实现调制和解调的功能，因此了解信号源或振荡器的电路设计也十分重要。这类振荡电路的特点是“无中生有”；换言之，有输出信号而没有输入信号。从另一个角度来看，也可以认为振荡器的输入为广谱的噪声信号，因此其输出信号来自于对噪声的选择性放大。模拟电子电路的振荡器可以通过放大器与正反馈回路的结合来加以实现。

放大电路与振荡电路之间的关系是对立统一的。有时负反馈会变成正反馈，其特性从而发生了改变；例如，反馈信号的延迟往往会导致其反馈极性的反转。当放大电路失去稳定性时就有可能出现振荡器的特征而导致失效，这在电路设计中是需要尽量避免的。

6.1 反馈系统简介

如果把一个系统模块化，那么两个模块之间存在3种基本的连接方式：串联、并联和反馈，如图6.1所示。串联的方式大家最熟悉，例如一个两级的放大电路：$Y(s)=X(s)\cdot G_1(s)\cdot G_2(s)$。并联电路的例子包括电压-电流转换器，其输入端来自同一个电压信号，而输出端则是两个电流之和：$Y(s)=X(s)\cdot[G_1(s)+G_2(s)]$。如果改变合成器的极性，也可以得出两者之差。

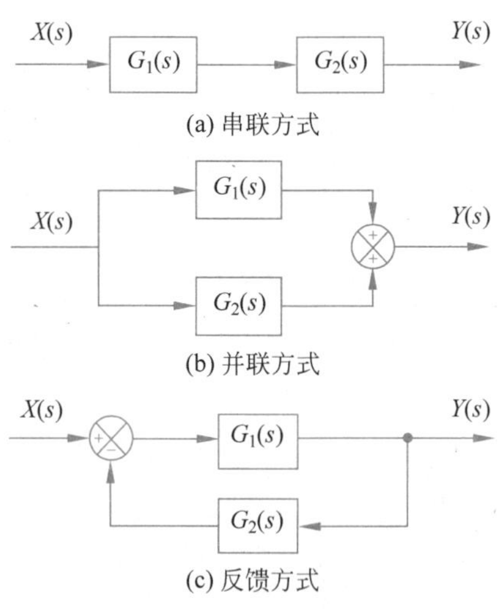

图6.1 由两个模块构成的系统框图

如图6.1(c)所示的框图是一个反馈系统，输出信号通过一个模块返回到了输入端。与串联和并联模式不同，在反馈系统中存在信号的回路，由此对系统的特性产生了重大的影响。当信号从输出端返回到输入端的时候可以选择两种不同的极性，如图 6.1(c)所示的是一个负反馈系统，其输入-输出信号之间的传递函数可以用下式来表达：

$$T(s)=\frac{Y(s)}{X(s)}=\frac{G_1(s)}{1+G_1(s)G_2(s)} \tag{6.1}$$

在取消输入信号的情况下，如果把反馈回路在一个地方切断，然后输入一个探测信号，让它运行一圈后返回，这两个信号之比被称为回路增益(loop gain)。例如，在如图 6.1(c)所示的反馈系统中，如果在 $G_2(s)$的右侧把回路切断，然后输入一个探测信号 $V_t(s)$，那么返回的信号就是 $V_{loop}(s)=-G_2(s)G_1(s)V_t(s)$，而回路增益就是 $L(s)=-G_1(s)G_2(s)$。因此，式(6.1)也可以写作 $T(s)=G_1(s)/[1-L(s)]$。

K 为了提高系统的稳定性，在控制系统中往往存在很多反馈回路。因此，人们需要一套系统的方法来推导传递函数，而梅森增益公式可以解决这个问题：$T(s)=\frac{\sum_{k=1}^{N} T_k\Delta_k}{\Delta}$，其中分母中的各项来自于彼此独立的回路增益：$\Delta=1-\sum_i L_i+\sum_{i,j} L_iL_j-\cdots$，而分子中的 k 表示从输入端到输出端的信号路径数，其中的 Δ_k 与分母中 Δ 的定义类似，只不过需要剔除那些与信号路径有所重合的回路，T_k 表示沿此路径的传递函数。如果把梅森增益公式应用到如图 6.1(c)所示的简单负反馈系统中，分母为 $\Delta=1-L(s)=1+G_1(s)G_2(s)$。由于从输入端到输出端只有一条路径，而且没有与之不重合的回路，所以 $T_1=G_1(s)$，$\Delta_1=1$。将这些表达式代入梅森公式就可以得出式(6.1)。如果反馈的极性变为正号，回路增益为 $L(s)=G_1(s)G_2(s)$，代入梅森公式就可以得出：$T(s)=\frac{G_1(s)}{1-G_1(s)G_2(s)}$。

在任何复杂的系统中，反馈都是普遍存在的。一个简单的例子就是房间的温度控制系统：在夏天，当室内的温度比预设的温度高时，空调系统就被启动，从而把温度降低到预设温度。此外，人体的血糖调节系统的工作原理也与此类似：在饥饿状态下血糖浓度会低于正常值，此时胰腺会分泌胰高血糖素从而使肝脏中的糖原分解以后进入血液；在进食以后血糖浓度会增高很多，此时分泌的胰岛素就会把过多的血糖转化为肝脏中的糖原和脂肪储存起来。这两个例子都是负反馈系统，其作用是使系统恢复平衡。如图 6.2 所示的弹簧振子就是一个负反馈系统，在平衡状态其势能处在谷底($x=0$)。然而，如果外界的扰动使振子偏离了其平衡位置的时候，弹簧就会产生一个与位移相反的力将其推回或拉回：$F(x)=-kx$。在摩擦力的作用下，振子最终会静止在平衡位置上。

与负反馈的作用相反，系统中的正反馈会打破平衡从而导致状态的变化。如果将图 6.2(b)中的势能曲线上下翻转，就会出现正反馈的情况。此时，$F(x)=kx$，系统的表现是离开平衡位置越来越远。例如，股市行情与投资人的关系在某种程度上就呈现出正反馈特征：在

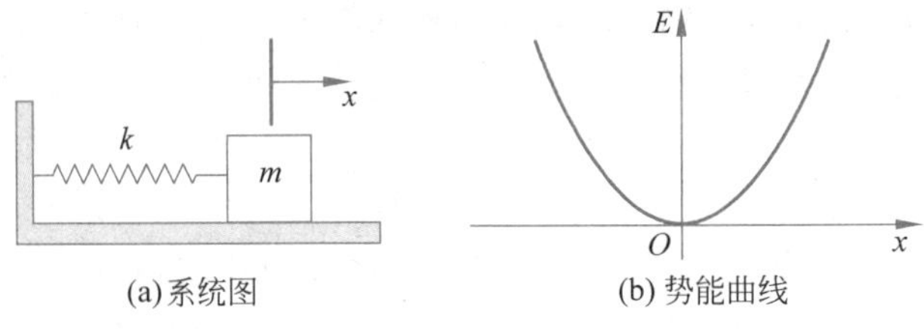

(a)系统图
(b)势能曲线

图 6.2 由弹簧振子构成的负反馈系统

股市的上升期会有很多投资人买入股票,从而进一步推高股市;然而,一旦股市开始下跌,很多投资人就会抛售股票,从而导致股市进一步下跌。这种正反馈效应会导致股市的波动,这与振荡器电路类似。此外,核裂变过程也具有正反馈特征:一个 U-235 原子核裂变的时候会释放出 2 或 3 个中子,而它们又可以触发其他原子核裂变,结果就会出现雪崩式的链式反应。

如果图 6.1(c)中的信号合成器的极性变正,这个反馈系统的传递函数就会变为 $T(s)=\frac{G_1(s)}{1-G_1(s)G_2(s)}$。当满足 $G_1(s)G_2(s)=1$ 这个条件时,传递函数趋于无穷大,此时系统就会出现不稳定的自发振荡,这是振荡电路的工作条件。

> **K** 在正反馈系统中,如果满足 $0<G_1(s)G_2(s)<1$ 这个条件,则其分母小于 1,此时正反馈可以有效地提高增益。在 20 世纪初期,人们只能用简陋的真空电子管来搭建放大器,其放大倍数很低。1912 年,Edwin Howard Armstrong 在放大电路中引进了正反馈,从而有效地提高了放大倍数,这项发明在当时具有里程碑式的重要意义,直接导致了无线电收音机的大量普及。如今,晶体管放大电路可以产生很高的增益,因此就没有必要引入正反馈机制。然而,由正反馈产生的放大效应在其他领域仍旧被采用;例如,雪崩红外探测器就是利用了正反馈机制来增加其敏感性。

6.2 运算放大器简介

第 5 章介绍了一些晶体管放大电路;然而,在大部分的实际应用电路中,人们往往使用运算放大器(Op-Amp),简称为“运放”。这是一个品种繁多的大家族,人们根据不同的需求设计出了各种型号的运算放大器。其内部电路结构将在第 7 章深入探讨,这里仅仅介绍其外部特性。与普通放大器不同,运放有两个输入端,如图 6.3 所示。其中,V^+ 被称为“同相输入”,V^- 被称为“反相输入”。

在低频段放大器的 3 个主要参数分别是增益、输入和输出阻抗,图 6.3(b)显示出了这些参数。在开环的状态下,输出与输入信号的关系如下:

$$V_{out}=G(V^+-V^-) \tag{6.2}$$

从此式可以看出,输出信号是由两个输入端信号之差来决定的。由于其内部电路采用了直

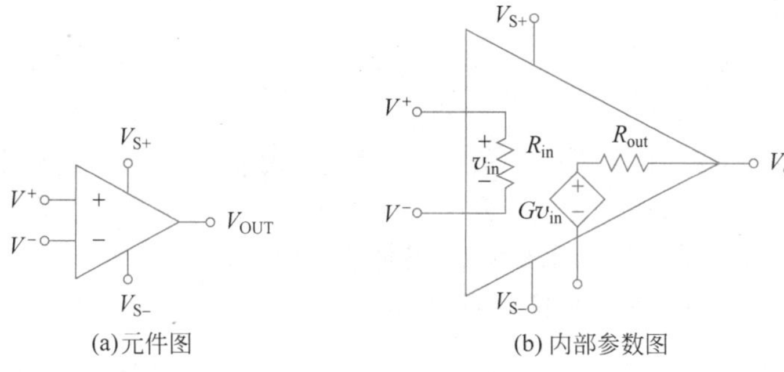

(a)元件图 (b) 内部参数图

图 6.3 运算放大器

接耦合,其频率响应没有低频段的斜坡。回顾第 5 章介绍的内容,放大器的低频响应主要是由耦合电容来决定的。在直接耦合模式中没有耦合电容,所以运放即使在直流输入信号的条件下也可以正常工作。其次,运放内部采用了多级放大电路,所以它的增益普遍很高,一般都高于 100dB(10^5 V/V)。此外,其输入阻抗也很高;早期的运放是由 BJT 构成的,其输入阻抗都高于 1MΩ;近年来,绝大部分运放采用了物美价廉的 MOSFET 电路,与输入端相连的是绝缘的栅极,所以其输入阻抗主要是由栅极电容的参数来决定的。另外,运放的输出阻抗普遍比较低,一般都会低于 100Ω,而用于功率放大的型号其输出阻抗会低于 1Ω。

鉴于运放的参数如此优秀,为了分析方便,人们往往会使用理想化的模型:增益和输入阻抗趋于无穷,而输出阻抗趋于零。由此可以得出理想运放的几条特性:

(1) 进入输入端的电流为零,因为输入阻抗为无限大。

(2) 增益不随负载阻抗而变化,因为输出阻抗为零。

(3) 在模拟工作模式下两个输入端的电压相同,因为增益无限大。

前两个特性是由输入和输出阻抗导致的,人们一般比较容易理解。然而,第三条特性来源于无限大的增益,否则输出信号会超出正常范围。在如图 6.3 所示的运放电路中除了输入和输出端以外,上下各有一个电源输入端;例如,$V_{S+}=+5\text{V}$,$V_{S-}=-5\text{V}$。运放的输出信号不会超出这个范围,尽管根据式(6.2)其结果似乎没有任何限制。如果对这个公式做一个简单的变换可以得出以下关系式:$V^+-V^-=V_{out}/G$。当 V_{out} 有限而 G 趋于无穷的时候,就自然可以得出这个结论。此外,在很多电路中运放的一个输入端会接地,结果会导致另一个输入端的电压也为零,这被称为“虚地”(virtual ground)。

K 除了用数字电路进行计算以外,模拟电路也可以用来进行数学运算,而运算放大器电路曾经被广泛应用,故此得名。乘除这两种运算是放大器的基本功能,可以通过改变其增益来实现。从式(6.2)可以看出,利用运算放大器可以很容易实现减法。加法可以用电流合成来实现,因此其电路也十分简单。此外,利用运算放大器还可以轻易实现微分和积分运算。

6.3 负反馈电路

当运放用于放大电路时，需要一个负反馈回路，如图 6.4(a)所示。如果把运放和反馈回路放入一个“黑匣子”里，那么这个反馈放大器只有一个输入端和一个输出端，其信号值可以分别用 x_i 和 x_o 来表示。如果进入这个“黑匣子”，则可以测量到另外两个信号：一个是放大器的输入信号 x_e，另一个是反馈模块的输出信号 x_f。

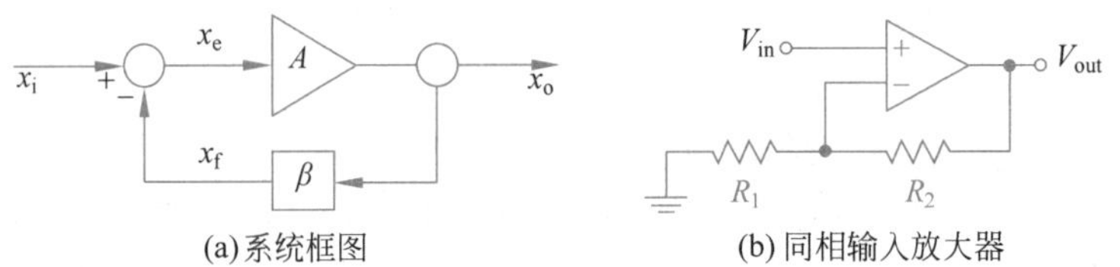

(a)系统框图　　(b)同相输入放大器

图 6.4　负反馈电路

首先可以找到这 4 个信号之间的基本关系：

$$
\begin{aligned}
x_o &= Ax_e \\
x_f &= \beta x_o \\
x_e &= x_i - x_f
\end{aligned}
\tag{6.3}
$$

在前两个关系式中，一侧是外部信号(x_i 和 x_o)，而另一侧是内部信号(x_e 和 x_f)。如果用外部信号来表达内部信号，然后代入第三个关系式中，则可以求出这个反馈放大器的输入-输出信号之间的关系和增益：

$$x_o = \frac{A}{1+A\beta}x_i, \quad A_f = \frac{x_o}{x_i} = \frac{A}{1+A\beta} \tag{6.4}$$

与式(6.1)进行对比，就可以看出其结果是一致的。图 6.4(b)是一个“同相输入放大器”，它可以作为一个负反馈电路的实例。这个放大器的输入和输出信号分别是 V_{in} 和 V_{out}，其反馈信号 V_f 是反相输入端的电压，它可以用串联分压电路的公式来求得：$V_f = \frac{R_1}{R_1+R_2}V_{out}$。由此可以得出反馈回路的增益：$\beta = \frac{V_f}{V_{out}} = \frac{R_1}{R_1+R_2}$。由于运放的开环放大倍数很高，一般来说，满足这个条件：$A\beta \gg 1$。因此，闭环反馈放大器的增益可以做一个近似：

$$A_f \approx \frac{A}{A\beta} = \frac{1}{\beta} = \frac{R_1+R_2}{R_1} = 1 + \frac{R_2}{R_1} \tag{6.5}$$

由此式可以看出，在放大器的增益很高的情况下，闭环放大器的增益基本上是由其反馈回路来决定的。大家知道，由晶体管构成的放大器对温度十分敏感；相对而言，电阻值在温度变化时则比较稳定。此外，如果反馈回路中的这两个电阻是由同种材料构成的，那么它们随温度变化的函数也是相同的：$R_1(T)=R_1^\circ \cdot f(T)$，$R_2(T)=R_2^\circ \cdot f(T)$。在闭环放大器的增益表达式中出现的是这两个电阻的比值，因此这个随温度变化的函数可以抵消掉：$A_f=1+$

$\frac{R_2^o}{R_1^o}$。由此可以得出这样的结论：尽管放大器本身对温度十分敏感，但是闭环的反馈放大器的增益则几乎不受温度变化的影响。

下面举一个例子来探讨闭环反馈电路对温度的敏感度：$R_2/R_1=99$，$\beta=0.01$；在 $T=T_1$ 时，$A=10^4$ V/V；在 $T=T_2$ 时，$A=10^5$ V/V。这里不做近似，代入式(6.4)来直接计算：在 $T=T_1$ 时，$A_f=99.01$V/V；在 $T=T_2$ 时，$A_f=99.90$V/V。从这些数据可以看出，在温度变化时，开环放大器的增益增大了 9 倍，而闭环放大器的增益仅仅增长了 1%左右。如果对敏感度做定量的研究，那就可以考察其相对变化量之间的关系：

$$\frac{dA_f}{A_f}=\frac{1}{1+A\beta}\frac{dA}{A} \tag{6.6}$$

这里"反馈量"$1+A\beta$ 被称为脱敏因子(desensitivity factor)；除此之外，这个反馈量还与其他一些参数的改善密切相关。因此，如果希望大幅度改善某个参数，则需要增加反馈量。然而，付出的代价就是闭环放大器增益的同比例降低。

顺便介绍一下，除了同相输入放大器以外，反相输入放大器也十分有用，如图 6.5 所示。由于运放的输入端没有电流输入，所以流经反馈回路上的两个电阻的电流是相同的，偏压与电阻成正比。此外，由于同相输入端接地，反相输入端的电压也为零，也就是"虚地"。根据这两个条件，就可以推导出其增益：

$$A_f=\frac{V_{out}}{V_{in}}=-\frac{R_f}{R_{in}} \tag{6.7}$$

可以建立一个反相输入放大器的直观模型，如图 6.5(b)所示：跷跷板的支点就相当于接地的节点，其高度设为零点；跷跷板两端的高度则对应于输入和输出电压，而它们与支点之间的距离则对应于这两个电阻值。反相放大器增益的绝对值没有下限，而同相放大器的增益不能小于 1。

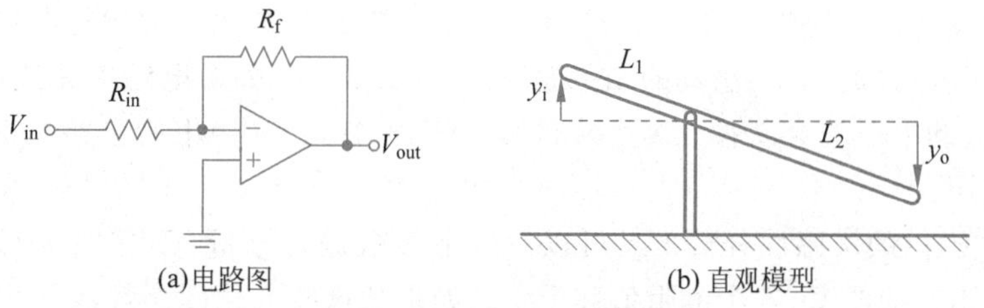

图 6.5　反相输入放大器

Q　如果同相和反相输入放大器都可以采用，那么应该选择哪个？

同相放大器的优点是输入阻抗很高，所以应该作为首选。如果选择反相放大器，其输入阻抗为 R_{in}，因此需要考虑负载效应。对于交流信号而言，反相放大器增益的负号仅仅反映在输出信号存在 180°的相移，在很多情况下不会造成任何负面影响。

> 无论是同相还是反相放大器，由这两个电阻组成的反馈回路都要与运算放大器的反相输入端相连。如果连到了正相输入端，负反馈就变成了正反馈，结果就变成了施密特触发器(Schmitt trigger)电路，在 6.7 节会加以介绍。

仿照反相放大器的直观模型，也可以建立起一个同相放大器的模型，一个比较熟悉的图像就是一扇门，如图 6.6(a)所示。接地的地方相当于门轴，输入端相当于门把手的位置，而输出端则对应于门外侧边缘的位置。如果门把手安装在门的中间位置($R_2=R_1$)，那么其增益就是 2；换言之，当门把手移动 1 厘米的时候，门的边缘会移动 2 厘米。如果门把手安装在靠近门轴三分之一的位置($R_2=2R_1$)，那么增益就是 3。如果门把手的位置靠近门的外沿(R_2-短路，R_1-开路)，此时增益为 1，如图 6.6(b)所示。从表面上来看，这个电路没有任何信号放大的功能，但是可以用作“缓冲器”(buffer)。它的优点是输入阻抗很高而输出阻抗很低，因此可以用来隔离两个电路模块以防止彼此干扰。此外，它还可以用于电路的输入级或输出极，因此这个简单电路十分有用。

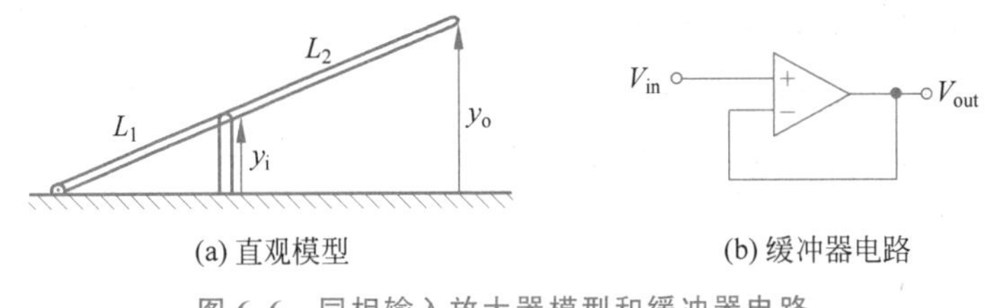

(a) 直观模型　　(b) 缓冲器电路

图 6.6　同相输入放大器模型和缓冲器电路

6.4　敏感性分析

Multisim 提供了一个分析敏感性的仿真工具，它可以用来分析某个节点电压或电流对电路器件参数变化的敏感性。图 6.7(a)是一个简单的 BJT 放大器的偏置电路，其核心电压参数是晶体管集电极的电压，仿真的结果是 $V(3)=3.15\text{V}$。如果电路中其他器件参数变化的时候，集电极的电压就会漂移。为了降低其敏感性，图 6.7(b)中的电路在 BJT 下面添加了一个反馈电阻。

Multisim 提供的敏感性分析工具可以对以下参数进行分析：BJT 的基极-发射极之间 pn 结的面积、BJT 的温度、各个电阻值和 V_{CC}。如果把这些变化因素都线性化，那就可以得出以下公式：

$$\mathrm{d}V=\frac{\partial V}{\partial A}\mathrm{d}A+\frac{\partial V}{\partial T}\mathrm{d}T+\sum_k\frac{\partial V}{\partial R_k}\mathrm{d}R_k+\frac{\partial V}{\partial V_{CC}}\mathrm{d}V_{CC} \tag{6.8}$$

Multisim 的敏感性分析结果就显示了式(6.8)中各项的系数，也就是对各个参数的偏微分。图 6.8 是对上述两个电路的仿真结果，对比这两组数据就可以看出：在 BJT 的发射极下方引入了反馈电阻以后，除了电阻 R_3(rr3)以外，其他所有器件参数变化的敏感度都明显降低。此外还可以看出，有关电源 V_{CC} 的敏感度符号也发生了变化。

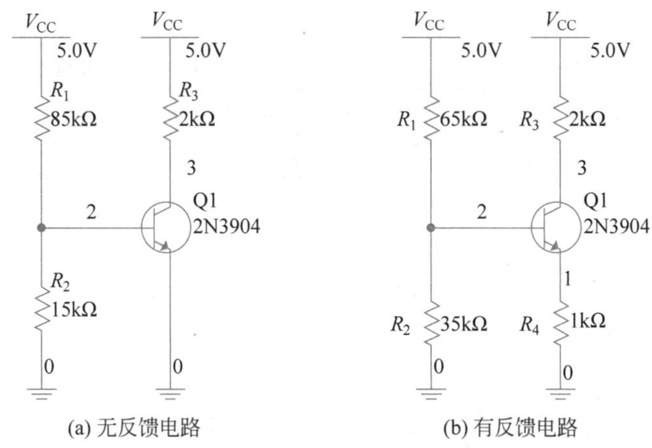

(a) 无反馈电路　　(b) 有反馈电路

图 6.7 BJT 放大器偏置电路

	Variable	Sensitivity
1	qq1_area	-243.82354 m
2	qq1_temp	-37.22741 m
3	rr1	135.24449 u
4	rr2	-663.73948 u
5	rr3	-903.07697 u
6	vccvcc	-1.67416

(a) 无反馈电路

	Variable	Sensitivity
1	qq1_area	-8.86117 m
2	qq1_temp	-4.32038 m
3	rr1	30.83547 u
4	rr2	-49.73225 u
5	rr3	-919.63248 u
6	vccvcc	407.92676 m

(b) 有反馈电路

图 6.8 BJT 电路的敏感性分析结果

如果只考察同一个电路的各个敏感度参数，则会发现它们之间相差十分悬殊。以图 6.8(b)中的数据为例，V_{CC} 的敏感度参数在 1 左右，而 R_1 和 R_2 的敏感度则在 10^{-5} 量级。仅仅由这些数据不能得出这样的结论：两者的敏感度相差 10^4 倍。此时，还要看这些参数的相对变化量；当 V_{CC} 改变 1V 时，其相对变化是 20%；而当 R_1 改变 1Ω 时，其相对变化是 0.00154%。因此，客观地比较需要考虑到这个因素；例如，可以计算出 V_{CC} 和 R_1 各自改变 1%时的敏感度：前者是 20.4mV，后者是 20.0mV，由此可见，这两个器件的相对敏感度几乎相同。

除了敏感性分析工具以外，Multisim 还提供了“最坏情况分析”(worst case analysis)工具，它可以用来分析各个器件参数变化的综合效果。由于存在非线性效应，电路参数在正负两个方向的变化往往是不对称的；因此，在这种分析中可以分别得到最小值或最大值，如图 6.9 所示。在变量表中只选择了电源电压和 3 个电阻，它们的变化范围都选为 5%。仿真的结果总结在如图 6.9(b)所示的表中：当 BJT 发射极直接接地时(见图 6.7(a))，其集电极电压的变化范围是 1.245～4.287V；在 BJT 发射极下方引入反馈电阻以后(见图 6.7(b))，集电极电压的变化范围缩小为 2.777～3.539V。由此可见，这个反馈电阻对集电极电压的稳定性起到了很大的作用。

Tolerance list

Model ...	Parameter ...	Tolerance
vccvcc	dc	Instance value:5%
rr1	resistance	Instance value:5%
rr2	resistance	Instance value:5%
rr3	resistance	Instance value:5%

(a) 元件参数变化范围

	标准值	最小值	最大值
电路(a)	3.15018	1.24482	4.28707
电路(b)	3.15379	2.77724	3.53888

(b) 集电极电压变化范围

图 6.9 BJT 电路的最坏情况分析

6.5 失真分析

在第 5 章讨论过，由于晶体管本身的 I-V 特性曲线并非直线，所以晶体管放大器输出的信号总会出现不同程度的失真。如果失真十分严重，从波形中就可以明显看出。在失真比较轻微的时候，通过对信号进行傅里叶分析就可以看出各个谐波的分量，从而可以定量地分析失真的程度。此外，Multisim 还提供了一个分析失真的虚拟仪器，它可以用来测量各个谐波失真分量的总和。

以共发射极 BJT 放大器为例，基极-发射极电压为 $v_{BE}(t)=V_{BE}+v_i(t)$，其中 V_{BE} 是这两个节点之间的直流偏压，而输入信号可以表达为 $v_i(t)=V_0\cos(\omega t)$。对于 BJT 而言，集电极电流可以近似为基极-发射极偏压的指数函数：$i_C(t)\approx I_{sc}\exp[v_{BE}(t)/V_T]$，其中 V_T 是热电压，在室温其值为 25.9mV。当输入信号的振幅值较小的时候，集电极的电流表达式可以展开为泰勒级数：

$$i_C(t)=I_C e^{c\cos(\omega t)}\approx I_C\left[1+c\cos(\omega t)+\frac{c^2}{2!}\cos^2(\omega t)+\frac{c^3}{3!}\cos^3(\omega t)+\cdots\right] \tag{6.9}$$

其中 $I_C=I_{SC}\exp(V_{BE}/V_T)$，$c=V_0/V_T$，它应该满足 $c<1$ 的条件。利用三角函数公式，这些高次项会产生出高频谐波：$\cos^2(\omega t)\to\cos(2\omega t)$，$\cos^3(\omega t)\to\cos(3\omega t)$，等等。从以上分析可以看出，晶体管本身的非线性特性会导致其输出信号中出现高次谐波。通过傅里叶分析，可以算出各次谐波的强度。

图 6.10(a)是一个简单的共发射极放大电路，信号源的内阻和负载电阻都简化掉了，输出信号取自 BJT 的集电极。在如图 6.10(b)所示的电路中，发射极下方的电阻被分为两部分，其中 80%的电阻(R_5)被并联电容所短路，剩余 20%的电阻(R_4)为放大器提供了负反馈。图 6.10(c)是其小信号电路，为了分析方便，可以把集电极电流作为输出变量：$i_c=g_m v_{be}=g_m(v_b-v_e)$。这里的跨导 g_m 所起的作用相当于开环放大器的增益，而 v_e 则相当于反馈变量。由于集电极电流与发射极电流的差别很小，可以在反馈变量的表达式中忽略不计：$v_e=R_4 i_e\approx R_4 i_c$。由此可以找到与标准反馈系统的对应关系：$x_i\to v_b$，$x_f\to v_e$，$x_e\to v_b-v_e$，$A\to g_m$，$\beta\to R_4$。

首先需要求出 BJT 的跨导，它与集电极的电流直接相关：$g_m=I_C/V_T$。仿真结果显示 $V_C\approx 3.15$V，由此可以求得 $I_C=(V_{CC}-V_C)/R_3=0.925$mA，$g_m\approx 35.7$mS。代入公式就可

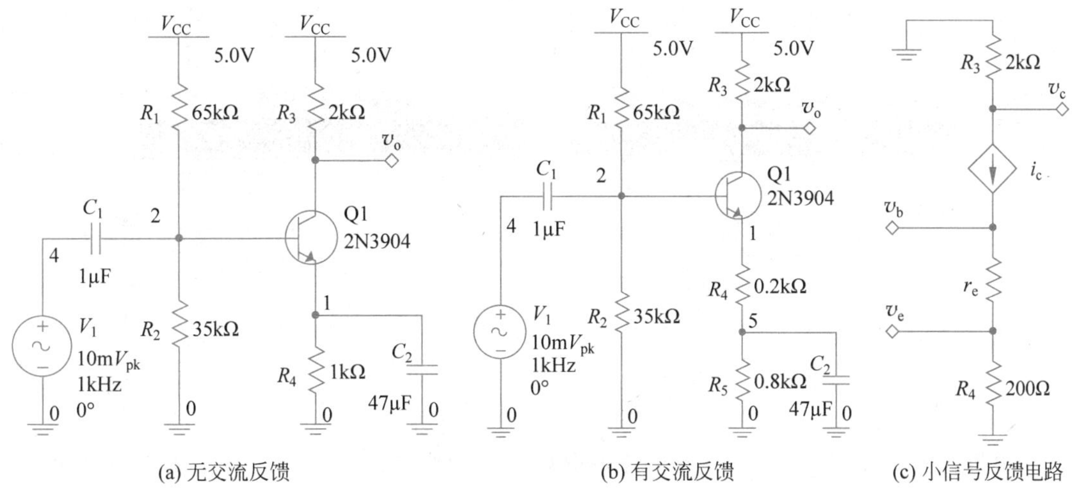

(a) 无交流反馈　　(b) 有交流反馈　　(c) 小信号反馈电路

图 6.10　BJT 放大电路

以求出反馈量：$1+A\beta=1+g_mR_4\approx8.14$。将反馈量的结果代入式(6.4)，就可以估算出其有效增益：$g_{eff}=g_m/(1+g_mR_4)\approx4.39\text{mS}$。由于有效跨导减小，这个放大器的增益也会按照这个比例减小：$A_{Vf}=-g_{eff}R_3=-8.77\text{V/V}$；这就是引入负反馈所要付出的代价。

图 6.11 是傅里叶分析的结果，其中第一行的数据是直流参数，$V_C\approx3.15\text{V}$。第二行的数据是输出信号的基波参数，对比两者可以看出，在引入反馈以后信号强度降低到了前者的$\frac{1}{8}$左右。下面的几行数据分别是输出信号各次谐波参数，可以看出反馈电路的谐波明显减弱。下面计算一下二次谐波与基波振幅的比例，它们分别是 8.727%(无反馈)和 0.1437%(有反馈)。如果计算三次谐波与基波振幅的比例，其差距就会更大。由此可以看出，在引入了负反馈以后，输出信号的失真明显降低了。

Harmonic	Frequency	Magnitude	Phase
0	0	3.15145	0
1	1000	0.666795	-170.96
2	2000	0.0581943	112.284
3	3000	0.00315203	43.7139
4	4000	0.000119844	-6.2254

(a) 无交流反馈，对应图6.10(a)

Harmonic	Frequency	Magnitude	Phase
0	0	3.15424	0
1	1000	0.0866505	-178.49
2	2000	0.000124502	87.6938
3	3000	6.69447e-06	4.82122
4	4000	6.31294e-06	5.69665

(b) 有交流反馈，对应图6.10(b)

图 6.11　傅里叶分析结果

除了傅里叶分析以外，Multisim 还提供了一个专门用于分析失真的虚拟仪器——失真分析器(Distortion Analyzer)，它可以用来分析“总谐波失真”(Total Harmonic Distortion, THD)，其定义如下：

$$\text{THD}=\frac{\sqrt{V_2^2+V_3^2+\cdots}}{V_1}\tag{6.10}$$

这个虚拟仪器使用起来十分方便，只需要将其与电路的输出端相连即可。如果使用这个仪器来分析图 6.10 中的两个电路,则可以得到如图 6.12 所示的结果。在无反馈的情况下,THD=8.743%;在有反馈的情况下总谐波失真大幅度下降,THD=0.143%。

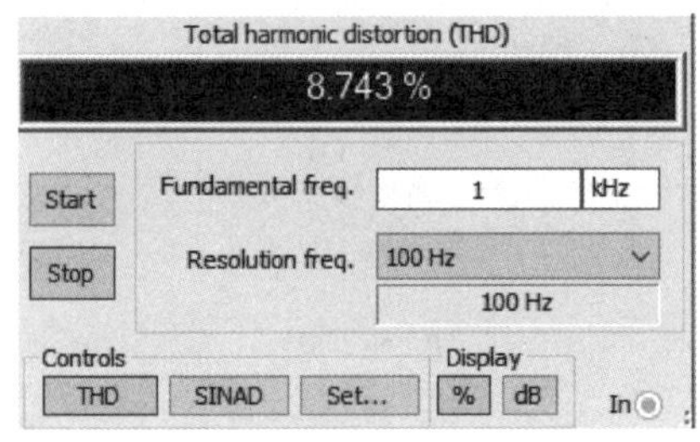

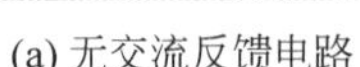
(a) 无交流反馈电路

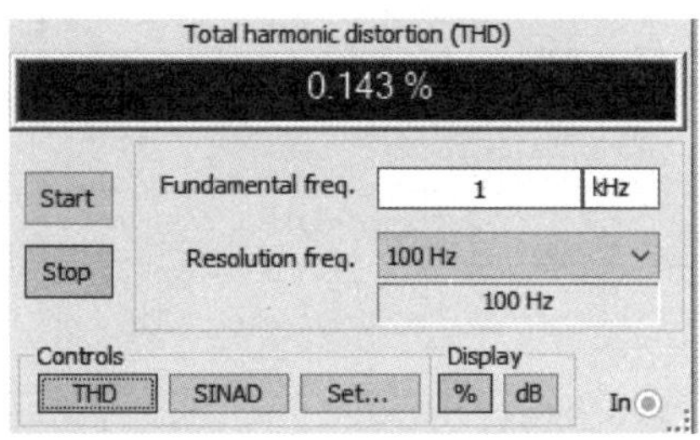

(b) 有交流反馈电路

图 6.12 总谐波分析

作为验证,可以把图 6.11 中的傅里叶分析的结果代入式(6.10)进行计算,结果发现其符合得很好。其实,主要的贡献来自于二次谐波,而其他的高阶谐波的贡献很小。此时可以做一个近似:THD≈V_2/V_1。然而,这个近似并不具有普遍性,因为有些电路的偶数阶谐波会受到压制;在这种情况下,三次谐波的贡献会最大。

K 在绝大多数应用中,输入信号都不是单一的正弦波。当放大器存在非线性的时候,其输出信号不仅会出现高次谐波,而且不同频率的信号之间还会发生耦合,从而产生所谓的"互调失真"效应。Multisim 在失真分析中也提供了仿真"互调失真"的选项。在测量非线性特性的时候,一个常用的方法就是"双频测试",其输入信号是两个频率相近的正弦波的叠加:$x(t)=\cos(\omega_1 t)+\cos(\omega_2 t)$。如果放大器是线性的,那么输出信号也仅仅包括这两个频率:$y(t)=ax(t)=a\cos(\omega_1 t)+a\cos(\omega_2 t)$。这就像一道红光和一道绿光在交汇以后其颜色不会变化一样。

如果放大器是非线性的,即 $y=ax+bx^2$,那么在输出信号中除了包含这两个频率和其倍频信号以外,还出现了两个新的信号频率:$\omega=\omega_2\pm\omega_1$。此时可以用一个低通滤波器来屏蔽掉其他频率的信号,从而可以更加准确地测量那个差频信号:$\omega_d=\omega_2-\omega_1$。此外,低通滤波器还可以有效地降低噪声信号水平,从而进一步提高测量精度。一般来说,非线性效应会随着输入信号的增强而变得越发严重。在光学领域也有类似的现象,当一束红色的强激光通过非线性介质时,也会出现二次谐波,结果会发出蓝光。此外,当两束不同颜色的强激光在非线性介质中耦合时也会出现混频效应从而产生出其他颜色的光。

如图 6.13(a)所示的是一个推挽(push-pull)功率放大器电路,实际上就是两个射极跟随器的组合。当输入信号大于零时,上方的 npn 晶体管工作;而在输入信号小于零时,下方的 pnp 晶体管工作。然而,当输入信号的绝对值小于 0.5V 时,晶体管处于截止状态。所以,在如图 6.13(b)所示的输出波形中在零电压附近出现了严重的变形,结果 THD 高达

23.1%,这在实际应用中是不可接受的。

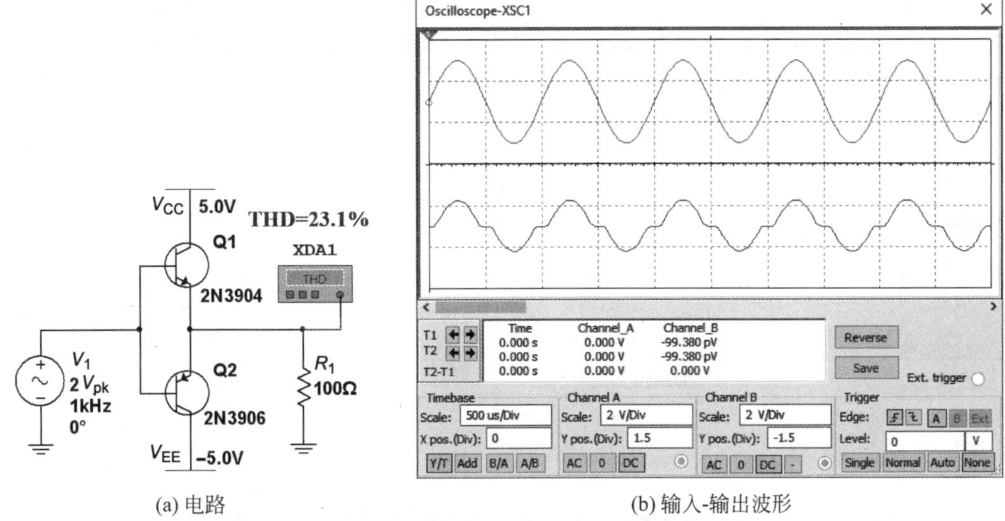

(a) 电路

(b) 输入-输出波形

图 6.13 推挽功率放大器

如图 6.14(a)所示的电路中利用一个开环放大倍数为 100 的运放引入了负反馈,它迫使输入与输出信号基本相同,结果严重的失真几乎彻底消失了。在图 6.14(b)中,位于上方的是来自信号源的输入信号,而位于下方的是取自负载 R_1 上的输出信号。用肉眼来观察,这两个信号几乎看不出有任何差别。当然,这个运放也可以被其他放大器所取代,但是电路看起来会复杂一些。

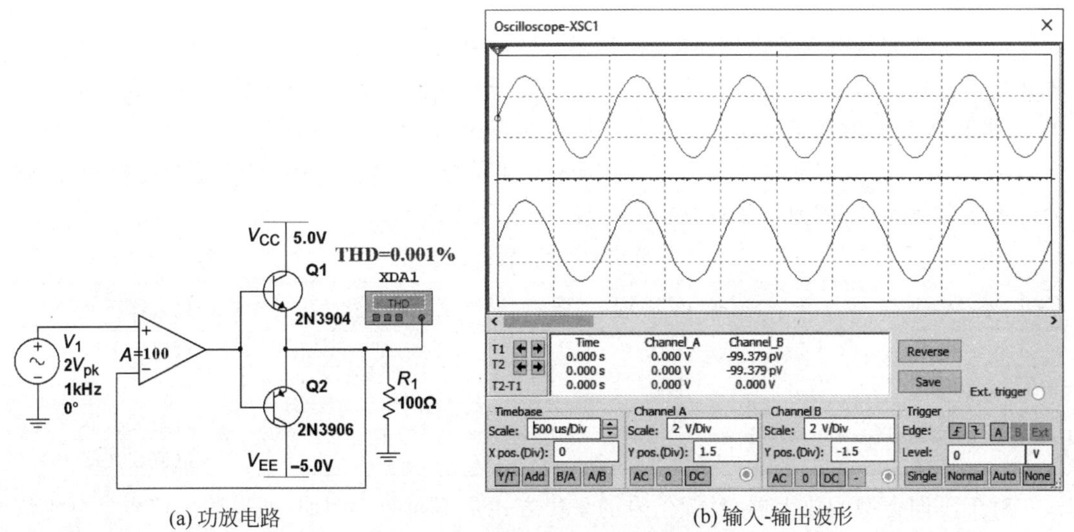

(a) 功放电路

(b) 输入-输出波形

图 6.14 反馈推挽功率放大器

如果希望理解反馈系统消除失真的机制,则需要考察一下运放的输出信号。在图 6.15(b)中可以看出，为了消除因 BJT 的阈值电压导致的失真，运放的输出信号“跳过”了这一区域。此外，这个信号的振幅比输入信号要大，它相当于把正弦波从中间切开，然后植入了一段几乎竖直的线段，然后再把波形整合起来。从另一个角度来看，为了防止功放输出信号变形，先把输入信号做了“预处理”，然后把变形后的信号输入了功放。让人感到惊奇的是，如此精妙的信号处理是由反馈系统自动完成的。

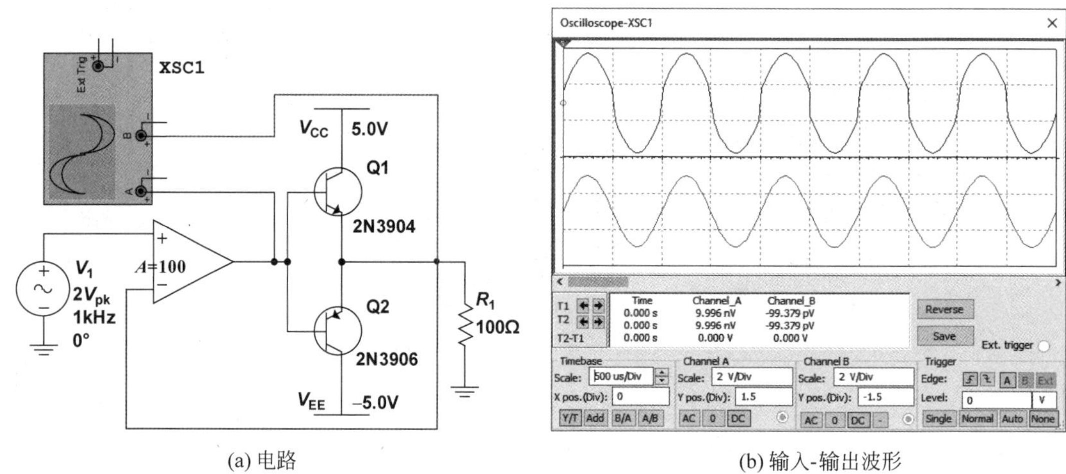

(a) 电路　　　　(b) 输入-输出波形

图 6.15　反馈推挽功率放大器的输入信号分析

6.6　阻抗调节

当一个放大器引入了负反馈以后，其输入和输出阻抗都会发生变化。值得庆幸的是，这种变化一般来说总是有益的，尽管付出了增益降低的代价。例如，电压放大器是人们最熟悉的，它的输入和输出都是电压信号。如果引入负反馈，那么其输入阻抗会增大，而输出阻抗会减小。其实，放大器的核心是一个受控源；如果按照电压信号和电流信号来进行分类，则会出现 4 种放大器，就像有 4 种受控源一样，如表 6.1 所示。

表 6.1　放大器的类型

输入信号	输出信号	增益的单位	放大器类型
电压	电压	V/V	电压放大器
电压	电流	S	跨导放大器
电流	电压	Ω	跨阻放大器
电流	电流	A/A	电流放大器

对于不同类型的放大器，反馈信号的采集方式是不同的。例如，如果输出信号是电压信号，反馈信号的采集则十分简单，只需用一根导线连到输出端即可。如果从负载的角度来回看放大器，这根反馈信号采集线与放大器的输出端是并联的，因此会导致输出阻抗的降低：$Z_{of}=Z_o/(1+A\beta)$。如果输出信号是电流信号，那么反馈信号的采集就只能采取串联的方

式，因此会导致输出阻抗的增大：$Z_{of}=(1+A\beta)Z_o$。

与此类似，在输入端反馈信号与输入信号之间的结合方式也有两种不同的方式。如果输入端是电压信号，满足 $v_e=v_i-v_f$ 的方式只能是让反馈电路与放大电路串联，因此其输入阻抗会增大：$Z_{if}=(1+A\beta)Z_i$。如果输入端是电流信号，满足 $i_e=i_i-i_f$ 的方式只能是让反馈电路与放大电路并联，因此其输入阻抗会减小：$Z_{if}=Z_i/(1+A\beta)$。这些结果总结在表 6.2 中。

表 6.2　耦合方式和阻抗变化

放大器类型	输入耦合	输入阻抗	输出耦合	输出阻抗
电压放大器	串联	$Z_{if}=(1+A\beta)Z_i$	并联	$Z_{of}=Z_o/(1+A\beta)$
跨导放大器	串联	$Z_{if}=(1+A\beta)Z_i$	串联	$Z_{of}=(1+A\beta)Z_o$
跨阻放大器	并联	$Z_{if}=Z_i/(1+A\beta)$	并联	$Z_{of}=Z_o/(1+A\beta)$
电流放大器	并联	$Z_{if}=Z_i/(1+A\beta)$	串联	$Z_{of}=(1+A\beta)Z_o$

在这 4 种放大器类型中，电压放大器人们十分熟悉，而电流放大器可以用 BJT 来实现。因此，这里就着重介绍其余两种。其实，跨导放大器与电压放大器并没有什么本质不同，差别仅仅在于输出信号的选择。图 6.16(a)是一个比较熟悉的共发射极放大器，如果输出信号来自集电极的电压信号。然而，如果采集的是集电极的电流信号，那么它就变成了一个跨导放大器。

图 6.16(a)中的电路没有反馈，因此只需确定其输入与输出信号就可以算出其增益。输入信号来自信号源($x_i\leftrightarrow v_b$)，而输出信号取自集电极电流($x_o\leftrightarrow i_c$)，从仿真结果就可以求出其增益：$A=(722\times10^{-6})/(20\times10^{-3})\approx36.1(\text{mS})$。此外，也同时可以求出其输入阻抗：$R_i=(20\times10^{-3})/(4.71\times10^{-6})\approx4.25(\text{k}\Omega)$。如果厄利效应可以忽略，那么这个放大器的增益可以用晶体管的跨导来近似：$A=i_c/v_b\approx g_m\approx38.6\text{mS}$。此外，其输入阻抗也可以用晶体管小信号模型的参数来近似，$R_i\approx r_\pi=V_T/I_B\approx3.59\text{k}\Omega$。

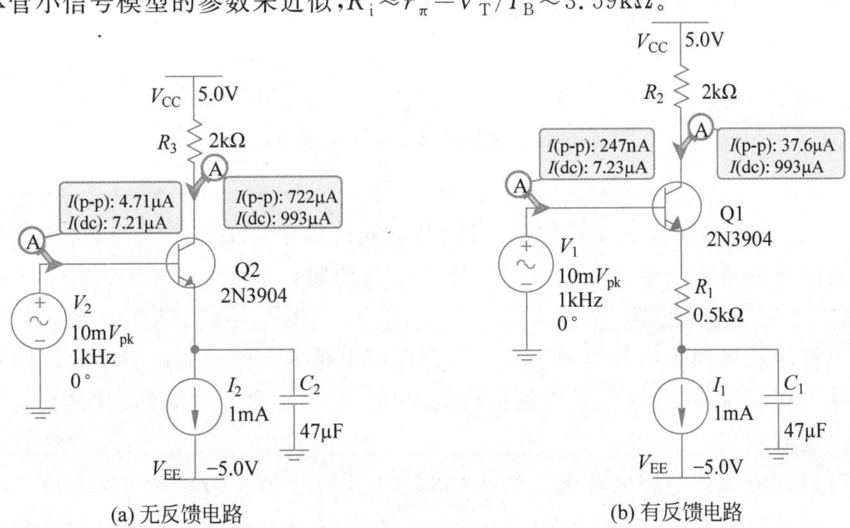

(a) 无反馈电路　　(b) 有反馈电路

图 6.16　跨导放大器输入阻抗仿真

在如图 6.16(b)所示的电路中，晶体管的发射极下方添加了一个反馈电阻，利用同样的方法可以求出其输入阻抗：$R_{if}=(20\times10^{-3})/(247\times10^{-9})\approx81.0(\text{k}\Omega)$。由此可见，在添加了这个反馈电阻以后，输入阻抗增加了 19.1 倍。此外，可以找出与负反馈系统所对应的参数：反馈信号就是晶体管发射极的电压信号：$x_f\leftrightarrow v_e$，由此可以求出反馈增益：$\beta=v_e/i_c\approx v_e/i_e=R_1$。接下来就可以算出反馈量：$1+A\beta\approx19.1$。当然，也可以通过对比图 6.16 中两个电路的结果来直接求出这个参数：$1+A\beta=A/A_f=i_c/i_{cf}\approx19.2$。如果按照表 6.2 中的公式来计算，输入阻抗应该是：$R_{if}=(1+A\beta)R_i\approx81.6\text{k}\Omega$，它与仿真结果十分吻合。

为了求出输出阻抗，需要关闭输入信号源，然后在输出端添加一个测试信号源，如图 6.17 所示。从仿真结果可以得到这两个电路的输出阻抗：$R_o=(20\times10^{-3})/(249\times10^{-9})\approx80.3(\text{k}\Omega)$，$R_{of}=(20\times10^{-3})/(14.0\times10^{-9})\approx1.43(\text{M}\Omega)$，两者的比例是 $R_{of}/R_o=17.8$。如果按照表 6.2 中的公式来计算，这个比值应该是 $R_{of}/R_o=1+A\beta=19.2$。尽管两者之间有些差别，但是作为估算这个公式还是可以采用的。这个电路在下一章还会遇到，因为输出电阻是镜像电流源的最重要参数。

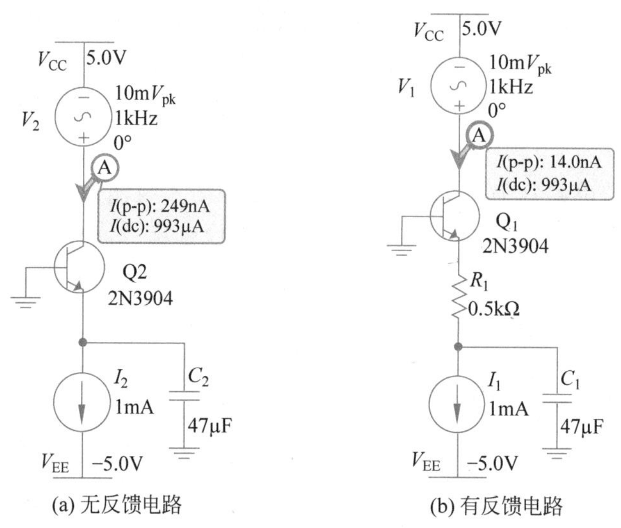

图 6.17 跨导放大器输出阻抗仿真

图 6.18(a)中的电路是一个跨阻放大器，其输入信号来自于一个电流源，而输出信号取自晶体管集电极的电压信号。首先可以计算一下其跨阻：$A=2.10/(10\times10^{-6})=210\text{k}\Omega$。此外，还可以求出其输入电阻：$R_i=(31\times10^{-3})/(10\times10^{-6})=3.1(\text{k}\Omega)$。图 6.18(b)中的电路在晶体管的基极和集电极之间引入了一个反馈电阻 R_1，流经此电阻的电流信号就是反馈信号。从这里可以看出，这个反馈路径与输入和输出节点都是并联的，其结果会导致输入和输出电阻同时减小。

首先可以算出反馈电路的跨阻：$A_f=(330\times10^{-3})/(10\times10^{-6})=33(\text{k}\Omega)$。从跨阻值的变化可以得到反馈量：$1+A\beta=A/A_f\approx6.36$。代入表 6.2 中的公式就可以推测出反馈电

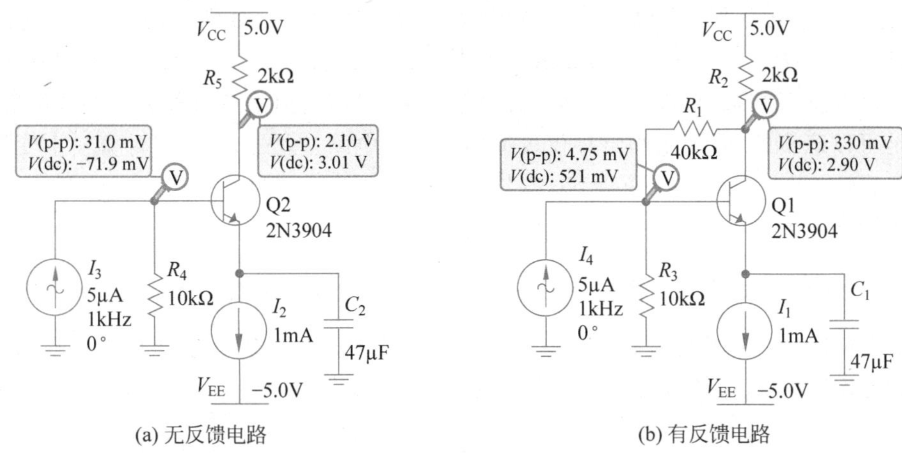

图 6.18 跨阻放大器输入阻抗仿真

路的输入电阻值：$R_{if}=R_i/(1+A\beta)\approx 487\Omega$。作为验证，可以从仿真结果来直接求出输入电阻：$R_{if}=(4.75\times10^{-3})/(10\times10^{-6})=475\Omega$，这两个结果十分接近。

在求输出电阻的时候需要把原来的信号源关闭，然后在输出节点添加一个测试信号源，如图 6.19 所示。从仿真结果很容易求出各自的输出电阻：$R_o=(20\times10^{-3})/(10.3\times10^{-6})\approx1.94(\text{k}\Omega)$，$R_{of}=(20\times10^{-3})/(61.0\times10^{-6})\approx328(\Omega)$。如果用表 6.2 中的公式来计算，$R_{of}=R_o/(1+A\beta)\approx305(\Omega)$，它与仿真得到的结果基本符合。

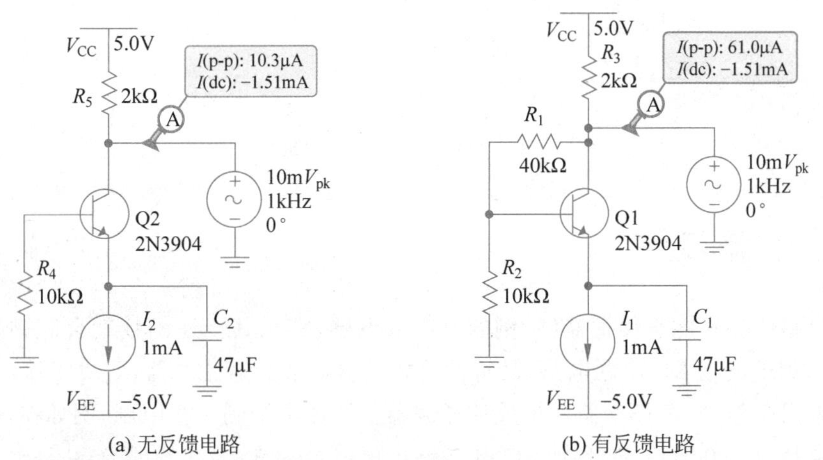

图 6.19 跨阻放大器输出阻抗仿真

除此之外，还可以用米勒定理来分析这个电路。从图 6.20(a)中可以求出反馈电阻两端之间的电压放大倍数：$A_V=(-330\times10^{-3})/(4.75\times10^{-3})\approx-69.5\text{V/V}$，因此 $K=69.5$。然后把 R_1 分割为两部分，分别并入输入端和输出端，如图 6.20(b)所示。这里简单回顾一下米勒定理：想象电阻 R_1 变成了一个跷跷板，左端是很弱的输入信号，而右端是很强的输出信号。因此，这个跷跷板的支点应该十分靠近左侧，它相当于“虚地”。这个电阻

R_1 需要这样来进行分割：左侧为一份，右侧为 K 份，然后两边分别接地。因此，这两个电阻分别是：$R_{11}=R_1/(1+K)\approx 567\Omega$，$R_{12}=R_1\cdot K/(1+K)\approx 39.4\text{k}\Omega$。如果对比图 6.20 中两个电路的仿真结果，可以看出，其直流分量发生了变化，但是交流分量却基本保持不变。这应该是可以理解的，因为米勒定理仅仅适用于交流电路。此外，还可以计算一下变换后的输入电阻：$R_i=R_{11}\parallel R_3\parallel r_\pi\approx 485\Omega$，它与原始电路的输入电阻十分接近。然而，如果计算输出电阻则会相差甚远，因为反馈机制已经消失了。

> **K** 很多传感器的输出信号类似于一个电流源，例如光电传感器。因此，与之相连的放大器就具有跨阻放大器的特性。不过，人们可以用运算放大器加一个反馈电阻来实现跨阻放大器的功能，而不必使用这里介绍的晶体管电路。

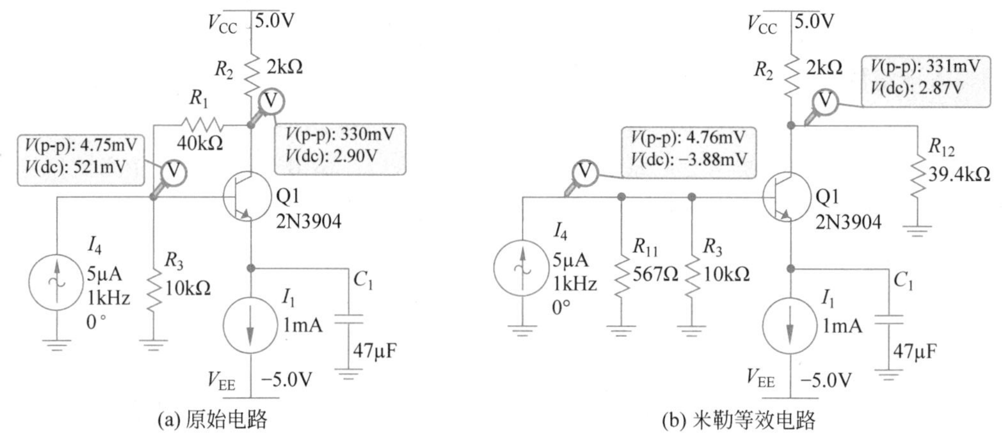

图 6.20 跨阻放大器输入阻抗仿真

6.7 主动滤波器

如果电路中存在能量储存器件，例如电容或电感，那么其传递函数就会随频率而变化。一个简单的例子就是 RC 串联电路，其特性可能是低通或高通滤波器，取决于输出信号取自电容还是电阻。但是，由被动器件组成的滤波器在性能上受到一些限制，例如在其通频段的增益也不会超过 1(0dB)。如果把 RC 电路与运放组合起来，就可以形成主动滤波器，从而突破被动滤波器的局限性。

在探讨主动滤波器之前，需要研究一下运放本身的频率响应。LM471 是一种常用的运放，图 6.21 是其频率响应。可以看出，开环放大器的截止频率很低，小于 10Hz。由于第二极点所对应的频率非常高，所以其频率响应可以近似为一个一阶低通滤波器。

$$A(s)=A_o\frac{\omega_o}{s+\omega_o} \tag{6.11}$$

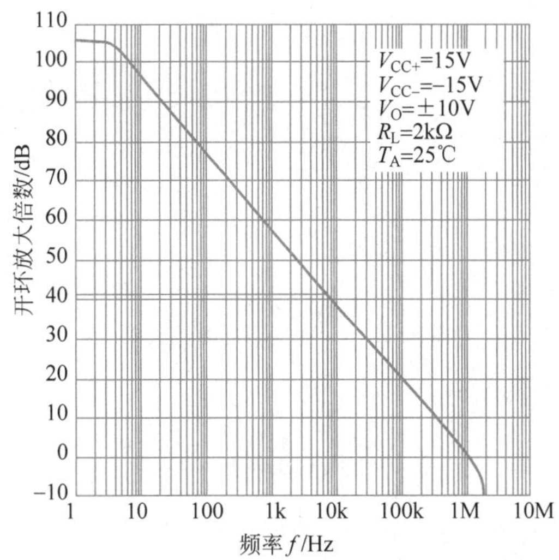

图 6.21　LM471 运算放大器的频率响应

然而，当存在负反馈的时候，其增益会降低，但是其带宽会增加，如图 6.21 中增益略高于 40dB 处的红线所示。

$$A_f(s)=\frac{A(s)}{1+A(s)\beta}=A_{fo}\frac{\omega_{fo}}{s+\omega_{fo}} \tag{6.12}$$

其中，$A_{fo}=\dfrac{A_o}{1+A_o\beta}$，$\omega_{fo}=(1+A_o\beta)\omega_o$。由此可以看出，增益与带宽的乘积是不变的：$A_{fo}\omega_{fo}=A_o\omega_o$；因此，它成为了运放的一个核心参数：增益带宽积（Gain-Bandwidth Product，GBP）。从图 6.21 中可以直接得出这个参数：当增益降到 1(0dB)的时候，其所对应的频率就是增益带宽积，所以这个参数也被称为“单位增益频率”（unity gain frequency）。从图 6.21 中可以看出，LM741 运放的单位增益频率大约是 1MHz，而宽带运放的这个参数可以超过 1GHz。在 6.3 节的末尾介绍了缓冲器电路，深度的负反馈使其增益降为 1；与此同时，其带宽却增大到增益带宽积。

> **K** 在选择运算放大器时，除了“增益带宽积”以外，还要考虑“电压转换速率”或“压摆率”(Slew Rate，SR)这个参数。如果输入信号是一个单位阶跃函数，在理想情况下，输出应该也是阶跃函数。然而，由于输出端总会有寄生电容，而电路所提供的电流是有限的，所以输出信号会呈现出一条斜线，其斜率被称为“电压转换速率”。例如，LM741 的这个参数只有 0.5V/μs，而很多运放可以达到 1000V/μs。一般而言，“增益带宽积”与“电压转换速率”这两个参数是正相关的；但是，在输出信号比较强的时候，需要同时考虑这两个参数。

主动滤波器电路可以看作同相和反相放大器的扩展，因此，也有两种不同的输入方式，如图 6.22 所示。当滤波器的截止频率远小于运放带宽的时候，运放的极点可以忽略不计。

如图 6.22(a)所示的同相输入滤波器电路比较容易分析，因为它可以分解为一个 RC 滤

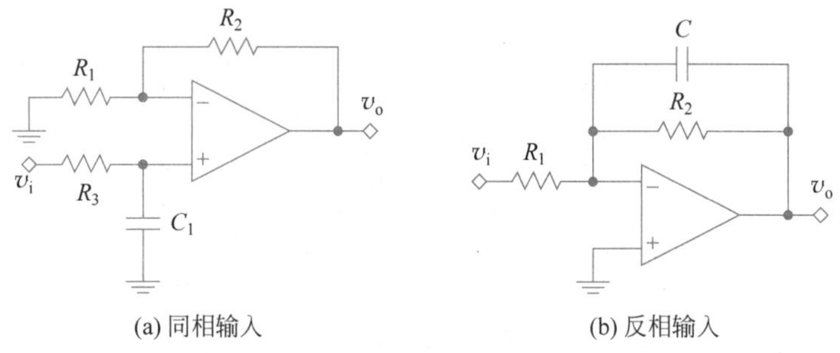

(a) 同相输入 (b) 反相输入

图 6.22 一阶主动低通滤波器

波器和一个同相输入放大器。

$$T(s)=T_1(s)T_2(s)=\left(1+\frac{R_2}{R_1}\right)\frac{\omega_c}{s+\omega_c} \tag{6.13}$$

与同相滤波器相比，如图 6.22(b)所示的反相输入滤波器电路更为简洁，因此被广泛采用。在分析这个电路的时候，并联的 R_2 和 C 可以当作一个器件，从而可以利用反相输入放大器的公式来推导其传递函数。

$$T(s)=-\frac{Z_2}{R_1}=-\frac{1}{R_1Y_2}=-\frac{1}{R_1\left(\frac{1}{R_2}+sC\right)}=-\frac{R_2}{R_1}\frac{\omega_c}{s+\omega_c} \tag{6.14}$$

从推导过程中可以看出，其截止角频率为 $\omega_c=1/(R_2C)$。图 6.23 是仿真的结果，其中的参数如下：$R_1=1\text{k}\Omega$，$R_2=100\text{k}\Omega$，$C=100\text{nF}$。通过计算可以得出其通频段的增益是 40dB，而截止频率是 $f_c\approx15.9\text{Hz}$，这些参数与仿真的结果基本一致。

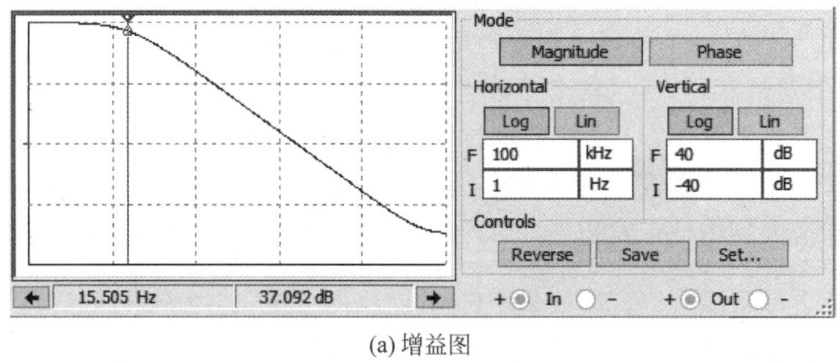

(a) 增益图

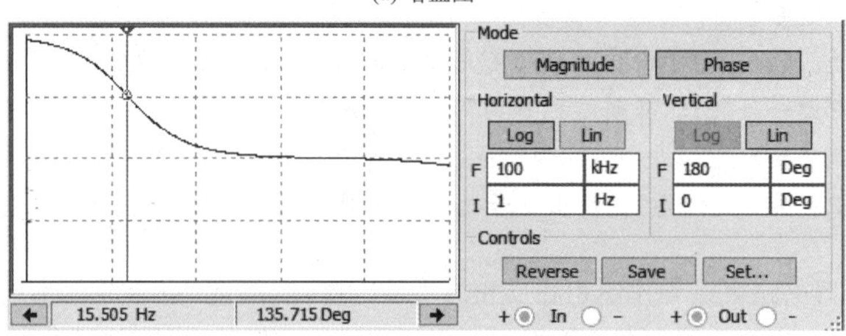

(b) 相位图

图 6.23 一阶主动低通滤波器仿真结果

与低通滤波器类似，高通滤波器也有两种不同的输入方式，如图 6.24 所示。同相输入滤波器也可以分为滤波器和放大器两个部分，因此在分析起来比较简单。然而，反相输入滤波器的电路更加简洁，所以重点分析这个电路。

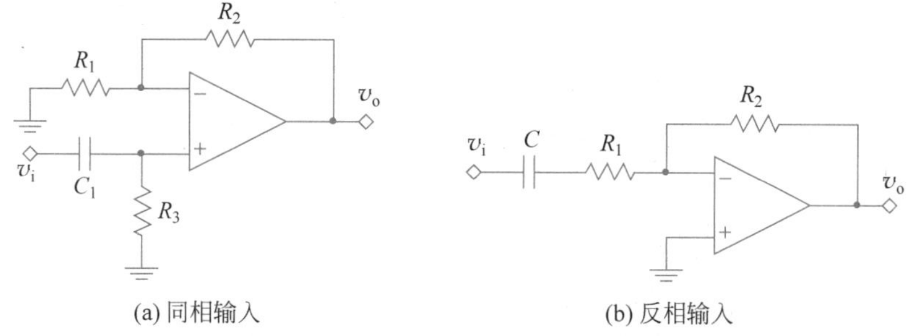

(a) 同相输入　　(b) 反相输入

图 6.24　一阶主动高通滤波器

如果把图 6.24(b)中的 R_1 和 C 组合起来，则可以利用反相输入放大器的公式来得到其传递函数。

$$T(s)=-\frac{R_2}{Z_1}=-\frac{R_2}{R_1+1/sC}=-\frac{R_2}{R_1}\frac{s}{s+\omega_c} \tag{6.15}$$

其中的截止角频率是 $\omega_c=1/(R_1C)$。图 6.25 是仿真的结果，其中的参数如下：$R_1=1\text{k}\Omega$，$R_2=100\text{k}\Omega$，$C=10\mu\text{F}$。通过计算可以得出其通频段的增益是 40dB，而截止频率是 $f_c\approx 15.9\text{Hz}$，这些参数与仿真的结果基本一致。然而，在大约 10kHz 的地方有一个极点出现，它来自于运放。LM741 的单位增益频率在 1MHz 左右，当增益提高到 40dB 的时候，其截止频率降为 10kHz。由此可以看出，用 LM741 来实现的高通滤波器是有一定局限性的。如果信号频率较高，则需要选用宽带运放。

> **K** 在很多实际的应用中，一阶滤波器的坡度太平缓，从而导致其滤波的效果不太理想。因此，往往需要采用高阶滤波器。在理解了一阶主动滤波器的基础上，高阶主动滤波器电路也很容易了解和掌握。此外，利用运放还可以很容易实现带通和带阻滤波器。

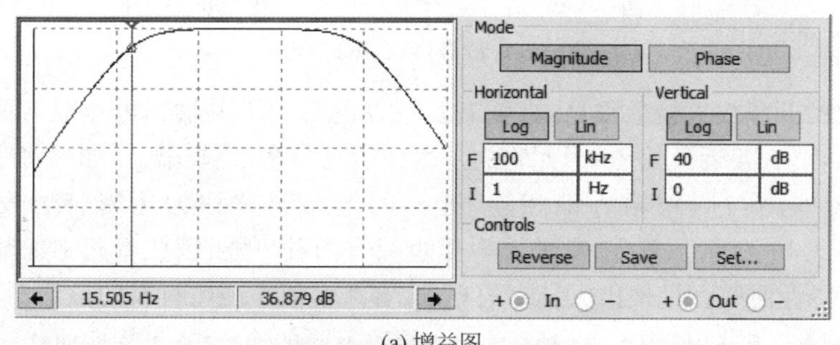

(a) 增益图

图 6.25　一阶主动高通滤波器仿真结果

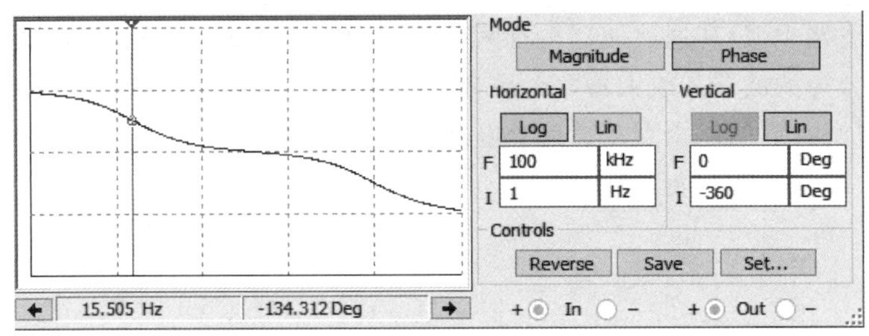

(b) 相位图

图 6.25 （续）

6.8 数字正反馈电路

由 6.1 节的介绍可知，负反馈系统相当于在势能曲线的低谷处，在扰动消失以后系统会回到稳定状态。然而，正反馈系统则相反，它相当于在势能曲线的高峰处。此时，如果系统有两个稳定状态，那么系统最终会处于其中之一，如图 6.26(a)所示。这样的系统可以用作一个记忆体单元，而静态随机存储器(SRAM)就是利用了这一原理。如图 6.26(b)所示，这个存储器的核心是两个首尾相连的“非门”或反相器，它们形成了一个正反馈回路。它有两个稳定状态：$Q=1$ 和 $Q=0$，因此可以用来存储一个比特的信息。在此存储核心两侧的晶体管的作用就相当于电路的开关，它们可以控制对存储单元中信息的读写。与动态随机存储器(DRAM)相比，静态随机存储器的读写速度更快，而且也不需要经常刷新，因此它被用于 CPU 和 DRAM 之间的高速缓存(cache memory)。

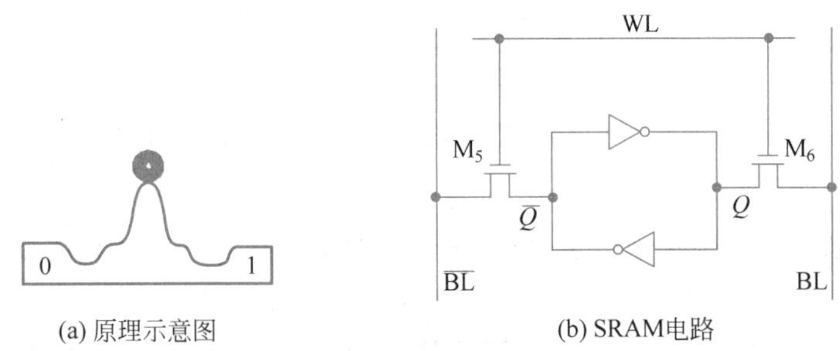

(a) 原理示意图　　(b) SRAM电路

图 6.26 静态随机存储器单元

由于运放的开环放大倍数很高，在没有负反馈的情况下其输出电压只有两种可能：要么接近正偏压，要么接近负偏压，因此它的基本功能是一个“比较器”。如果将一个由两个电阻构成的反馈回路与同相输入端相连，这样的电路就被称为施密特触发器(Schmitt trigger)，如图 6.27 所示。首先，其输出电压也只有两种可能，因此看起来像数字电路。其次，输入-输出特性曲线会呈现出“迟滞”的现象，有些类似于硬磁材料的磁滞曲线。此外，输入信号有两种接入方式，如图 6.27 所示，这会导致不同的输入-输出特性曲线。

如果用常规的思维模式来分析施密特触发器就会遇到一些困难，因为有时相同的输入会有截然不同的输出。由于反馈回路的存在，输出电压会影响到同相输入端的电压。换言

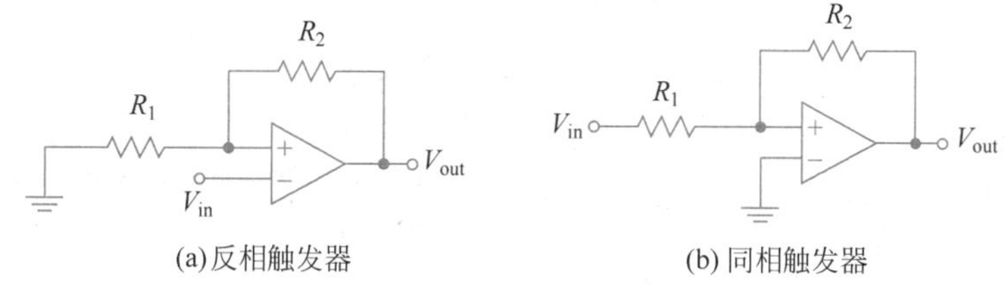

图 6.27 施密特触发器

之,输出电压实际上成为了另一个输入信号。因此,在分析这个电路时,需要增加一个新的维度:时间。如果换一个角度来看,这个正反馈系统具有记忆功能,因此,输出电压可以被当作一个状态参数。学过数字电子电路的读者,可以把这个电路当作一个简单的"状态机"(state machine)。然而,尽管这个电路存在反馈回路,实际上还是可以按照开环放大器来分析。换言之,其工作原理依旧类似于"比较器":(a)$V^+ > V^-$,$V_{out}=V_{OH}$;(b)$V^+ < V^-$,$V_{out}=V_{OL}$;这里 V^+ 和 V^- 分别代表同相和反相输入端的电压,而 V_{OH} 和 V_{OL} 则分别代表输出端的高电平和低电平。

反相施密特触发器电路分析起来相对简单一些,因为输入和反馈信号之间彼此独立,如图 6.27(a)所示。同相输入端的电压是由输出端电压来控制的:$V^+ = \frac{R_1}{R_1+R_2}V_{out}$。因此,这里存在两个不同的阈值:

$$V_{TL} = \frac{R_1}{R_1+R_2}V_{OL},\quad V_{TH} = \frac{R_1}{R_1+R_2}V_{OH} \tag{6.16}$$

举例来说,$R_1=R_2$,$V_{OL}=-4V$,$V_{OH}=+4V$,由此可以得出这两个阈值:$V_{TL}=-2V$,$V_{TH}=+2V$。当输入信号在这两个阈值之间的时候,输出端电压有两种可能:V_{OL} 或 V_{OH}。对于有状态记忆的系统来说,输出信号不仅取决于当前的输入信号,还与其"历史"有关,因为这个历史过程决定了现在的状态参数。然而,当输入电压在这两个阈值以外的时候,输出端电压只有一种可能。根据"比较器"的工作原理,当 $V_{in} < V_{TL}$ 时,$V_{out}=V_{OH}$;当 $V_{in} > V_{TH}$ 时,$V_{out}=V_{OL}$。

利用 Multisim 的 DC Sweep 功能可以仿真正向扫描曲线,如图 6.28 所示。横轴表示输入信号(V_1)从$-5V$ 变到$+5V$,而纵轴是输出信号。当 LM741 运放的偏压为$\pm5V$ 时,其输出电压的范围在$\pm3.96V$ 之间,因此其阈值大约在$\pm2V$。遗憾的是,Multisim 不支持反向扫描($+5V \rightarrow -5V$);不过,根据前面的介绍可以推测出其结果,它与正向扫描应该是对称的。总之,利用正反馈回路施密特触发器可以实现"矫枉过正"的功能。

如果改变这两个电阻的比例,那么根据式(6.16)就可以求出相应的阈值电压,从而实现对中间"迟滞"区域宽窄的调节。此外,如果 R_1 的左侧与一个电压源(V_2)相连,则可以把这个"迟滞"区域向左或向右平移,因为阈值电压与电压源 V_2 之间的关系可以用线性叠加的方法来求得:

$$V_{TL,S} = V_{TL} + \frac{R_2}{R_1+R_2}V_2$$

$$V_{TH,S}=V_{TH}+\frac{R_2}{R_1+R_2}V_2 \tag{6.17}$$

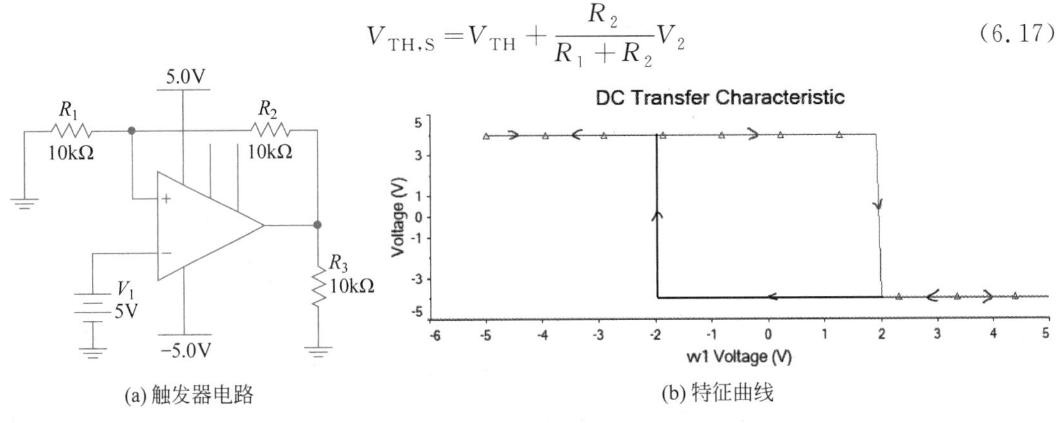

(a) 触发器电路　　(b) 特征曲线

图 6.28　反相施密特触发器特征曲线

> **K** 施密特触发器的一个主要应用就是把模拟信号转化为数字信号，从而可以用于对一些系统进行控制；例如，启动或关停电动机。“迟滞”现象可以有效地消除噪声信号的干扰，从而避免频繁地开关设备。例如，大部分汽车都可以在夜间自动开启车灯，而在白天则自动将其关闭。然而，在黄昏或拂晓的时候光线的强度会接近探测器的阈值，此时一些干扰因素，如立交桥或树的阴影，就会造成车灯频繁地开关。如果使用了施密特触发器，则可以避免这种现象的出现。

在图 6.29(a)中用一个交流信号源来模拟外界的信号，而施密特触发器的阈值在±2V左右。从图 6.29(b)的仿真结果中可以看出，当输入信号从低到高变化时，其阈值是+2V；然而，当输入信号从高到低变化时，其阈值是−2V。

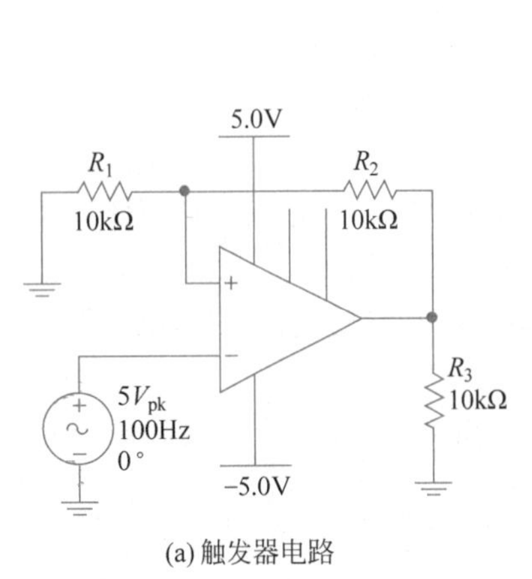

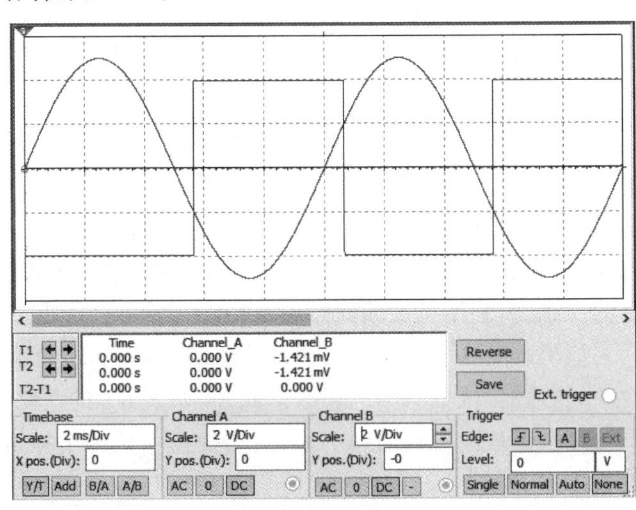

(a) 触发器电路　　(b) 正弦波转化为方波

图 6.29　反相施密特触发器

图 6.30(a)是同相施密特触发器的电路图，利用叠加原理就可以求出运放同相输入端的电压值：$V^{+}=\frac{R_1}{R_1+R_2}V_O+\frac{R_2}{R_1+R_2}V_1$，其中输出端电压 V_O 只能是 V_{OL} 或 V_{OH}。触发器阈值的条件是 $V^{+}=V^{-}=0$，由此可以求得这两个阈值：$V_{TL}=-\frac{R_1}{R_2}V_{OH}$，$V_{TH}=-\frac{R_1}{R_2}V_{OL}$。前面提到过，在±5V 的偏压下，运放的输出电压在±4V 左右。依此可以算出其阈值为：$V_{TL}\approx-2V$，$V_{TH}\approx+2V$。图 6.30(b)是仿真的结果，从中可以看出其阈值与计算结果十分吻合。如果运放的反相输入端连接一个直流电压源(V_2)，则可以实现迟滞区的平移。在这种情况下，利用同样的方法可以求出其阈值的表达式：

$$
\begin{aligned}
V_{TL,S}&=V_{TL}+\frac{R_1+R_2}{R_2}V_2\\
V_{TH,S}&=V_{TH}+\frac{R_1+R_2}{R_2}V_2
\end{aligned}
\tag{6.18}
$$

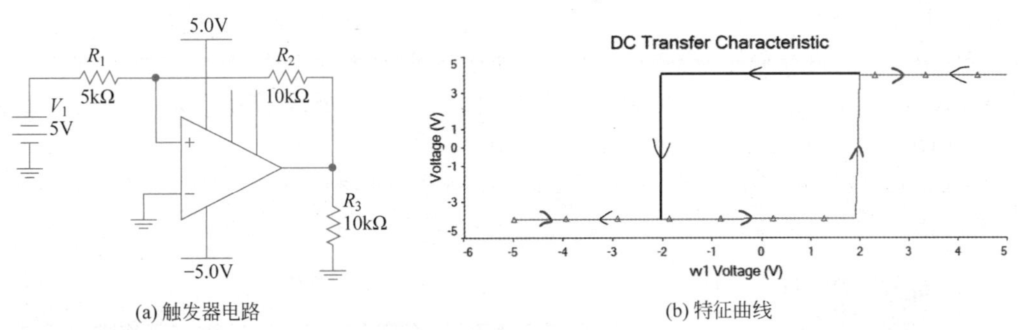

(a) 触发器电路　　(b) 特征曲线

图 6.30　同相施密特触发器特征曲线

在如图 6.31(a)所示的电路中，$V_{TL}\approx-0.5V$，$V_{TH}\approx3.5V$。与图 6.30 中的结果相比，迟滞区间向右平移了 1.5V，它来自于式(6.18)中的第二项。图 6.31(b)显示了在正弦波输入时输出信号变成了方波，从中可以看出其阈值与估算的结果十分吻合。

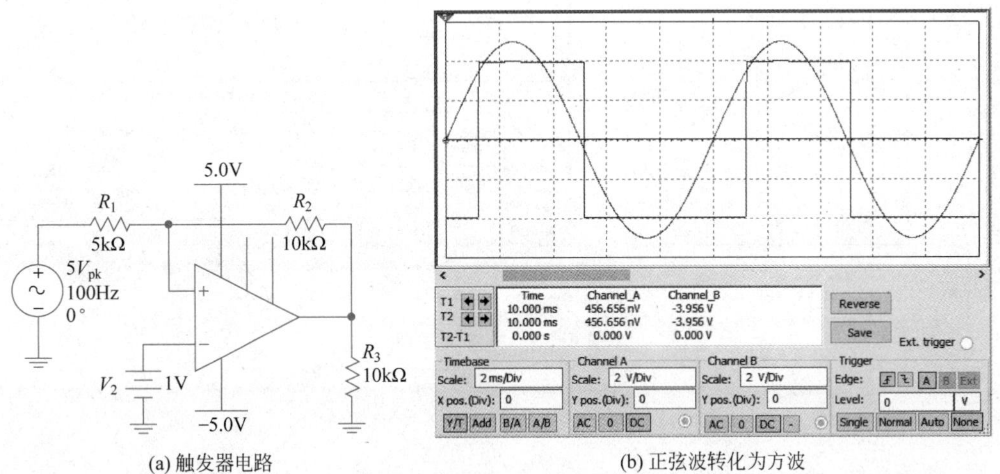

(a) 触发器电路　　(b) 正弦波转化为方波

图 6.31　同相施密特触发器

Q 在同相和反相施密特触发器之间该如何做出选择?

首先,可以观察一下迟滞区域以外的输入-输出曲线:顾名思义,当输入电压低于低阈值时,同相施密特触发器的输出处于低电平,而反相施密特触发器的输出处于高电平。同样,当输入电压高于高阈值时,同相施密特触发器的输出处于高电平,而反相施密特触发器的输出处于低电平。

其次,反相施密特触发器的一个优点是输入阻抗很高,因为其输入信号直接与运放相连。如果选择同相施密特触发器,则需要考虑负载效应。

利用施密特触发器还可以产生出方波信号,如图 6.32 所示。其中 R_1 和 R_2 构成正反馈回路,而 R_3 和 C_1 则形成一个简单的 RC 充放电回路。当输出端电压处于高电平时,运放的同相输入端的电压处在高阈值,此时电容处于充电状态,从而其电压逐渐增高。当电容上的电压达到高阈值的时候,触发器的输出发生反转而变成低电平。此后,运放的同相输入端的电压处在低阈值,而电容处于放电状态,从而其电压逐渐降低。当电容上的电压达到低阈值的时候,触发器的输出再次发生反转而变成高电平。从如图 6.32(b)所示的波形中可以看出,受限于运放的"电压转换速率"或"压摆率"(Slew Rate),输出信号在高低电平转换过程需要一定的时间才能完成。因此,如果需要用此电路产生高频方波信号,其一是选用具有更高"压摆率"的运放,其二是用非门或反相器来矫正波形。

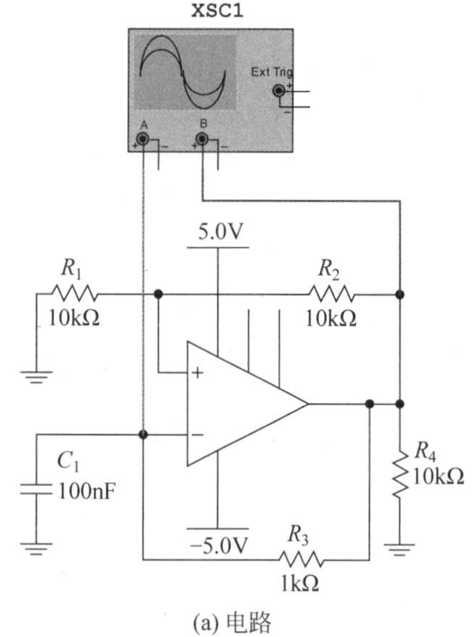

(a) 电路

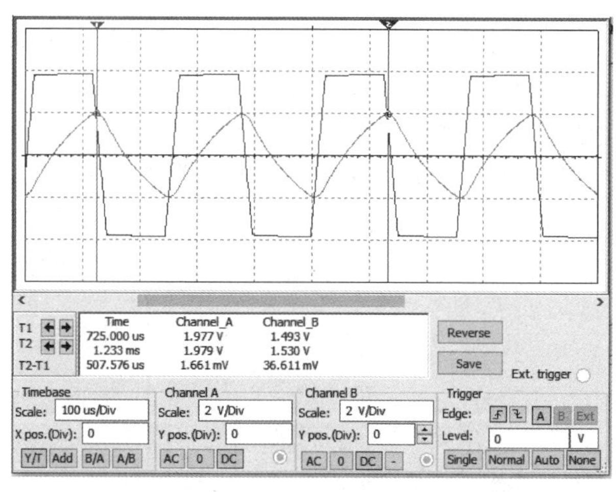

(b) 波形

图 6.32 方波发生器

6.9 维恩电桥振荡器

在 6.8 节中，运放处在“数字模式”中，在同相和反相输入端有较大的电压差，因此其输出值只能处在高电平或低电平。然而，在“模拟模式”中同相和反相输入端的电压基本相同，所以输出端的电压可以连续变化，此时正反馈就会导致振荡的输出波形。

在 6.1 节中介绍过，如图 6.33(a)所示的正反馈系统的传递函数是：

$$A_f = \frac{x_o}{x_i} = \frac{A}{1 - A\beta} \tag{6.19}$$

当式(6.19)中分母为零的时候，其增益变为无穷大，由此可以得出振荡器的工作条件：

$$L(s) = A(s)\beta(s) = 1 \Rightarrow |A| \cdot |\beta| = 1, \quad \angle A + \angle\beta = n \cdot 360° \tag{6.20}$$

其中 $L(s)$ 被称为回路增益(loop gain)，它是信号沿着反馈回路走一圈的增益。可以把这个反馈回路想象成一个激光器的共振腔，如图 6.33(b)所示。如果回路增益小于 1，信号就会越来越弱；如果回路增益大于 1，信号就会越来越强。但是，稳定的振荡器应该使信号的强度保持恒定，所以才有式(6.20)的振荡条件，它被称为巴克豪森准则(Barkhausen criterion)。

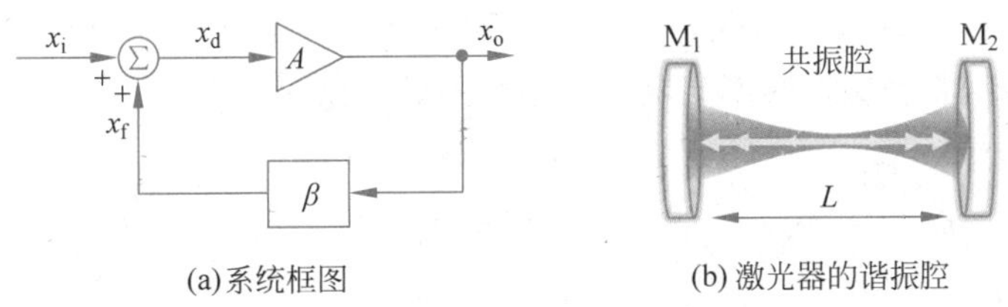

(a) 系统框图　　(b) 激光器的谐振腔

图 6.33　正反馈系统

一般来说，放大器的增益在一定频率范围内是一个常数，但是反馈的增益可以在振荡频率出现峰值。在这种情况下，只有在振荡频率下才满足巴克豪森准则，而在其他任何频率回路增益的绝对值都小于 1。此外，相位关系也十分重要，因为回路增益是一个随频率变化的复函数。

图 6.34 是维恩电桥振荡器(Wien-Bridge Oscillator)电路，与同相输入端相连的电路可以看作两个阻抗 Z_S 和 Z_P 串联的电路，它们分别表示 RC 串联和并联组合。如图 6.34(b)所示电路的基本结构十分类似于一个电桥，其架构由两个电阻(R_1 和 R_2)和两个阻抗(Z_S 和 Z_P)构成，故此得名。

与反相输入端相连的两个电阻决定了放大器的增益：$A = 1 + R_2/R_1$。如果以输出信号 V_o 作为输入，而同相输入端处的反馈信号 V_f 作为输出，那么反馈单元的传递函数就是：$\beta(s) = Z_P/(Z_P + Z_S)$。这个串并联电路被称为“领先-滞后网络”(lead-lag network)，这个名称来自于“领先网络”和“滞后网络”的组合，这两个简单的电路在相位补偿方面十分有用。下面推导出反馈网络的传递函数：

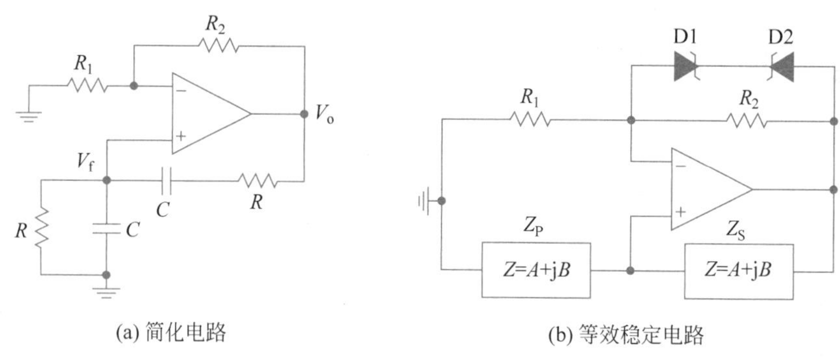

(a) 简化电路　　(b) 等效稳定电路

图 6.34　维恩电桥振荡器

$$\beta(s)=\frac{Z_P}{Z_S+Z_P}=\frac{1}{1+Z_SY_P}=\frac{1}{1+(R+1/j\omega C)(1/R+j\omega C)}=\frac{1}{3+j(\omega/\omega_o-\omega_o/\omega)} \tag{6.21}$$

上式中的振荡频率是 RC 的组合：$\omega_o=1/(RC)$。当 $\omega=\omega_o$ 的时候，分母中的虚部为零，$\beta(\omega=\omega_o)=1/3$，如图 6.35 所示。如果放大器的增益是 $A=3$，那么就满足了巴克豪森准则。维恩电桥振荡器的一个优点就是只需要电容而不需要电感，因此比较容易在集成电路中加以实现。此外，振荡频率与电容成反比，所以控制频率的效率很高。作为对比，6.10 节将介绍 LC 振荡器，它的振荡频率与电容的平方根成反比。

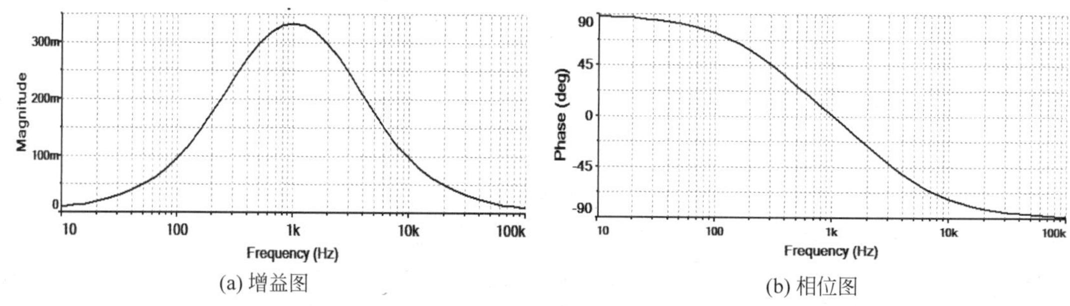

(a) 增益图　　(b) 相位图

图 6.35　领先-滞后网络的波特图

如果按照巴克豪森准则来设计维恩电桥振荡器，则会发现振荡不能自发产生。与放大器不同，振荡器是一个“无中生有”的器件。从另一个角度来看，也可以认为输入信号是无处不在的噪声信号，而振荡器则从中选择了某一个频率的信号来加以放大。所以，在最初阶段需要满足 $A\beta>1$ 的条件，这样才能实现“无中生有”的效应。然而，当信号足够强的时候，就需要满足巴克豪森准则从而避免其超出正常范围。这两个看似矛盾的要求只能通过非线性器件来加以实现；在如图 6.34(b)所示的电路图中，有两个串联的齐纳二极管与 R_2 并联。当输出信号很弱时，这两个二极管是关闭的；然而，当信号达到一定强度时，这两个二极管就会导通，从而使流经 R_2 的电流减弱，由此而降低放大器的增益。这里有一个“自稳”机制，在动态系统理论中振荡信号在相空间对应于一个“极限环”(limit cycle)。如图 6.36 所示，当输入信号的强度增大的时候，放大器的增益就会下降，直到满足巴克豪森准则时才稳定下来。

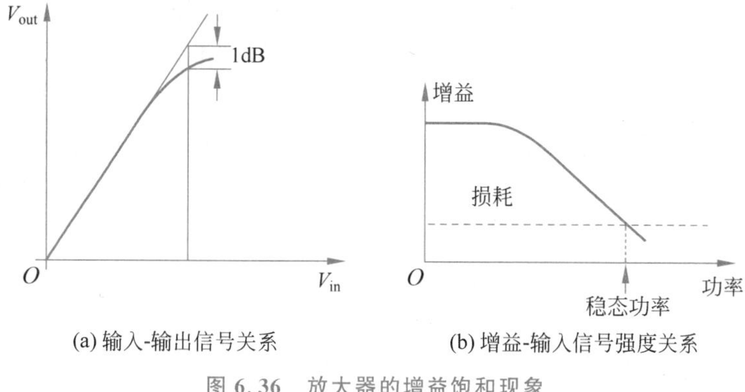

(a) 输入-输出信号关系　　(b) 增益-输入信号强度关系

图 6.36　放大器的增益饱和现象

> **K** 在动态系统理论里，极限环是相空间里的一条闭合的轨迹。极限环是非线性系统特有的现象，线性系统可以有周期解(如简谐振动)，但不存在极限环。这里的区别在于，简谐振动的振幅是随初始条件而变化的，而与之相对应的极限环的振幅则恒定不变。极限环即便受到干扰，也会逐渐回到原先的周期状态，故稳定的极限环是一种吸引子。

在实际电路中，振荡是自发出现的。然而，在仿真振荡器电路的时候，至少一个电容器需要给予初值，这样才能有振荡波形产生，图 6.37(a)是在仿真时初始条件的设置选择。图 6.37(b)是从输出端采集的振荡波形，其电路参数如下：LM741 运放的偏压：$V_{CC}=12V$，$V_{EE}=-12V$；$C=10nF$，$R=2k\Omega$，$R_1=10k\Omega$，$R_2=24k\Omega$，齐纳二极管的型号是 1N4733。如果去掉那两个齐纳二极管，也依旧会出现振荡，但是输出的波形在底部和顶端则会出现饱和，从而导致了严重的失真。

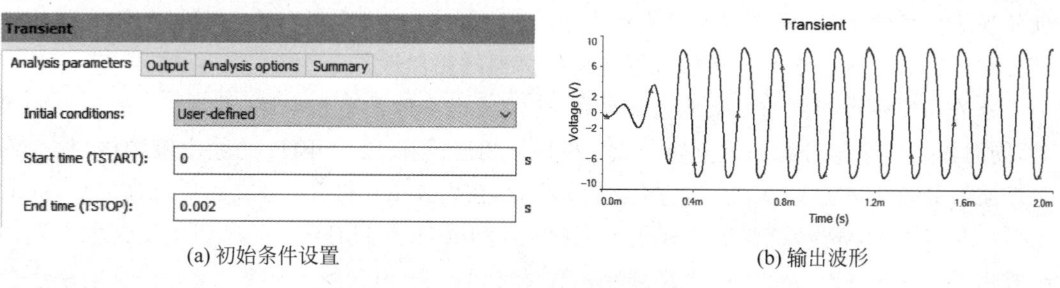

(a) 初始条件设置　　(b) 输出波形

图 6.37　维恩电桥振荡器的仿真

从如图 6.37(b)所示的波形中可以直观地看出失真的存在，然而，在 6.5 节中讨论的那些检测失真的方法不能直接应用，因为没有参照频率的信息。Multisim 提供了一个十分重要的虚拟仪器——频谱分析仪(Spectrum Analyzer)，它能够显示信号的能量(振幅)在不同频率上的分布。如果与示波器做一个对比的话，示波器横轴显示的是时间，而频谱分析仪的横轴显示的是频率。时间与频率的变换可以通过傅里叶分析来实现，因此，这两种仪器可以说是彼此互补的。在使用模拟示波器的时代，频谱分析仪是电子电路实验室里必不可少的仪器。如今大部分数字示波器都可以显示傅里叶分析的结果，它可以取代一部分频谱分析仪的功能。

图 6.38(a)显示了这个振荡器基频的信息：频率是 7.198kHz，振幅是 16.376dB(约为 6.59V)。根据电路参数可以算出其频率：$f_0=1/(RC)\approx 7.958\text{kHz}$，它与仿真结果略有差别。从频谱上可以看出，二次谐波没有出现，最强的是三次谐波。在图 6.38(b)中显示了三次谐波的信息，其频率是 22.074kHz，振幅是 −0.682dB(约为 0.924V)。如果希望改善波形，可以用一个低通滤波器来消除谐波信号。

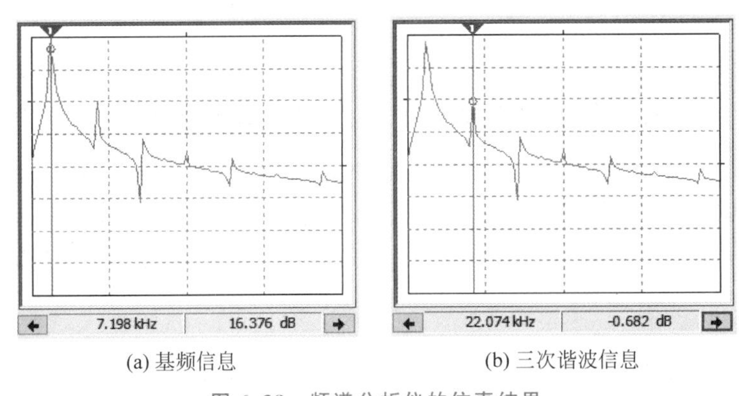

(a) 基频信息　　(b) 三次谐波信息

图 6.38　频谱分析仪的仿真结果

用运放来实现维恩电桥振荡器十分简单，因为它有着十分优异的输入-输出特性。然而，用晶体管放大器也可以代替运放；但是，电路的设计难度要大很多。图 6.39(a)就是这样的一个电路，最左侧是超前-滞后网络，其右侧的 R_7 和 R_8 构成负反馈电路，其余的部分则是一个二级放大器。如果把图中的晶体管 Q2 与运放的输入端做一个对比的话，其基极就相当于同相输入端，而其发射极则相当于反相输入端。从这两个输入端与左侧电路的连接方式可以看出这个电路与运放维恩电桥振荡器的相似性。

首先需要设计右侧的二级放大器电路，先不考虑左侧的电桥电路，此时 C_6 的左侧要接地，同时添加一个信号源通过电容与 Q2 的基极相连。在 1～20kHz 的频率范围内，放大器的增益大约是 178V/V，其相移基本为零。然后，在引入 R_3 和 R_4 组成的负反馈以后，此时增益降到了 4.85V/V，但是零相移的带宽扩展到 100Hz～1MHz。可以利用反馈放大器的公式来验证一下：$\beta=R_4/(R_3+R_4)=0.2$，$A_f=A/(1+A\beta)\approx 4.86\text{V/V}$，与仿真结果十分接近。

在完成了放大器设计以后，去掉信号源，接入超前-滞后网络，就可以得到如图 6.39(b)所示的波形。由于没有引入非线性器件，在底部出现了饱和。从这个波形图中可以测出其周期：$T=0.388\text{ms}$；由此可以算出其振荡频率：$f_0\approx 2.58\text{kHz}$。如果用正反馈网络来估算振荡频率：$f_0=1/(2\pi R_1C_1)\approx 1.59\text{kHz}$。可以看出，这两者之间的差别相当大，其主要原因在于正反馈网络与 R_5、R_6 以及 Q2 的基极直接相连，所以 R_1 和 R_2 的等效的电阻值远

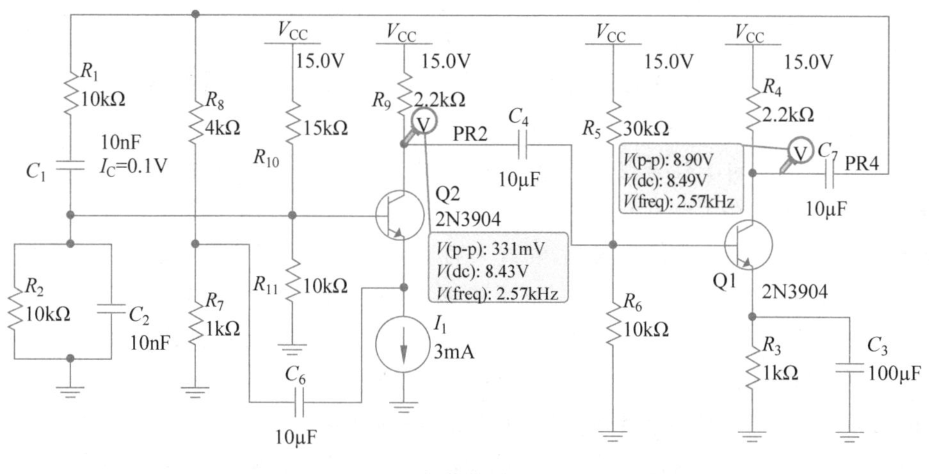

(a) 振荡器电路

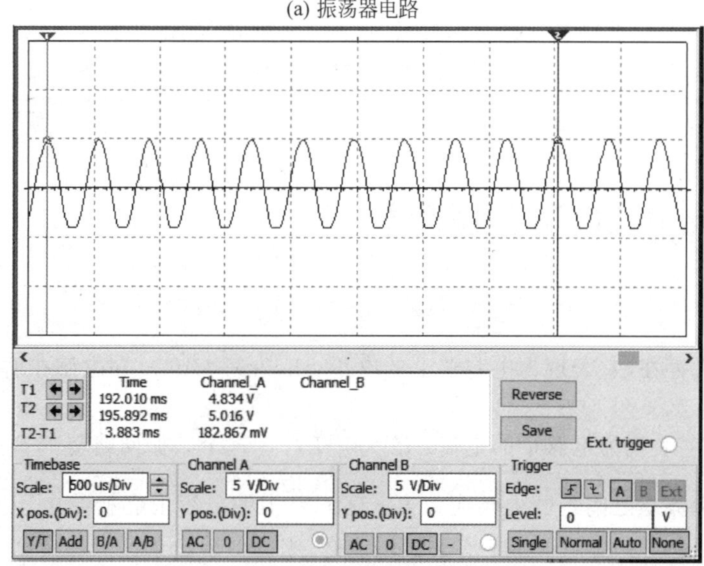

(b) 输出波形

图 6.39 晶体管维恩电桥振荡器

低于 10kΩ。如果使用运放则没有这个问题，因为其输入阻抗很高。顺便解释一下，如图 6.39(a)中所示的电路并不是最简单的，其中的电流源以及耦合电容 C_6 可以去掉，但是电路中有些器件的参数需要重新设计和调整。

K 维恩电桥振荡器是惠普(Hewlett-Packard)公司的第一个产品。在 1939 年，William Hewlett 和 David Packard 在自家的车库里创办了这家公司，他们的第一个大客户是迪士尼公司，惠普公司的产品为其动画片 *Fantasia* 提供测试设备。那时，半导体器件还没有发明出来,因此也没有齐纳二极管可以采用。为了实现振荡器的非线性特性,图 6.34(a)中的 R_1 是用灯丝材料来做的。当信号变强以后,流经 R_1 的电流会使其变热,从而导致其电阻增大而增益下降。

惠普公司是靠测量仪器业务起家的,并且在射频和微波测量仪器领域一直占据重要地位。但是随着在其他领域业务的迅速扩展,这个传统的部门在该公司总营业额中所占的比例却变得十分有限。因此,在后来的多次公司改组过程中,这部分业务所属公司的名称不断地改变。在 1999 年,测量仪器业务从母公司中分离中来,并且改名为 Agilent Technologies,而惠普公司则专注于个人计算机和打印机业务。在 2014 年,Agilent Technologies 又分为了两家公司,测量仪器业务部分更名为 Keysight Technologies,而生命科学和检测仪器部分还保持着原名。

从公司管理的角度来看,把优质但营业额较低的部分业务分离(spin off)出去是有利于其健康发展的,否则就有被边缘化的风险。此外,惠普公司把知名的品牌留给新的业务,同时让自己当初的核心业务不断改换名称,从一个侧面也说明了该公司在测量仪器领域满满的自信。

6.10 三点式 LC 回路振荡器

当电容和电感形成一个回路的时候,能量会在两个器件之间振荡。在电容中存储的能量以电场的方式存在,它表现为电容器上的电压:$E_C=\frac{1}{2}CV^2$。在电感中存储的能量以磁场的方式存在,它表现为电感中的电流:$E_L=\frac{1}{2}LI^2$。这个共振回路与弹簧振子十分类似,其能量在动能和势能之间不断地转换。当振荡回路中的电容上有初始电压时,就像把弹簧振子从平衡位置移开;如果电感上有初始电流时,则类似于给予振子一个初速度。然而,电感中总是有寄生电阻存在,就像空气对弹簧振子运动的阻力一样,随着时间的推移其能量会逐渐衰减。根据能量衰减的速度,可以定义其品质因子:

$$Q=\omega_0\frac{E}{\bar{P}_L}=\frac{f_0}{\Delta f} \tag{6.22}$$

其中共振角频率是 $\omega_0=1/\sqrt{LC}$,平均耗散功率是 $\bar{P}_L=\frac{1}{2}R_LI^2$,$R_L$ 是电感中的寄生串联电阻。由此式可以看出,电感的串联电阻越小,则品质因子越高。此外,在频谱上品质因子与共振峰的尖锐程度有关,其中 Δf 是信号的能量在峰值一半位置的带宽;如果测量的是电压或电流,其强度则是峰值的 70.7%。因此,尖锐的共振峰对应于高品质因子;从另一个侧面来看,也说明信号频率十分稳定。

如果把 LC 回路中的电感分为两部分并且中间接地,则形成了所谓的“三点式 LC 回路”，如图 6.40(a)所示。首先，从如图 6.40(b)所示的仿真结果可以看出，在共振频率 $f_o \approx$ 15.9kHz，其传递函数是 $T(\omega_o)=-1$(0dB 和 180°相移)。此外，从示波器所显示的波形(没有展示)也可以验证了这一点。形象地描述，这个 LC 电路两端的电压就像跷跷板一样。如果电感的划分比例发生改变，那么电路两端的电压就会与电感值成正比：$T(\omega_o)=-L_2/L_1$。

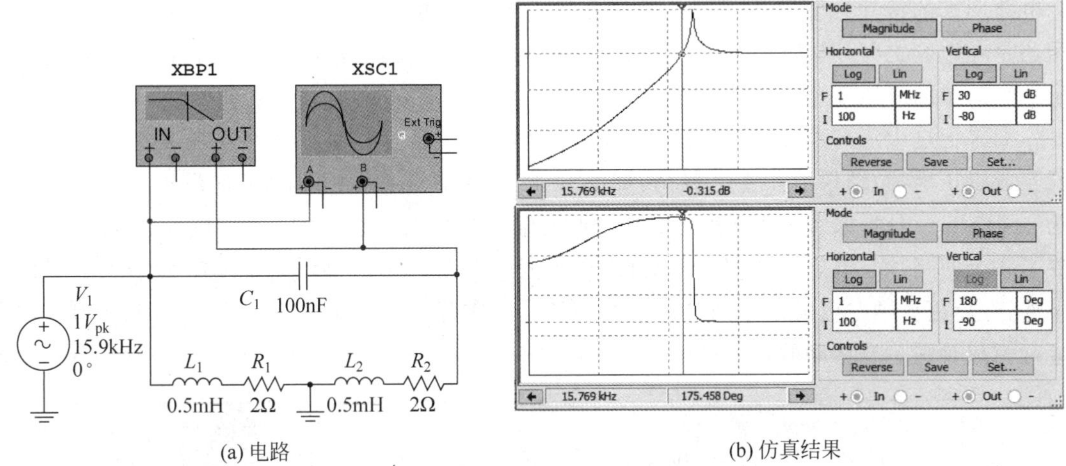

(a) 电路　　　　(b) 仿真结果

图 6.40　三点式 LC 回路

下面来推导一下。为了简化过程，寄生电阻可以忽略不计。从输入端来看，C_1 和 L_2 形成了一个串联分压电路，而 L_1 则与之并联。从输出端来看，L_1 似乎没有任何作用，但是它可以通过共振频率而发挥影响。

$$T(\omega_o)=\frac{Z_{L2}}{Z_{C1}+Z_{L2}}=\frac{Z_{L2}Y_{C1}}{1+Z_{L2}Y_{C1}}=-\frac{\omega_o^2 L_2 C_1}{1-\omega_o^2 L_2 C_1}=-\frac{L_2/(L_1+L_2)}{1-L_2/(L_1+L_2)}=-\frac{L_2}{L_1} \tag{6.23}$$

其实，这个电路还有另一个版本，那就是把电容分为两部分而且中间接地，如图 6.41(a)所示。这里可以总结出一个共同的规律：在共振频率下，电路两端的电压振幅与电感或电容的阻抗成正比。当电容被划分为两部分的时候，$T(\omega_o)=-C_1/C_2$。这里请大家注意，由于电容的阻抗与电容值成反比，所以分子和分母的下标与电感的公式相反。

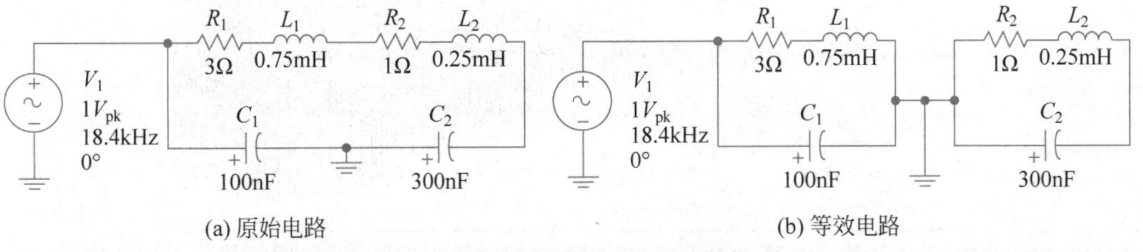

(a) 原始电路　　　　(b) 等效电路

图 6.41　三点式 LC 回路的等效电路

如果把图 6.41(a)中的电感离散化，则会发现其中有一点电压始终为零，这一点也可以被称为“虚地”。如果把“虚地”和“实地”连接起来，那么这个电路可以被分为两部分，如图 6.41(b)所示。在这个点左右两侧的电感是这样划分的：在共振频率下，电感阻抗与电容阻抗的绝对值相同。如果从图 6.41(b)中的两个分离的电路来看，这两部分的共振频率完全相同。不过，由于流经两个串联电感的电流相同，所以出现了与“跷跷板”类似的信号特性。因为电感的阻抗与电感值成正比，从如图 6.41(a)所示的电路中更容易直观地理解这个电路两端的特性。但是，如图 6.41(b)所示的电路有更好的对称性，无论接地点在电感之间还是在电容之间，其传递函数完全相同。此外，如果把接地点从中间移到右端，这就变成了一个简单的分压电路，它会在图 6.44 和图 6.45 的电路中出现。

如果把这个三点式 LC 回路放入反相放大器的反馈回路中，那么在共振频率下负反馈就变成了正反馈，结果就产生了振荡，如图 6.42 所示。假如 LC 回路左右两侧的信号分别是 $v_1(t)$和 $v_2(t)$，那么 $v_2(t)$是反相放大器的输入信号，经过放大以后变成 $v_1(t)$，从而形成了一个回路。与维恩电桥振荡器类似，这个振荡电路的小信号增益也要略大于稳定工作条件，然后用齐纳二极管来限制其振幅的增长。在实际电路中电阻 R_5 可以去掉；但是，在进行模拟时它是有帮助的。

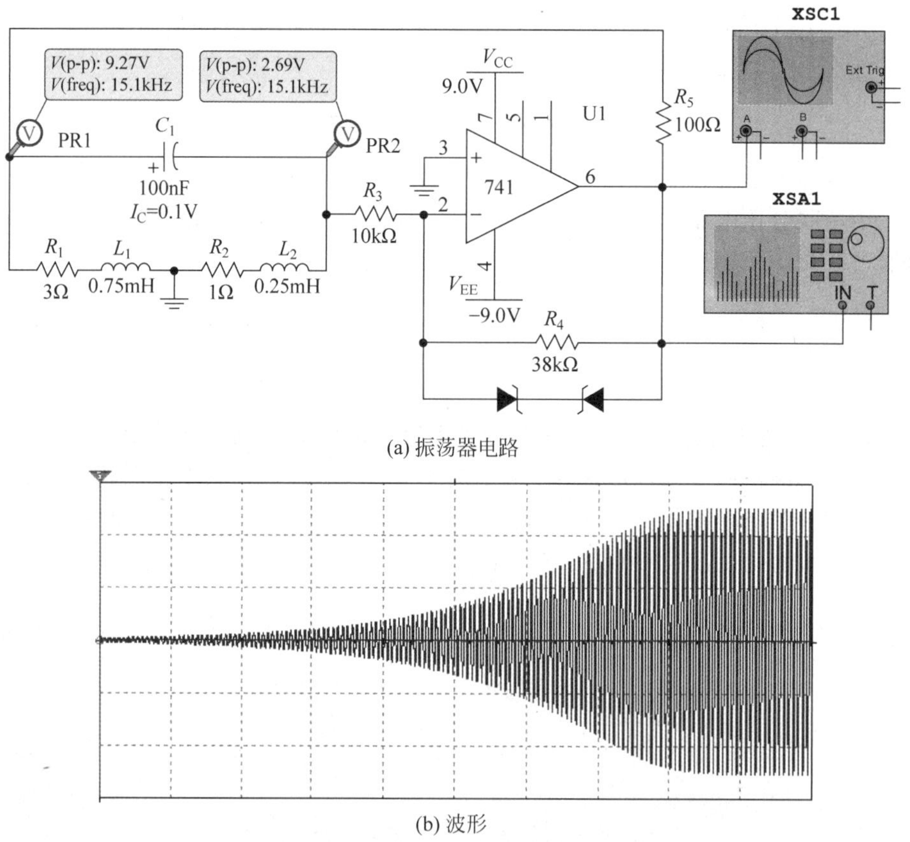

(a) 振荡器电路

(b) 波形

图 6.42　运放 Hartley 振荡器

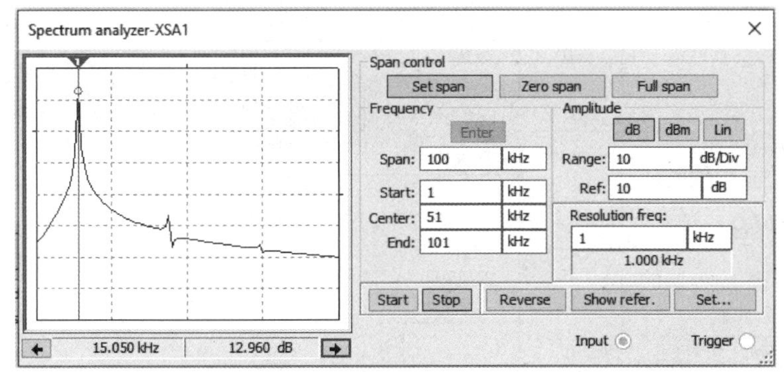

(c) 频谱

图 6.42　（续）

受 LC 回路周围电路的影响，实际的振荡频率略低于 LC 回路本身的共振频率。此外，从图 6.42(c)显示的频谱上可以看出，其基频信号的 Q 值很高，而且高次谐波的能量很低，因此信号质量比维恩电桥振荡器更优越。然而，由于受仿真过程精度的限制，从频谱分析仪上获得的信息会有一些误差。例如，频谱分析仪显示的振幅值是 4.446V(12.96dB)，然而示波器上显示的却是 5.072V，后者更准确一些。

当然，运放也可以被简单的晶体管放大器所取代，如图 6.43(a)所示。对于单级放大器而言，当输出信号取自晶体管的集电极时，基极对应于运放的反相输入端，而集电极则对应于运放的同相输出端。为了简化电路，电感中的寄生电阻被忽略。由于这个放大器的结构更简单，图 6.43(c)显示的振荡频率更接近 LC 回路的共振频率。然而，从如图 6.43(b)所示的波形中可以看出，从电感 L_2 下方输出的波形变形十分严重。

> **K** 在前面的两个振荡器电路中，运放和晶体管都起到了反相放大的作用。其实，用一个“非门”或反相器也可以形成振荡器，这在实际应用中被广泛采用。为了提高频率稳定性，电感可以被一个石英晶体所取代，同时还可以减小体积。

图 6.42 和图 6.43 中的振荡器电路在回路中由 LC 电路和反相放大器这两个部分组成，在振荡频率下每一部分都有 180°相移，所以形成了一个正反馈回路。其实，还有另一种更直截了当的途径来形成正反馈，那就是让每一部分的相移为零。如图 6.44(a)所示的电路由一个正相放大器和一个分压电路组成，在共振频率下两者都没有相移。前面介绍过，这个三点式 LC 电路也可以分解为两个串联的 LC 电路，在共振频率下其作用相当于一个简单的分压电路。如图 6.44(a)所示电路中的 LC 回路的上端与 VCC 相连，实际上相当于交流接地，所以这两个电感构成了一个简单的分压电路。如图 6.44(b)所示的电路是其另一种形式，从交流信号的角度来看，电容 C_1 的另一端接 V_{CC} 和接地实际上是一样的。从这两个电路图中显示的仿真结果也可以看出其等效性，其输出信号的振幅和频率完全相同。两者相比较而言，图 6.43(a)中的电路分析起来更直观，而图 6.44(b)中的电路则更简洁。

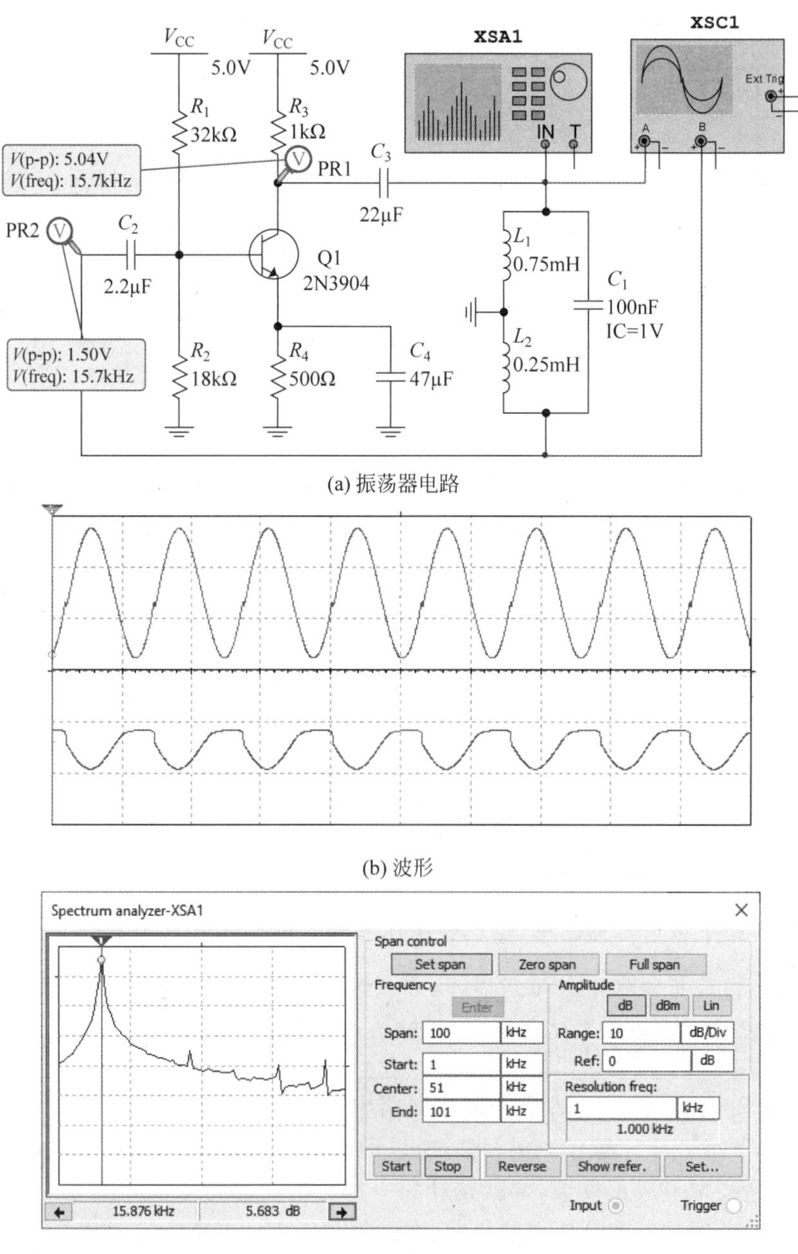

(a) 振荡器电路

(b) 波形

(c) 频谱

图 6.43　晶体管 Hartley 振荡器

图 6.44(a)中串联的两个电感起到了分压电路的作用,通过电容 C_3 把两个电感中点处的电压信号反馈到晶体管的发射极。前面介绍过,如果输出信号取自集电极,那么其发射极就相当于同相输入。在共振频率下,电感与电容的阻抗或导纳的绝对值相同但符号相反;由于它们处在并联的状态,所以其组合的导纳为零——相当于开路。由此可以看出,在共振频率下

由 LC 组合构成的负载有最高的阻抗和零相移，因此，放大器有最高的放大倍数。然而，如果偏离了共振频率，相移就会出现，而放大倍数也会急剧降低，从而无法满足振荡器的工作条件。

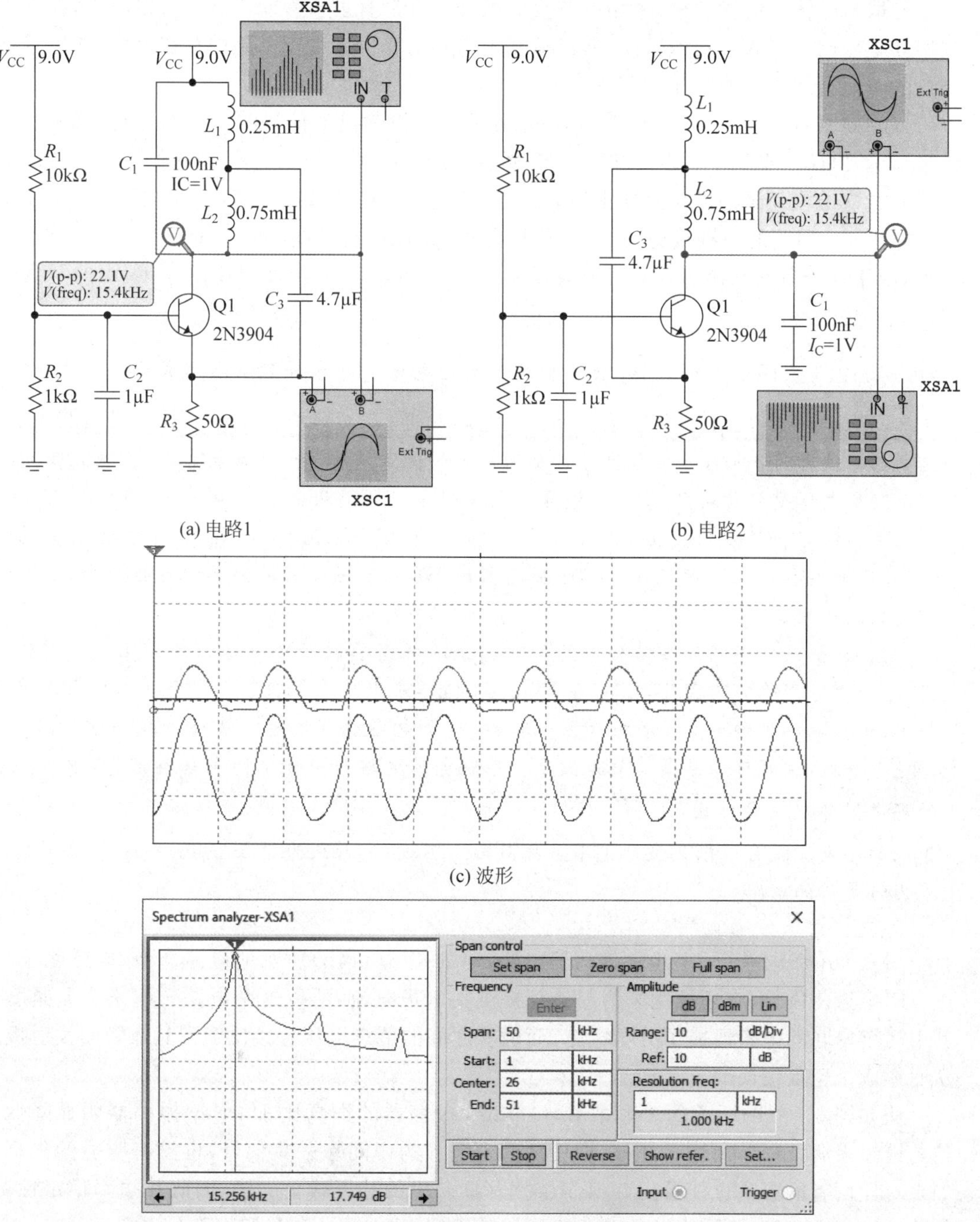

图 6.44　晶体管 Hartley 振荡器

对比如图 6.43 和图 6.44 所示的波形，就会看到它们基本上是相同的：从集电极采集的信号失真相对较小，而从基极或发射极采集的信号都存在严重的失真。图 6.44(c)上方的波形取自晶体管的发射极，采用的是直流耦合而且没有上下移动。从中可以看出，在下半周期其电压已经进入了负值区间，所以呈现出饱和的变形。由于电路中存在电感，所以某些节点的电压会超出电源电压的范围。

仔细观察就会发现，如图 6.44(c)所示的从集电极输出的信号波形并不是对称的，仿真结果显示 THD≈8.5%。对比图 6.43 和图 6.44 所示的频谱，就会发现它们也有差别：前者没有二次谐波而最高的是三次谐波，可是后者这两个谐波都同时存在。由于如图 6.44 所示电路中 LC 回路的一端接地，因此会出现一种“镜像反射”的作用，从而产生了二次谐波。此外，由于这个电路采用了共基极放大器模式，所以在高频的特性上比图 6.43 中的共发射极放大器更优越。

K 在 1915 年，Ralph Hartley 把有中间抽头的电感与电容并联从而形成了三点式 LC 回路，然后把这个反馈回路与电子管放大电路相连，成功地产生出了振荡信号。因此，这类电路被称为 Hartley 振荡器。这个振荡器的优点是调节频率比较容易，因为改变电容比改变电感要容易得多。1918 年，Edwin Colpitts 利用两个电容和一个电感形成了三点式 LC 回路，仿照 Hartley 振荡器也成功地产生了振荡信号，这样的电路被称为 Colpitts 振荡器。在高频段，Colpitts 振荡器比 Hartley 振荡器的频率稳定性更好，因此被更广泛采用。

然而，如果需要调节共振频率的话，Colpitts 振荡器的两个电容必须按比例同时改变，这是十分困难的。因此，1948 年，James Clapp 在电感上串联了一个小电容用来调节频率，这个电路被称为 Clapp 振荡器。其实，这个电路也可以看作 3 个串联的电容与 1 个电感并联，由此可以计算其共振频率。串联电容电路与并联电阻电路类似，其中最小的那个器件起决定作用：$C_{\text{tot}}^{-1}=C_1^{-1}+C_2^{-1}+C_3^{-1}\approx C_3^{-1}$。因此，通过调节这个与电感串联的小电容就可以很方便地调节共振频率。不过，有人认为早在 1938 年 BBC 公司就采用过类似的电路。

图 6.45(a)是一个 Colpitts 振荡器电路，与如图 6.44(b)所示的电路类似，电感除了与电容产生振荡以外，它还被用来为晶体管提供集电极电流，所以这个电路看起来十分紧凑。其中两个串联的电容形成了分压电路，而两者之间的节点电压直接反馈到晶体管的发射极。从而形成了正反馈回路。

从如图 6.45(b)所示的波形来看，Colpitts 振荡器的失真比 Hartley 振荡器明显降低，仿真结果表明 THD≈1%。此外，即使从两个电容的中间来采集信号，也没有明显的失真。如果对比两者的频谱也能看出，Colpitts 振荡器产生的共振峰更尖锐，因此其频率稳定性更高。特别是在高频波段，由于电容反馈回路的阻抗很低，因此其稳定性十分出色。

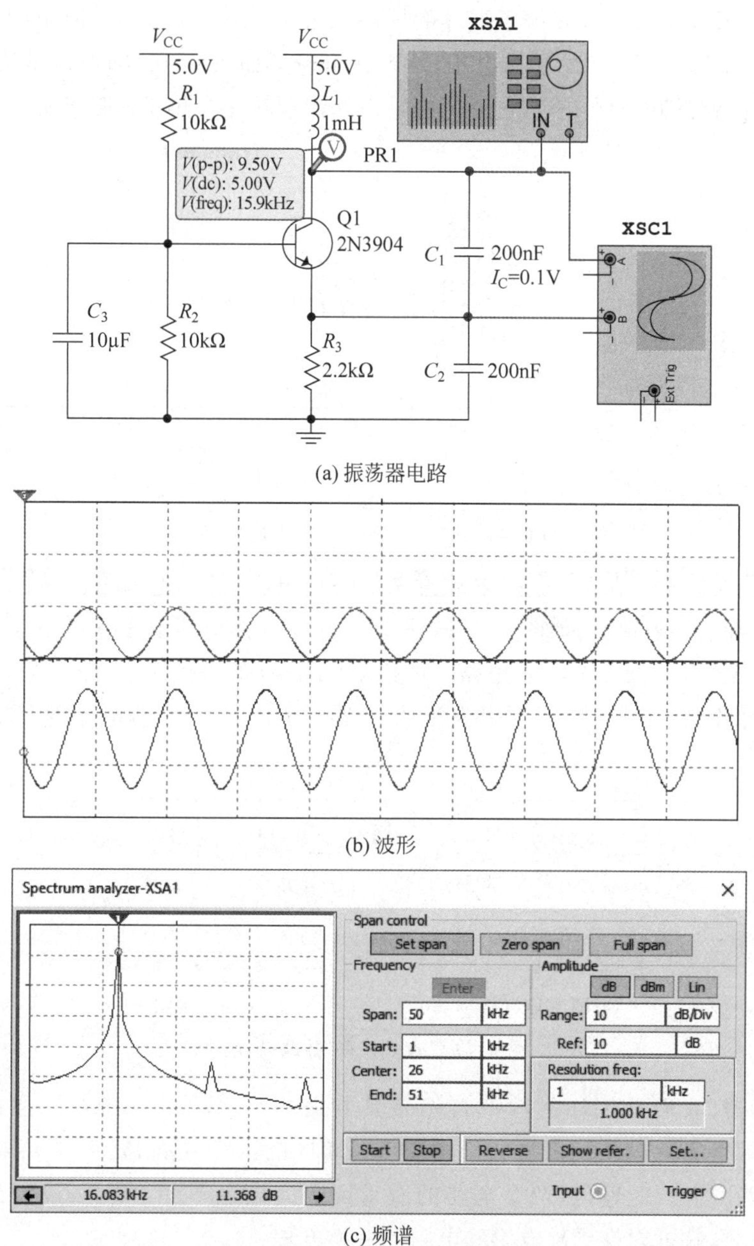

(a) 振荡器电路

(b) 波形

(c) 频谱

图 6.45 Colpitts 振荡器

6.11 负阻 LC 振荡器

在 6.10 节介绍过，当电感和电容构成回路的时候，能量会在这两个器件之间不断地来回转换,因此会形成类似于弹簧振子那样的振荡。图 6.46(a)就是一个简单的 RLC 并联电路,其中的电容被赋予了 1V 的初始电压,结果就出现了如图 6.46(b)所示的衰减振荡。造成其衰减的原因就是其中的电阻,它会把电路中的能量转化为热量而耗散掉。

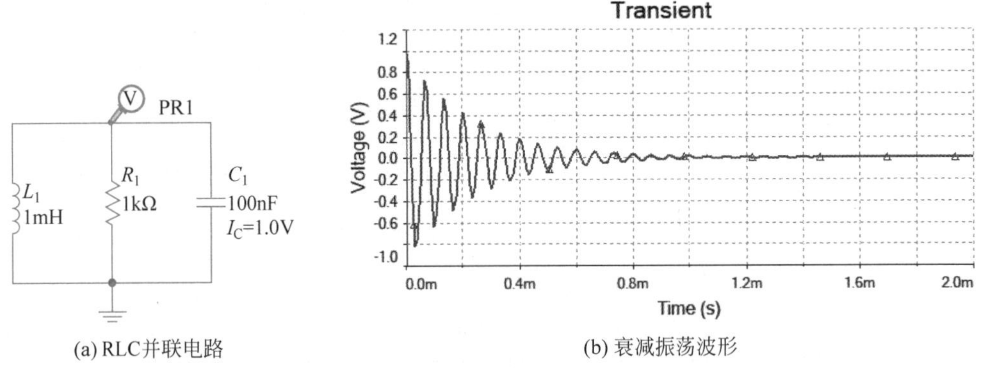

(a) RLC并联电路　　(b) 衰减振荡波形

图 6.46　RLC 并联电路的衰减振荡

一般来说,人们不会在 LC 电路中故意添加一个电阻,但是电感是由金属导线绕制的,其中必然会有寄生电阻存在,如图 6.47(a)所示。这个电路分析起来比较麻烦,因此可以将其转换为如图 6.47(b)所示的并联电路。严格来说,这样的转换并不存在,只有在某一个频率下,才能进行转换。换言之,当频率改变时,电感和电阻($L_p \sim L_s$,$R_p \sim R_s$)之间的关系也会发生变化。

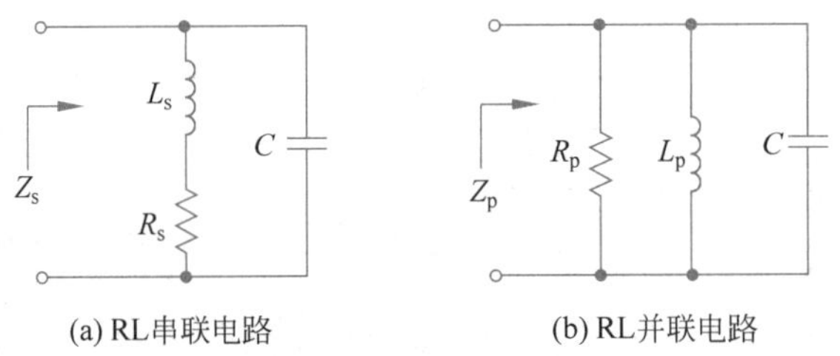

(a) RL串联电路　　(b) RL并联电路

图 6.47　RLC 串联-并联转换

作为振荡器,人们最关注的频率自然是其共振频率:$\omega_o = 1/\sqrt{LC}$。在这个频率下,图 6.47 中的两个等效电路的阻抗或导纳应该是相同的:$Z_s = Z_p$,$Y_s = Y_p$。对于并联电路来说,后者更为方便。此外,这两个电路的质量因数应该也不变:$Q = \omega_o L_s / R_s = \omega_o C R_p$。根据这些关系式,就可以推导出电感和电阻的变换方程:

$$L_p = \left(1 + \frac{1}{Q^2}\right) L_s, \quad R_p = (1 + Q^2) R_s \tag{6.24}$$

在质量因数比较高($Q > 10$)的时候,可以做出以下近似:$L_p \approx L_s$,$R_p \approx Q^2 R_s = L_s / (R_s C)$。因此,在这种情况下,电感值可以认为没有改变,但是电阻则发生了很大变化,R_s 越小则 R_p 越大。

Q 是否也可以采用 RLC 串联的模式？

从原则上说是可以的，但是串联电路中的独立变量是电流，因此在构建振荡器电路时不太方便。此外，在输出信号的品质上并联电路更优越。

从图 6.46 中可以看出，电阻的存在导致了振幅的衰减；如果能够设法把这个电阻“中和”掉，结果就可以形成稳定的振荡器。最简单的办法就是并联一个“负电阻”，这样正负电阻就可以抵消掉。然而，由被动器件形成的电阻总是正的，因为它会消耗能量；与之相反，负电阻会产生能量，因此只能由有源器件来形成。其实，无论是放大器还是振荡器，如果从能量的角度来看，它们都是把直流能量转化为交流能量的电子器件。

图 6.48(a)是用运放形成的负阻电路，当输入电压是 5V 时，流入电路的电流是 −1mA，因此其阻值为 −5kΩ。从如图 6.48(b)所示的伏安特性中也可以得到同样的结果，这条 I-V 直线的斜率是 −0.2mS，其倒数就是输入电阻 −5kΩ。

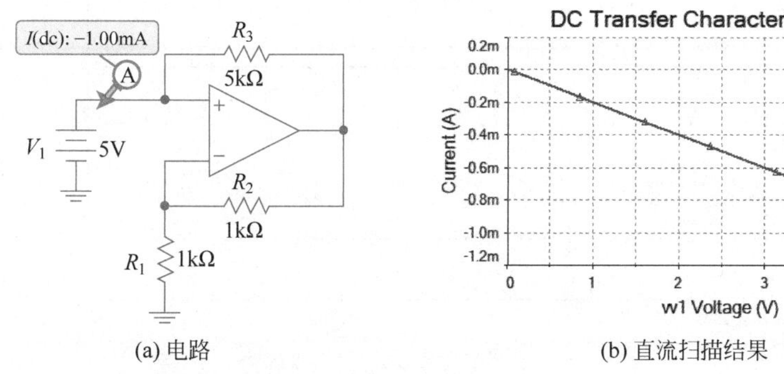

(a) 电路　　(b) 直流扫描结果

图 6.48　运放电路形成负电阻

下面推导一下负阻的公式，其实并不复杂。首先，这是一个同相放大器，因此其输出端的电压可以很容易求出：$V_o=(1+R_2/R_1)V_i$。其次，利用欧姆定律就可以求出从电压源流出的电流：$I_i=(V_i-V_o)/R_3=-(R_2/R_1)(V_i/R_3)$，由此就可以求出输入电阻值：

$$R_i=V_i/I_i=-\frac{R_1}{R_2}R_3 \tag{6.25}$$

图 6.48(a)中的参数比较简单，$R_1=R_2$，所以结果是 $R_i=-R_3=-5\text{k}\Omega$。

图 6.49(a)显示了负阻振荡器的电路，其结构十分简单，只不过把用运放电路形成的负阻与 RLC 电路并联。当正负电阻并联时，其计算公式与普通并联电阻并没有区别：$R_{tot}=R_pR_n/(R_p+R_n)$。由于分子是负的，当分母为正时，$R_p+R_n>0$ 或 $|R_n|<R_p$，这两个并联电阻的结果是负的。其实，大家应该已经十分熟悉，在并联电阻中那个小电阻会起到决定性作用。因此，为了克服正电阻 R_p 带来的衰减，需要引入一个绝对值更小的负电阻 R_n 来抵消它。

从图 6.49 中显示的测量结果来看，这个振荡器产生的信号质量很高，THD≈0.2%。如果仅需要产生中低频的正弦信号，那么这个负阻振荡器是一个不错的选择。当然，其中的

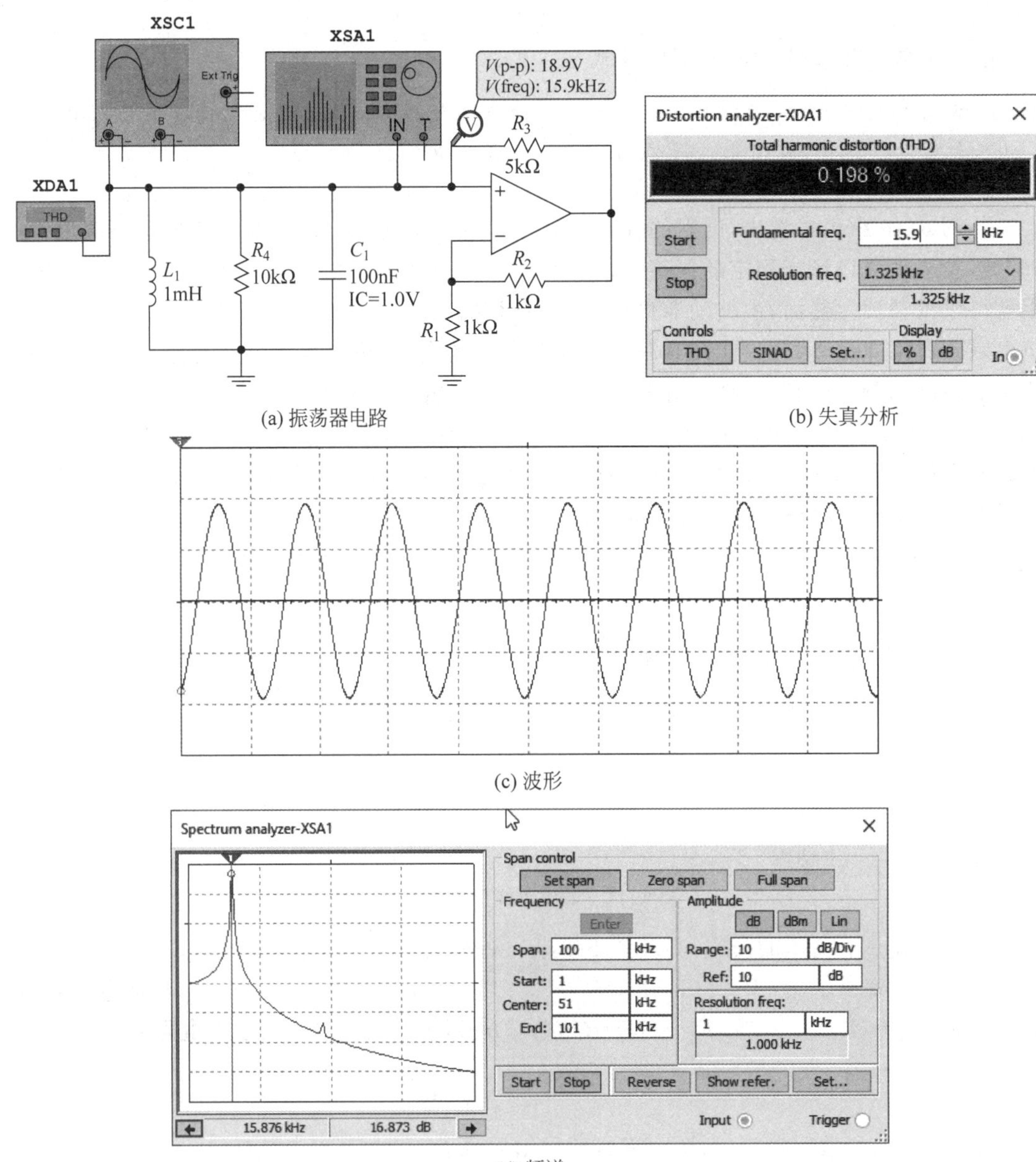

(a) 振荡器电路

(b) 失真分析

(c) 波形

(d) 频谱

图 6.49　运放负阻振荡器

并联电阻 R_4 来自于电感的寄生电阻，因此在实际电路中仅仅需要电感和电容的并联。不过，运放的带宽比较窄，如果需要高频振荡器，则需要采用其他的电路。

在高频无线通信电路中，晶体管交叉耦合电路常被用来产生负阻并且与 LC 回路并联而形成振荡器，如图 6.50(a)所示。如果去掉那些测试用的电压源和探针，这个电路的核心是下方的两个交叉耦合的晶体管。在电路的左侧添加了两个用于测试的相同电压源，它们的振幅是 5mV 而频率是 1MHz。位于右侧的示波器的一个输入端直接与上面的电压源相连，而另一个输入端用来测试从电压源流出的电流，其中用了一个“电流钳”来把电流转化为电压。从如图6.50(b)所示的波形中可以看出，电压与电流是反相的，由此可以得出一个结论：在左右两侧的导线之间形成了一个负电阻。与此同时，通过图6.50(a)中显示的电流和电压探针的结果可以算出这个(单侧)负阻值：$R=-271\Omega$。如果需要绝对值更低的负电阻，那就需要增加最下方的直流电流源的电流值。例如，如果电流增强到2mA，那么负阻值将会变为$R=-27.4\Omega$。

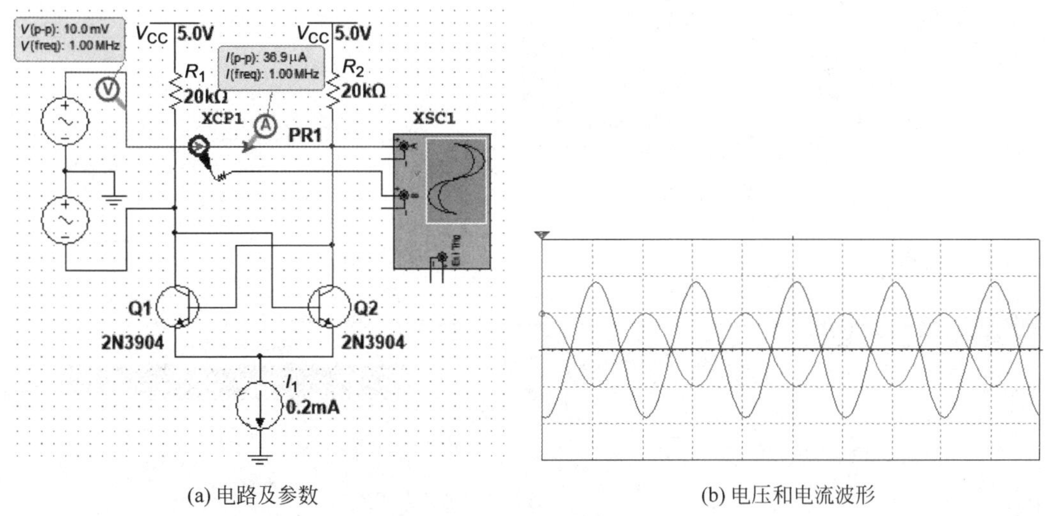

(a) 电路及参数　　　　(b) 电压和电流波形

图6.50　交叉耦合负阻电路

在这个电路中出现负电阻其实不难理解。首先，流经上面的两个电阻的交流信号很弱：当电压源的振幅为5mV时，利用欧姆定律就可以算出，流经这两个电阻上的电流振幅只有0.25μA。然而，下面的两个交叉耦合的晶体管对电压源的输入却有很强烈的反应，$i_c\approx g_m v_i$，图6.50(a)中的结果显示其交流电流的振幅大约是18.5μA。其次，考察一下电流的极性：当测试电压源处在上半周期时，右侧的电压增强而左侧的电压减弱。由于基极的交叉耦合，右侧增高的电压会导致流入左侧晶体管集电极的电流增强(处于上半周期)，与此同时，左侧减弱的电压会导致流入右侧晶体管集电极的电流减弱(处于下半周期)。因此，在这个电路的两侧之间形成了负电阻。

图6.51(a)是交叉耦合振荡器的电路，其中的电压探针显示其振荡频率是1.563MHz，振幅是0.313V。图6.51(b)显示了在左右两侧产生的波形，它们之间有180°的相位差。此外，这个波形略微有一些失真。图6.51(c)显示了其频谱，其中最强的三次谐波也比基波低30dB左右。图6.51(d)显示了其失真度，THD≈2.835%。

其实，如图6.51(a)所示电路中最上方的两个电阻是不需要的，它们可以被电感所取代，如图6.52(a)所示。此外，最下方的直流电流源的值减小到0.1mA。一般来说，降低电流会改善频谱特性，因为晶体管的非线性会被减弱。然而，如果这个直流电流太弱，则不足以克服电感中的寄生电阻，从而导致振荡不会发生。从仿真结果来看，这个振荡电路产生的

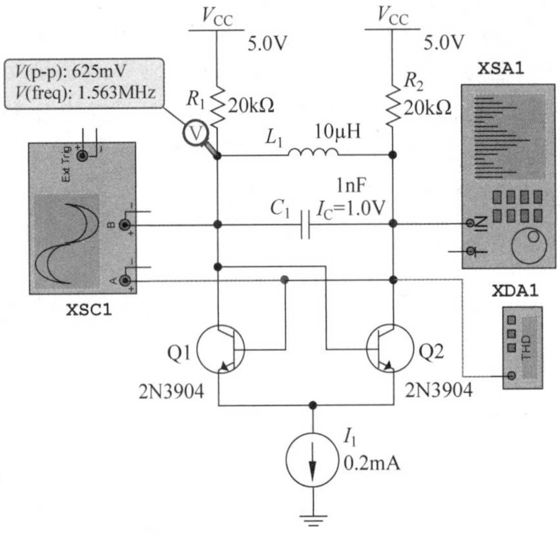

(a) 振荡器电路

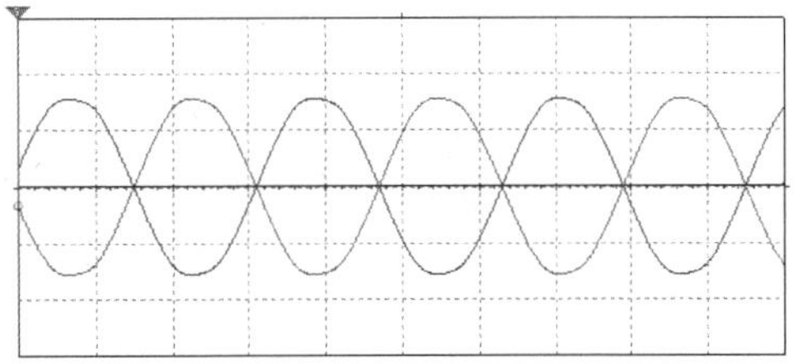

(b) 波形

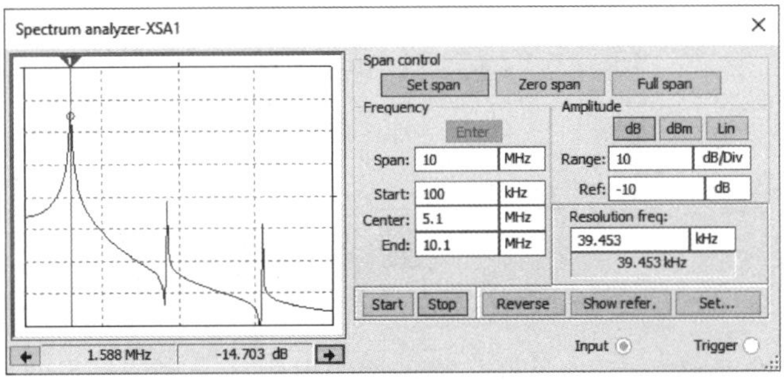

(c) 频谱

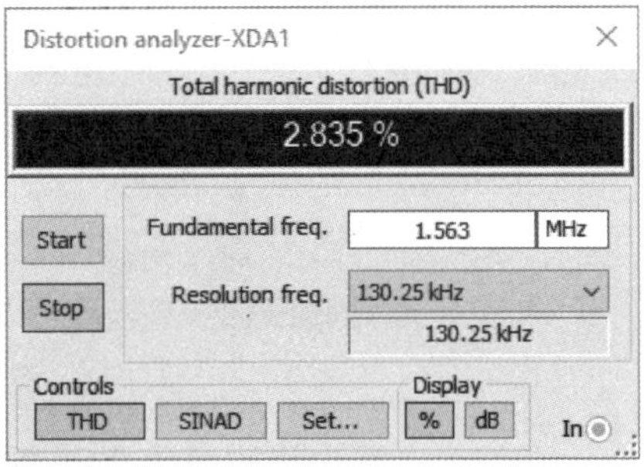

(d) 失真

图 6.51　交叉耦合负阻振荡器

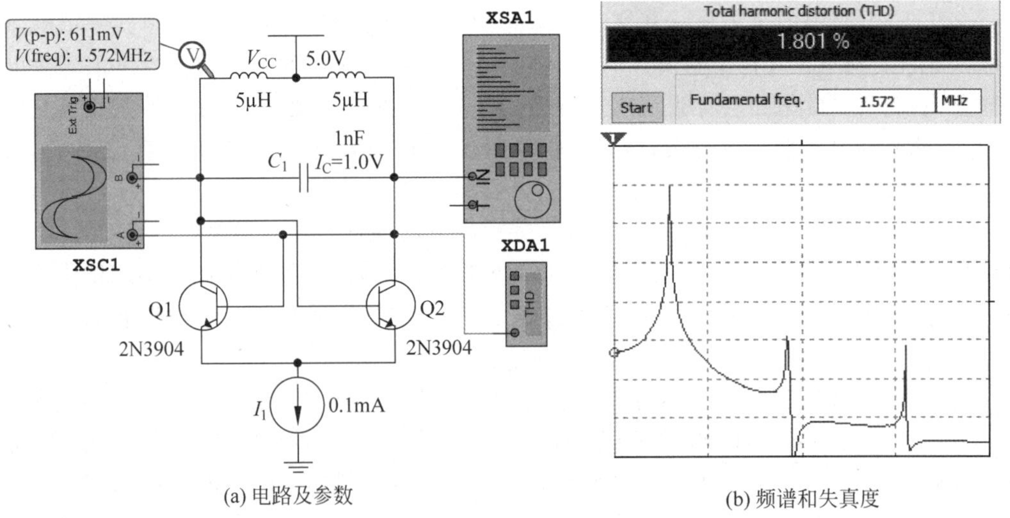

(a) 电路及参数

(b) 频谱和失真度

图 6.52　实用交叉耦合负阻振荡器

波形与图 6.51(b)中显示的结果十分相似,频谱有所改善,第三谐波比基波低大约 40dB。此外,其失真度也略有改善,THD≈1.801%。

> **K** 尽管负阻听起来挺神秘的,但是它在很多器件和电路中是普遍存在的。在 *I-V* 曲线中,与负阻对应的是斜率为负的线段,例如,隧穿二极管的 *I-V* 曲线有一段就呈现出这样的特性,因此在测量时就会出现振荡的现象。此外,一些高频微波振荡器就是借助负阻器件来实现的。例如,用砷化镓(GaAs)材料制作的耿氏二极管(Gunn diode)可以形成 100GHz 量级的振荡器,而用氮化镓(GaN)材料制作的振荡器频率可高达 THz 量级。

延伸阅读

有兴趣的读者可以查阅和了解以下相关内容的资料:

(1) 控制系统的梅森公式。
(2) 雪崩红外探测器。
(3) 运算放大器家族。
(4) 运放加法器和减法器。
(5) 运放积分器和微分器。
(6) 傅里叶变换。
(7) 二阶主动滤波器。
(8) 无稳态振荡器。
(9) 激光器的工作原理。
(10) 石英振荡器。
(11) 微波振荡器。

第 7 章

差分放大器

在集成电路的制造过程中无法精确控制晶体管的参数，但是却可以做到让两个晶体管的参数保持基本相同。因此，如果一个电路仅仅需要满足晶体管之间参数匹配的要求，那么就能够可靠地在集成电路中加以实现。差分放大器就是这样的一种电路，它是运算放大器的核心。本章将介绍差分放大器的特性和分析方法。

在第 5 章介绍的分立放大电路中，偏置电路仅仅需要电压源。然而，差分放大器不仅需要电压源，而且需要电流源。当然，电流源也是由晶体管电路来实现的，其特性对差分放大器的性能有重要影响。本章将介绍几种常见的镜像电流源电路。

在如今的集成电路中晶体管的密度很高，结果高功耗导致的散热问题变得十分棘手。一个有效地减小功耗的举措就是降低电源电压，然而，这就要求在电路设计上做出相应的调整。例如，原来十分流行的套筒式放大器受到了限制，而多级放大器成为了必然选择。可是，这就产生了系统稳定性的问题，因此而需要频率补偿，本章将介绍基本的补偿电路。

7.1 差分放大器简介

差分放大器的核心是一对匹配的晶体管，如图 7.1 所示。在电路的下方是一个理想电流源，输入信号与晶体管的基极/栅极相连，而输出信号则取自集电极/漏极。当两侧的输入信号相同的时候，流经两侧的电流也是相同的。因此，输出端直流电压可以很容易求出：

$$
\begin{aligned}
V_{C1} &= V_{C2} = V_{CC} - \frac{1}{2}\alpha I_o R_C \quad \text{(BJT)} \\
V_{D1} &= V_{D2} = V_{DD} - \frac{1}{2} I_o R_D \quad \text{(MOSFET)}
\end{aligned}
\tag{7.1}
$$

对 BJT 电路来说，尽管电流放大倍数 β 会随温度在很大范围内变化，但 α 是一个十分稳定的参数。从式(7.1)可以看出，输出端的直流电压几乎不受晶体管参数变化的影响。

当两个输入端的电压不相同的时候，电流在两条路径上的分布就会发生变化；但是，两者之和依旧保持不变。图 7.2 显示了 BJT 差分放大器两侧电流的占比和输入端电压差的关系；从中可以看出，只需要大约 0.1V 的电压差就可以把几乎所有的电流导向一侧。

这个电路也可以作为一个“非门”来工作。当左侧输入端的电压处于高电平而右侧输入

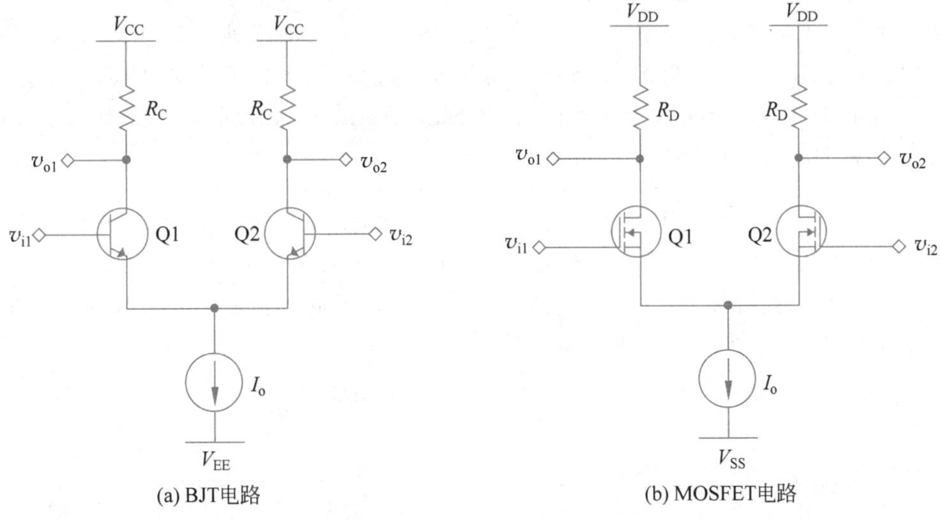

(a) BJT电路　(b) MOSFET电路

图 7.1　差分放大器电路图

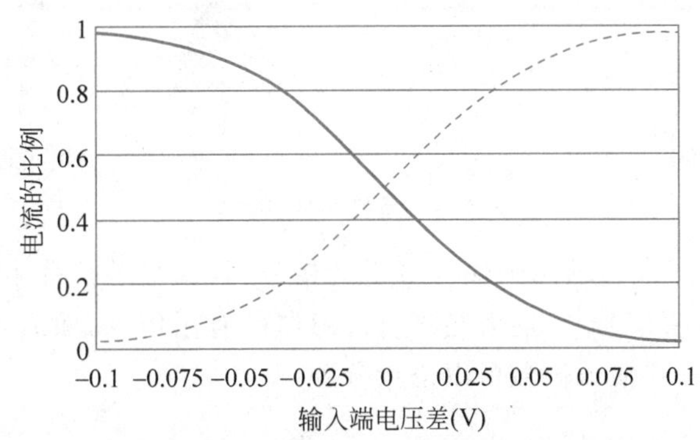

图 7.2　电流的比例与输入端电压差的关系

端的电压为低电平时，全部电流就流经左侧的晶体管而导致其输出端电压为低电平；而流经右侧晶体管的电流则接近零，其输出端电压接近 V_{CC} 或 V_{DD}。在这种情况下，左侧的晶体管处于主动模式，而右侧的晶体管处于截止模式。在第 5 章讨论过 BJT 数字电路的延迟问题，它出现在晶体管从饱和模式向截止模式转变的过程中。然而，在差分放大器中 BJT 不会处于饱和模式，所以其开关速度很高，这种形态的数字电路被称为“发射耦合逻辑电路”(Emitter Coupled Logic，ECL)。

> **K**　1972 年，Seymour Cray 创建了一家超级计算机公司——Cray Research，Inc.，其早期的超级计算机就使用了“发射耦合逻辑电路”。尽管运算速度很高，可是它也有一个致命的弱点：由于两侧的电流之和保持不变，其功耗即使在不进行任何运算的时候也居高不下。如此高的功耗产生了大量的热，为了有效地散热，只好把电路板放在铜片上，靠

水冷来带走大量的热能。当 MOSFET 集成电路的性能逐渐提高以后,"发射耦合逻辑电路"就被淘汰了。在 1989 年,Seymour Cray 把公司的名字改为 Cray Computer Corporation,1995 年,公司宣布破产,隔年被 Silicon Graphics 公司收购,最终在 2019 年并入了惠普(Hewlett Packard)公司。

差分放大器被广泛地用于传感器信号的前级放大,如图 7.3(a)所示。在很多情况下,来自传感器的信号很弱,而且它与信号处理器之间的距离比较远。如果线路缺乏良好屏蔽,则会出现很强的干扰信号。然而,这两种信号的性质是不同的:来自传感器的信号在导线之间形成电压差,而干扰信号在两条导线上是完全相同的。

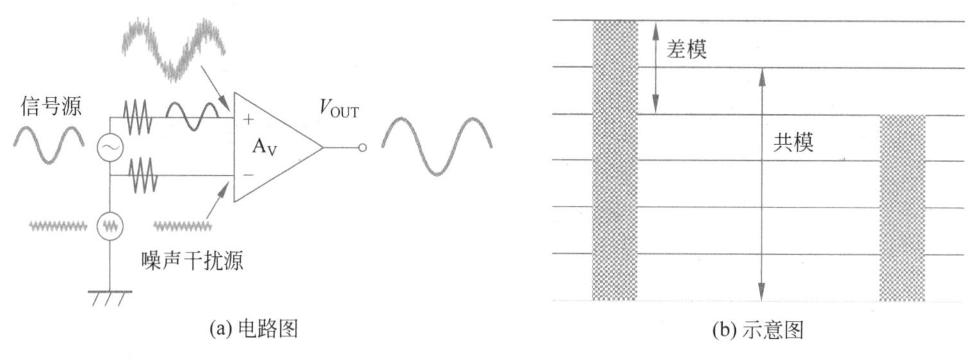

图 7.3 差模和共模信号

图 7.3(b)用柱状图来表示两个输入端上的信号,两者之差被称为"差模信号",而两者的平均值则被称为"共模信号"。前者是来自传感器的有用信息,而后者则往往是来自各种干扰信号。按照这种方式输入信号可以进行分解:

$$v_{i1}(t)=v_{cm}(t)+\frac{1}{2}v_d(t)$$
$$v_{i2}(t)=v_{cm}(t)-\frac{1}{2}v_d(t) \tag{7.2}$$

当输入信号中共模与差模信号同时存在的时候,可以利用叠加原理来求得输出信号。例如,在单端输出的情况下,输出信号的表达式如下:

$$v_o(t)=A_d v_d(t)+A_{cm}v_{icm}(t) \tag{7.3}$$

其中,A_d——差模增益;

A_{cm}——共模增益。

差分放大器的核心功能就是在放大差模信号的同时能够压制共模信号,因此可以定义一个重要的参数——共模抑制比(CMRR):

$$\text{CMRR}=20\log_{10}\left|\frac{A_d}{A_{cm}}\right| \tag{7.4}$$

优秀的差分放大器应该具有很高的差模增益和很低的共模增益。例如,$A_d=100\text{V/V}$,$A_{cm}=0.01\text{V/V}$,CMRR=80dB。如图 7.1 所示的差分放大器由于使用了理想的电流源,在两侧电路完美匹配的情况下，其共模增益为零，因此 CMRR 会趋于无穷大。由此可以看出，电流源的质量对差分放大器性能的影响很大。

差分放大器有两种输出模式：一种是仅从一侧提取信号，这被称为“单端输出”；另一种是从两侧提取信号然后输出其差，$v_o = v_{o2} - v_{o1}$，这被称为“双端输出”。与单端输出相比，双端输出有助于压制共模信号，因为两者可以彼此抵消。在弱信号强干扰的情况下，一般都采用双端输出。然而，单端输出则更为简单实用；例如，大部分运算放大器都只有一个输出端。

其实，差分放大器也有单端输入模式，此时另一个输入端接地或连接与信号源匹配的直流电压源。例如，在运算放大器的反相输入模式中，同相输入端就是接地的。在这种模式下，差模信号就是输入信号，而共模信号则是输入信号的一半。大家可以借鉴图 7.3(b)中的柱状图来理解，让右边的柱高降为零，就可以得出差模和共模信号与输入信号之间的关系。在共模抑制比很高的情况下，单端输入与双端输入的差别很小。在实验室里很难产生对称而反相的双端输入信号，所以单端输入十分普遍。

K 差分放大器的工作原理可以借助两个公司之间的竞争来理解。例如，目前波音和空客是世界上主要的客机供应商，这里假设其他供应商可以忽略不计。差分放大器下面的电流源就相当于世界上每年的总订单数，而流经两侧的电流则对应于这两家公司分别获得的订单数。匹配的晶体管就相当于这两家公司在各方面都势均力敌，结果每家公司获得一半的订单。

共模输入相当于这两家公司同时提高产品质量并且采取相同的促销手段，而理想电流源则保证总订单数不变，其结果是每家公司依旧分得一半的订单，这种情况就相当于共模增益为零。如果把理想电流源换成了一个电阻，则相当于总订单数会受到促销手段的影响，结果每家都可以多得到一些订单，此时的共模增益就不再是零了。

差模输入的情况相当于这两家公司在产品的性价比和促销手段等方面有高下之分，结果必然会导致其中的一方会多拿到一些订单，而另一方的订单则会少一些，这与电流源的特性关系不大。

7.2 简单差分放大器

在 7.1 节的介绍中，理想电流源能够消除共模信号的干扰，因为其电流不随偏压而变化。然而，在现实世界中，理想电流源并不存在。为了消除这种神秘感，可以先分析一个十分简陋的差分放大器，如图 7.4(a)所示，其中理想电流源被一个电阻所取代。在共模输入的情况下两侧的输入信号相同，$v_{i1} = v_{i2} = v_{icm}$。如果两侧的晶体管是匹配的，则可以把电路从中间劈开，从而简化为两个各自独立的电路，如图 7.4(b)所示。

请注意，在这个变换中，最下端的电阻 R_E 并没有减半，而是翻了一倍，因为它们并联的

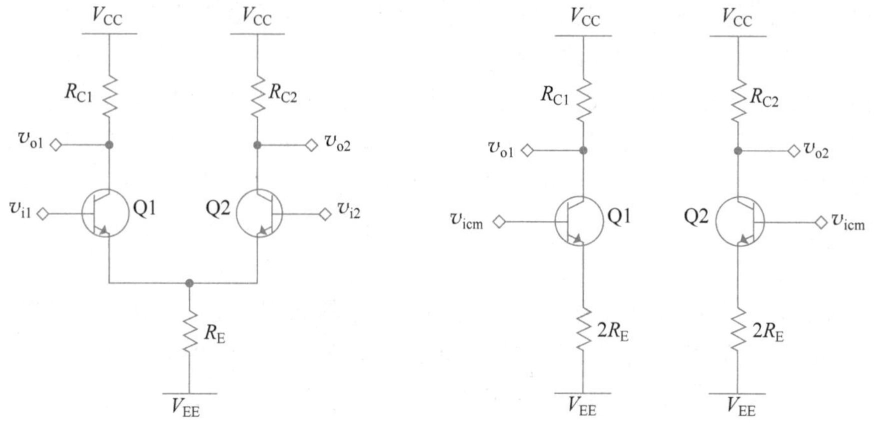

(a) 原电路图

(b) 共模等效电路图

图 7.4 简陋差分放大器

结果是 R_E。在推导公式之前，可以先直观地分析一下。由于基极和发射极之间的电压变化很小，$V_{BE}\approx0.7V$，当输入的共模信号导致基极电压上下波动的时候，两个晶体管共同的发射极节点电压也会随之上下起伏。根据欧姆定律，流经 R_E 的电流就会出现类似的变化。此外，由于集电极与发射极电流之间的密切关联，流经 R_C 的电流也会发生波动，结果就造成了输出端的电压变化。与如图 7.1 所示的电路对比一下，由于理想的电流源输出的电流并不随其偏压而变化，所以共模输入信号不会传导到输出端。

当图 7.4(a)中的差分电路转化为图 7.4(b)中的等效电路以后，就可以用第 5 章中介绍的方法来分析。首先，把晶体管用其 T 模型来代替；其次，利用欧姆定律可以求出发射极电流：$i_e(t)=v_{icm}(t)/(r_e+2R_E)\approx v_{icm}(t)/(2R_E)$；接下来就可以求出集电极的电流信号，然后再利用欧姆定律就可以求出输出端的电压信号：

$$
\begin{aligned}
v_{o1}(t) &= -\frac{\alpha R_{C1}}{2R_E}v_{icm}(t) \\
v_{o2}(t) &= -\frac{\alpha R_{C2}}{2R_E}v_{icm}(t)
\end{aligned}
\tag{7.5}
$$

如果电路中的 BJT 被 MOSFET 所取代，那么以上公式也是成立的，仅仅需要代入 $\alpha=1$ 即可。在单端输出的情况下，共模增益是 $A_{cm}=-\alpha R_C/(2R_E)$。如果是双端输出，共模增益则是 $A_{cm}=\alpha\Delta R_C/(2R_E)$；如果 $R_{C1}=R_{C2}$，则共模增益为零。由此可以看出，在精确匹配的电路中，即使用一个电阻来代替理想电流源，在双端输出的情况下依旧可以有效地压制共模信号。

如果在实验室里对共模输入进行测量，则需要把从信号发生器输出的信号同时与两个输入端相连。因此，其输入阻抗相当于图 7.4(b)中两个电路的输入阻抗并联的结果：$R_{in,cm}=\frac{\beta+1}{2}(r_e+2R_E)\approx\beta R_E$。由此可以看出，共模输入阻抗是相当高的。其输出阻抗则与输出模式有关，单端输出的情况比较简单：$R_o=R_C\parallel r_o\approx R_C$。如果采用双端输出，则相当于两个单端输出阻抗串联的结果：$R_{o,d} \approx R_{C1} + R_{C2}$。

在差模输入的情况下，如果输入信号很弱，则可以做一个很方便的近似。假设 $v_{i1} = \frac{1}{2} v_d$，$v_{i2} = -\frac{1}{2} v_d$，从如图 7.4(a)所示的电路中可以看出，发射极的节点电压会被 v_{i1} 拉高，同时被 v_{i2} 拉低，其结果正好抵消。换言之，在弱信号差模输入的情况下，发射极的节点电压保持不变，其效果就相当于交流接地。因此，可以按照共发射极放大器的公式来分别求出两侧的输出信号：

$$\begin{aligned} v_{o1} &= -\frac{1}{2} g_m (r_o \parallel R_{C1}) v_d \approx -\frac{1}{2} g_m R_{C1} v_d \quad \Rightarrow \quad A_{d1} \approx -\frac{1}{2} g_m R_{C1} \\ v_{o2} &= \frac{1}{2} g_m (r_o \parallel R_{C2}) v_d \approx \frac{1}{2} g_m R_{C2} v_d \quad \Rightarrow \quad A_{d2} \approx \frac{1}{2} g_m R_{C2} \end{aligned} \tag{7.6}$$

如果 $R_{C1} = R_{C2} = R_C$，那么其单端输出的增益为 $A_d \approx \pm \frac{1}{2} g_m R_C$；在双端输出的情况下，$v_{o,d} \approx g_m R_C v_d$，$A_{d,d} \approx g_m R_C$。在差模输入的情况下，输出阻抗与共模输入时相同；但是，输入阻抗则是两个共发射极放大器串联的结果：$R_i = 2r_\pi$。在单端输出的情况下，其共模抑制比是：

$$\mathrm{CMRR} \approx 20\log_{10}(g_m R_E) \tag{7.7}$$

从表面上来看，似乎 R_E 越大则共模抑制比越高；其实，公式中的这两个参数是彼此矛盾的。在电压源不变的情况下，如果 R_E 增大，那么 g_m 就要减小。大家可以回顾一下，$g_m = I_C/V_T \approx I_O/2V_T$，$g_m R_E \approx V_{R_E}/2V_T$。例如，$V_{EE} = -5\text{V}$，$V_E = -0.7\text{V}$，则 $V_{R_E} = V_E - V_{EE} = 4.3\text{V}$；在室温下($V_T = 25.9\text{mV}$)，CMRR≈38.4dB。如果希望大幅度提高共模抑制比，要么采用双端输出，要么用晶体管来取代 R_E，如图 7.5 所示。

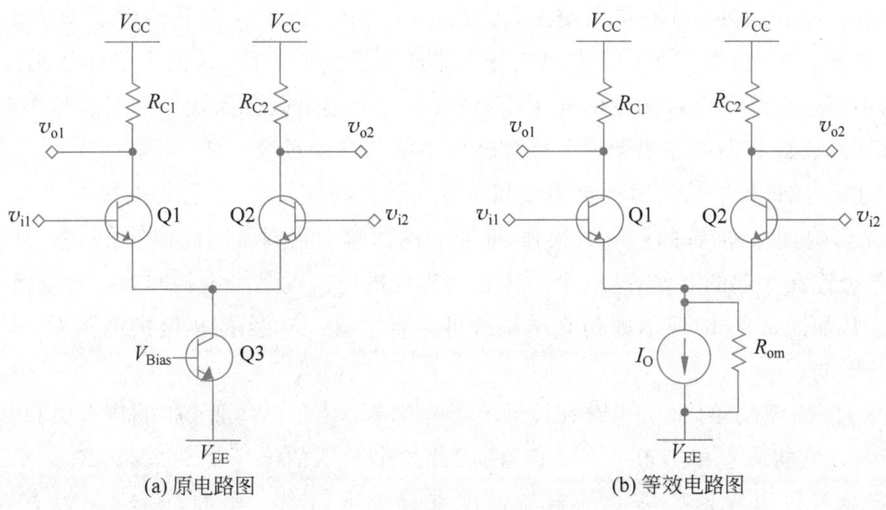

(a) 原电路图　　(b) 等效电路图

图 7.5　简单差分放大器

在如图 7.5(a)所示的电路中，晶体管 Q3 需要一个合适的偏置电压 V_{Bias}；由于其电流是这个偏压的指数函数，所以这个电路并不实用，在 7.3 节将详细介绍如何加以实现。在如图 7.5(b)所示的电路中，晶体管 Q3 等效于一个直流电流源和与之并联的电阻，它的阻值其实就是小信号模型中的输出电阻：$R_{om}=r_o=V_A/I_O$，其中 V_A 是晶体管的厄利电压，而电流 I_O 就是这个晶体管的集电极电流，$I_O=I_C$。由此可以看出，这两个等效器件的参数也不是独立的，但是其性能要比一个电阻优越很多。

在实际应用中，无论是共模还是差模输入信号都是交流的。因此，在分析和求解增益的时候，直流电流源都可以当作开路来处理。如果把这个电流源去掉，那么如图 7.5(b)所示的电路就与如图 7.4(a)所示的电路完全相同，因此可以使用在那里推导出的公式。例如，在单端输出的情况下其共模抑制比是：$\text{CMRR}\approx 20\log_{10}(g_m R_{om})\approx 20\log_{10}(V_A/2V_T)$。在室温下，如果厄利电压($V_A$)是 100V，那么共模抑制比就大约是 65.7dB，这比如图 7.4 所示的电路优越很多。

Q 有没有办法进一步提高共模抑制比？

从本节的分析来看，在差分放大器的下方无论是使用一个电阻还是一个晶体管，其共模抑制比都是有限的。但是，可以采用更复杂的电路来模拟电流源；即使不能达到理想的状态，至少可以把 R_{om} 提高很多，这是 7.3 节和 7.4 节将要讨论的内容。

7.3 简单镜像电流源

在 7.2 节中，如图 7.5(a)所示的晶体管 Q3 需要一个直流偏置电压，它可以通过一个镜像电流源(current mirror)电路来实现，如图 7.6 所示。由于两个晶体管看起来类似于镜像，故此得名。然而，如果在实验室里用分离器件来搭建此电路，这两个晶体管则需要平行放置，而不能完全模仿电路图中的样子，否则发射极和集电极会倒置。真实的晶体管无法翻转成其镜像，就像我们的左手无论怎样翻转也不能与右手重合一样。

以 BJT 为例，如果其发射极接地而晶体管处于主动模式时，尽管集电极电流 I_C 同时受 V_B 和 V_C 影响，但是前者的影响力很强，而后者的影响力很弱。因此，当图 7.6(a)中两个晶体管的基极连在一起的时候，这两个晶体管的集电极电流就基本上相同，这是“镜像”的第二层含义。从如图 7.7(b)所示的仿真结果也可以看出，改变 Q2 的集电极电压 V_C 对电流的影响十分微弱。

如图 7.6(a)所示的 BJT 电路在设计上十分简单：由于晶体管 Q1 的集电极和基极连在了一起，所以它实际上相当于一个二极管，因此这个节点的电压在 0.7V 左右。接下来，利用欧姆定律就可以根据所需要的电流强度来设计电阻值。例如，$V_{CC}=5\text{V}$，$I_o=1\text{mA}$，$R_{ref}\approx(5-0.7)/(1\times10^{-3})=4.3(\text{k}\Omega)$。这个结果仅仅是初始设计值，接下来还需要利用

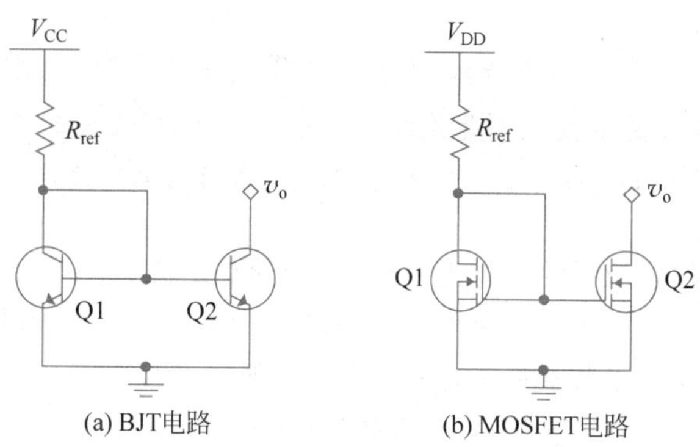

(a) BJT电路 (b) MOSFET电路

图 7.6 简单镜像电流源

仿真软件来进一步优化。

图 7.6(a)中所示的 BJT 电路尽管在初始设计阶段比较简单，但是也存在着一个问题。例如，如果希望 Q2 的集电极电流是 $I_o=1\text{mA}$，那么流经电阻 R_{ref} 的电流会更高一些，因为它还包括了基极的电流：$I_R=I_C+2I_B$。在图 7.7(a)中显示，尽管存在这种误差，前面的估算结果还是相当准确的。如果采用如图 7.6(b)所示的 MOSFET 电路，则没有这个电流匹配问题，因为栅极电流为零。

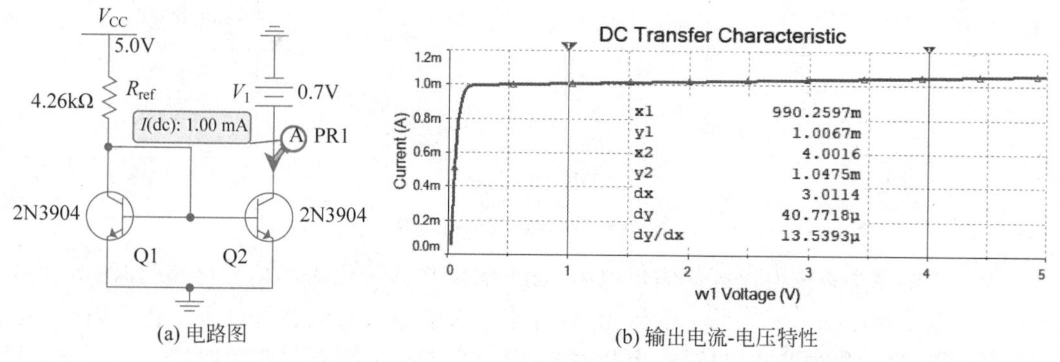

(a) 电路图 (b) 输出电流-电压特性

图 7.7 BJT 简单镜像电流源

图 7.7(b)显示了对电压源 V_1 扫描时 Q2 的集电极电流的变化。理想电流源的 I-V 曲线应该是一条水平的直线，与之进行对比可以看出镜像电流源的两个差别：首先是它有一定的斜率，其次是它的工作区间必须高于一定的电压。从图 7.7(b)中的数据($\mathrm{d}y/\mathrm{d}x$)可以看出，I-V 曲线的斜率是 13.5393μS，其输出电阻是这个斜率的倒数：$R_{om}\approx 73.9\text{k}\Omega$。从这个输出电阻值，也可以反推出厄利电压：$V_A=I_O r_o\approx 73.9\text{V}$。从如图 7.7(b)所示的结果也可以看出，当 Q2 的集电极电压小于 0.2V 时，电流会急剧变化，此时 BJT 进入饱和模式。因此，这个电路只有在 $V_{C2}>0.2\text{V}$ 的条件下才能起到电流源的作用。如图 7.6(b)所示的 MOSFET 镜像电流源的特性与此类似，故不再重复分析。

K 以上介绍的只是最简单的情况，实际上这两个晶体管可以是不匹配的。例如，如果Q2比Q1大4倍，那么其电流也会是左侧的4倍。此外，从左侧的参考电流电路可以映射出不止一个镜像电流源，而且每一个都可以选择不同的电流比例。

如果希望提高镜像电流源的输出电阻值，一个简单的方法就是在晶体管Q2的发射极下面增加一个反馈电阻。为了保持对称性，在Q1下面也添上一个相同的电阻，如图7.8(a)所示，它被称为Widlar镜像电流源。这个电路的左侧仅仅为右侧Q2的基极提供了一个稳定的直流电压源；作为一个初级近似，晶体管的基极电流可以忽略，此时 R_{ref} 可以通过求解以下方程而求出：$I_O(R_{ref}+R_E)=V_{CC}-0.7$。例如，$I_o=1\text{mA}$，$R_E=1\text{k}\Omega$，$V_{CC}=5\text{V}$，则可求得 $R_{ref}=3.3\text{k}\Omega$。

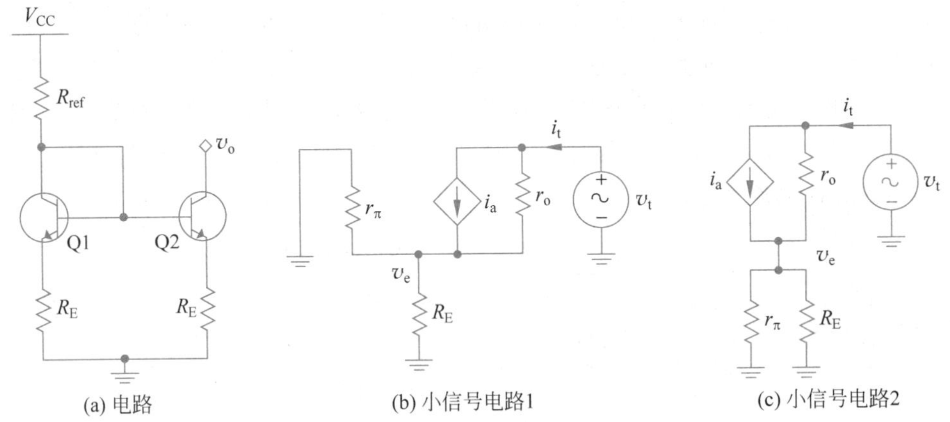

图 7.8 Widlar镜像电流源

为了求解这个镜像电流源的输出电阻，首先需要将其转化为小信号电路，如图7.8(b)所示。在输出端添加了一个测试电压源，然后通过求解输入电流就可以求得输出阻抗。在这个过程中，发射极的节点电压 v_e 十分关键，因为它占据了核心位置。例如，$v_\pi=-v_e$，所以受控电流源中的电流可以表达为 $i_a=-g_m v_e$。此外，r_π 与 R_E 实际上是并联的，如图7.8(c)所示。因此，在施加了测试电压 v_t 以后，就会有电流 i_t 从上而下地流过这两组器件。首先，从上半部分的电路可以得出：$i_t=-g_m v_e+(v_t-v_e)/r_o$。其次，从下半部分的电路可以得出：$i_t=v_e/(r_\pi \parallel R_E)$。由此可以建立一个方程式，然后就可以求出 v_t 与 v_e 之间的关系：$v_t=\left(1+\dfrac{r_o}{r_\pi \parallel R_E}+g_m r_o\right)v_e$。根据这些关系式就可以得出输出电阻的表达式：

$$R_{om}=\frac{v_t}{i_t}=\frac{1+\dfrac{r_o}{r_\pi \parallel R_E}+g_m r_o}{\dfrac{1}{r_\pi \parallel R_E}}\approx[1+g_m(r_\pi \parallel R_E)]r_o \tag{7.8}$$

如果用MOSFET代替BJT，那么 $r_\pi\to\infty$，则式(7.8)可以化简为 $R_{om}\approx[1+g_m R_S]r_o$，这里

用 R_S 取代了 R_E。

输出电阻的近似表达式也可以借用反馈系统的分析方法求得。在如图 7.8(b)所示的电路中，外界输入变量来自于 Q2 的基极，这里因为没有交流输入，所以它为零；输出变量是 i_t，反馈变量是 v_e。在明确了这些变量以后就可以找到它们之间的关系；由于 r_o 比较高，所以暂时可以忽略不计：$A=i_t/(v_b-v_e)=g_m$，$\beta=v_e/i_t=r_\pi \parallel R_E$。根据反馈系统的原理就可以得出这个反馈系统的输出电阻：$R_{om}=(1+A\beta)r_o=[1+g_m(r_\pi \parallel R_E)]r_o$。如果是 MOSFET 镜像电流源，那么其结果更简单，因为 $r_\pi \to \infty$，$R_{om}=(1+g_m R_S)r_o$。例如，$R_S=1\text{k}\Omega$，$g_m=9\text{mS}$，就可以得出输出电阻值：$R_{om}=10r_o$。如果电流源的输出电阻提高了 10 倍，差分放大器的共模抑制比就可以提高 20dB。

图 7.9 显示了一个 Widlar 镜像电流源的仿真结果，I-V 曲线的斜率大约是 490nS (图 7.9(b)中最后一行数据)，所以输出电阻为 $R_{om}=2.04\text{M}\Omega$。如果与图 7.7 显示的结果做一个对比就会发现其输出电阻有了明显的提高。然而，所付出的代价是电流平坦的范围缩小了；从图 7.9 中可以看出，Q2 的集电极电压需要大于 1.2V。

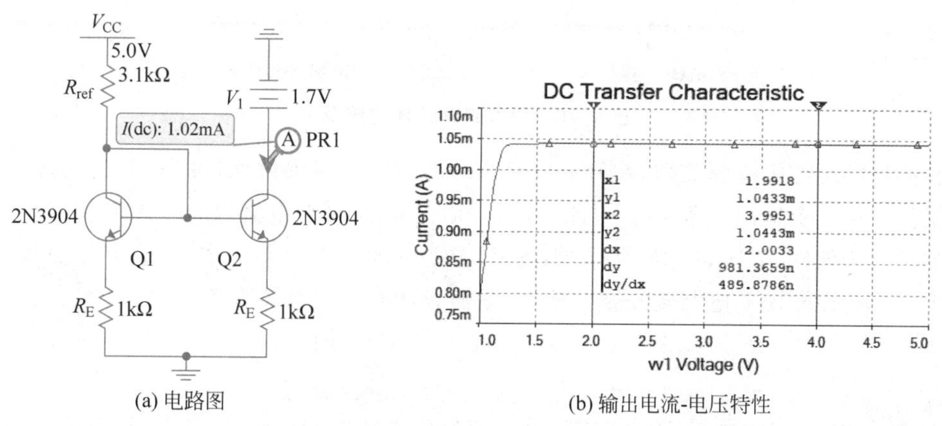

(a) 电路图　　(b) 输出电流-电压特性

图 7.9　Widlar 镜像电流源

> **Q　如何选择反馈电阻值？**
>
> 从输出电阻的公式来看，似乎 R_E 或 R_S 的值越大越好。然而，当这个反馈电阻值增大的时候，其直流偏压也会增大，结果就会压缩差分放大器输出信号的振幅范围。此外，对于 BJT 镜像电流源来说，当 R_E 大于 r_π 以后，继续增加其值就没有意义了，因为在小信号电路中，这两者是并联的。

7.4　先进镜像电流源

在集成电路中，电阻需要占据较大的面积，因此，人们尽量避免使用它。此外，当电阻被晶体管取代以后，不仅面积大幅度减小，而且性能还会提高。例如，在 7.2 节中用晶体管取代了下方的电阻以后，其共模抑制比得到了很大提高。因此，人们希望把 Widlar 镜像电流源下方的反馈电阻也用晶体管来取代，结果就变成了垂直级联(Cascode)镜像电流源，如图 7.10 所示。

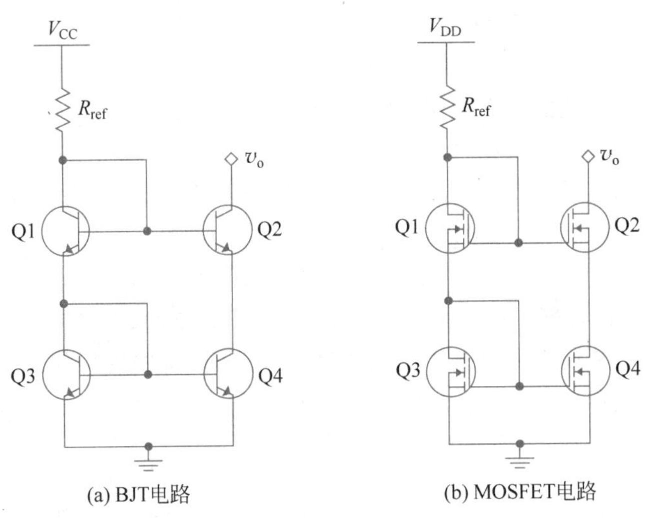

图 7.10　垂直级联镜像电流源

和简单的镜像电流源类似，左侧的电路只为右侧的电路提供稳定的直流偏压，而 Q4 的作用仅仅提供一个输出电阻 r_o。因此，可以借用 Widlar 镜像电流源的公式来求出 Q2 的输出阻抗。对于如图 7.10(b)所示的 MOSFET 镜像电流源来说其结果是十分简单的，而图 7.10(a)所示的 BJT 电路则复杂一些，这里假设所有 4 个晶体管都相同。

$$\begin{aligned} R_{om} &= (1+g_m r_o)r_o \approx g_m r_o^2 (\text{MOSFET}) \\ R_{om} &= (1+g_m(r_\pi \parallel r_o))r_o \approx g_m r_\pi r_o = \beta r_o (\text{BJT}) \end{aligned} \tag{7.9}$$

图 7.11 是一个 BJT 垂直级联镜像电流源的仿真结果；由于这个电路有些复杂，在做类似于图 7.9 那样的直流电压扫描仿真时无法运行，所以只能采取其他方式。图 7.11(a)和图 7.11(b)中显示了直流仿真的结果：当 Q2 的集电极电压从 2V 升高到 5V 时，其电流从 1.01716mA 上升到 1.01767mA，由此可以估算出其输出电阻是 5.88MΩ。图 7.11(c)中显示了交流仿真的结果，当测试电压信号的振幅为 0.5V 时，激发的电流信号的振幅大约是 88nA，所以其输出电阻是 5.68MΩ，这与直流仿真的结果基本吻合。顺便说一下，图 7.11(c)中位于 Q2 上方的测试信号源需要直流电压分量。电路中 Q2 的基极电压大约是 1.4V，由此可以推算出其发射极电压大约是 0.7V，因此集电极电压下限是 0.9V。再加上交流信号的振幅 0.5V，所以信号源最低的直流电压分量是 1.4V。

如果希望获得更高的输出电阻的话，则可以在下面再加一对晶体管。如果是 MOSFET 电路，那么其输出电阻值可以达到 $R_{om} \approx g_m^2 r_o^3$。然而，一个由此而带来的弊端就是输出端直流电压的下限会被进一步推高，在现代的集成电路中往往无法接受。不过，如果电路的 V_{CC} 足够高或 V_{EE} 足够低，那就可以通过多层的垂直级联结构来达到很高的输出电阻。

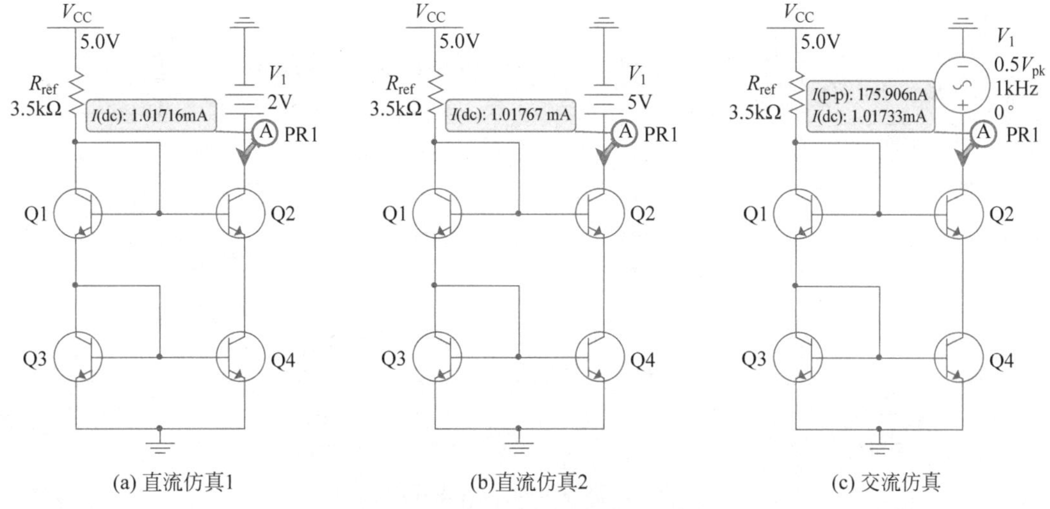

(a) 直流仿真1　(b)直流仿真2　(c) 交流仿真

图 7.11　垂直级联镜像电流源

> **K** 在 1967 年 George Wilson 在 Tektronix 公司工作，他当时是一名设计集成电路的工程师。有一天他和同事 Barrie Gilbert 打赌，看谁能在一夜之间设计出一个只需要 3 个晶体管的高性能镜像电流源，结果 Wilson 赢了。其实，Gilbert 的名气更大一些，他拥有一百多项专利，其中混频电路 Gilbert Cell 在通信电子领域广为人知。

在性能方面，Wilson 镜像电流源与垂直级联镜像电流源差别不大，但是其工作原理截然不同。图 7.12 是一个 Wilson 镜像电流源的电路图和仿真结果，其中使用了 2N4401 晶体管。由于 I-V 曲线的斜率是 225.2nS，所以其输出电阻为 4.44MΩ。如果与垂直级联镜像电流源做了对比的话，就会看到其性能不相上下。然而，推导 Wilson 镜像电流源的输出电阻相对来说比较困难一些，它需要利用反馈系统的方法。如果这 3 个 BJT 晶体管完全相同，其输出电阻是 $R_{om} \approx 0.5\beta r_o$；对于用 MOSFET 构成 Wilson 镜像电流源来说，其输出电阻与垂直级联镜像电流源一致，$R_{om} \approx g_m r_o^2$。

为了理解 Wilson 镜像电流源，可以先研究一下另一个电路，如图 7.13(a)所示，其中使用了一个增益为 100 的理想运放。下方的两个相同的电阻起到了“镜像”电流的作用，因为运放的两个输入端的电压基本相同。不过，为了给 BJT 的基极提供足够高的直流电压，这两个输入端之间还是需要一定的电压差。例如，当两侧的电流大约在 1mA 时，电阻上的偏压是 1V，而 BJT 的基极-发射极之间还需要 0.7V 电压，所以运放的输出端需要大约 1.7V 的电压。由此可以反推出运放的两个输出端之间存在 17mV 的偏压，因此，BJT 发射极的电压大约是 0.983V，这与仿真结果十分接近。此外，BJT 的集电极电流比发射极电流略小一些，$I_C = \alpha I_E$，所以仿真结果显示其输出端的电流是 0.975mA。

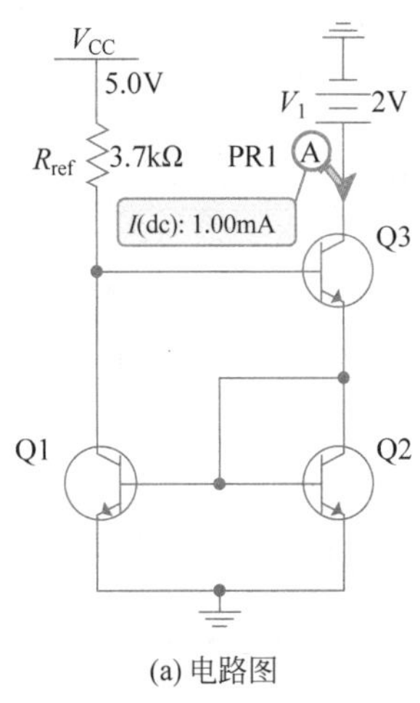

(a) 电路图

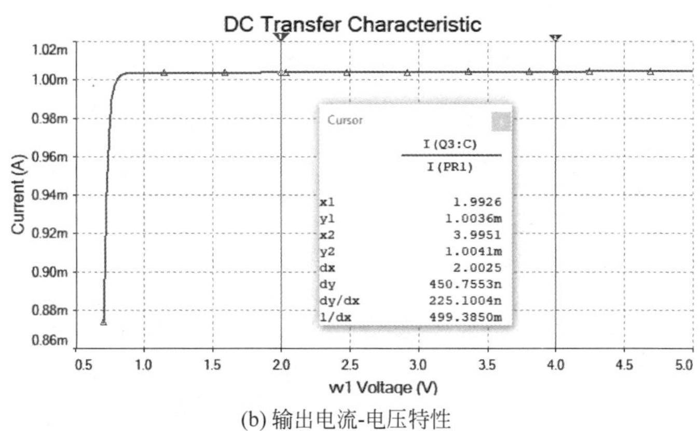

(b) 输出电流-电压特性

图 7.12 Wilson 镜像电流源

从图 7.13(a)显示的交流仿真的结果可以看出，当测试信号的振幅为 0.5V 时，激发的电流信号振幅大约是 44.9nA，由此可以算出其输出电阻值 $R_{om}=v_o/i_o\approx 11.1\text{M}\Omega$。如果把晶体管上方的交流信号源换成一个直流电压源，就可以对其输出电压进行扫描，图 7.13(b)显示了直流电压扫描仿真的结果，I-V 曲线的斜率大约是 76.3nS，它的倒数就是输出电阻 $R_{om}\approx 13.1\text{M}\Omega$。在输出阻抗如此高的情况下，输出电流的变化十分微小，因此在数值计算过程会引入一些误差，所以交流仿真和直流仿真的结果略有出入。

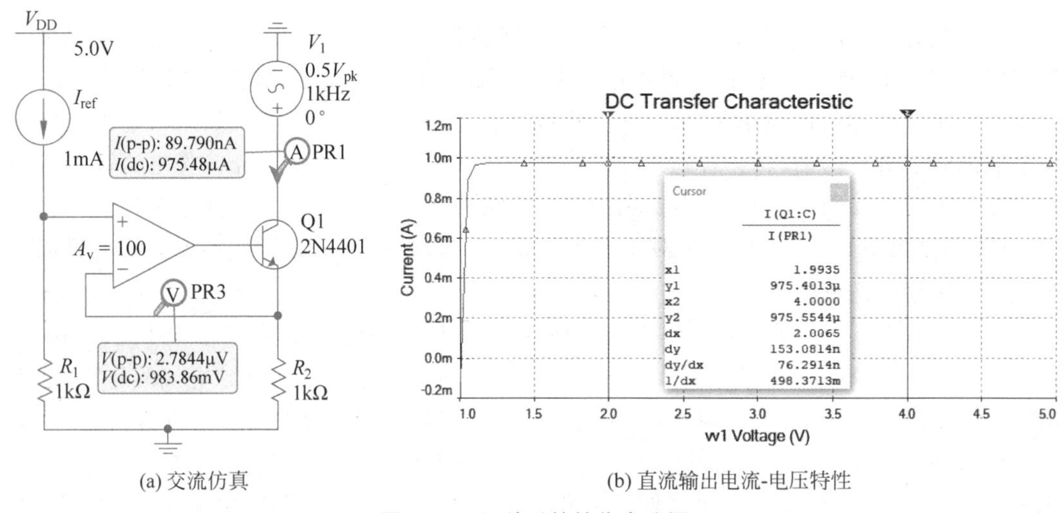

(a) 交流仿真

(b) 直流输出电流-电压特性

图 7.13 运放反馈镜像电流源

如此高的输出电阻值来自于包括运放在内的负反馈系统，它导致 BJT 的发射极电压十分稳定，这一点从仿真结果中可以看出。如图 7.13(a)所示，当集电极节点上电压的交流振幅是 0.5V 时，发射极节点的振幅却只有 1.39μV。注意，图 7.13(a)中显示的交流信号是峰-峰值，它是振幅的两倍。下面进行定性的分析。当外界的波动导致发射极电压(v_E)略微增高的时候，运放的输出电压(v_B)则会大幅度减小，v_{BE} 的减小会降低晶体管中的电流，那么下方电阻上的偏压(v_E)则会降低，由此而形成了负反馈机制。因此，当晶体管的集电极电压(v_C)变化时，这个负反馈系统导致其发射极电压(v_E)变化很小，从而导致流经下方电阻的电流(i_E)也十分稳定，结果输出电流(i_C)的变化幅度很小。其输出电阻与这些变量的关系式 $R_O=\Delta v_C/\Delta i_C$，所以其值会很高。

图 7.14(a)显示了 3 个晶体管组成的 Wilson 镜像电流源仿真的结果，Q3 上方的信号源有 3V 的直流偏压。从图中显示的结果可以算出其输出电阻值，这里先把测试信号的振幅转化成了峰-峰值：$R_{om}=(2\times0.5)/(241.5\text{n})\approx4.14(\text{M}\Omega)$。与如图 7.13(a)所示的电路做一个对比，可以看到运放的作用被 Q1 所取代。在这个电路中，Q1 的输入端电压信号来自 Q3 的发射极，而输出端信号连到 Q3 的基极。从图中显示的仿真结果可以算出，其增益是 $A_V=-66.7\text{V/V}$。有时人们喜欢对称的电路，因此可以再添加一个与 Q3 成对的晶体管 Q4，如图 7.14(b)所示。从仿真的参数来看，Q4 的引入对电路的影响很小。

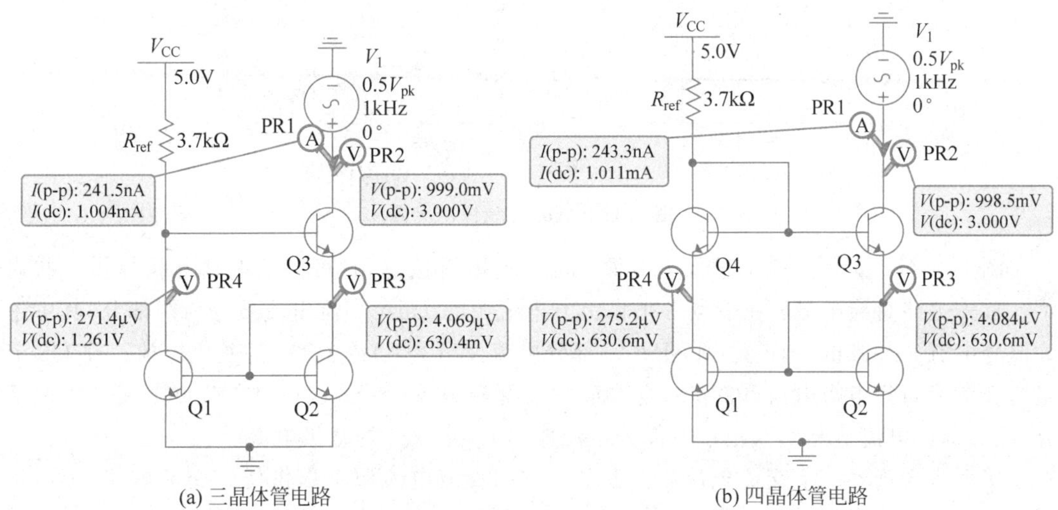

图 7.14 Wilson 镜像电流源

下面来推导一下 Wilson 镜像电流源输出电阻的表达式；由于 MOSFET 电路比较简单，就先来分析这个电路。在具体分析之前，先观察一下如图 7.15(a)所示的电路。因为 MOSFET 的栅极没有电流，所以左右两侧的电流都没有分叉；换言之，流经 Q1 的直流电流就是上面电流源提供的电流，而流经 Q2 和 Q3 的电流是相同的。此外，在电路的中部只有两个节点，它们被分别标为 a 和 b。

从 b 节点向上和向右看，输入电阻都是无穷大；如果向下看，其输入电阻则是 r_o。因此，如果把 Q1 看成是一个共源极放大器，那么其增益是 $A_{V1}=-g_m r_o$。由此可以得出节点 a 和节点 b 信号之间的关系：$v_b=-g_m r_o v_a$。假设流经 Q2 和 Q3 的交流电流信号是 i_o，由于 Q2 处于“二极管连接”方式，其小信号模型则相当于一个电阻 $r_{gs}=1/g_m$，由此可以得出以下关系式：$v_a=r_{gs}i_o=i_o/g_m$。由此就可以得出 b 节点上的电压信号：$v_b=-r_o i_o$。

最后，可以把注意力集中到 Q3 上，栅极-源极之间的电压是 $v_{gs}=v_b-v_a=-(r_o+1/g_m)i_o$，根据混合 π 小信号模型，集电极电流可以表达为 $i_o=g_m v_{gs}+g_o v_{ds}$，其中 $g_o=1/r_o$。这里可以做一个近似：因为漏极的振幅远高于源极，所以 $v_{ds}\approx v_d=v_o$。然后将 v_{gs} 的表达式代入集电极电流表达式，就可以求出 v_o 和 i_o 之间的关系，接下来就可以求得输出电阻：$R_{om}=v_o/i_o=(2+g_m r_o)r_o\approx g_m r_o^2$。可以看出，这个结果与垂直级联镜像电流源的结果相同。

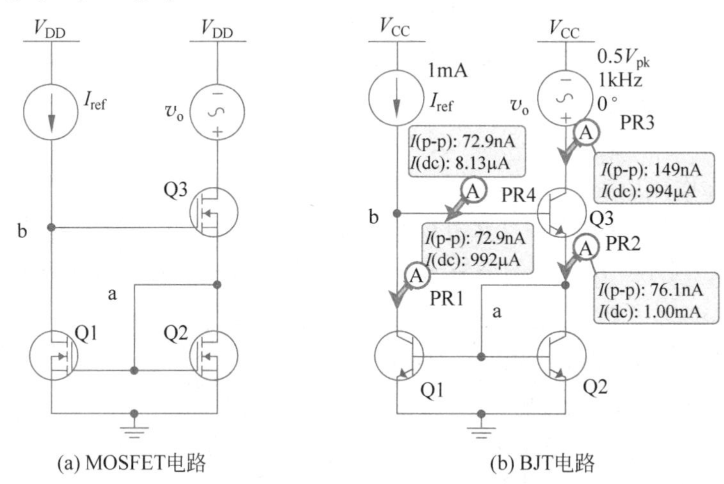

图 7.15　Wilson 镜像电流源

图 7.15(b)显示了 BJT 镜像电流源中的一些电流信息，它可以给电路分析提供一些启示。首先关注直流电流：在节点 b 来自上方电流源的 1mA 直流电流被分为两部分，其中绝大部分电流(0.992mA)流经 Q1，很小一部分电流(8.13μA)成为 Q3 的基极电流。在 Q3 节点基极电流与集电极电流(994μA)合并成为发射极电流(~1mA)，它在节点 a 又分为两部分，绝大部分电流流经 Q2，很小一部分电流成为 Q1 和 Q2 的基极电流。

接下来再观察一下交流电流：位于左上方的直流电流源不提供任何交流电流信号，根据基尔霍夫电流定律，Q1 的集电极电流与 Q3 的基极电流之和为零。换言之，流进 Q1 集电极的电流与流进 Q3 基极的电流大小相同而符号相反：$i_{c1}=-i_{b3}$。当然，这仅仅是一种形象化的说法，对于交流电流无所谓"流进"或"流出"。在电路的下方，由于 Q1 和 Q2 的基极是连在一起的，所以其集电极的电流应该是基本相同的：$i_{c1}=i_{c2}$。由此可以得出一个结论：$i_{c2}=-i_{b3}$。由于流进 Q1 和 Q2 基极的电流很小，所以可以做一个近似：$i_{e3}\approx i_{c2}=-i_{b3}$。这个关系式可以这样来解读：流出 Q3 发射极的电流(76nA)和流出其基极的电流(73.0nA)大致相同，它们之和等于从上方流入其集电极的电流(149nA)。这一点十分令人费解：首先人们习惯于认为基极与集电极的电流都是流进 BJT 的，至少它们的相位应该相同。其次，晶体管的 3 个电流之间应该满足这些关系：$i_B+i_C=i_E$，$i_C=\beta i_B$，$i_C=\alpha i_E$。然而，在交流电路中电流的关系应该用其小信号模型来描述，因此不受上述那些关系式的约束。

假设流入 Q3 集电极的交流电流为 i_o，那么流出其发射极的电流大约是 $0.5i_o$。从 Q3 的发射极向下看，由于 Q2 是处于"二极管连接"模式，所以它相当于一个电阻 r_e，而 Q1 则

相当于一个电阻 r_π，而且这两个电阻是并联的。根据欧姆定律可求出节点 a 的电压信号：$v_a \approx 0.5(r_e \parallel r_\pi)i_o \approx 0.5r_e i_o$。Q1 的作用是一个放大器，其增益是 $A_V=-g_m(R_L \parallel r_o)$。从 Q1 的集电极向外看，上面的直流电流源相当于开路，所以负载电阻 R_L 只能是 Q3 基极的输入电阻。前面分析过，由于负反馈的作用，节点 a 的电压值十分稳定；作为近似，Q3 的发射极可以当作交流接地。因此，$R_L \approx r_\pi$，而 Q1 的增益则是 $A_V=-g_m(r_\pi \parallel r_o) \approx -g_m r_\pi = -\beta$。这样就可以求出 a 和 b 节点电压信号之间的简单关系：$v_b \approx -\beta v_a$。然后聚焦 Q3 的信号之间的关系：$i_o = g_m v_{be} + g_o v_{ce}$，其中 $v_{be}=v_b-v_a=-(\beta+1)v_a \approx -0.5(\beta+1)r_e i_o$，$v_{ce} \approx v_c = v_o$。由此可以求出 v_o 和 i_o 之间的关系，接下来就可以得到输出电阻：$R_{om}=v_o/i_o=(1+0.5\beta)r_o \approx 0.5\beta r_o$。

Q 在本节介绍的这两种镜像电流源之间应该如何选择？

如果采用分立的晶体管来搭建镜像电流源，这两种没有多大差别。因为 Wilson 镜像电流源只需要 3 个晶体管，搭建起来会更方便一些。然而，现代集成电路的一大制约因素就是功耗和散热问题，而降低功耗最有效的方法就是降低 V_{CC} 或 V_{DD}。例如，如今很多集成电路的电源电压在 1V 左右。垂直级联镜像电流源的电路可以做出一些改变从而大幅度降低其输出端的最低电压，然而，Wilson 镜像电流源则很难做到这点。因此，在现代的集成电路中，宽摆幅垂直级联镜像电流源被广泛采用。

7.5 有源负载

在 7.4 节大家可以看出，当一些电阻被晶体管所取代以后，在集成电路中不仅可以提高性能而且还可以降低成本。在如图 7.16(a)所示的差分放大器中，上方的两个电阻分别被 pnp-BJT 所取代。与镜像电流源中的晶体管类似，作为负载的晶体管也相当于一个直流电流源和一个并联电阻(r_o)。由于输出电阻 r_o 的阻值比较高，所以这个放大器的增益也很高。图 7.16(b)显示了双端输出的有源负载差分放大器的仿真结果，由此可以计算一下其单端输出的增益：$A_V \approx 993\text{V/V}$。

在这个电路中，npn 晶体管采用了 2N4401 型，而 pnp 晶体管采用了 2N4403 型。从 Multisim 的 BJT 模型中可以找到其厄利电压：$V_{An}=90.7\text{V}$，$V_{Ap}=115.7\text{V}$。当集电极电流为 1mA 时，其输出电阻则分别是：$r_{on}=90.7\text{k}\Omega$，$r_{op}=115.7\text{k}\Omega$。代入式(7.6)并且把 R_C 换成 r_{op} 就可以得到其单端输出的增益：

$$
\begin{aligned}
v_{o1} &= -\frac{1}{2}g_m(r_{on} \parallel r_{op})v_d \quad \Rightarrow \quad A_{d1} = -\frac{1}{2}g_m(r_{on} \parallel r_{op}) \\
v_{o2} &= \frac{1}{2}g_m(r_{on} \parallel r_{op})v_d \quad \Rightarrow \quad A_{d2} = \frac{1}{2}g_m(r_{on} \parallel r_{op})
\end{aligned}
\tag{7.10}
$$

这里可以估算一下，流经晶体管的电流大约是 1mA，所以其跨导是 $g_m=38.6\text{mS}$，代入

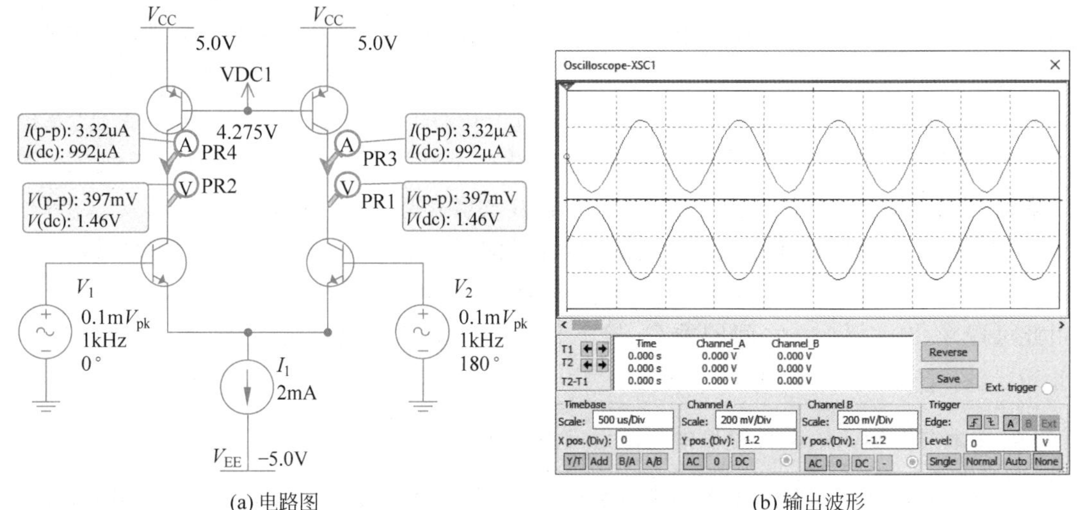

(a) 电路图　　(b) 输出波形

图 7.16　双端输出的有源负载差分放大器

式(7.10)就可以算出其单端输出的增益：$A_d \approx 981\text{V/V}$，这与仿真的结果基本一致。图 7.16(b)显示了用示波器记录的来自两侧的输出波形，可以看出它们之间有 180°的相位差，这反映出交流电流随着输入信号而在电路的两侧此消彼长的现象。从图 7.16(a)显示的结果可以看出，这个交流电流分量占直流电流的比例很小，大约只有 0.167%。

尽管图 7.16 中的电路看起来相当简单，但是在实际应用中有一个问题：pnp 晶体管的基极需要一个直流偏置电压，而且这个电压非常敏感。在这个电路中，$V_{bp}=4.275\text{V}$，这是经过多次迭代才找到的结果。即使改变一下最后一位数字，晶体管就会从主动模式变成饱和或截止模式。由于设计直流偏置电路十分棘手，所以仅有一个输出端的电路更为常见，如图 7.17 所示。上面的两个晶体管的基极/栅极直接连到了左侧的集电极/漏极节点上，所以就不再需要设计偏置电压。然而，对于初学者来说，分析这个电路会有一些难度。

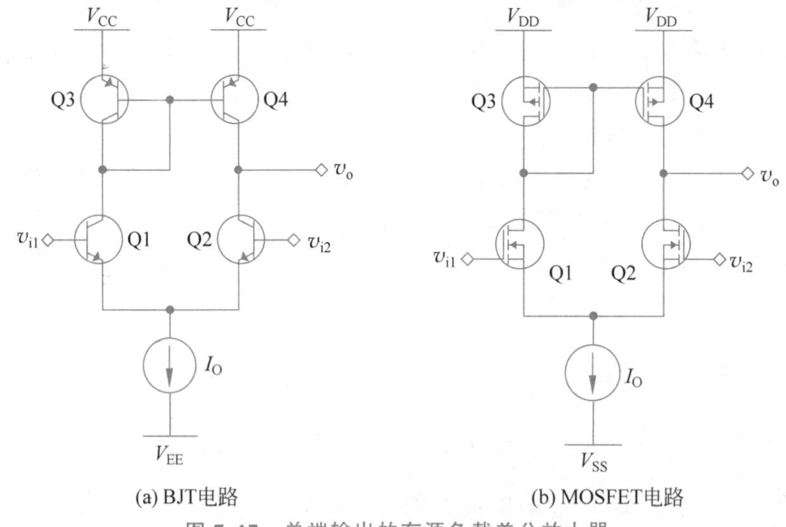

(a) BJT电路　　(b) MOSFET电路

图 7.17　单端输出的有源负载差分放大器

首先，简单回顾一下晶体管的特性，其电流主要受 V_{BE} 或 V_{GS} 控制，但是 V_{CE} 或 V_{DS} 也有一定的影响。因此，在共发射极/源极的情况下，可以得出以下表达式：

$$\begin{aligned} i_{\mathrm{c}} &= g_{\mathrm{m}} v_{\mathrm{b}} + g_{\mathrm{o}} v_{\mathrm{c}} (\mathrm{BJT}) \\ i_{\mathrm{d}} &= g_{\mathrm{m}} v_{\mathrm{g}} + g_{\mathrm{o}} v_{\mathrm{d}} (\mathrm{MOSFET}) \end{aligned} \tag{7.11}$$

其中 $g_{\mathrm{o}}=1/r_{\mathrm{o}}$，它远小于晶体管的跨导 $g_{\mathrm{m}}(g_{\mathrm{o}} \ll g_{\mathrm{m}})$。

图 7.18(a)是图 7.17(a)的部分简化电路，图 7.18(b)显示了 Q1、Q3 和 Q4 这 3 个晶体管的小信号等效电路。从晶体管 Q1 集电极的角度来看，自身的输出电阻是 r_{o1}，Q3 和 Q4 则构成了其负载。其中 Q4 的贡献是其基极的输入电阻 $r_{\pi 4}$，而 Q3 的贡献是 T 模型中的电阻 r_{e3}。这 3 个晶体管分别提供了 3 个电阻，它们之间相差很大：$r_{\mathrm{o1}} \gg r_{\pi 4} \gg r_{\mathrm{e3}}$，而总负载则是它们的并联：$R_{\mathrm{L}}=r_{\mathrm{o1}} \parallel r_{\mathrm{e3}} \parallel r_{\pi 4} \approx r_{\mathrm{e3}}$。

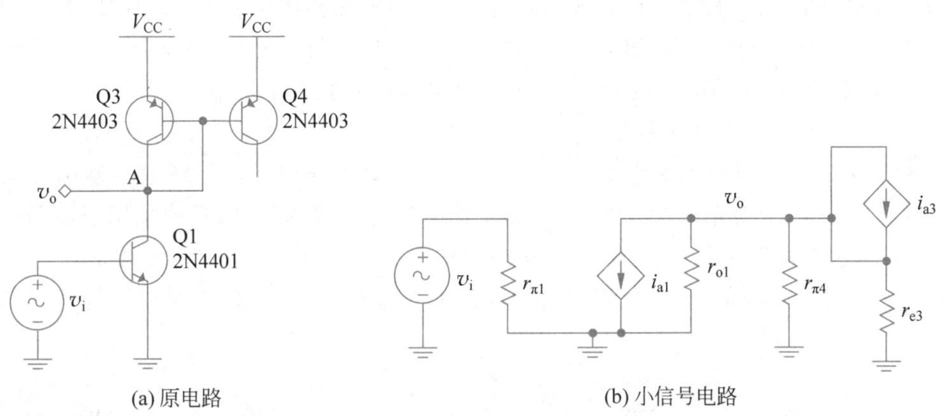

图 7.18　Q1 的负载电路

在推导出节点 A 的负载以后就可以求出其电压信号：$v_{\mathrm{o}}=-g_{\mathrm{m1}} R_{\mathrm{L}} v_{\mathrm{i}} \approx -g_{\mathrm{m1}} r_{\mathrm{e3}} v_{\mathrm{i}} \approx -v_{\mathrm{i}}$。这里假设 Q1 和 Q3 具有相同的参数，因此做了这样的近似：$g_{\mathrm{m1}} r_{\mathrm{e3}} \approx g_{\mathrm{m1}}/g_{\mathrm{m3}} \approx 1$。对于图 7.17(b)中的 MOSFET 电路，则相对来说更简单一些，因为其栅极是绝缘的，所以有 $r_{\pi} \to \infty$，而 $r_{\mathrm{e}} \to r_{\mathrm{gs}}=1/g_{\mathrm{m}}$。如果将那些 BJT 的参数转化为对应的 MOSFET 参数，则可得出同样的结论。因此，当左侧有差模输入信号输入时，$v_{\mathrm{i1}}=0.5 v_{\mathrm{d}}$，在 Q1 和 Q3 之间的这个节点上的信号是：

$$v_{\mathrm{a}} \approx -(g_{\mathrm{m1}}/g_{\mathrm{m3}}) v_{\mathrm{i1}} = -0.5(g_{\mathrm{m1}}/g_{\mathrm{m3}}) v_{\mathrm{d}} \tag{7.12}$$

由此可知，在纯差模输入的情况下，Q1 的集电极与基极上的信号振幅相同而相位相反。由于这个节点与 Q4 的栅极相连，所以它是 Q4 的输入信号，由此就可以得出与之对应的电流信号：

$$i_{\mathrm{a4}} \approx -0.5 g_{\mathrm{m4}} (g_{\mathrm{m1}}/g_{\mathrm{m3}}) v_{\mathrm{d}} = -0.5 g_{\mathrm{m1}} v_{\mathrm{d}} \tag{7.13}$$

由此可知，P 型晶体管的跨导彼此抵消掉了。右侧的 Q2 和 Q4 可以简化为如图 7.19(a)所示的小信号电路，其中与 Q2 和 Q4 所对应的电流源具有完全相同的表达式：$i_{\mathrm{a2}}=i_{\mathrm{a4}}=-0.5 g_{\mathrm{m}} v_{\mathrm{d}}$，此处的跨导对应于下面的 N 型晶体管。

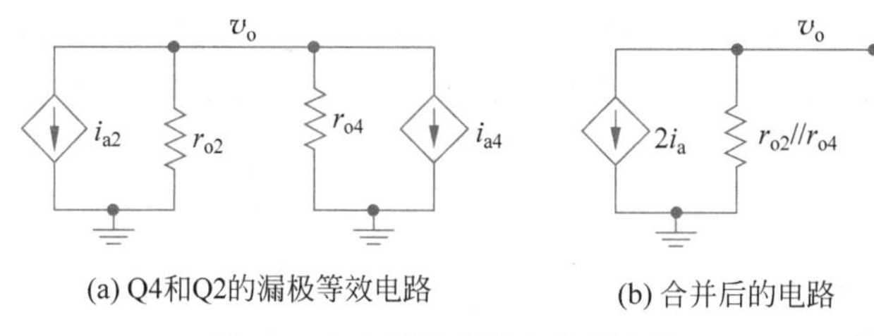

(a) Q4和Q2的漏极等效电路　　(b) 合并后的电路

图 7.19　右侧的简化小信号电路

由于Q2和Q4的电流信号完全相同,如图7.19(a)所示的电路就可以合并为如图7.19(b)所示的电路,由此就可以求出输出信号和增益:

$$v_o \approx -2i_a(r_{o2} \parallel r_{o4}) = g_m(r_{o2} \parallel r_{o4})v_d \Rightarrow A_V \approx g_m(r_{o2} \parallel r_{o4}) \tag{7.14}$$

与式(7.10)做一个对比,就会发现其单端输出电压信号的振幅增长了一倍。在如图7.16(a)所示的电路中,位于上方的P型晶体管仅仅提供一个输出阻抗。然而,在如图7.17所示的电路中,Q4与Q2有相同的电流信号贡献,也就是电流信号获得了倍增。

图7.20显示了有源负载差分放大器的仿真结果。第一,由于采用了理想电流源,单端输入与双端输入几乎没有什么差别。第二,因为上下两类BJT的不对称性,输出端的直流电压为3.77V。由于太靠近V_{CC},这就限制了输出信号的振幅,所以只能采用很微弱的输入信号。第三,这个电路的增益很高,$A_V \approx 1993\text{V/V}$。可以用式(7.13)来验证一下:$g_m \approx 38.6\text{mS}$,$r_{on}=90.7\text{k}\Omega$,$r_{op}=115.7\text{k}\Omega$,$A_V \approx g_m(r_{on} \parallel r_{op}) \approx 1963(\text{V/V})$,它与仿真结果基本吻合。

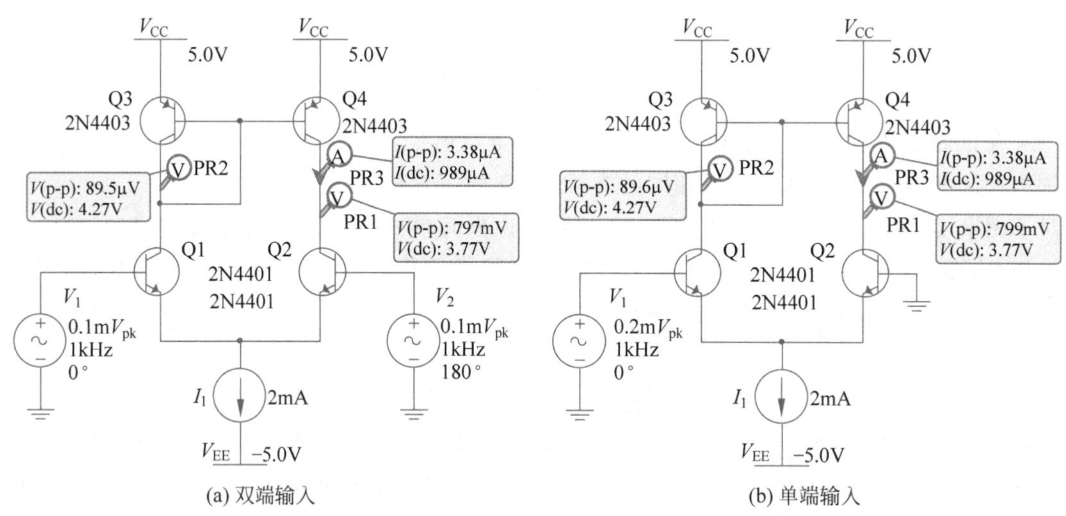

(a) 双端输入　　(b) 单端输入

图 7.20　有源负载的差分放大器

> **K** 本节所讨论的主动负载放大器的高增益来自于晶体管很高的输出电阻,$r_o \approx 100\text{k}\Omega$。然而,随着晶体管尺寸的减小,其输出电阻也相应地降低。因此,模拟电路设计

师一般都不采用工艺过程所允许的最小尺寸。此外，在集成电路中电流也很弱，因此会导致跨导值也不高。这两方面因素导致单级放大器的增益往往十分有限，如果希望提高增益有两种选择：其一是使用垂直级联结构，其二是采用多级放大器方式。

7.6 垂直级联放大器

在 7.5 节中介绍的电路中晶体管可以扮演两种不同的角色：其一是作为电压信号与电流信号的转化器，其核心参数是跨导 g_m；其二是作为有源负载，其核心参数是输出电阻 r_o。放大器的增益就是这两者的乘积：$A_V=-g_m(r_{on}\parallel r_{op})$。如果希望提高跨导 g_m，则需要提高电流，这会导致功耗增大，往往会受到一定的限制。此外，当电流增高的时候，还会导致 r_o 减小，$r_o=V_A/I$。因此，增加输出电阻 r_o 就成了一个不错的选择。在 7.4 节介绍了垂直级联镜像电流源，通过增加一层晶体管可以有效地提高输出电阻。

尽管 Multisim 在仿真分立器件组成的电路时功能十分强大，但是它并不是一个设计集成电路的 EDA 软件。然而，可以通过改变其模型参数的方式来勉强仿真一些电路。如图 7.21 所示，2N4401 型 BJT 的厄利电压是 90V(VAF 参数)，为了模拟集成电路中的晶体管，可以将其修改为 5V。此外，Multisim 的器件库中有不少用于功放的 MOSFET 器件，但是小信号 MOSFET 器件的数量很少，而且其模型过于简单；例如，模型中没有与输出电阻有关的参数(λ)，所以其输出电阻为无穷大。因此，这里只能使用 BJT 来举例，尽管目前绝大多数集成电路采用的是 MOSFET。

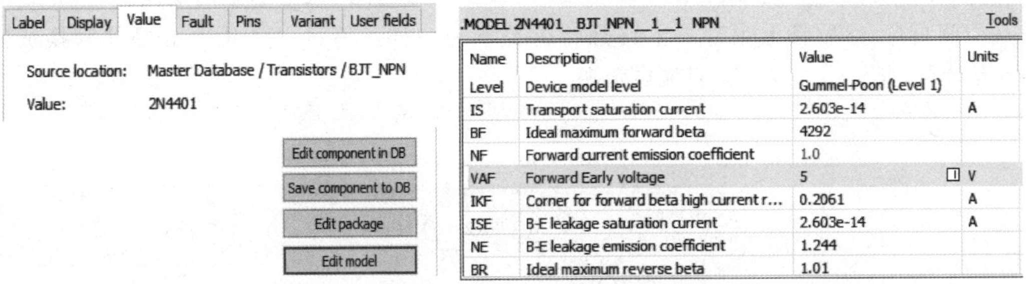

Label Display Value Fault Pins Variant User fields

Source location: Master Database / Transistors / BJT_NPN

Value: 2N4401

Edit component in DB

Save component to DB

Edit package

Edit model

.MODEL 2N4401__BJT_NPN__1__1 NPN Tools

Name	Description	Value	Units
Level	Device model level	Gummel-Poon (Level 1)	
IS	Transport saturation current	2.603e-14	A
BF	Ideal maximum forward beta	4292	
NF	Forward current emission coefficient	1.0	
VAF	Forward Early voltage	5	V
IKF	Corner for forward beta high current r...	0.2061	A
ISE	B-E leakage saturation current	2.603e-14	A
NE	B-E leakage emission coefficient	1.244	
BR	Ideal maximum reverse beta	1.01	

图 7.21 2N4401 型 BJT 模型参数的编辑

如图 7.22(a)所示的电路在下方包含了垂直级联结构，但是在上方使用了一个电阻作为负载。此外，信号源有 0.63V 的直流偏压，图中没有显示出来。根据图 7.22 中显示的仿真结果可以算出这个放大器的增益：$A_V=-62.5\text{V/V}(35.9\text{dB})$。这个数值主要是受到了电阻 R_1 的限制，而 Q2 的作用没有发挥出来。尽管如此，Q2 的存在可以起到扩展频谱的作用，如图 7.22(b)所示。从上方的波特图可以看出其截止频率是 11.35MHz，而下方的波特图是去掉 Q2 以后的仿真结果，其截止频率下降到了 4.34MHz。

在第 5 章讨论共发射极放大电路时介绍过米勒效应，它导致在输入端形成了一个与增

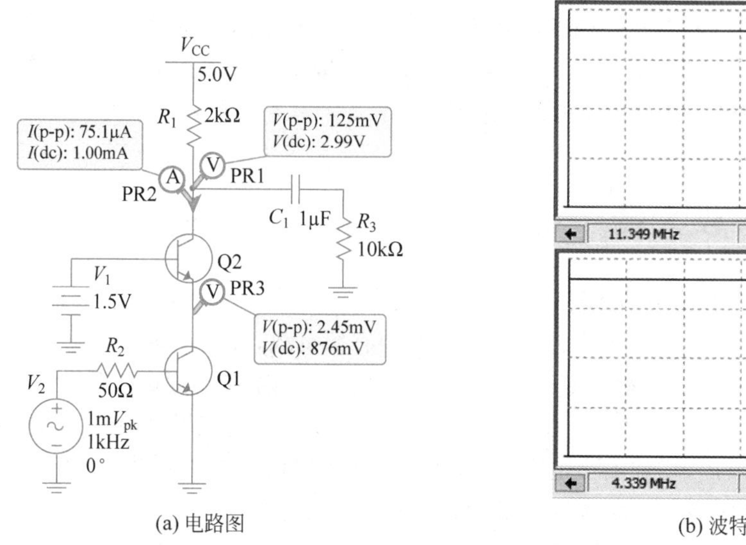

(a) 电路图　　　　(b) 波特图

图 7.22　被动负载的垂直级联放大器

益值成正比的并联电阻。从如图 7.22(a)所示的仿真结果可以看出，Q1 的集电极节点的信号强度与输入信号几乎相同，因此其增益在 1 左右，所以米勒效应不会导致截止频率的降低。此外，Q2 处于共基极放大器的状态，所以也没有米勒效应。

尽管垂直级联放大器曾经一度十分成功，但是它有一个弱点，那就是上下叠在一起的晶体管会占用电压空间，从而导致输出信号的摆幅范围受到限制。图 7.23(a)是一个改进的设计，它被称为折叠垂直级联(folded cascode)放大器。与图 7.22(a)中的电路相比，仿佛将其从中间折弯，然后将上半部分电路翻转折叠下来一样。不过，Q2 从 npn 晶体管换成了 pnp 晶体管，此外还需要一个直流电流源。

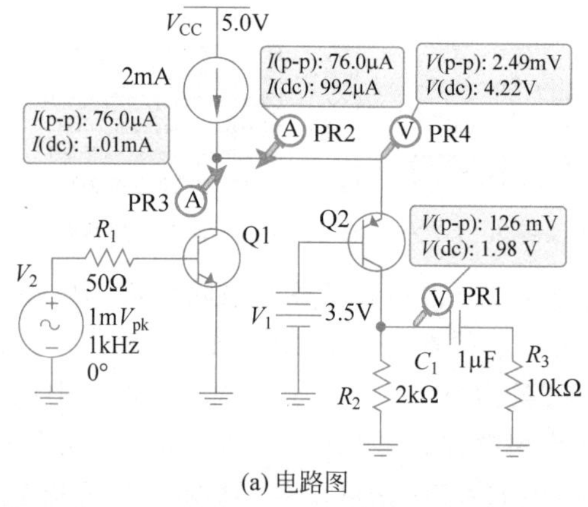

(a) 电路图

图 7.23　被动负载的折叠垂直级联放大器

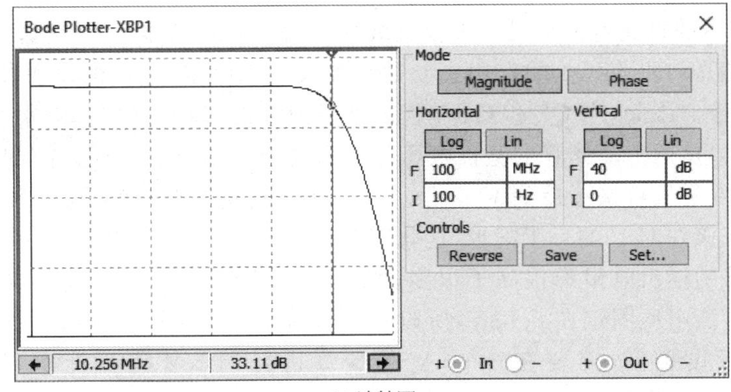

(b) 波特图

图 7.23 （续）

在如图 7.23(a)所示的电路中，信号源的直流偏压是 0.62V，两种晶体管的厄利电压都减小到 5V。它的工作原理其实不难理解，由于两个晶体管的电流之和是一个常数，当 npn 晶体管的电流变化时，pnp 晶体管的电流需要做相反的变化：$i_{e2}=-i_{c1}$。此外，从 Q1 的集电极向外看，Q2 的发射极的输入电阻是 r_{e2}，这与常规的垂直级联放大器几乎相同，如果流经这两个晶体管的直流电流相同的话。从如图 7.23(b)所示的波特图来看，其增益和带宽都与垂直级联放大器十分相似。相比之下，这个电路的优点是在 V_{CC} 较低的情况下依然可以正常工作。

图 7.24(a)采用了一个直流电流源作为负载，它的交流输出电阻为无穷大，因此这个放大器的增益是 $A_V=-g_mR_{on}$，其中 R_{on} 是来自下方两个 npn 晶体管的输出电阻。为了使输出端的直流电压保持在合理的区间，最上端的电流源的参数需要进行精细的微调。如图 7.24(b)所示为其波特图，与被动负载的电路相比，其增益大幅度提高到了 87.1dB，因为 $A_V=-g_mR_o$。然而，由于其输出阻抗很高，当负载是电容的时候带宽会变得很窄。具体而言，截止频率的公式是 $f_c=1/(2\pi R_oC)$，因此它与输出阻抗成反比，而增益与之成正比。

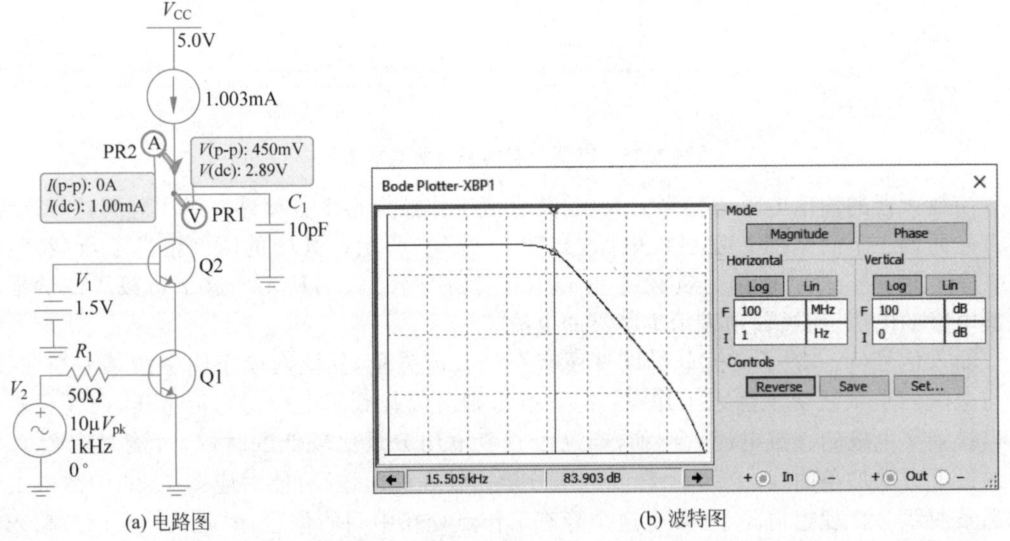

(a) 电路图　　(b) 波特图

图 7.24　电流源负载的垂直级联放大器

图 7.24(a)中的直流电流源可以被垂直级联的两个 pnp 晶体管所取代,如图 7.25(a)所示。在这个电路中,Q2 和 Q4 的作用主要是增加其输出电阻,它们的发射极分别与 Q1 和 Q3 的集电极相连。因此,当 Q2 和 Q4 基极的电压改变时,对电路的影响很小。换言之,在设计这个电路时,这两个晶体管的基极电压并不需要十分精确。然而,Q3 的基极电压则十分敏感,因为其发射极直接连接到 V_{CC} 上。由于这个电路的对称性,所以理想情况下输出端的直流电压应该在 V_{CC} 的一半附近,这就需要 Q1 和 Q3 的电流相同。由于 Q2 和 Q4 把上下两部分电路的输出电阻都提高了很多,所以需要对 Q1 和 Q3 的基极电压做精细的调节。信号源的直流电压固定在 0.63V,所以只能来调节 Q3 的基极电压。图 7.24 中显示,这个电压的敏感度极高,需要在 0.1mV 的量级进行调节才有可能实现电流的匹配。图 7.24(b)显示了这个放大电路的波特图,与图 7.24 中的电路相比,输出电阻值减小了一半,$R_o = R_{on} \parallel R_{op}$,所以增益减小了大约 6dB。

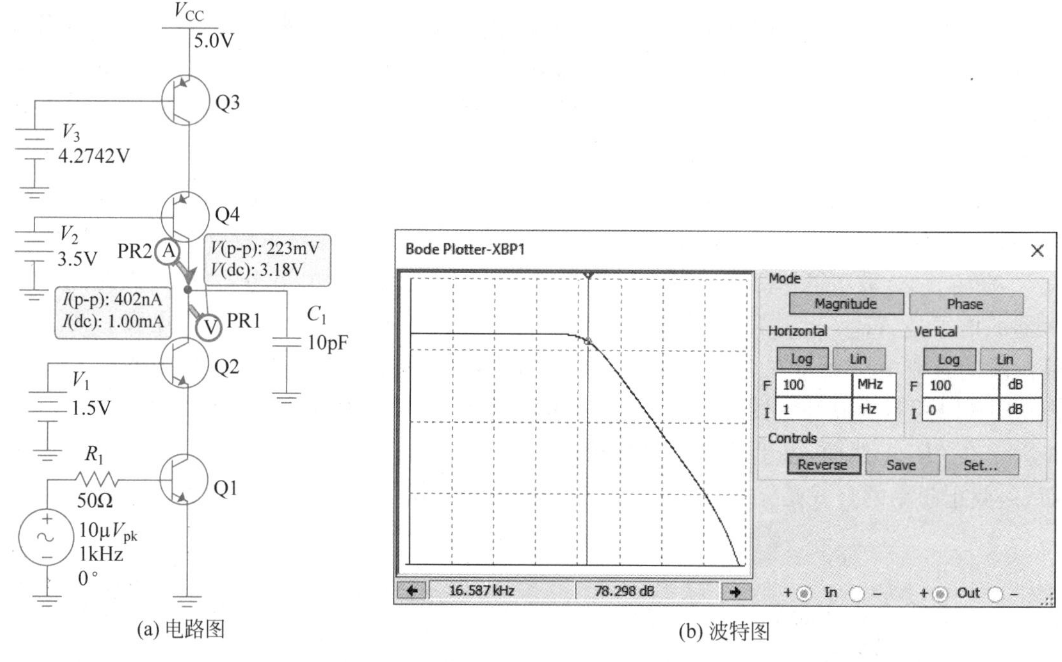

(a) 电路图　　(b) 波特图

图 7.25　有源负载的垂直级联放大器

当放大器的输出电阻值很高的时候,其直流工作点变得十分敏感。为了理解这一现象,可以先回顾一下简单的共发射极电路,如图 7.26(a)所示。其中的 R_C 相当于负载,它的 I-V 特性是一条直线,被称为负载线(load line),如图 7.26(b)所示。这个负载线图的横轴是集电极的电压,而纵轴则表示集电极的电流。

输入信号(V_{in})除了交流分量以外还有一个直流分量,其值对应于图中的某一根曲线;它与电阻的负载线交于静态工作点:向下投影则可以找到集电极的直流电压,向左投影则可以找到集电极的直流电流。例如,当这个直流电压分量比较低的时候,可能对应图 7.26 中的最下方的那条曲线;当这个直流电压分量比较高的时候,可能对应图 7.26 中的最上方的那条曲线。在理想情况下,希望这个静态工作点处在中间的位置,因此就需要调节输入端

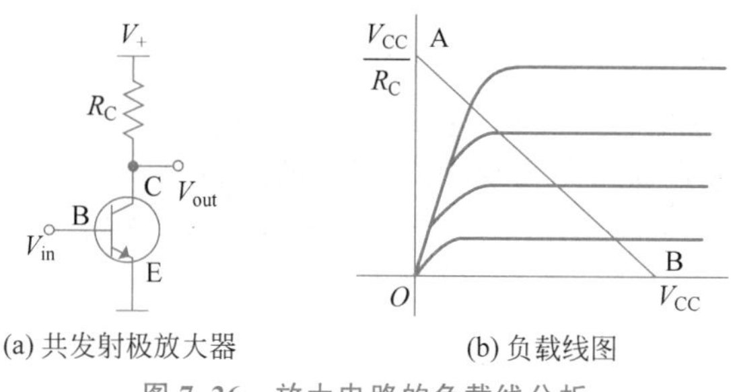

(a) 共发射极放大器　　(b) 负载线图

图 7.26　放大电路的负载线分析

的直流电压分量。由于电阻所对应的那条直线的斜率一般比较高，所以对输入端直流电压分量的漂移并不十分敏感。例如，当晶体管的直流电流变化为 ΔI_C 的时候，其集电极电压的变化则是 $\Delta V_C = -R_C \Delta I_C$。

如果负载从电阻变成了一个 pnp 晶体管，那么其输出阻抗 r_{op} 会相当高，因此负载线的斜率变得很低，直观来看也就是变得十分平坦。此时，微小的直流电流变化就会导致输出端电压的巨大变化，$\Delta V_C = -R_o \Delta I_C$，其中 $R_o = r_{on} \parallel r_{op}$。其实，这也正是它具有很高增益的原因，故上式略作变化就可以得出其输入-输出信号之间的关系：$v_o(t) = -g_m R_o v_i(t)$。如果采用了垂直级联的电路，那么其输出阻抗会大幅度提高，因此对直流偏压的敏感度就会进一步增加。在这种情况下，尽管可以进行理论分析和仿真，但是如此高的不稳定性使得这些电路没有实用价值。

如果采用差分放大器电路，那么以上问题就可以迎刃而解，因为镜像电流源可以自动确保电流的平衡，如图 7.27 所示，它被称为“套筒式”(telescopic)垂直级联差分放大器。尽管

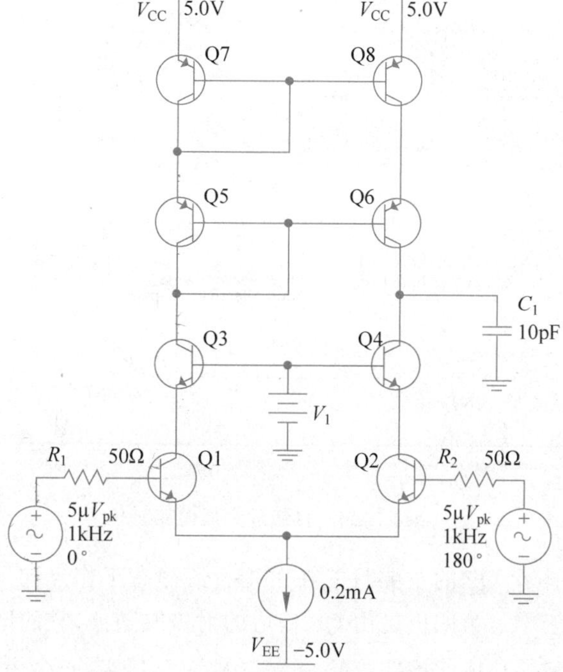

图 7.27　套筒式垂直级联差分放大器

如此，这个电路的复杂度还是超出了 Multisim 的能力。不过，如果使用设计集成电路的 EDA 软件，这个电路的设计并不困难，它对直流电压源 V_1 并不敏感。然而，这类"套筒式"电路也有一个弱点，那就是需要 V_{CC} 或 V_{DD} 比较高。如今为了降低功耗和缓解散热问题，集成电路普遍采用很低的电源电压，因此下一节中介绍的多级放大器变得更受欢迎。

7.7 多级放大器

如果希望提高放大器的增益，多级放大是最直接的方案。然而，多级放大器往往存在稳定性的问题，它有可能会出现自发振荡。为了避免这种风险，一般需要采用"补偿"(compensation)电路。通过对这类电路的分析，大家可以更深入地了解运算放大器的特性。

图 7.28 显示了一个多级放大器电路，其中的 npn 晶体管(Q1～Q8)采用的是 2N3904 型号，而 pnp 晶体管(Q9)采用的是 2N3906 型号。最左边是一个参考电流电路，从显示的结果看其直流电流是 1.96mA。Q2 和 Q3 是两个镜像电流源，它们的电流分别是 2.02mA 和 2.08mA，基本上与参考电流一致。Q4 和 Q5 形成的差分放大器的输入信号来自一个振幅为 50μV 的信号源，从显示的结果可以看出其单端输出增益是 28.4V/V。Q6 和 Q7 形成了第二级差分放大器，其单端输出增益是 45.2V/V。由于 Q9 的发射极上面有一个 400Ω 的反馈电阻，所以第三极的增益仅有 2.76V/V。

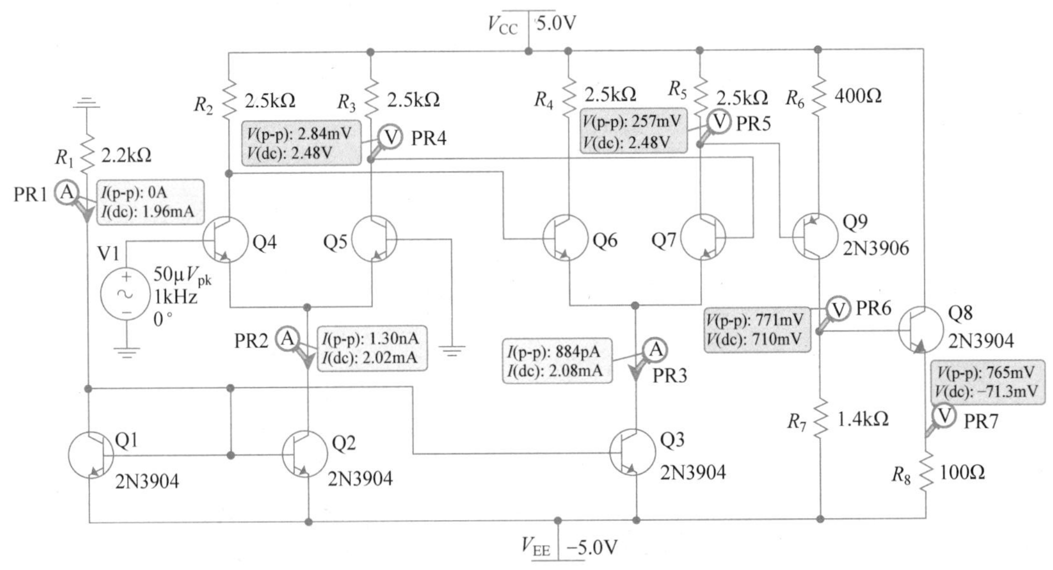

图 7.28 多级放大器电路

这里使用 pnp 晶体管 Q9 的主要目的在于把直流静态工作点向下移动，这样才能让输出端的直流电压接近于零。第四极是由 Q8 构成的射极跟随器，它的增益为 0.992V/V。将这些增益乘起来就得到了总体的增益：$A_V \approx 3520\text{V/V}$。其实，一个更直接的方法是从输入和输出信号来求总增益，其结果是 $A_V=3830\mathrm{V/V}$，它与前面的计算结果基本吻合。为了简化设计，这个电路没有采用有源负载，否则其增益可以提高很多。

图 7.29 是这个多级放大器的波特图，增益和相位随频率的变化主要是由晶体管内部的寄生电容引起的。此外，在高频段相位的变化也与延迟有关；例如，电子在从发射极输运到集电极的过程中需要一个短暂的时间。与 npn 晶体管相比，pnp 晶体管的延迟更为严重，因为空穴比电子的迁移率低很多。在多级放大器中，这些延迟会积累起来，结果就会造成显著的相移。图 7.29 上方的增益图显示出单位增益频率：$f_t=188\mathrm{MHz}$；图 7.29 下方的相位图显示出±180°相移所对应的相位交叉(phase crossover)频率：$f_p=26.2\mathrm{MHz}$。稳定的放大器要求 $f_t<f_p$，并且还需要一些安全冗余。一个常用的参数是"相位容限"(phase margin)，它是在 $f=f_t$ 时的相位与−180°之间的差距。如果输入信号是一个阶跃函数，那么相位容限参数就与过冲有关。一般来说需要 60°的相位容限，也就是其相位在单位增益频率下不低于−120°。显然，这个多级放大器是不稳定的，下面就来展示在存在负反馈的情况下所出现的振荡。

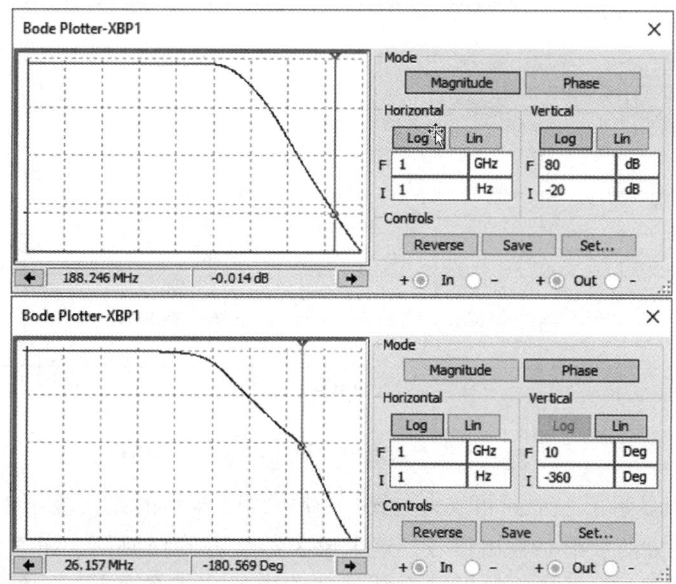

图 7.29　多级放大器的波特图

为了显示不稳定放大器的后果，可以先把这个比较复杂的电路转化为一个模块，其过程如图 7.30 所示。单击 New hierarchical block 命令，就会弹出右侧的对话框，此处需要填写输入端和输出端的个数。

与运算放大器类似，这个电路需要正负两个电源输入端和两个信号输入端，此外还有一个信号输出端。当把放大器电路粘贴到模块内以后，就可以把这些输入/输出端与电路进行连接，如图 7.31 所示。其中 IO1 类似于同相输入端，而 IO2 则类似于反相输入端。

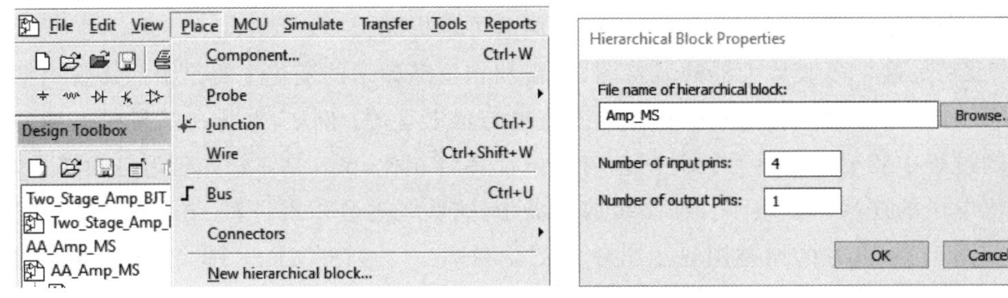

图 7.30　电路模块化的设置

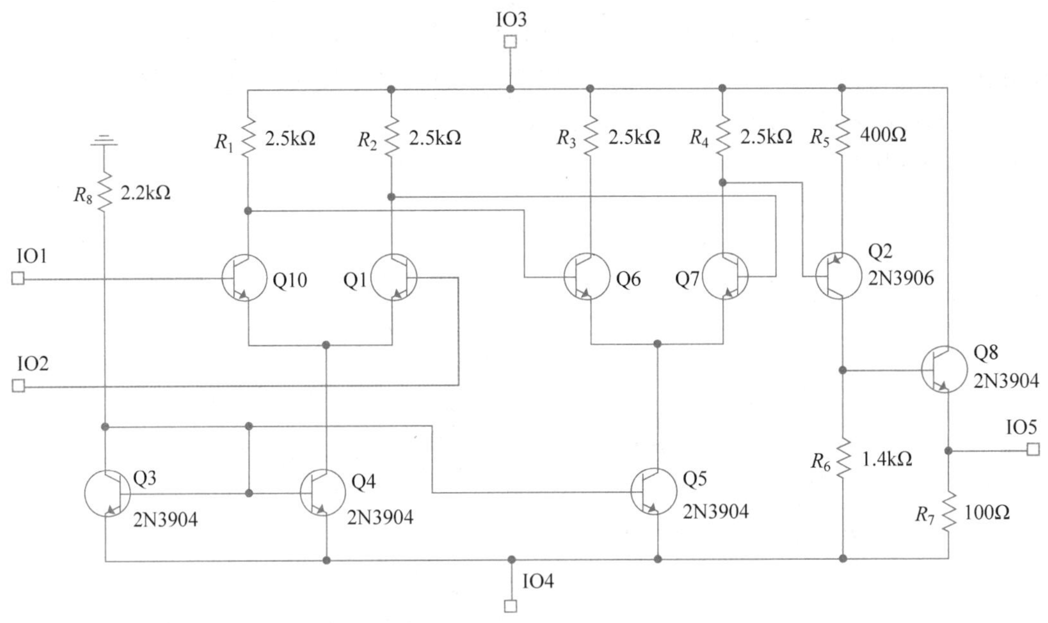

图 7.31　多级放大电路与输入和输出端的连接

图 7.32(a)中显示了一个同相放大电路，图 7.32(b)显示的是仿真结果，其中上方的波形是输入信号，下方的波形是输出信号。这个放大器与运放相似，R_9 和 R_{10} 构成了负反馈回路，其反馈增益是 $\beta=0.5$。如果这个放大器能够稳定工作的话，那么它的增益应该是 $A_V\approx 2\text{V/V}$。在同相输入端连接了一个很弱的信号源，其频率是 1MHz。从图 7.32(b)显示的波形可以看出，输入与输出信号的频率是不同的，而输出信号的基频大约是 10.7MHz。此外，输出波形的振幅很大，而且呈现出振荡器的特征。因此，这个输出信号与输入信号没有任何关系，其特性是由这个反馈放大器自身来决定的。例如，用一个噪声信号源也可以触发相同的振荡，其参数可以设置如下：$R=10\text{k}\Omega$，$T=100$℃，BW=200MHz。此外，也可以用一个阶跃信号源来触发相同的振荡。其实，在实际电路中并没有必要引入任何信号源，但是在仿真的时候需要它们来触发振荡。

从这个例子可以看出，放大器的稳定性十分重要，否则它会产生自发振荡。类似的情况也发生在其他场合，例如会场中的扩音器系统有时也会自发振荡，因为从扬声器输出的声音和噪声信号会反馈到麦克风上，从而形成了反馈回路。如果音响系统缺乏稳定性，那么当放大器的增益提高到一定水平时就会出现自发振荡，结果会产生出刺耳的尖叫声。

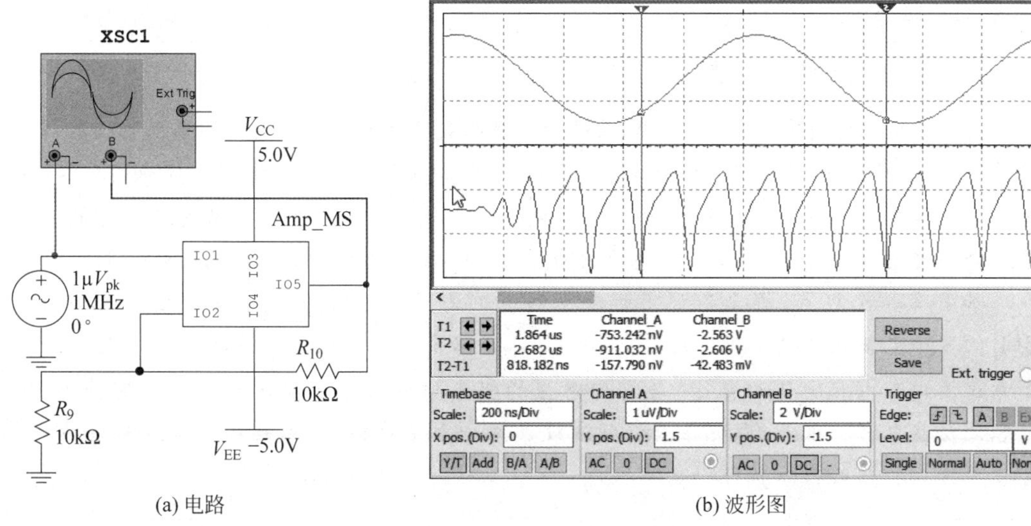

(a) 电路　　(b) 波形图

图 7.32　反馈放大器的振荡

> **K** 早期的很多运算放大器内部没有补偿，其中预留了两个引脚供用户在使用的时候根据需要来对其进行补偿。对于经验丰富的用户来说，这样的放大器可以实现其最佳的性能；例如，通过选择与反馈相匹配的电容来增加带宽。然而，如果用户缺乏对放大器的理解和使用的经验，则会导致振荡的发生。后来，市场上出现了在内部电路中已经补偿的运算放大器，其中德州仪器公司(TI)的 LM741 就是一个十分成功的产品。市场竞争的结果是未补偿的运算放大器被淘汰出局，如今几乎所有运算放大器都在内部进行了补偿从而可以稳定工作。

7.8　主导极点补偿

为了让多级放大器能够稳定工作，往往需要对其进行“补偿”(compensation)，也就是改变其频谱特性从而避免振荡的发生。此外，在时域分析中也可以通过“补偿”来减小阶跃响应的过冲(overshoot)。最简单实用的补偿方法就是在低频区域制造出一个主导极点，也就是一个低通滤波器的频率响应，从而保证那些高阶极点所对应的增益都远小于 1。换言之，如果其他极点的频率远高于这个低频极点，那就可以当作一阶低通滤波器来近似，它的传递函数是

$$T(s)=\frac{\omega_o}{s+\omega_o} \quad \Rightarrow \quad T(\omega)\approx -\mathrm{j}\omega_o/\omega \text{ for } \omega \gg \omega_o \tag{7.15}$$

在 $\omega \gg \omega_o$ 时，它的绝对值与频率成反比，在波特图上呈现出 −20dB/dec 的斜率，然而它的相移却固定在了 −90°。因此，具有单一极点的放大器永远是稳定的，因为其相移与 −180°之间至少有 90°的差距。其实，只有两个极点的系统也是稳定的，但是 3 个或者更多极点则会导致系统失稳。

K 在控制理论里有一个"根的轨迹"(root locus)方法，它可以通过对开环系统的分析来研究闭环系统的稳定性。如果开环系统的传递函数只有两个位于左侧横轴上的极点，而且没有零点，例如 $T(S)=A/[(s+\omega_1)(s+\omega_2)]$，那么在闭环系统中这两个极点的位置也会一直保持在左半平面。因此，这个闭环系统一定是稳定的，不会出现自发振荡。然而，如果这两个极点所对应的频率之间没有足够大的差距，那么相位容限的要求就达不到。

如果有 3 个极点，那么不稳定性就会存在。由于晶体管内部存在寄生电容，例如 BJT 的 3 个电极之间的电容 C_{BE}、C_{BC} 和 C_{CE}，所以至少 3 个极点的情况是不可避免的。幸亏这些内部电容的值都很小，与它们对应的极点位置都在高频区域。如果有外加的电容比这些电容大很多，则会在中低频波段产生一个主导极点，结果那些与晶体管内部寄生电容相对应的极点就可以忽略不计。

在如图 7.33(a)所示的电路图中 Q8 的基极节点上添加了一个 6μF 的电容作为补偿，结果就在低频区域产生了一个主导极点。在如图 7.33(b)所示的波特图中可以看出，其单位增益频率是 151kHz，与之对应的相移是 −118.8°，因此相位容限大约是 61°。此外，从电路图中也可以估算出这个极点所对应的频率：$f_o=1/(2\pi R_7C)\approx 18.9\text{Hz}$。由于 Q8 的基极和 Q9 的集电极的输入阻抗都很高，所以采用了 R_7 来代替这三者并联的结果。从波特图上也可以找到这个极点所对应的频率，其结果是 21.5Hz。

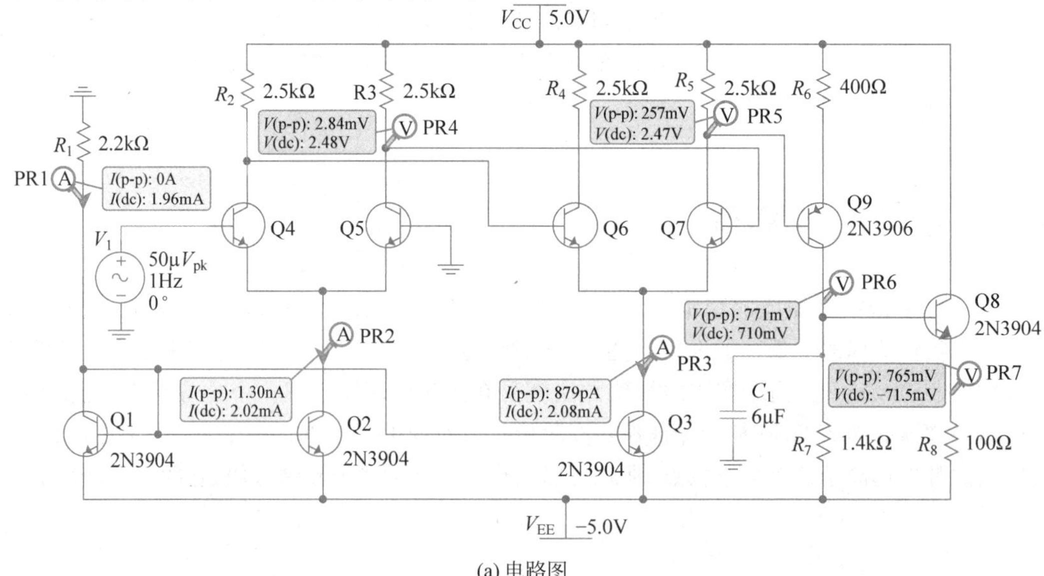

(a) 电路图

图 7.33 多级放大器的补偿

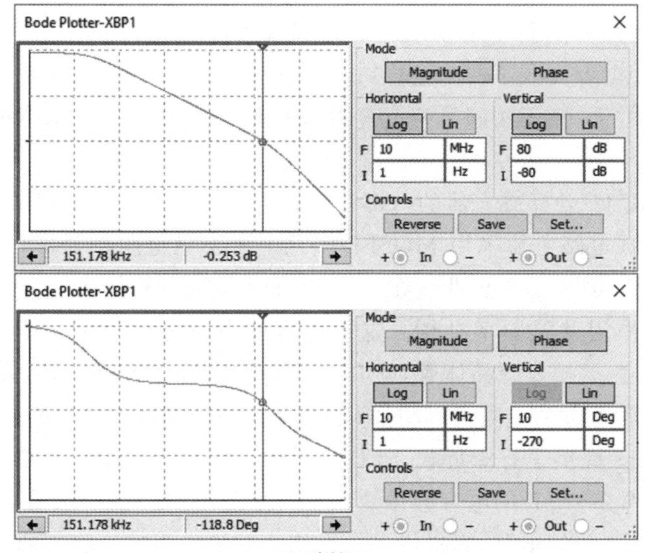

(b) 波特图

图 7.33 （续）

仿照 7.7 节介绍的流程,可以将这个补偿后的电路做成一个模块,图 7.34 是用此模块形成的放大电路和仿真的波特图。其结果显示这个模块与运放十分相似,在低频段其增益由负反馈来决定：$A_V \approx 1/\beta = 10\text{V/V}$。此外,波特图中也显示了这个反馈放大器的截止频率,大约是 6.6kHz。

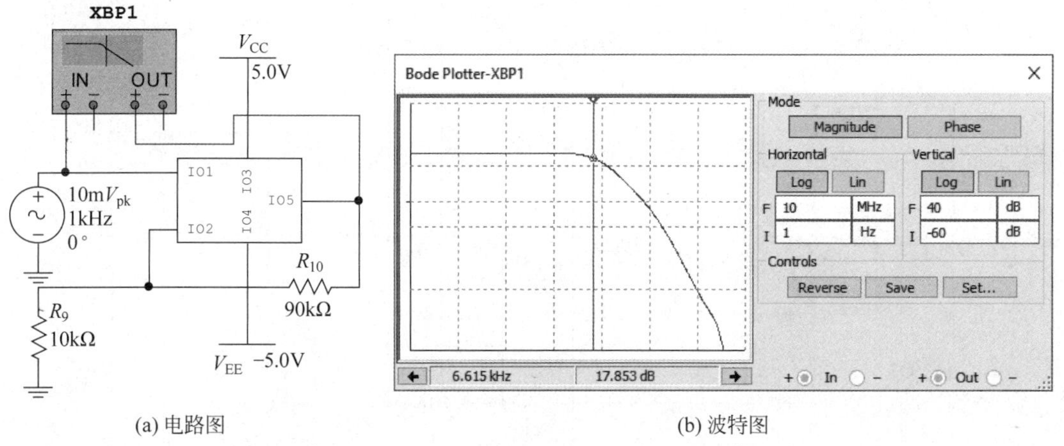

(a) 电路图　　(b) 波特图

图 7.34 补偿后的反馈放大电路

7.9 反馈补偿

从一阶 RC 低通滤波器的公式可以看出,如果希望产生一个足够低的极点,则需要比较大的电容。然而,在集成电路中制造大电容需要占用相当大的晶片面积,因此其成本会很高甚至无法实现。此时，可以利用米勒效应的电容放大作用，从而起到以小博大的效果。此外，米勒效应把一个电容变成了两个电容，在频谱上也就出现了两个极点。如果这两个极点之间的距离不够大的话，则无法满足相位容限的要求。因此，在这个电容两端的节点之间应该有很高的增益。

图 7.35 是 LM741 运算放大器的内部电路图；这是一个早期的集成电路，其中含有很多电阻。现代的集成电路主要采用 MOSFET，几乎看不见电阻的身影；此外，电阻也可以用 MOSFET 来代替，因为其 I-V 曲线在 V_{DS} 很低时是线性的。在这个电路的中间有一个 25pF 的电容，它的作用就是频率补偿。这个电容的右下方是一个高增益的放大器，其中 Q16 和 Q17 组成了达灵顿复合晶体管，它具有很高的电流放大倍数，因此也有很高的输入阻抗。这两个晶体管下方的电阻可以增加其集电极的输出阻抗，这与 Widlar 镜像电流源十分类似。顶端的 Q13 提供了有源负载，而 Q18 的输入阻抗也很高。如果这一级放大器的增益达到 1000V/V，那么 25pF 的电容会被放大到 25nF。此外，前一级放大器的输出阻抗来自于 Q4 和 Q6 以及相关的电路，它提供了一个很高的输出阻抗。将这两者组合起来就可以得出其极点的位置：$f_o=1/(2\pi RC)$，实验测量结果大约是 4.1Hz。由此也可以看出，为了保持运放的稳定性，其代价就是带宽的大幅度降低。在第 6 章介绍过，在有负反馈电路中，它的带宽会变成 $f_{bw}=(1+A\beta)f_o$，而其增益则降到 $A_f=A/(1+A\beta)$。所以，以降低增益为代价可以拓展其带宽。

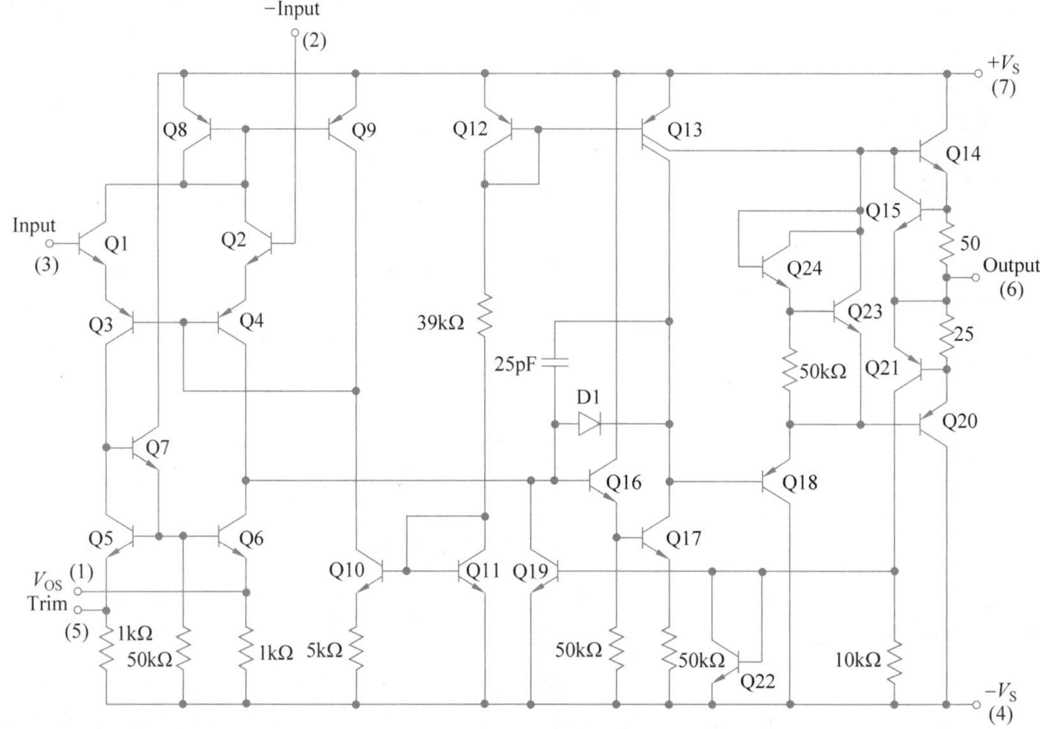

图 7.35 LM741 运算放大器的内部电路图

如果用米勒定理来近似地分析这个反馈电容的作用似乎没有任何问题，然而，按照小信号电路模型来严格推导，就会发现这个反馈电容还会产生一个零点，很不幸的是，它的位置在右半平面。如果忽略晶体管内部电容导致的极点，放大器的增益可以用以下表达式来近似：

$$A(s)=A_{\mathrm{o}}\frac{1+s/\omega_{\mathrm{z}}}{(1+s/\omega_{\mathrm{p1}})(1+s/\omega_{\mathrm{p2}})} \tag{7.16}$$

其中，A_{o} 是其直流增益，也就是低频段的增益；分母中的两个极点对应于反馈电容在米勒定理变换下产生的两个电容，而分子中的零点则与 Q16 和 Q17 组合的跨导有关：$\omega_{\mathrm{z}}=-g_{\mathrm{m}}/C_{\mathrm{C}}$。其实，大家对这个负号应该并不陌生，因为在晶体管的混合 π 模型中那个电流源的方向是向下的。换言之，这个电流分量与输入信号有 180°的相移。而分子中的 1 则表示输入信号直接经过反馈电容从基极传播到集电极，因此这个分量与输出信号是同相的。

对于如图 7.35 所示的电路，由于跨导 g_{m} 很高，这个零点的频率远高于分母中的两个极点的频率，因此这个零点可以忽略不计：$1+s/\omega_{\mathrm{z}}\approx 1$。然而，在 MOSFET 运放中，其跨导值相对较小，导致这个零点频率与极点频率十分靠近，此时这个位于右半平面的零点是十分有害的，因为它会像极点一样产生负的相移：$\theta_{\mathrm{z}}=-\arctan(\omega C_{\mathrm{C}}/g_{\mathrm{m}})$。为了提高这个零点频率或者把它从复平面的右侧挪到左侧，可以在这个反馈电容上串联一个电阻 R_{C}，如图 7.36 所示。此时的零点角频率是：$\omega_{\mathrm{z}}=1/[C_{\mathrm{C}}(R_{\mathrm{C}}-1/g_{\mathrm{m}})]$。如果 $R_{\mathrm{C}}=1/g_{\mathrm{m}}$，那么这个零点频率趋于无穷大；如果 $R_{\mathrm{C}}>1/g_{\mathrm{m}}$，那么这个零点就被搬到了左半平面，它可以抵消掉频谱附近的一个极点，从而有助于放大器的稳定。

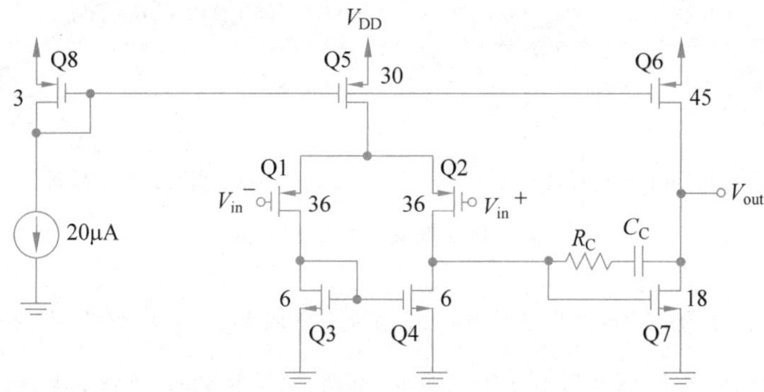

图 7.36 RC 反馈补偿电路

在本书第 2 章讨论过的超前和滞后网络电路也可以用于频率补偿，所以有时被称为超前和滞后补偿电路，其传递函数的表达式如下：

$$T(s)=T_{\mathrm{o}}\frac{s+z}{s+p} \tag{7.17}$$

超前和滞后补偿电路的区别在于极点与零点的相对位置：如果零点频率小于极点频率($\omega_{\mathrm{z}}<\omega_{\mathrm{p}}$)则是超前补偿电路，反之则是滞后补偿电路。

用超前和滞后网络对放大器进行补偿的原理其实十分简单：就是利用其零点来消掉放

大器电路中的一个极点。例如，如果在单位增益以上放大器仅有两个极点，它们所对应的频率分别是 f_1 和 f_2，而且 $f_1<f_2$。如果使用超前补偿电路，其零点比极点的频率低，那么可以用其零点来消掉位于 f_2 处的极点，结果相当于把这个极点推高到补偿电路极点位置，从而可以增加相位容限。如果使用滞后补偿电路，其零点比极点的频率高，那么可以用其零点来消掉位于 f_1 处的极点，结果相当于把这个极点拉低到补偿电路极点位置，因此可以降低单位增益点的频率，从而也起到了增加相位容限的作用。与滞后补偿电路相比，超前补偿电路的优点是不改变放大器的带宽。然而，实际的放大器电路在高频部分往往有几个频率十分接近的极点，在这种情况下滞后补偿电路更为实用，尽管它降低了带宽。

为了保持系统稳定，其极点必须在复平面的左侧（$p>0$）。但是，其零点却没有这个限制；无论零点在复平面的哪一侧，式(7.17)分子的模是相同的，如图 7.37(a)所示。因此，当零点和极点十分接近时，在绝对值上都可以彼此抵消。此外，当频率远高于零点频率时（$\omega \gg \omega_z$），这两者的差别也会消失。然而，在低频段（$\omega \ll \omega_z$），这两种情况在相位上的差别则十分明显，如图 7.37(b)所示。所以，当一个系统的所有零点和极点都在左半平面时被称为“最小相位”(minimum phase)系统，而有零点出现在右半平面时则被称为“非最小相位”(nonminimum phase)系统。

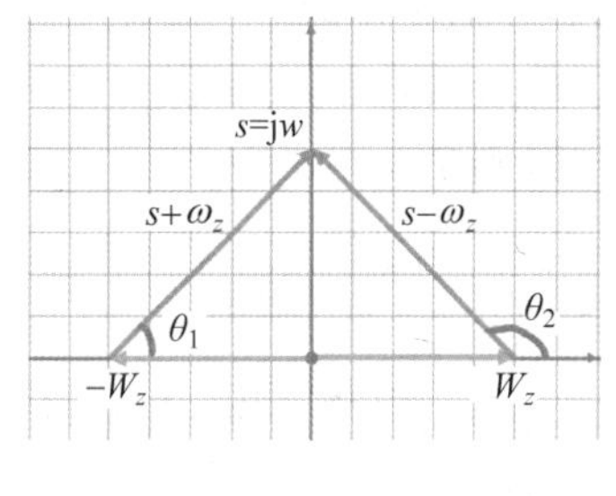

(a) 零点复矢量图

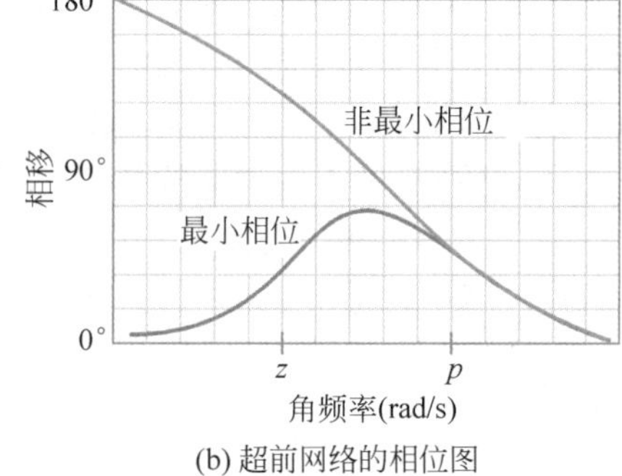

(b) 超前网络的相位图

图 7.37 零点在复平面两侧时的相位

> **K** 为了理解“最小相位”和“非最小相位”系统，可以举两个机械系统的例子。首先可以从理论上来分析一下，式(7.16)可以分解为两个串联的子系统，其传递函数分别是 $T_1(s)=1+s/\omega_z$ 和 $T_2(s)=A_0/[(1+s/\omega_{p1})(1+s/\omega_{p2})]$。如果进行逆拉普拉斯变化，第一个子系统中则会出现这样的时间域的响应函数：$y_2(t)=x(t)+\tau_z \mathrm{d}x(t)/\mathrm{d}t$。如果零点在右半平面，那么导数项前面的系数就会是负的：$\tau_z=1/\omega_z<0$。当输入信号是一个单位阶跃函数时，其响应在最初则会出现一个负的脉冲。所以，“非最小相位”系统的最初响应是与其目标的方向相反的。
>
> 第一个机械系统的例子是用手来控制一个半米长的竖直木棍：如果用手指拿捏其顶端，这就是一个“最小相位”系统；如果用手掌托住其底端，这就是一个“非最小相位”

系统。靠眼和手的反馈系统，人们可以轻易地将木棍托在手掌上。然而，如果希望向前走的时候，那就必须先向后移动手掌使木棍前倾，然后才能向前移动。相比之下，"最小相位"系统就没有这个"欲擒故纵"的过程。

第二个机械系统的例子是控制一架飞机的高度：如果希望爬升，那就要把位于机尾的升降舵上翻，从而产生一个向下的压力，这样才能把机头略微仰起来。在这个过程中，作用于升降舵的压力会使飞机暂时降低高度，由此可见，这也是一个"非最小相位"系统。为了避免这个问题，可以在飞机重心的前面添加两个"鸭翼"，从而使其变成"最小相位"系统。这样一来飞机在爬升的时候就不会出现暂时的下降，从而可以提高其机动性能。中国的歼10和歼20战机都采用了这种结构。

延伸阅读

有兴趣的读者可以查阅和了解以下相关内容的资料：

(1) 发射耦合逻辑电路。

(2) 传感器测量电路。

(3) 测量低信噪比信号的仪器。

(4) 不同输出模式的共模抑制比。

(5) 宽摆幅垂直级联镜像电流源电路。

(6) 套筒式垂直级联差分放大器。

(7) 折叠式垂直级联差分放大器。

(8) 放大器的稳定性和相位容限。

(9) 根的轨迹方法。

(10) 频率补偿的方法。

(11) "最小相位"和"非最小相位"系统的时间域响应。

参 考 文 献

[1] 李国林.电子电路与系统基础[M].北京：清华大学出版社，2017.

[2] 周景润，崔婧. Multisim 电路系统设计与仿真教程[M].北京：机械工业出版社，2018.

[3] Farzin Asadi. *Essential Circuit Analysis using NI Multisim™ and MATLAB®*[M]. Cham，Switzerland：Springer，2022.

[4] Sedra A，Smith K，Carusone T C，et al. *Microelectronic Circuits*[M]. 8th edition. New York：Oxford University Press，2019.

[5] Behzad Razavi. *Fundamentals of Microelectronics*[M]. 3rd edition. Hoboken，NJ：Wiley，2021.

[6] Paul Horowitz，Winfield Hill. *The Art of Electronics*[M]. 3rd edition. New York：Cambridge University Press，2015.

[7] Robert Sobot. *Wireless Communication Electronics：Introduction to RF Circuits and Design Techniques*[M]. 2nd edition. Cham，Switzerland：Springer，2020.

[8] Paul Young. *Electronic Communication Techniques*[M]. 5th edition. Upper Saddle River，NJ：Prentice Hall，2003.

[9] Thomas Floyd，David Buchla. *Basic Operational Amplifiers and Linear Integrated Circuits*[M]. 2nd edition. NJ：Pearson，2019.

[10] Sergio Franco. *Design With Operational Amplifiers And Analog Integrated Circuits*[M]. 4th edition. New York：McGraw Hill，2014.

[11] Tony Chan Carusone，David Johns，Kenneth Martin. *Analog Integrated Circuit Design*[M]. 2nd edition. Hoboken，NJ：Wiley，2011.

[12] Behzad Razavi. *Design of Analog CMOS Integrated Circuits*[M]. 2nd edition. New York：McGraw Hill，2016.

[13] Paul Gray，Paul Hurst，Stephen Lewis，et al. *Analysis and Design of Analog Integrated Circuits*[M]. 5th edition. Hoboken，NJ：Wiley，2009.

[14] Neil Weste，David Harris. *CMOS VLSI Design：A Circuits and Systems Perspective*[M]. 4th edition. Boston：Addison-Wesley，2010.

[15] Thomas Lee. *The Design of CMOS Radio-Frequency Integrated Circuits*[M]. 2nd edition. New York：Cambridge University Press，2003.

[16] Chenming Hu. *Modern Semiconductor Devices for Integrated Circuits*[M]. Hoboken，NJ：Pearson，2009.

[17] Donald Neamen. *Semiconductor Physics and Devices：Basic Principles*[M]. 4th edition. Upper Saddle River，NJ：McGraw Hill，2011.

[18] Ben Streetman. Sanjay Kumar Banerjee. *Solid State Electronic Devices*[M]. 6th edition. Hoboken，NJ：Pearson，2005.

[19] Stephen Campbell. *The Science and Engineering of Microelectronic Fabrication*[M]. 2nd edition. New York：Oxford University Press，2001.

[20] Peter Van Zant. *Microchip Fabrication：A Practical Guide to Semiconductor Processing*[M]. 6th edition. New York：McGraw Hill，2014.

[21] Alan Oppenheim，Alan Willsky，Hamid Nawab. *Signals and Systems*[M]. 2nd edition. Hoboken，NJ：Pearson，1996.

[22] Lathi B P,Green R. *Linear Systems and Signals*[M]. New York: Oxford University Press,2017.

[23] Edward Kamen. *Fundamentals of Signals and Systems Using the Web and MATLAB*[M]. 3rd edition. Hoboken,NJ: Pearson,2006.

[24] Norman Nise. *Control Systems Engineering*[M]. 7th edition. Hoboken,NJ: Wiley,2015.

[25] Richard Dorf,Robert Bishop. *Modern Control Systems*[M]. 14th edition. Hoboken,NJ: Pearson,2021.

[26] David Irwin,Mark Nelms. *Engineering Circuit Analysis*[M]. 12th edition. Hoboken,NJ: Wiley,2021.

[27] James Nilsson,Susan Riedel. *Electric Circuits*[M]. 11th edition. Hoboken,NJ: Pearson,2019.

[28] Charles Alexander,Matthew Sadiku. *Fundamentals of Electric Circuits*[M]. 7th edition. New York: McGraw Hill,2020.

[29] Steven Strogatz. *Nonlinear Dynamics and Chaos: With Applications to Physics, Biology, Chemistry,and Engineering*[M]. 2nd edition. Boulder,CO: Westview Press,2015.

[30] Robert Hilborn. *Chaos and Nonlinear Dynamics: An Introduction for Scientists and Engineers*[M]. 2nd edition. New York: Oxford University Press,2001.